A. A. KORBUT · J. J. FINKELSTEIN

DISKRETE OPTIMIERUNG

ELEKTRONISCHES RECHNEN UND REGELN

Herausgegeben von

Prof. Dr. HANS FRÜHAUF · Prof. Dr. WILHELM KÄMMERER
Prof. Dr. KURT SCHRÖDER · Prof. Dr. HORST VÖLZ
Prof. Dr. HELMUT THIELE

Sonderband 14

DISKRETE OPTIMIERUNG

von

A. A. KORBUT · J. J. FINKELSTEIN

AKADEMIE-VERLAG · BERLIN
1971

A. A. KORBUT · J. J. FINKELSTEIN

DISKRETE OPTIMIERUNG

In deutscher Sprache herausgegeben

von

Dr. Horst Hollatz

Mit 27 Abbildungen und 46 Tabellen

A K A D E M I E - V E R L A G . B E R L I N

1 9 7 1

А. А. Корбут и Ю. Ю. Финкельштейн
Дискретное программирование

Erschienen bei Nauka, Moskau

Deutsche Übersetzung: Dr. Horst Weinert

Erschienen im Akademie-Verlag GmbH, 108 Berlin, Leipziger Str. 3 – 4

Lizenznummer 202 · 100/405/71
Gesamtherstellung: VEB Druckerei „Thomas Müntzer“, 582 Bad Langensalza
Bestellnummer: 5856 · ES 20 K 3/19 B 4
EDV-Nr.: 761 4456

VORWORT

Eine neue Richtung der Wissenschaft kann nur dann Bedeutung gewinnen, wenn sie auf herangereifte Fragen eingeht und eine hinreichend allgemeine Theorie darstellt, die man ohne wesentliche Veränderungen auf Probleme verschiedenen Charakters anwenden kann. Von diesem Gesichtspunkt aus kann der Gegenstand der Monographie von A. A. Korbut und Ju. Ju. Finkel'štein „Diskrete Optimierung" mit vollem Recht eine Richtung in der mathematischen Optimierung genannt werden. Man kann eine große Anzahl der verschiedensten Probleme aus der Wirtschaftsplanung, der Leitung von Unternehmen, der industriellen Organisation und technischen Projektierung aufzählen, die formal auf die Auswahl von „optimalen" Parameterwerten aus einer diskreten Gesamtheit gegebener Größen führen (die außerdem gewissen fixierten Bedingungen genügen müssen). Die Liste der Disziplinen, für die Extremalprobleme in diskreten Variablen mit Nebenbedingungen von Interesse sind, könnte bedeutend erweitert werden. Man muß ihnen kombinatorische Extremalprobleme hinzufügen, denen man in verschiedenen Disziplinen der diskreten Mathematik begegnet, ferner spieltheoretische Probleme, die mit dem Studium von Konfliktsituationen und der Organisation im Militärwesen zusammenhängen, Syntheseprobleme für automatische Steuerungsverfahren und Probleme der Bionik, einer Grenzdisziplin von Biologie und Technik.

Die formalen Modelle, die allen diesen im Inhalt verschiedenen Problemen entsprechen, unterscheiden sich wenig voneinander. Es ist natürlich, daß auch die Mehrzahl der mathematischen Methoden zur Analyse solcher Modelle nicht mit den diese erzeugenden konkreten Problemstellungen zusammenhängen.

Die Probleme und Methoden der diskreten Optimierung haben zahlreiche Autoren. Die Theorie wird meist ganzzahlige Optimierung genannt. Offensichtlich ist das mit dem großen Eindruck verbunden, den eine fundamentale Arbeit von Gomory gemacht hat. In der Literatur begegnen einem allerdings auch andere Termini: diskrete Optimierung und seltener kombinatorische oder diophantische Optimierung.

Die Autoren bevorzugten eine weniger verbreitete, aber dem Wesen der Problematik offenbar entsprechendere Bezeichnung der Monographie: „Diskrete Optimierung". Es können nämlich nicht alle diskreten Probleme auf die endlichdimensionale ganzzahlige Optimierung zurückgeführt werden. Es gibt auch diskrete Probleme, für die der Übergang zur ganzzahligen linearen Optimierung nicht der kürzeste Lösungsweg ist (z. B. das wohlbekannte Rundreiseproblem).

Ungeachtet der scheinbaren Einfachheit der Problemstellung bei der diskreten Optimierung können die mathematischen Schwierigkeiten bei ihrer Lösung ziemlich bedeutend werden. Um eine Vorstellung von der Kompliziertheit der theoretischen und numerischen Probleme bei der diskreten Optimierung zu geben, genügt es, darauf hinzuweisen, daß der sog. ,,Große FERMATsche Satz“ als folgendes ganzzahliges Optimierungsproblem formuliert werden kann:

$$(x_1^{x_4} + x_2^{x_4} - x_3^{x_4})^2 \to \min ,$$
$$x_1 \geqq 1 , \quad x_2 \geqq 1 , \quad x_3 \geqq 1 , \quad x_4 \geqq 3 ,$$
$$x_j \text{ ganzzahlig}, \quad j = 1, 2, 3, 4 .$$

Jede (diskrete) Optimierungsmethode, die dieses Problem in überschaubarer Zeit zu lösen gestattet, wird eine konstruktive Beweismethode für den FERMATschen Satz sein, falls der minimale Wert der Zielfunktion des Problems positiv wird, oder die FERMATsche Behauptung widerlegen, falls die Zielfunktion für die Lösungen des Problems Null wird.

Die Methoden der diskreten Optimierung sind nicht so stark ausgearbeitet wie die der linearen und konvexen Optimierung. Jedoch vervollständigt sich die Theorie ständig, und ihre Methoden entwickeln sich intensiv. In den verschiedenen Zeitschriften, Sammelbänden und Firmenberichten wächst die Zahl der Publikationen über diskrete Optimierung. Mathematiker und Spezialisten für die Grundlagen mathematischer Steuerungsmethoden zeigen ein beachtliches Interesse an diesen Publikationen. Inzwischen wird es immer schwerer, sich im anwachsenden Strom der Literatur zu orientieren. Das Bedürfnis nach einer einführenden Darlegung der Grundlagenfragen in der diskreten Optimierung wird durch die in den letzten Jahren publizierten Übersichten und die einzelnen Kapitel in Büchern, die sich mit einer weiteren Thematik befassen, völlig unzureichend befriedigt.

Die dem Leser vorgelegte Monographie ,,Diskrete Optimierung“ von A. A. KORBUT (Leningrad) und JU. JU. FINKEL'ŠTEĬN (Moskau) ist im Bereich der Sowjetunion und offensichtlich auch in der internationalen mathematischen Literatur die erste einführende und hinreichend vollständige Darlegung des Gegenstandes.

Die eigenen wissenschaftlichen Interessen der Autoren, die im Verlaufe einer Reihe von Jahren mit den Problemen und Methoden der diskreten Optimierung zusammenhingen (sie können auf zwei Übersichtsartikel und eine Menge Originalarbeiten auf diesem Gebiet hinweisen), hatten einen bemerkenswerten Einfluß auf Inhalt und Struktur der Monographie. Das in den Periodica oder den Übersichten publizierte Material wurde neu klassifiziert und in Übereinstimmung mit den allgemeinen Absichten der Autoren originell dargelegt. Die Autoren haben ausführliche Beweise derjenigen Behauptungen angeführt, die in den Originalpublikationen häufig ziemlich lakonisch und unvollständig dargelegt worden sind.

Die Autoren haben persönlich an der Stellung und Lösung vieler praktischer Probleme in der diskreten Optimierung mitgewirkt. Die durch sie gewonnenen Erfahrungen bei der numerischen Lösung der Probleme zeigten sich in Form einer Darlegung und Akzentuierung der methodologischen und numerischen Schwierigkeiten, denen der Leser bei praktischer Anwendung der Verfahren aus der Monographie begegnen kann. Die Darlegung der Materialien wurde für Leser mit verschiedenem Niveau und verschiedenartigen Anforderungen berechnet, begonnen mit Personen, die nur eine einführende Darstellung des Gegenstandes erhalten möchten, und endend mit Spezialisten in der diskreten Optimierung.

Erfahrung und Wissen, von den Autoren in einer Reihe von Jahren der Arbeit an der diskreten Optimierung angehäuft, und die Ergebnisse, die von ihnen auf diesem Gebiet erhalten wurden, gestatteten ihnen, ein originelles und sicher nützliches Buch zu schreiben.

Man kann erwarten, daß die Monographie von A. A. Korbut und Ju. Ju. Finkel'štein mit Genugtuung bei Mathematikern, Ökonomen, Ingenieuren, wissenschaftlichen Mitarbeitern, Aspiranten und Studenten vieler Spezialrichtungen aufgenommen werden wird, die sich mit numerischen Methoden, der Rechentechnik und verschiedenen Steuerungs- und Regelungsproblemen beschäftigen.

Mai 1968 *D. Judin*

VORWORT DER AUTOREN

Gegenstand des vorliegenden Buches ist die Darstellung mathematischer Modelle und numerischer Methoden der diskreten Optimierung sowie gewisser mit ihnen zusammenhängender theoretischer Fragen.

Die diskrete Optimierung ist einer der jüngsten, perspektivenreichsten und sich stürmisch entwickelnden Zweige der mathematischen Optimierung. In den letzten Jahren tauchten plötzlich zahlreiche und verschiedenartige Publikationen in dieser Richtung auf. Auch der Kreis der Spezialisten, die sich mit der praktischen Grundlegung diskreter Optimierungsmodelle beschäftigen, erweiterte sich wesentlich. Die Ansprüche dieses Auditoriums wurden durch die existierenden Übersichtsartikel und die einzelnen Kapitel in Monographien über mathematische Optimierung nur teilweise erfüllt. Noch schwieriger ist es, sich beim derzeitigen Zustand des Gegenstandes in den einzelnen (und oft noch schwer zugänglichen) Publikationsorganen zu orientieren. Daher unternahmen die Autoren den Versuch, eine einführende Darlegung der Grundlagen auf dem Gebiet der diskreten Optimierung zu geben. Über den Erfolg des Versuches wird der Leser zu entscheiden haben.

Das Buch besteht aus fünf Teilen. Die Teile werden in Kapitel unterteilt, die Kapitel in Paragraphen, und die Paragraphen zerfallen gewöhnlich in Punkte. Teil I hat einführenden Charakter, darin werden die allgemeinen Kennzeichen des Gegenstandes der diskreten Optimierung (einschließlich der Rechenmethoden) angegeben und die typischen mathematischen Modelle formuliert. Die Teile II, III und IV befassen sich mit numerischen Methoden. Darin werden Schnittmethoden, kombinatorische Methoden und Näherungsmethoden betrachtet. Im Teil V sind Fragen dargelegt, die theoretisches Interesse beanspruchen, aber nicht unmittelbar auf numerische Methoden führen (die Charakterisierung ganzzahliger Polyeder, die Rolle dualer Abschätzungen in ganzzahligen linearen Problemen).

Ein Teil des Materials (zum Beispiel 12.8.1., der Prüfalgorithmus von T-Matrizen auf Unimodularität in 17.) wird hier erstmals publiziert.

Das dem Buch beigefügte Literaturverzeichnis beansprucht durchaus nicht, vollständig zu sein, und beschränkt sich im Prinzip auf Quellenzitate. Ein ausführlicheres Literaturverzeichnis (225 Titel) und auch einige ergänzende Bezugsquellen kann man im Übersichtsartikel der Autoren [93] finden.

Für den Leser ist es erforderlich, die Grundbegriffe der mathematischen Optimierung zu beherrschen. Die nötigen Grundlagen aus der linearen Optimierung (die systematisch im Teil II, aber auch in 17. benutzt werden), sind in 4. zusammengestellt worden.

Die Autoren danken herzlich Herrn Professor D. B. Judin, der die nicht leichte Aufgabe der Redaktion dieses Buches übernommen hat.

April 1968 *Die Autoren*

INHALTSVERZEICHNIS

Teil I: Gegenstand und Modelle der ganzzahligen Optimierung . . . 1

1. Einführung . . . 1

1.1. Gegenstand der diskreten Optimierung . . . 1
1.2. Klassifizierung der mathematischen Modelle . . . 4
1.3. Klassifizierung angewandter Probleme . . . 7
1.4. Klassifizierung numerischer Methoden . . . 8

2. Mathematische Modelle für die diskrete Optimierung . . . 12

2.1. Das Transportproblem . . . 12
2.2. Probleme mit Ganzzahligkeitsforderungen . . . 15
2.3. Probleme vom kombinatorischen Typ . . . 18
2.4. Probleme über nichtkonvexen und unzusammenhängenden Bereichen . . . 24
2.5. Probleme mit unstetiger Zielfunktion . . . 31
2.6. Einige Multi-Extremalprobleme . . . 33

3. Angewandte diskrete Optimierungsprobleme . . . 38

3.1. Transportplanungsprobleme . . . 38
3.2. Planungs- und Spezialisierungsprobleme . . . 44
3.3. Logische Projektierungsprobleme . . . 52
3.4. Probleme der Ablaufplanung . . . 59
3.5. Andere angewandte Probleme . . . 62

Teil II: Schnittmethoden . . . 67

4. Einige vorbereitende Einführungen . . . 68

4.1. Grundbegriff der linearen Optimierung . . . 68
4.2. Konvexe Mengen . . . 71
4.3. Konvexe polyedrische Mengen und lineare Optimierung . . . 72
4.4. Lexikographie . . . 75
4.5. Simplextableaus, Lösungen und Pseudolösungen . . . 77
4.6. Die Methode zur sukzessiven Verbesserung der Lösung (primale Simplexmethode) . . . 79

4.7. Die duale Simplexmethode 80
4.8. Das ganzzahlige lineare Optimierungsproblem 82

5. Die Idee der Schnittmethoden. Der erste Algorithmus von Gomory 83
5.1. Die Idee der Schnittmethoden 83
5.2. Der erste Algorithmus von Gomory 90
5.3. Endlichkeitsbeweis für den ersten Algorithmus von Gomory 98

6. Der zweite Algorithmus von Gomory und andere Verallgemeinerungen des ersten Algorithmus 100
6.1. Das logische Schema für den ersten Algorithmus von Gomory . . . 101
6.2. Der zweite Algorithmus von Gomory 103
6.3. Der Algorithmus von Dalton und Llewellyn 109
6.4. Der B-Algorithmus zur Lösung ganzzahliger linearer Optimierungsprobleme mit Booleschen Variablen 114
6.5. Der Algorithmus von Dantzig 117

7. Der dritte Algorithmus von Gomory und seine Modifikation 121
7.1. Über den Einfluß von Rundungsfehlern. Die Idee des dritten Algorithmus von Gomory 122
7.2. Konstruktion eines ganzzahligen Schnittes. Der dritte Algorithmus von Gomory 124
7.3. Endlichkeitsbeweis für den dritten Algorithmus von Gomory 134
7.4. Eine Modifikation des dritten Algorithmus von Gomory 135

8. Zur Lösung ganzzahliger linearer Optimierungsprobleme mit beliebigen Zusatzbedingungen 137
8.1. Problemstellung und Idee der Lösungsmethode 137
8.2. Die Konstruktion von Schnitten für konvexe und einige nichtkonvexe Probleme 139
8.3. Die Anwendung des dritten Algorithmus von Gomory 142

9. Die Effektivität der Algorithmen für die Schnittmethoden 147
9.1. Das Effektivitätsproblem 147
9.2. Ergebnisse von Rechenexperimenten 148
9.3. Einige Ausblicke 155

Teil III: Kombinatorische Methoden 159

10. Die Branch-and-Bound-Methode 160
10.1. Die Idee der Branch-and-Bound-Methode 160
10.2. Die Methode von Land und Doig 164
10.3. Der Algorithmus von Little, Murty, Sweeney und Karel für das Rundreiseproblem 168

11. Der additive Algorithmus 173

11.1. Problemstellung und Idee der Methode 173
11.2. Das allgemeine Schema der Methode 176
11.3. Die Beschreibung des Algorithmus 177
11.4. Beispiel und abschließende Bemerkungen 183

12. Die Anwendung der dynamischen Optimierung 189

12.1. Das verallgemeinerte Tornisterproblem 189
12.2. Das Rundreiseproblem 194
12.3. Ein Problem aus der Ablaufplanung für zwei Maschinen (Algorithmus von Johnson) 199

13. Ein lokaler Zugang zu diskreten Optimierungsproblemen 206

13.1. Vorbereitende Betrachtungen 207
13.2. Der Algorithmus 210

14. Einige andere Methoden 214

14.1. Die Methode von Faure und Malgrange 215
14.2. Die Methode der sukzessiven Berechnung 218

Teil IV: Näherungsmethoden 221

15. Stochastische Suchverfahren 221

15.1. Das stochastische Suchen 221
15.2. Stochastisches Suchen mit lokaler Optimierung 223

16. Deterministische Methoden 229

16.1. Näherungsmethoden für das Transportproblem mit Fixkosten . . . 229
16.2. Einige Verallgemeinerungen 239

Teil V: Einige theoretische Fragen 245

17. Ganzzahlige polyedrische Mengen 245

17.1. Eine Bedingung für die Ganzzahligkeit polyedrischer Mengen 245
17.2. Aufgaben vom Typus des Transportproblems 250

18. Ganzzahlige lineare Optimierung und Schattenpreise 261

18.1. Problemstellung und einige vorbereitende Einführungen 261
18.2. Der Satz von Gomory und Baumol 264

Literaturverzeichnis 275

Namenverzeichnis 283

Sachverzeichnis 285

TEIL I

GEGENSTAND UND MODELLE DER DISKRETEN OPTIMIERUNG

Dieser Teil spielt die Rolle einer ausführlichen Einleitung. In 1. werden allgemeine Kennzeichen für den Gegenstand der diskreten Optimierung gegeben und die Ideen erläutert, die den wichtigsten numerischen Methoden dieser Disziplin zugrunde liegen. Es ergibt sich eine Klassifikation der mathematischen Modelle und der angewandten Probleme aus der diskreten Optimierung. Auf Grund dieser Klassifikation werden in 2. und 3. mathematische Formulierungen der typischsten Probleme eingeführt.

Derjenige Leser, dessen Ziel es nicht ist, die diskreten Optimierungsmethoden zu beherrschen, sondern der sich nur eine erste, einführende Übersicht über den Gegenstand verschaffen und sich die Technik aneignen möchte, kann sich auf das Studium nur dieses Teils beschränken.

1. Einführung

1.1. Gegenstand der diskreten Optimierung

1.1.1. Dieses Buch befaßt sich mit diskreten Problemen aus der mathematischen Optimierung. Die am meisten studierten Probleme dieser Klasse sind die *ganzzahligen linearen Optimierungsprobleme*, d. h. Probleme aus der linearen Optimierung, in denen alle Variablen (oder einige) ganzzahlig sein müssen. Beim ersten der beiden Fälle spricht man gewöhnlich von rein ganzzahligen, im zweiten von gemischt oder teilweise ganzzahligen Problemen. Selbstverständlich kann man analog ganzzahlige (gemischt-ganzzahlige) Varianten auch für allgemeinere Probleme aus der Optimierung definieren. Man kann zum Beispiel von konvexen ganzzahligen Optimierungsproblemen usw. sprechen.

Es ist üblich, von den ganzzahligen Problemen die sogenannten *diskreten* mathematischen Optimierungsprobleme zu unterscheiden, bei denen als Bereich für die zulässige Änderung der Variablen nicht die Menge der ganzen, nichtnegativen Zahlen, sondern irgendeine gegebene endliche Menge fungiert. Wie weiter unten gezeigt werden wird (s. 2.), können solche Probleme (auf endlichen Mengen) formal in ganzzahlige übergeführt werden.

Die vor weniger als 15 Jahren begonnenen Untersuchungen in dieser Richtung sind gegenwärtig soweit vorangekommen, daß wir jetzt schon mit vollem Recht von einem selbständigen Teil in der mathematischen Optimierung, der diskreten Optimierung, sprechen können. In der Literatur wird auch der Terminus „ganzzahlige Optimierung“ und seltener „kombinatorische Optimierung“ verwendet.

Allerdings scheint es uns, daß der Terminus „diskrete Optimierung" am vollkommensten der Spezifik der Fragen entspricht, wenn auch bei seiner Verwendung eine gewisse Verwechslungsgefahr von diskreter Optimierung und etwa diskreter Analysis auftritt. Nichtsdestoweniger werden wir weiter sehen, daß der Zusammenhang dieser beiden Disziplinen nicht nur terminologischer Art ist.

1.1.2. Wir beschreiben nun den Gegenstand in möglichst formalen Termini. Unter einem allgemeinen mathematischen Optimierungsproblem werden wir wie gewöhnlich die Aufgabe verstehen, eine skalare Funktion

$$f(x_1, x_2, \ldots, x_n) \tag{1.1}$$

unter den Bedingungen

$$\begin{aligned} g_1(x_1, x_2, \ldots, x_n) &\leqq 0\,, \\ g_2(x_1, x_2, \ldots, x_n) &\leqq 0\,, \\ \ldots\ldots\ldots\ldots \\ g_m(x_1, x_2, \ldots, x_n) &\leqq 0 \end{aligned} \tag{1.2}$$

und

$$X = (x_1, x_2, \ldots, x_n) \in D\,. \tag{1.3}$$

zu maximieren. Hierbei ist D irgendein Gebiet des n-dimensionalen euklidischen Raumes R^n (in der überwältigenden Mehrzahl der Fälle wird als D der nichtnegative Orthant vom Raum R^n betrachtet, so daß sich (1.3) einfach als Nichtnegativitätsbedingung für alle Variablen darstellt). Das durch die Bedingungen (1.2) und (1.3) definierte Gebiet werden wir mit G bezeichnen.

Um die Stellung der diskreten Probleme unter den mathematischen Optimierungsproblemen möglichst genau festzulegen, machen wir hier eine kleine Abweichung.

Unter den Problemen (1.1)—(1.3) kann man eine Problemklasse aussondern, die wir *regulär* nennen wollen. Diese Probleme werden durch folgende Bedingungen charakterisiert.

1. Für jeden Punkt $X \in G$ kann man in irgendeiner Weise den Begriff einer nichtleeren Umgebung $G_X \subset G$ definieren.

2. Man kann effektive verifizierbare notwendige und hinreichende Bedingungen für eine lokale Optimalität angeben.

Auf Grund dieser Bedingungen kann ein lokales Optimum der Zielfunktion (1.1) über der Menge G mit einem endlichen (oder konvergierenden unendlichen) Verfahren gefunden werden.

3. Jedes lokale Optimum der Zielfunktion ist auch globales Optimum.

Zu regulären Problemen gehören z. B. konvexe Optimierungsprobleme (die Funktion f ist konkav, die Funktionen g_i, $i = 1, 2, \ldots, m$ sind konvex) und deren Sonderfälle, die linearen Optimierungsprobleme (die Funktionen f und g_i, $i = 1, 2, \ldots, m$ sind linear, D ist der nichtnegative Orthant).

Zu den nicht regulären Problemen zählen wir insbesondere die sogenannten Multi-Extremalprobleme, in denen das globale Maximum nicht mit dem lokalen zusammenzufallen braucht. Den Multi-Extremalproblemen wurde in der Übersicht von D. B. JUDIN [81], [82] bedeutender Raum gegeben.

Die diskreten Optimierungsprobleme bilden eine andere, umfangreiche Klasse von nichtregulären Problemen. Man kann sie formal als Probleme vom Typ (1.1)—(1.3) charakterisieren, bei denen die Menge D unzusammenhängend ist. Zum Beispiel kann die Menge D endlich (abzählbar) oder kartesisches Produkt einer endlichen (abzählbaren)[1]) Menge auf eine Menge von der Mächtigkeit des Kontinuums sein. In diesem Falle ist es natürlich, Bedingung (1.3) Diskretheits- (gemischte Diskretheits-) Bedingung zu nennen.

Daraus wird klar, daß bei diskreten Problemen das Gebiet G für die zulässigen Lösungen nichtkonvex und nicht zusammenhängend wird. Dieses Gebiet wird durch Bedingungen zweier Typen definiert: durch die „regulären" Bedingungen (1.2) und durch die Diskretheits- (gemischten Diskretheits-) Bedingungen (1.3). Bezeichnenderweise werden meistens die Diskretheits- (gemischten Diskretheits-) Bedingungen von den anderen Bedingungen abgesondert und außerdem nach den einzelnen Variablen „separiert", so daß man sie wie folgt aufschreiben kann:

$$x_j \in D_j\,, \qquad j = 1, 2, \ldots, n_1\,. \tag{1.4}$$

Hier ist $n_1 \leqq n$ und jedes D_j entweder eine endliche Menge, die mindestens zwei Elemente enthält oder eine abzählbare[1]) Menge. Dem Fall $n_1 = n$ entspricht das vollständig diskrete Problem, dem Fall $n_1 < n$ jedoch das gemischte diskrete Problem.

Im einfachsten Fall, wenn $n_1 = n$ gilt und sämtliche D_j endliche Mengen sind, stellt sich das diskrete Optimierungsproblem als eine Aufgabe dar, das relative Extremum über einer endlichen Menge zu finden.

1.1.3. Hat man bei der Lösung regulärer (vor allem linearer, aber auch konvexer) mathematischer Optimierungsprobleme bedeutende Erfolge erzielt, so hat die Lösung diskreter Probleme eine Reihe wesentlicher und spezifischer Erschwernisse mit sich gebracht. Diese Schwierigkeiten sind nicht nur von technischem, sondern auch von prinzipiellem Charakter. Es handelt sich darum, daß man wegen des oben bemerkten Nichtzusammenhangs und der Nichtkonvexität des zulässigen Bereiches die Standardverfahren für die „reguläre" mathematische Optimierung (d. h. das Vordringen von einer Ecke des Polyeders in eine andere, indem man den Gradienten in der Umgebung des gegebenen Punktes verschiebt usw.) nicht anwenden kann.

Die „naiven" Zugänge zu diskreten Problemen erweisen sich sogar als nicht stichhaltig. So kann die Idee der vollständigen Enumeration für Probleme mit

[1]) Wenn wir von abzählbaren Mengen sprechen, werden wir stets abzählbare Mengen ohne Häufungspunkte (d. h. Mengen vom Typ der „natürlichen Zahlen") im Blick haben.

[2]) Mit $|A|$ bezeichnen wir die Anzahl der Elemente einer gegebenen (endlichen) Menge A.

einer endlichen Menge zulässiger Lösungen praktisch nicht realisiert werden, da im Falle der Endlichkeit aller Mengen D_j die Gesamtheit der Punkte $(x_1, x_2, \ldots, x_n)$ die Bedingung (1.4) erfüllen (für $n_1 = n$) gleich[2])

$$\prod_{j=1}^{n} |D_j| \geqq 2^n ;$$

ist; m. a. W. mit wachsender Anzahl der Variablen nimmt der Umfang der Rechenarbeit ziemlich schnell zu. Daß wir bei dieser Berechnung die Restriktionen (1.2) nicht berücksichtigt haben, verändert die Sachlage praktisch nicht.

Ein anderer, sich aufdrängender Zugang zu diskreten (genauer: ganzzahliger) Problemen besteht in ihrer ,,Regularisierung", d. h. im Weglassen der Diskretheitsbedingungen und in der Lösung des entsprechenden stetigen Problems mit nachfolgender Rundung der nichtganzzahligen Lösungskomponenten zur nächstliegenden ganzen Zahl. Man kann einfache Beispiele für ganzzahlige lineare Optimierungsprobleme konstruieren, die die Unannehmbarkeit dieses Zuganges beweisen. Wir betrachten zum Beispiel die Aufgabe, die Linearform

$$x_1 - 3\,x_2 + 3\,x_3$$

unter den Bedingungen

$$\begin{aligned} 2\,x_1 + x_2 - x_3 &\leqq 4\,, \\ 4\,x_1 - 3\,x_2 \quad\; &\leqq 2\,, \\ -3\,x_1 + 2\,x_2 + x_3 &\leqq 3\,; \end{aligned}$$

$$x_1, x_2, x_3 \geqq 0; \qquad x_j \text{ ganze Zahlen}, \qquad j = 1, 2, 3$$

zu maximieren.

Wenn wir die Ganzzahligkeitsbedingung ignorieren, können wir leicht eine optimale Lösung des entsprechenden linearen Optimierungsproblems finden:

$$x_1 = \frac{1}{2}\,, \qquad x_2 = 0\,, \qquad x_3 = 4\,\frac{1}{2}\,.$$

Man überzeugt sich leicht davon, daß keine einzige Rundungsvariante für die Komponenten dieser nicht ganzzahligen Lösung überhaupt eine zulässige Lösung ergibt! Die optimale und ganzzahlige Lösung dieses Problems hat die Gestalt

$$x_1 = 2\,, \qquad x_2 = 2\,, \qquad x_3 = 5\,.$$

Gleichzeitig damit bemerken wir, daß das angeführte Beispiel nicht die gesamte Idee der Regularisierung, sondern nur ihre zu weitgehende direkt-lineare Anwendung in Mißkredit bringt. Die Idee einer Regularisierung von Problemen liegt einer großen Klasse von numerischen Methoden in der diskreten Optimierung zugrunde, nämlich den sogenannten ,,Schnitt-Methoden" (s. 4.).

All das Gezeigte ergibt, daß für die Lösung diskreter Optimierungsprobleme ein Ausbau vollständig neuer Methoden nötig ist. Eine Klassifikation und ein kurzer Überblick über diese Methoden wird in 4. gegeben werden.

1.2. Klassifizierung der mathematischen Modelle

1.2.1. Diskrete (ganzzahlige) mathematische Optimierungsprobleme können auf verschiedenen Wegen entstehen. Zuerst bemerken wir, daß lineare Optimierungsprobleme existieren, die man formal nicht unter die ganzzahligen rechnet (die Ganzzahligkeitsforderung erscheint darin nicht in klarer Gestalt), die aber bei ganzzahligen Ausgangsdaten stets ganzzahlige Lösungen liefern. Diese Eigenschaft besitzt das Transportproblem und verschiedene Varianten davon (das Zuordnungsproblem, Strömungsproblem in Netzwerken). Die angegebenen Verhältnisse sind leicht zu verstehen, wenn man weiß, daß die numerischen Lösungsmethoden für das Transportproblem nur erfordern, daß man Additions- und Subtraktionsoperationen auf die Ausgangsdaten anwendet. Die ihnen innewohnenden Prinzipien sind bedeutend tiefer; sie sind in gewissen spezifischen Eigenschaften der Restriktionenmatrix beim Transportproblem eingeschlossen. Hier werden wir nicht weiter bei dieser Frage stehenbleiben und deren Studium bis zur entsprechenden Problemklasse (den sogenannten „unimodularen Problemen") in 17. beiseitelassen.

1.2.2. Die erste und natürlichste Anregung, ganzzahlige und diskrete Probleme im eigentlichen Sinne des Wortes zu studieren, bildete die Betrachtung linearer Optimierungsprobleme, in denen die Variablen physikalische, nichtteilbare Größen (etwa die Menge der Einheiten von Produkten verschiedener Gestalt) darstellen. Es ist klar, daß diese Forderung in verschiedenen angewandten Modellen auftritt; das erste in der Literatur bekannte Modell solcher Art wird in 2.2. beschrieben. Zur Charakterisierung dieser Modellklasse werden wir den Terminus *Probleme mit Ganzzahligkeitsforderungen* einführen.

1.2.3. Einen anderen wichtigen Anstoß zum Aufbau einer Theorie der diskreten Optimierung bildete ein neuer Zugang zu gewissen kombinatorischen Extremalproblemen, der in der Mitte der 50er Jahre ausgearbeitet und der Benutzung der linearen Optimierung zugrunde gelegt wurde. Bei diesen Problemen sollte das Extremum einer ganzzahligen linearen Funktion gefunden werden, die auf einer endlichen Menge von Elementen gegeben ist oder die selbst Elemente dieser endlichen Menge sind, die die geforderte Extremaleigenschaft besitzen. Um solche Probleme bei den linearen Optimierungsproblemen „anzusiedeln", interpretierte man die Elemente der endlichen Menge als ganzzahlige Punkte eines euklidischen Raumes und suchte danach das Extremum der linearen Funktion über der konvexen Hülle dieser Punkte (oder über einem größeren konvexen Polyeder). Aus der Konstruktion selbst wird klar, daß die Lösung eines auf diese Weise erhaltenen linearen Optimierungsproblems nur dann einen kombinatorischen Sinn hat, wenn sie ganzzahlig ist. Allerdings hatte in den ersten auf diese Weise untersuchten Problemen das letztere Moment keine selbständige Bedeutung: der Ganzzahligkeitsbeweis war hier entweder überflüssig oder er ergab sich mühelos, weil diese Probleme letzten Endes auf Transportprobleme führten.

Somit forderten diese Untersuchungen noch nicht die Notwendigkeit heraus, eigene Methoden für die diskrete Optimierung auszuarbeiten; allerdings förderten sie das Interesse an einer allgemeinen Charakterisierung der Problemklassen, die optimale ganzzahlige Lösungen liefern und, was noch wichtiger ist, eröffneten den Weg zu einer Bearbeitung von kombinatorischen Problemen allgemeinerer Gestalt mit den Methoden der linearen Optimierung. Hier wird die ursprüngliche Natur der Diskretheit oft etwas anders. Man muß nämlich nicht selten BOOLEsche Variable[1]) einführen, die logischen Charakter haben („wir erhalten $x_j = 1$, falls die Bedingung $\mathfrak{A}$ erfüllt ist und $x_j = 0$ im entgegengesetzten Fall ...").

1.2.4. Zu den ganzzahligen (genauer gemischt ganzzahligen) linearen Optimierungsproblemen zieht man auch mit Erfolg eine Reihe von Problemen hinzu, bei denen die explizite Forderung nach Ganzzahligkeit fehlt, die aber gewisse Besonderheiten aufwiesen, die sie aus dem Rahmen der linearen Optimierung herausfallen lassen. Diese Besonderheiten können entweder

a) zur Zielfunktion oder
b) zur Menge der zulässigen Lösungen gehören.

Zu den Problemen vom Typ a) gehören die Aufgaben, eine separable Funktion über einer konvexen Menge zu minimieren. Unter einer separablen, stückweise linearen Funktion verstehen wir eine Funktion

$$\sum_{j=1}^{n} c_j(x_j) ,$$

mit

$$c_j(x_j) = \begin{cases} 0 & \text{für} \quad x_j = 0 , \\ c_j x_j + d_j & \text{für} \quad x_j > 0 . \end{cases}$$

Probleme vom Typ b) stellen sich als Aufgaben dar, das Extremum einer gewöhnlichen linearen Funktion über einem Gebiet zu finden, das außer durch lineare Ungleichungen auch noch durch logische Bedingungen der Form „entweder — oder" gegeben ist. Solche Gebiete erweisen sich entweder als nichtkonvex oder als nicht zusammenhängend (sie bilden wie gewöhnlich die mengentheoretische Vereinigung gewisser konvexer Polyeder).

Solche „nichtklassische" Probleme werden in 2.4. und 2.5. betrachtet. Vorerst bemerken wir nur, daß sie bei Einführung vollständig ganzzahliger Veränderlicher auf ganzzahlige lineare Optimierungsprobleme führen.

1.2.5. So können wir die folgenden grundlegenden Klassen bei diskreten Optimierungsproblemen einführen:

1. Probleme mit Unteilbarkeitsforderungen
2. Kombinatorische Extremalprobleme
3. Probleme mit separabler unstetiger Zielfunktion
4. Probleme über nichtklassischen Bereichen
5. Gewisse Multi-Extremalprobleme
6. Diskrete Probleme im engeren Sinne des Wortes (Auffinden der Extrema auf endlichen Mengen).

---

[1]) D. h. solche, die zwei Werte annehmen: 0 und 1. Wir bemerken, daß die Bedingung $x = \begin{cases} 0 \\ 1 \end{cases}$ auch in der Form $0 \leqq x \leqq 1$, x ganzzahlig geschrieben werden kann. Das wird im folgenden systematisch verwendet

1.3. Klassifizierung angewandter Probleme

1.3.1. Bezüglich der Klassifizierung angewandter diskreter Optimierungsprobleme könnte man im Prinzip das im vorigen Abschnitt bezüglich der Klassifizierung mathematischer Modelle Gesagte wiederholen. Zuerst die Probleme mit Unteilbarkeitsforderungen, das sind mathematische Modelle für viele reale Probleme, die die Planung nicht zu unterteilender Produktionsformen oder die Verwendung nicht teilbarer Wirtschaftsfaktoren beschreiben. In der Rolle solcher nicht teilbarer Faktoren treten nicht selten zum Beispiel Transporteinheiten auf, so wie viele Überführungsprobleme, die vom klassischen Transportproblem verschieden sind, auf diskrete Modelle führen. Das sind zum Beispiel Probleme, die die komplexen Mittel zur Zustellung von Ladegut optimieren, bei denen die minimale Anzahl von Entscheidungen gefunden werden soll, die zur Realisierung eines gegebenen Transportplanes nötig sind, bei denen der Leerlauf von Kraftfahrzeugen bei der Erfüllung eines gegebenen Transportplanes minimiert wird usw.

1.3.2. Unter den kombinatorischen Problemen, die auf diskrete Optimierungsmodelle führen und große Bedeutung für die Anwendungen haben, bemerken wir zuerst das Rundreiseproblem (travelling salesman) und Probleme aus der Theorie der Ablaufplanung. Diese beiden Probleme sind Gegenstand einer umfangreichen Literatur, allerdings fällt eine detaillierte Betrachtung dieser Probleme aus dem Rahmen des vorliegenden Buches. Wir beschränken uns daher auf eine Beschreibung der entsprechenden diskreten Modelle.

Das Rundreiseproblem beschreibt die Modellklasse, bei der eine Marschroute für den Warentransport gefunden werden soll, deren Gesamtumlauf minimal ist. Was die Probleme aus der Theorie der Ablaufplanung betrifft, so stellen sie in der Hauptsache Probleme für die Beschränkungen der Produktion dar.

1.3.3. Zu den zahlreichen anderen kombinatorischen Problemen, die bezüglich der Anwendungen wichtig sind, werden auch Überdeckungsprobleme gerechnet, die in den letzten Jahren große Aufmerksamkeit auf sich gezogen haben. Diese Probleme erfordern, eine minimale Teilmenge der Kantenmenge eines gegebenen Graphen zu finden, die sämtliche Ecken des Graphen enthält. Sie finden bei der Synthese logischer Netze und ähnlichen Aufgaben Anwendung.

An die angegebenen Probleme grenzen auch die vom Typ der Doppelbelegungsprobleme (die minimalen Verbindungen auf Radiochassis, kürzeste technologische Marschrouten).

1.3.4. Wir erinnern auch an die äußerst wichtige und große Klasse der Probleme einer optimalen Standortverteilung, Spezialisierung, Kooperation u. a., bei denen auf verschiedenen Wegen die Diskretheit auftritt.

1.3.5. Somit können wir die folgenden Grundtypen für angewandte diskrete Optimierungsprobleme aussondern:

1. Probleme mit Unteilbarkeitsbedingungen
2. Kombinatorische Probleme

3. Überdeckungsprobleme und andere Probleme aus der diskreten Netzoptimierung
4. Verteilungsprobleme

Wir bemerken, daß sich jede Klassifikation angewandter diskreter Optimierungsprobleme unvermeidbar als unvollständig erweist, denn unter diesen Modellen finden wir auch landwirtschaftliche Produktionsprobleme und Probleme der optimalen Signalsynchronisation bei der Regulierung des Straßenverkehrs usw.

1.4. Klassifizierung numerischer Methoden

Die Theorie der diskreten Optimierung besteht heute im Grunde aus der Theorie der numerischen Lösungsmethoden für diskrete Probleme. Gibt man ihnen allgemeinen Charakter, kann man zunächst drei Hauptgruppen bei den Methoden aussondern, die prinzipiell durch den Zugang zum Problem unterschieden werden.

1.4.1. Für die Methoden der ersten Gruppe ist zunächst das „Regularisierungsproblem" charakteristisch, das ein Einbeziehen seines Ausgangsbereiches für die zulässigen Lösungen (1.2), (1.4) in einen diesen volumenmäßig verbessernden konvexen Bereich gestattet (mit anderen Worten, ein zeitweiliges Fortlassen der Diskretheitsbedingung (1.4)). Nachdem man das reguläre Problem erhalten hat, werden Standardoptimierungsmethoden angewandt. Genügt die als Resultat erhaltene Lösung bereits den Erfordernissen der Diskretheitsbedingung, ist das Problem gelöst. Ist das nicht der Fall, so wird ein weiterer Übergang zu einer ganzzahligen Lösung notwendig. Wir unterstreichen noch einmal, daß dieser Übergang allgemein gesprochen nicht unbedingt durch einfache Rundung der Komponenten der erhaltenen nichtganzzahligen Lösung zu bekommen ist. Ein entsprechendes Beispiel wurde in 1. gebracht.

Somit bildet der angegebene Übergang auch das eigentliche Wesen der Methoden dieser Gruppe. Zuerst wurde die Idee eines solchen Überganges in der Arbeit [30] von Dantzig, Fulkerson und Johnson in Anwendung auf das travelling salesman Problem gegeben; eine sehr analoge Idee wurde für ein anderes konkretes Problem von Markovitz und Manne [105] verwendet. Für das allgemeine ganzzahlige lineare Optimierungsproblem wurde die entsprechende Idee von Dantzig [26] ausgesprochen. Sie besteht in folgendem. Erhält man als Ergebnis des ersten Schrittes (Lösung des Problems ohne Ganzzahligkeitsforderung) keine ganzzahlige Lösung, so wird den Restriktionen des Ausgangsproblems eine neue lineare Restriktion hinzugefügt, die zwei Eigenschaften erfüllt:

1. die gewonnene nicht ganzzahlige Lösung erfüllt sie nicht;
2. jede ganzzahlige Lösung genügt ihr.

Danach wird das erhaltene erweiterte Problem gelöst, ist es nötig, wird eine weitere Restriktion hinzugefügt. Das Verfahren wird wiederholt, bis man eine

Lösung erhält, die die benötigten Ganzzahligkeitsforderungen erfüllt. Also führt die Lösung vollständig oder gemischt ganzzahliger linearer Optimierungsprobleme auf die Lösung einer gewissen Folge gewöhnlicher linearer Optimierungsprobleme.

Geometrisch entspricht das Hinzufügen jeder solchen linearen Restriktion dem Schnitt mit einem Halbraum, der vom Lösungspolyeder des „regularisierten“ Problems den alten optimalen Punkt mit genauen Koordinaten abschneidet, aber keinen ganzzahligen Punkt dieses Polyeders entfernt. Daher erhielten die auf dieser Idee beruhenden Methoden in der Literatur den Namen „Methoden der abtrennenden Ebenen“ oder „Schnittmethoden“.

Die Idee der Schnitte führt auf natürliche Weise zu drei Problemen:

1. Das Auffinden einer universellen Regel zur Formulierung der zusätzlichen Restriktionen;
2. der Endlichkeitsbeweis für das entsprechende Schnittverfahren;
3. der Kampf gegen ein übermäßiges „Anwachsen“ des Problems, wenn zusätzliche Restriktionen hinzugefügt werden.

Nur die Lösung dieser Probleme kann zu einem universellen und in numerischer Hinsicht realisierbaren Algorithmus führen. Zuerst wurde das im Jahre 1958 von R. Gomory geschafft (erste Veröffentlichung des Algorithmus in [58]; s. auch [59], [64]). Mit diesem Augenblick beginnt die Entwicklung allgemeiner Schnittmethoden; wie Dantzig [26] bemerkt, waren die vorangehenden Schnittmethoden außergewöhnlich unformalisiert, sie stellten eher eine Kunst als Wissenschaft dar.

Im folgenden verallgemeinerte Gomory die Idee der Bildung zusätzlicher Restriktionen und erhielt eine andere Form des Algorithmus für rein ganzzahlige Probleme [60], [63]. Diese Methode ist besonders in rechentechnischer Hinsicht bequem, denn man braucht nur Additions- und Substraktionsoperationen auszuführen. In der Literatur [122] werden diese Methoden manchmal der „zyklische“ bzw. „diskrete“ Algorithmus von Gomory genannt. Außerdem dehnte Gomory den ersten seiner beiden Algorithmen auf gemischt ganzzahlige lineare Optimierungsprobleme aus (erste Veröffentlichung [62]). Es ist wichtig, zu bemerken, daß unter bestimmten Bedingungen auch die Endlichkeit dieser drei Algorithmen bewiesen wurde.

Daß die Schnittprobleme nicht trivial sind, besteht insbesondere darin, daß bei weitem nicht eine beliebige Bildungsregel für zusätzliche Restriktionen, die die Forderungen 1. und 2. (s. Seite 8) erfüllt, auf einen endlichen Rechenalgorithmus führt. Diese Frage wird in 6.5. am Beispiel einer Bildungsregel für zusätzliche Restriktionen betrachtet, die von Dantzig kurz nach der ersten Arbeit von Gomory vorgelegt wurde.

Die Entwicklung der Schnittmethoden ging in den letzten Jahren sowohl den Weg der Detaillierung, als auch den der Erweiterung von den linearen auf allgemeinere Probleme. So veröffentlichten Künzi und Oettli [97], [98] eine Methode zur Minimierung positiv definiter quadratischer Formen unter linearen

Restriktionen und der Beschränkung auf Ganzzahligkeit bei ihren Variablen.

In den Arbeiten [41], [39] wurde ein Algorithmus vorgelegt, der ein Spezifikum für lineare Optimierungsprobleme mit BOOLEschen Variablen verwendete (s. 6.4.).

WITZGALL [130] übertrug die Idee des zweiten Algorithmus von GOMORY auf Probleme mit linearer Zielfunktion (mit Ganzzahligkeitsforderung an die Variablen) und „parabolischen" Restriktionen, d. h. Restriktionen der Gestalt

$$a_{00} - L_0(X) - b_1(L_1(X))^2 - \cdots - b_k(L_k(X))^2 \geqq 0 ,$$

wo

$$L_s(X) = \sum_{j=1}^{n} a_{sj}\, x_j , \qquad s = 0, 1, \ldots, k .$$

linear unabhängige Formen sind.

1.4.2. Die zweite der oben erwähnten Gruppen von Methoden unterscheidet sich von der ersten darin, daß bei diesen Methoden maximal von der Endlichkeit des Problems Gebrauch gemacht wird, von seinem kombinatorischen Charakter. Es ist natürlich, daß die Methoden dieser Gruppe in ihrem Charakter ziemlich verschiedenartig sind; sie verwenden alle in irgendeinem Grade die Idee der vollständigen Enumeration. Die erste Methode dieser Art wurde in der Arbeit von LAND und DOIG [99] im Jahre 1960 vorgelegt. Unmittelbar danach verwendete LITTLE und andere Autoren eine äußerst ähnliche Idee zur Lösung des Travelling-salesman-Problems; ihr Zugang erwies sich als äußerst erfolgversprechend. Von den Autoren „Branch-and-Bound-Methode" genannt, erzeugte dieser Algorithmus eine Reihe von Varianten („Die Methode der sukzessiven Trennung und Abschätzung" [13] u. a.), und verstärkte hauptsächlich die Aufmerksamkeit auf die Idee von „Branch and Bound" selbst, die nach der Arbeit von LAND und DOIG nicht gewürdigt wurde. Somit regte man die weitere Arbeit in dieser Richtung an, die in der Gegenwart äußerst intensiviert wird (vgl. den Übersichtsartikel von LAWLER und WOOD [101]).

In der Nähe der Ideen der „Branch-and-Bound-Verfahren" liegt der „additive" Algorithmus von BALAŞ [4] und seine Modifikationen; die Hauptvariante dieser Methode wird in 11. behandelt. THOMPSON [127] legte einen Algorithmus zur Lösung linearer ganzzahliger Optimierungsprobleme vor („Simplex-Methode mit Unterbrechung" — „Stepping-stone-Methode"), der dem Algorithmus von LAND und DOIG nahekommt, aber bezüglich der Speicheranforderungen wesentlich ökonomischer ist.

Einfachere heuristische Überlegungen liegen der „BOOLEschen" Methode zugrunde, die von FAURE und MALGRANGE vorgelegt wurden [35] und zur Lösung ganzzahliger linearer Optimierungsprobleme dienen (s. 14.1.).

Hier verdient auch noch der Apparat der sogenannten „pseudo-BOOLEschen" Optimierung Aufmerksamkeit, der von IVĂNESCU, ROSENBERG und RUDEANU ausgearbeitet wurde. Der Gegenstand der pseudo-BOOLEschen Optimierung besteht in der Lösung von Gleichungs- oder Ungleichungssystemen mit Variablen, die die Werte 0 oder 1 annehmen und auch in der Untersuchung der entsprechenden Optimierungsprobleme, die sowohl linear, als auch nichtlinear sein können. Da der Umfang des Buches beschränkt ist, haben wir nicht die Möglichkeit, auf die pseudo-BOOLEsche Optimierung einzugehen, umsomehr, als dieser Zugang in seinem Inhalt etwas abseits von der allgemeinen Richtung dieses Buches liegt. Den an diesen Fragen interessierten Leser weisen wir auf die Monographie [78] oder den Übersichtsartikel [79] hin.

Ein lokaler Zugang, der aus der diskreten Analysis entsteht, wurde danach entsprechend den diskreten Optimierungsproblemen entwickelt [136], [42], [43] (s. 13.).

Ein wenig abgesondert steht die originelle Methode von V. P. ČERENIN zur Lösung einer Klasse von kombinatorischen Problemen; sie wird kurz in 14.2. beschrieben.

1.4.3. Die dritte Gruppe von Methoden besteht aus den stochastischen Suchverfahren und anderen Näherungsverfahren. Die Entstehung der Näherungsmethoden wurde durch verschiedene Ursachen angeregt. Darunter bemerken wir vor allem die Kompliziertheit der entsprechenden exakten Methoden und die Schwierigkeiten bei ihrer Realisierung für Probleme großer Dimensionen. Außerdem werden für viele angewandte Probleme exakte Lösungen in bedeutendem Maße wegen der ungenügenden Glaubwürdigkeit der Ausgangsdaten entwertet. Schließlich gestattet die spezifische Struktur vieler Probleme, hinreichend motivierte heuristische Zugänge auszuarbeiten, die in ihrer Einfachheit wertvoll sind und selbst zur Lösung operativer Probleme anwendbar.

In „sauberer“ Gestalt sind die stochastischen Suchverfahren in Bezug auf ganzzahlige lineare Optimierungsprobleme mit BOOLEschen Variablen in der Arbeit von PJATECKIĬ-ŠAPIRO, VOLKONSKIĬ, LEVINA und POMANSKIĬ [115] entwickelt worden (s 15.1.).

Nicht selten ist die stochastische Suche mit sogenannter lokaler Optimierung verbunden. In großen Zügen kann man diese Methoden auf folgende Weise charakterisieren. Man stellt durch zufällige Wahl irgendeine zulässige Lösung her. Man bestimmt die „Umgebung“ dieser zulässigen Lösung, die aus Punkten besteht, die im festgelegten Sinne in der Nähe des Ausgangspunktes liegen. Die vorhandene zulässige Lösung wird in den Punkten dieser Umgebung verbessert, bis man ein „lokales“ Optimum erreicht hat. Die gesamte Prozedur wird oftmals wiederholt, und aus den erhaltenen „lokalen“ Optima wird das bezüglich dem Zielfunktionswert beste ausgewählt. Es ist selbstverständlich, daß die Idee eines solchen Zugangs äußerst allgemein und im Prinzip auf ein beliebiges Optimierungsproblem anwendbar ist. Eine formalere Beschreibung werden wir in 15.2. geben.

Wir bemerken endlich, daß für gewisse einzelne Probleme Näherungsmethoden konstruiert wurden, die keinerlei stochastisches Suchen verwenden, sondern nur die Spezifik des Modells studieren. Eine dieser Methoden, die zur Lösung des Transportproblems mit Fixkosten vorgesehen ist (s. 2.5.), wird in 16.1. beschrieben (s. [91], [94]).

2. Mathematische Modelle für die diskrete Optimierung

2.1. Das Transportproblem

Bei der Klassifizierung der diskreten Optimierungsmodelle (1.2.) wurde bemerkt, daß einige Probleme, die formal nicht ganzzahlig sind, in Wirklichkeit stets ganzzahlige Lösungen besitzen, sofern beliebige ganzzahlige Ausgangsdaten vorliegen. Dieser Umstand wurde noch im Jahre 1951 von DANTZIG bei der Spezialisierung der Simplexmethode auf das Transportproblem bemerkt. Deshalb kann man das letztere in gewissem Sinne als Vorläufer aller diskreten Optimierungsprobleme ansehen.

2.1.1. Die Aufgabenstellung besteht beim Transportproblem im folgenden. Gegeben sind m Produktionszentren („Lieferanten") für ein gewisses homogenes Produkt und n Verbraucherzentren. Für jedes Produktionszentrum $i = 1, 2, \ldots, m$ und für jedes Verbraucherzentrum $j = 1, 2, \ldots, n$ sind folgende Größen gegeben:

a_i Produktionsumfang im Produktionszentrum i,
b_j Nachfrage im Verbraucherzentrum j,
c_{ij} Transportkosten für eine Produktionseinheit vom Produktionszentrum i zum Verbraucherzentrum j.

Dabei wird meistens vorausgesetzt, daß Gesamtproduktion und Gesamtbedarf ausgeglichen sind, d. h.

$$\sum_{i=1}^{m} a_i = \sum_{j=1}^{n} b_j . \tag{1.1}$$

Es soll ein Transportplan aufgestellt werden, der
a) die Produktionsgrenzen des Lieferanten nicht überschreitet,
b) sämtliche Verbraucher völlig zufriedenstellt und
c) das Minimum der gesamten Transportkosten ergibt.

Wir führen Variable x_{ij} ein, die die zu transportierenden Mengen von jedem Lieferanten i zu jedem Verbraucher j darstellen. Natürlich gilt

$$x_{ij} \geqq 0 , \quad i = 1, 2, \ldots, m , \quad j = 1, 2, \ldots, n . \tag{1.2}$$

Offensichtlich wird Forderung a) durch die Bedingung

$$\sum_{j=1}^{n} x_{ij} = a_i , \qquad i = 1, 2, \ldots, m , \tag{1.3}$$

und Forderung b) durch die Bedingung

$$\sum_{i=1}^{m} x_{ij} = b_j , \qquad j = 1, 2, \ldots, n \tag{1.4}$$

ausgedrückt. Schließlich sind dabei die Gesamtkosten gleich

$$\sum_{i=1}^{m} \sum_{j=1}^{n} c_{ij}\, x_{ij} \,. \tag{1.5}$$

Somit besteht das Transportproblem formal darin, daß (1.5) unter den Bedingungen (1.2)—(1.4) minimiert werden soll.

2.1.2. Explizit wurde die Forderung nach Ganzzahligkeit der Werte von x_{ij} im Problem (1.2)—(1.5) nicht gestellt. Allerdings gilt der folgende wichtige Satz, der den Zusammenhang zwischen den Transportproblemen und den ganzzahligen linearen Optimierungsproblemen herstellt.

Satz 2.1.1. *Bei beliebigen ganzzahligen Werten $a_1, a_2, \ldots, a_m$ und $b_1, b_2, \ldots, b_n$ besitzt das Transportproblem stets eine ganzzahlige optimale Lösung, unabhängig von den Koeffizienten c_{ij} der Linearform.*

Diese wichtige Tatsache kann unmittelbar bestätigt werden, als Folgerung der bekannten Lösungsmethoden für das Transportproblem. Hier wird die Beweisidee angegeben; für ihre faktische Durchführung braucht man nur noch einige Einzelheiten im Rechenprozeß zu durchdenken.

Offensichtlich genügt es zum Beweis des Satzes, sich von der Richtigkeit folgender Behauptungen zu überzeugen:

1°. Es existiert eine ganzzahlige Ausgangsecklösung.

2°. Beim Übergang von einer Ecklösung zur anderen bleibt die Ganzzahligkeit erhalten.

In der Tat folgt aus 1° und 2° unmittelbar die Ganzzahligkeit aller Ecklösungen des Transportproblems, und das ist genau das, was wir benötigten.

Die in der Aussage 1° behauptete Existenz einer ganzzahligen Ecklösung wird durch direkte Konstruktion nachgewiesen. Das Verfahren besteht in folgendem:[1])

1) Man betrachte die Matrix $\|c_{ij}\|$ und finde $\min\limits_{i,j} c_{ij}$. Angenommen, dieses Minimum werde im Kästchen (i_0, j_0) angenommen.

2) Man erhält als erste Basisvariable

$$x_{i_0 j_0} = \min_{i,j} \{\, a_{i_0}, b_{j_0} \} \,. \tag{1.6}$$

3′) Ist a_{i_0} das Minimum in (1.6), so Streichen der Zeile i_0 und Abändern von b_{j_0} in $b_{j_0} - a_{i_0}$.

3″) Ist b_{j_0} das Minimum in (1.6) ,so Streichen der Spalte j_0 und Abändern von a_{i_0} zu $a_{i_0} - b_{j_0}$.

3‴) Ist $a_{i_0} = b_{j_0}$, so Streichen entweder der Zeile i_0 oder der Spalte j_0 (aber nicht beide gleichzeitig).

---

[1]) Es handelt sich hier um eine Modifikation der Nord-West-Ecken-Regel. (Anm. d. Red. d. dt. Ausg.)

4) Wiederholen von Schritt 1)—3) für die verkleinerte Matrix (die entweder eine Zeile oder eine Spalte weniger als die Ausgangsmatrix besitzt).

Wir bemerken, daß dann, wenn bei Anwendung der Regel 3‴) die verkürzte Matrix eine Zeile und einige Spalten besitzt, man die Spalte j_0 ausstreichen muß; wenn sie nur eine Spalte und einige Zeilen enthält, wird die Zeile i_0 ausgestrichen.

Insgesamt ist es nötig, $m + n - 1$ Schritte dieses Verfahrens auszuführen (da man im letzten Schritt eine 1×1-Matrix erhält, in der sowohl eine Zeile, als auch eine Spalte ausgestrichen wird). Also erhält man als Resultat eine gewisse Basislösung. Es ist leicht zu sehen, daß sie ganzzahlig ist, da die im beschriebenen Verfahren auszuführenden Operationen die Ganzzahligkeit der Ausgangsdaten a_i und b_j, aus denen die Lösung besteht, nicht verletzt. Daher ist Aussage 1° richtig.

Faktisch wurde hier eine formale Beschreibung der Methode des minimalen Elementes zur Konstruktion einer ersten Näherung beim Transportproblem gegeben. Man sieht leicht, daß man zu derselben Ableitung gelangen würde, wenn man ein beliebiges anderes Verfahren zur Konstruktion einer Ausgangslösung verwenden würde (zum Beispiel die Nord-West-Ecken-Regel).

Wir betrachten nun den Übergang von einer Basislösung zu einer anderen. Angenommen, man habe irgendeine ganzzahlige Basislösung gefunden, die nicht optimal ist. Es habe sich ergeben, daß man zu ihrer Verbesserung in die Basis die Variable $x_{i_1 j_1}$ einführen muß, und man habe den Zyklus gefunden, auf dem die Posten umzuverteilen sind. Wir beschränken uns auf die Betrachtung eines viergliedrigen Zyklus (in einem beliebigen, allgemeinen Fall ändert sich die Situation prinzipiell nicht). Wir haben folgendes Umverteilungsschema:

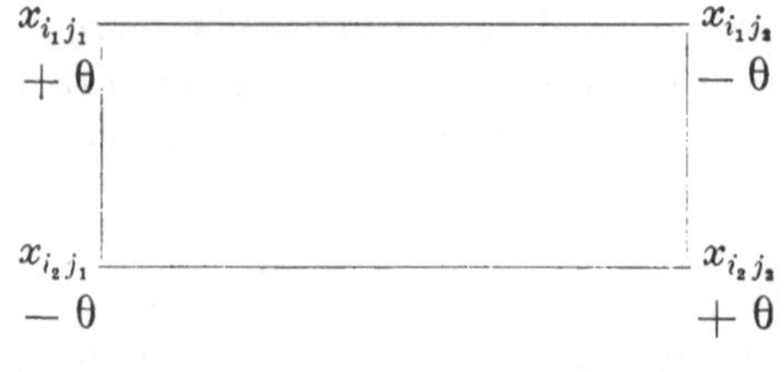

Wie wir sehen, ändern sich die Werte der Variablen dabei um die ganze Zahl $\theta = \min \{x_{i_1 j_2}, x_{i_2 j_1}\}$. Wegen der Ganzzahligkeit der vorangegangenen Lösung wird die verbesserte Lösung ebenfalls ganzzahlig. Somit ist auch Aussage 2° bewiesen.

Eine ausführlichere Darlegung dieser Fragen kann man zum Beispiel in der Monographie [29] von Dantzig finden.

2.1.3. Die soeben für Lösungen des Transportproblems bewiesene Ganzzahligkeit gilt auch für jeden beliebigen Sonderfall davon. Der wichtigste darunter ist das Zuordnungsproblem (Auswahlproblem), das in 2.3. betrachtet wird und das Flußproblem in Netzwerken. Bei aller großen selbständigen Bedeutung der Theorie der Flüsse in Netzwerken liegen diese Fragen am Rande vom Inhalt der vorliegenden Arbeit. Der speziell an Flüssen in Netzwerken interessierte Leser kann sich der Monographie [46] von FORD und FULKERSON bedienen. Wir bemerken nur, daß die Ganzzahligkeit der Lösungen für Zuordnungs- und Flußprobleme nicht nur aus der entsprechenden Eigenschaft des Transportproblems, sondern auch unmittelbar gezeigt werden kann.

2.1.4. Die Ganzzahligkeit der Lösungen des Transportproblems, von der wir uns bei der Analyse des Lösungsverlaufes überzeugt hatten, ist in Wirklichkeit nicht mit dem konkreten Rechenverfahren verbunden, sondern hat tiefere Gründe. Wenn man die Restriktionen (1.3), (1.4) des Transportproblems in Form von Restriktionen eines allgemeinen linearen Optimierungsproblems schreibt (d. h. wenn man sie auf die Gestalt $A\,X \leqq B$ bringt), so hat die dabei gewonnene Matrix A eine spezielle Struktur. Dieses Problem besitzt großes prinzipielles Interesse; seine vollständige Untersuchung wird bis Kap. 17 aufgeschoben.

2.2. Probleme mit Ganzzahligkeitsforderungen

2.2.1. Die Untersuchung diskreter Optimierungmodelle begann mit der Analyse ganzzahliger linearer Optimierungsprobleme, d. h. linearer Optimierungsprobleme, bei denen an sämtliche Variable oder einen Teil davon die Zusatzforderung gestellt wurde, ganzzahlig zu sein.

Formal gesprochen besteht ein ganzzahliges lineares Optimierungsproblem in der Maximierung von

$$c_1 x_1 + c_2 x_2 + \cdots + c_n x_n \tag{2.1}$$

unter den Restriktionen

$$\left.\begin{array}{l} a_{11} x_1 + a_{12} x_2 + \cdots + a_{1n} x_n \leqq b_1 , \\ a_{21} x_1 + a_{22} x_2 + \cdots + a_{2n} x_n \leqq b_2 , \\ \cdots\cdots\cdots\cdots\cdots\cdots\cdots \\ a_{m1} x_1 + a_{m2} x_2 + \cdots + a_{mn} x_n \leqq b_m , \end{array}\right\} \tag{2.2}$$

$$x_1 \geqq 0 , \quad x_2 \geqq 0 , \ldots , x_n \geqq 0 , \tag{2.3}$$

$$x_j \text{ ganze Zahlen}, \quad j \in J , \tag{2.4}$$

wo J eine gewisse Teilmenge der Indexmenge $N = \{1, 2, \ldots , n\}$ darstellt. Ist $J = N$ (d. h. wird von allen Variablen Ganzzahligkeit gefordert), so heißt das Problem *rein ganzzahlig;* ist dagegen $J \neq N$, heißt es *gemischt ganzzahlig.*

Das Modell (2.1)—(2.4) kann man zum Beispiel in folgenden Termini natürlich interpretieren. Es werden durch $i = 1, 2, \ldots , m$ Betriebsfaktoren (Einsatzgrößen) bezeichnet und durch $j = 1, 2, \ldots , m$ die Aktivitäten einer endlichen Produktion. Bezeichnen wir weiter

- a_{ij} als die Gesamtheit der Faktoren i, die zur Produktion einer Einheit vom Produkt j nötig sind,
- b_i als vorhandene Ressourcen beim Faktor i und
- c_j als Gewinne, die man aus der Einheit des Produktes j erzielt.

Angenommen, die Produkte j sind für $j \in J$ unteilbar, d. h. der physikalische Sinn gestattet nur ganze nichtnegative Gesamtheiten (Stücke) davon. Wir setzen voraus, daß das Ziel im Aufstellen eines Produktionsprogrammes besteht, das einen maximalen Gesamtgewinn garantiert und die Grenzen der gegebenen Resourcen nicht überschreitet. Bezeichnet man mit x_j die gesuchten Produktionsausstoßumfänge, kann man dieses Problem in das Modell (2.1)—(2.4) überführen.

Wir geben jetzt eine andere Interpretation für das rein ganzzahlige Modell (2.1)—(2.4). Mögen nun durch $i = 1, 2, \ldots, m$ die zur Ausführung gehörenden Arbeitstypen und durch $j = 1, 2, \ldots, n$ die Einrichtungstypen bezeichnet. Seien

a_{ij} die Selbstkosten für die Benutzung einer Einheit vom Einrichtungstyp j zur Arbeit i,

b_i die Gesamtselbstkostenbeschränkungen für die Arbeiten i,

c_j sei der Effekt bei der Verwendung einer Einheit von der Einrichtung j.

Seien sämtliche Einrichtungstypen unteilbar, d. h. es mögen nur ganze nichtnegative Gesamtheiten benutzbar sein. Ziel ist es, ein Programm für die Einrichtungsausnutzung aufzustellen, das die Selbskostenbeschränkungen erfüllt und einen maximalen Gesamteffekt liefert. Wir bezeichnen durch x_j die gesuchte Menge von Einrichtungseinheiten des Typs j. Dann führt das Problem auf Modell (2.1)—(2.4).

Wir bemerken noch, daß man in der letzten Interpretation sogar auch obere Schranken für die Gesamtheit der Einrichtungseinheiten von jedem Typ einführen kann. Mit anderen Worten können sogar ganze nichtnegative Zahlen $k_j, j = 1, 2, \ldots, n$ gegeben sein; in diesem Falle muß man noch die Restriktionen

$$x_j \leqq k_j\,, \qquad j = 1, 2, \ldots, n\,. \tag{2.5}$$

hinzufügen.

Die beiden angegebenen Interpretationen für Probleme mit Unteilbarkeitsvoraussetzungen (die Planung des Ausstoßes nicht teilbarer Produktionsformen und die Planung der Ausnutzung nichtteilbarer Produktionsfaktoren) ist in bestimmtem Sinne universell.

2.2.2. Wir beschreiben nun das konkrete, ganzzahlige Modell, das das erste publizierte Modell für ein ganzzahliges lineares Optimierungsproblem darstellt [25]. Gefragt ist nach der optimalen Auslastung von Bombenflugzeugen verschiedener Typen mit Bombenvorräten und dem Ziel eines maximalen Gesamteffekts für ein gegebenes System von Kriegsoperationen. Wir bezeichnen mit $i = 1, 2, \ldots, m$ die Bombentypen, mit $j = 1, 2, \ldots, n$ die Bombertypen und mit $k = 1, 2, \ldots, p$ die Kriegsoperationen. Zudem führen wir noch die folgenden Größen ein:

b_i der vorhandene Vorrat vom Bombentyp i,

a_{ik} die Effektivität des Bombentypes i bei der Operation k,

n_j die geplante Anzahl von Feindflügen des Bombers j,
w_k das der Operation k durch den Kommandostab beigemessene ,,Gewicht".

Unbekannte Größen sind hier:

x_{ijk}, die Gesamtheit der Bomben vom Typ i, die zur Auslastung der seitlichen Bombenschächte des Bombers j bei seiner Verwendung in der Operation k zugrundeliegen,
y_{ijk}, die analoge Größe für den zentralen Bombenschacht.

Somit führt die Aufgabe auf die Maximierung des Gesamteffektes

$$\sum_{i=1}^{m} \sum_{j=1}^{n} \sum_{k=1}^{p} a_{ik} w_k n_j (2 x_{ijk} + y_{ijk}) \tag{2.6}$$

unter den Restriktionen

$$\sum_{j=1}^{n} \sum_{k=1}^{p} n_j (2 x_{ijk} + y_{ijk}) \leqq b_i , \quad i = 1, 2, \ldots, m , \tag{2.7}$$

$$x_{ijk} \geqq 0 , \quad y_{ijk} \geqq 0 , \quad x_{ijk}, y_{ijk} \text{ ganze Zahlen} \tag{2.8}$$

Natürlich können zu den Restriktionen (2.7) auch noch andere, in der Wirklichkeit anzutreffende Restriktionen hinzutreten.

Ohne uns kritisch auf dieses ziemlich vereinfachte Modell einzulassen bemerken wir, daß zur Zeit seiner Publikation (1955) das Haupthindernis für seine Lösung und Verwendung gerade in der Forderung bestand, daß alle Variablen ganzzahlig sein sollten.

2.2.3. Wir führen jetzt eine wichtige und einfachere Variante eines linearen Modells mit Unteilbarkeitsforderungen an, das unter dem Namen *Tornisterproblem* bekannt ist. Man hat n Gegenstände; gegeben sind die Größen:

a_j das Gewicht des Gegenstandes
c_j der Wert des Gegenstandes j.

Es wird gefordert, daß ein Tornister der ,,Ladefähigkeit" A mit einer Auswahl von Gegenständen ausgelastet wird, die einen maximalen Gesamtwert ergibt. Führt man Variable x_j, $j = 1, 2, \ldots, n$ ein, die folgenden Sinn haben:

$$x_j = \begin{cases} 1, \text{ falls der } j\text{-te Gegenstand zur Last gehört} \\ 0 \text{ im entgegengesetzten Fall,} \end{cases} \tag{2.9}$$

so führt das Tornisterproblem auf die Maximierung von

$$c_1 x_1 + c_2 x_2 + \cdots + c_n x_n \tag{2.10}$$

unter den Restriktionen

$$x_i = \begin{cases} 0, \\ 1, \end{cases} j = 1, 2, \ldots, n , \tag{2.11}$$

$$a_1, x_1 + a_2 x_2 + \cdots + a_n x_n \leqq A . \tag{2.12}$$

In anderen Varianten dieses Modells können einige Beschränkungen der Gestalt (2.12) auftreten (zum Beispiel kann nicht nur das Gesamtgewicht der zu ladenden Gegenstände, sondern auch deren Gesamtumfang beschränkt sein usw.). Solche Probleme heißen ziemlich natürlich *mehrdimensionale* Tornisterprobleme. Setzen wir außerdem noch voraus, daß jeder Gegenstand nicht mit einem, sondern mit mehreren Exemplaren ausgelastet werden kann, so verwandeln sich die Restriktionen (2.11) in die Forderung nach Nichtnegativität und Ganzzahligkeit für alle Variablen. Man sieht leicht, daß im letzten Falle das mehrdimensionale Tornisterproblem dem allgemeinen linearen, rein ganzzahligen linearen Optimierungsproblem mit nichtnegativer Restriktionenmatrix äquivalent ist.

2.3. Probleme vom kombinatorischen Typ

2.3.1. In der Mitte der fünfziger Jahre wurde die Möglichkeit entdeckt, lineare Optimierungsmethoden auf gewisse Extremalprobleme mit kombiniatorischem Charakter anzuwenden. Bei derartigen Problemen wird der Extremwert einer bestimmten Zielfunktion gesucht, die entweder auf einer endlichen Menge oder selbst aus den Elementen der endlichen Menge heraus gegeben ist, die das Extremum dieser Funktion bilden. Um solch ein Problem in die linearen Optimierungsprobleme einzubeziehen, werden die Elemente der endlichen Menge als Punkte eines euklidischen Raumes interpretiert. Auf diese Weise bildet unsere „Ziel"-Funktion eine Linearform. Danach ist es natürlich, Probleme zu betrachten, bei denen das Extremum dieser Zielfunktion über der konvexen Hülle der gegebenen Punkte zu finden ist (manchmal ist es bequem, sogar ein größeres konvexes Polyeder einzuführen). In der Tat wird das Extremum einer Linearform über einem Polyeder in einer Ecke angenommen, und die Ecken findet man in der Menge aller zu betrachtenden Elemente. Das letztere Problem stellt ein lineares Optimierungsproblem dar.

Es ist selbstverständlich, daß die angegebene Interpretation für die Elemente der betrachteten Menge (und somit auch die Aufstellung des entsprechenden linearen Optimierungsproblems) erfüllt werden kann, und zwar im allgemeinen durch die verschiedensten Hilfsmittel. Man wird versuchen, diese Auswahl so vorzunehmen, daß man sich beim Auffinden der Lösungen nur auf Punkte mit ganzzahligen Koordinaten beschränkt; in diesem Falle gestattet das Problem eine kombinatorische Interpretation.

Bei den ersten auf diese Weise untersuchten Problemen folgte die Ganzzahligkeit der Lösung automatisch daraus, daß sich das entsprechende lineare Optimierungsproblem als Sonderfall des Transportproblems erwies; im übrigen konnte man diese Ganzzahligkeit auch leicht unmittelbar nachweisen.

Wir bemerken noch, daß sich bei so einem Zugang oft der Übergang zum dualen Problem notwendig macht, das in vielen Fällen sogar einen unmittelbaren kombinatorischen Sinn hat.

In einigen Artikeln des Sammelbandes „Linear inequalities and related systems“ [102] wurden diese Ideen auf verschiedene Probleme angewandt, z. B. auf den Satz von DILWORTH über die Zerlegung endlicher teilweise geordneter Mengen in Ketten und auf das Problem maximaler Flüsse und minimaler Schnitte in Netzwerken. Die letzte Arbeit wurde zu einer Quelle für eine elegante und selbständige Theorie der Flüsse in Netzwerken, die am vollständigsten in der Monographie [46] von FORD und FULKERSON dargestellt ist. (S. auch das Buch von GALE [48], Kap. V)

Etwas von der Entwicklungsgeschichte des Gegenstandes abweichend illustrieren wir den beschriebenen Zugang nicht an Übertragungsproblemen (die die Einführung gewisser Hilfsbegriffe erfordern), sondern an dem einfacheren kombinatorischen Problem, das unter dem Namen *Zuteilungsproblem* (Auswahlproblem) bekannt ist.

Dieses Problem lautet: Man verfüge über n Arbeiten und n Kandidaten, die diese Arbeiten ausführen können. Die Zuordnung des Kandidaten i zur Arbeit j ist mit Kosten c_{ij} $(i, j = 1, 2, \ldots, n)$ verbunden. Man soll eine Zuordnung der Kandidaten zu allen Arbeiten finden, die minimale Gesamtkosten realisiert; dabei kann man jeden Kandidaten nur einer Arbeit zuordnen, und jede Arbeit kann nur von einem Kandidaten übernommen werden.

Mit anderen Worten stellt die Lösung dieses Problems eine Permutation $(p_1, p_2, \ldots, p_n)$ der Zahlen $(1, 2, \ldots, n)$ dar; jede hervorgebrachte Belegung wird durch die Zuordnung $i \to p_i$ $(i = 1, 2, \ldots, n)$ beschrieben. Die angegebene Eindeutigkeitsbedingung ist dabei automatisch erfüllt, und unser Ziel besteht in der Minimierung der Summe

$$\sum_{i=1}^{n} c_{ip_i} \tag{3.1}$$

gegenüber allen Permutationen $(p_1, p_2, \ldots, p_n)$.

Wir haben ein typisches kombinatorisches Extremalproblem vor uns. Seine Lösung ist auf dem Wege der vollständigen Enumeration, d. h. der Berechnung der Funktionswerte (3.1) für alle Permutationen und des Vergleiches für hinreichend großes n praktisch unmöglich, da die Anzahl der Permutationen gleich $n! = 1 \cdot 2 \cdot 3 \cdot \ldots \cdot (n-1)\, n$ ist. Wir werden versuchen, dies in die lineare Optimierung zu transformieren.

Die endliche Menge, auf der die Zielfunktion (3.1) gegeben ist, ist die Menge aller Permutationen der Zahlen $(1, 2, \ldots, n)$. Wie bekannt, kann jede solche Permutation als Punkt im n^2-dimensionalen euklidischen Raum beschrieben werden. Es ist bequem, diesen Punkt in Gestalt der $n \times n$-Matrix $X = ||x_{ij}||$ darzustellen. Die Elemente x_{ij} kann man natürlich auf folgende Weise interpretieren:

$$x_{ij} = \begin{cases} 1, & \text{falls der } i\text{-te Kandidat der } j\text{-ten Arbeit} \\ & \text{zugeordnet wird,} \\ 0 & \text{im entgegengesetzten Fall.} \end{cases} \tag{3.2}$$

Die Elemente der Matrix X müssen folgenden beiden Bedingungen unterworfen werden:

$$\sum_{j=1}^{n} x_{ij} = 1, \qquad i = 1, 2, \ldots, n \tag{3.3}$$

und

$$\sum_{i=1}^{n} x_{ij} = 1\,, \qquad j = 1, 2, \ldots, n\,. \tag{3.4}$$

Die Bedingungen (3.3) und (3.4) bedeuten, daß in der Matrix X Zeilen- und Spaltensumme gleich einer Einheit sind. Nicht formal heißt (3.3), daß jeder Kandidat nur einer Arbeit zugeteilt werden kann und Bedingung (3.4), daß jede Arbeit nur für einen Kandidaten vorgesehen werden kann. (Die Permutationsmatrix kann man aus einer einzelnen Matrix durch gewisse Permutation ihrer Zeilen erhalten.)

Nun besteht das Problem im Auffinden von Zahlen x_{ij}, die den Bedingungen (3.2), (3.3), (3.4) genügen und die Gesamtkosten (3.1) minimieren, die man nun in der Gestalt

$$\sum_{i=1}^{n} \sum_{j=1}^{n} c_{ij}\, x_{ij} \tag{3.5}$$

schreiben kann. Es könnte scheinen, daß man auf das gewonnene Problem unmöglich unmittelbar die Methoden der linearen Optimierung anwenden kann, da sie wegen Bedingung (3.2) formal ganzzahlig ist. Wir transformieren Bedingung (3.2) in die Bedingung

$$x_{ij} \geqq 0 \tag{3.2'}$$

daß die Variablen nichtnegativ sind. So erhalten wir ein gewöhnliches lineares Optimierungsproblem. Wir unterstreichen, daß wir trotz der offensichtlichen Forderung nach Ganzzahligkeit hinzusetzen, daß unser Ziel darin besteht, daß alle gewonnenen Lösungen aus Nullen und Einsen bestehen, denn nur so eine Lösung hat einen kombinatorischen Sinn. Aber in unserem Fall wird die Ganzzahligkeitsforderung (3.2) automatisch erfüllt, denn das Zuordnungsproblem stellt einen Sonerfall des Transportproblems dar (bei dem $m = n$ und $a_i = b_j = 1$ ist).

Übrigens kann man, wie das oft bei solchen Problemen der Fall ist, die Ganzzahligkeit der Lösungen speziell für Zuordnungsprobleme beweisen, ohne sich auf das Transportproblem zu beziehen. Dazu führen wir eine Definition ein. Eine quadratische Matrix mit nichtnegativen Elementen, deren Zeilen- und Spaltensumme jeweils gleich Eins ist, heiße *bistochastisch.* Mit anderen Worten, bistochastische Matrizen werden durch die Bedingungen (3.2'), (3.3), (3.4) beschrieben. Ein bekannter Satz von BIRKHOFF [15] stellt fest, daß die konvexe Hülle der Menge der bistochastischen Matrizen (im n^2-dimensionalen Raum) als Randpunkte die Menge der Permutationsmatrizen enthält. Unser Problem besteht auch gerade in der Minimierung der Linearform (3.5) auf der Menge aller bistochastischen Matrizen. Es ist klar, daß dieses Minimum in einem Randpunkt des entsprechenden konvexen Polyeders angenommen wird. Eben wegen des BIRKHOFFschen Satzes sind diese Randpunkte die Permutationsmatrizen, so daß unser Ziel, die Ganzzahligkeit der Lösungen, automatisch erfüllt ist.

Nun gehen wir zur Betrachtung allgemeinerer kombinatorischer Probleme über, die schon nicht mehr auf das Transportproblem zurückgeführt werden können.

2.3.2. Wir beginnen mit der Betrachtung des bekannten Travelling-Salesman-Problems (Rundreiseproblems). Es besteht im folgenden. Man hat $n + 1$ Städte; gegeben ist die Matrix $C = \|c_{ij}\|$ der Entfernungen zwischen diesen Städten. Abreisend aus einer Ausgangsstadt (wir werden sie mit der Nummer 0 belegen), muß der Reisende in allen übrigen Städten genau einmal gewesen sein und nach der Stadt 0 zurückkehren. In welcher Reihenfolge muß er die Städte ansteuern, damit die zu durchlaufende Gesamtdistanz minimal wird?

Dieses Problem erinnert ein wenig an das in 2.3.1 beschriebene Zuordnungsproblem. In der Tat soll die Gesamtdistanz minimiert werden, die die Gestalt (3.5) hat, aber schon nicht über sämtlichen Permutationsmatrizen, sondern nur über den Matrizen für zyklische Permutationen. Der letztere Umstand kompliziert das Problem stark. Seine formale Aufstellung geschieht bequemerweise in der Terminologie der ganzzahligen linearen Optimierung. Von den bekannten Formulierungen beschreiben wir hier nur eine (s. [111]), nämlich die ökonomischste im Sinne der Variablen- und Restriktionenmenge, die verschiedene Veallgemeinerungen gestattet.

Wir führen die Variablen

$$x_{ij} = \begin{cases} 1, \text{ falls der Reisende aus der Stadt } i \text{ nach der} \\ \quad \text{Stadt } j \text{ fährt,} \\ 0 \text{ im entgegengesetzten Fall,} \end{cases} \tag{3.6}$$

wo $i, j = 1, 2, \ldots, n$ ist. Wir betrachten das Problem,

$$\sum_{i=0}^{n} \sum_{j=0}^{n} c_{ij} x_{ij} \tag{3.7}$$

unter den Restriktionen

$$\sum_{i=0}^{n} x_{ij} = 1\,, \quad j = 1, 2, \ldots, n\,, \tag{3.8}$$

$$\sum_{j=0}^{n} x_{ij} = 1\,, \quad i = 1, 2, \ldots, n\,, \tag{3.9}$$

$$u_i - u_j + n\, x_{ij} \leqq n - 1; \quad i, j = 1, 2, \ldots, n;\ i \neq j\,. \tag{3.10}$$

zu minimieren. Hier nehmen die Variablen u_i in (3.10) beliebige reelle Werte an (übrigens wird weiter unten gezeigt werden, daß man sie, ohne die Allgemeinheit einzuschränken als ganz und nichtnegativ ansehen kann). Man überzeugt sich leicht davon, daß Problem (3.6)—(3.10) dem Rundreiseproblem äquivalent ist. Tatsächlich bedeutet Bedingung (3.8), daß der Reisende aus jeder Stadt (außer der Ausgangsstadt) genau einmal ausfährt; analog zeigt Bedingung (3.9), daß der Reisende jede Stadt (außer der Ausgangsstadt) genau einmal anläuft.

Würden wir uns auf die Bedingungen (3.8) und (3.9) beschränken, wäre unsere Aufgabe einfach das Zuordnungsproblem, dessen Lösung nicht unbedingt zyklisch sein muß. Mit anderen Worten, der Weg des Reisenden kann in einige, untereinander nicht verbundene Teilzyklen zerfallen. Um diese Möglichkeit auszuschalten, bedient man sich der Bedingung (3.10). Erhielten wir nämlich eine Lösung, die mehr als einen Teilzyklus enthält, so ließe sich ein Teilzyklus τ mit $k < n$ Glieder finden, der nicht durch die Stadt 0 geht. Addierte man alle Ungleichungen (3.10) für $x_{ij} = 1$ länges des Zyklus τ, so erhielte man die falsche Ungleichung $n\,k \leqq (n-1)\,k$ (dabei liquidierten sich alle Differenzen $u_i - u_j$ gegenseitig). Somit besteht eine beliebige Route für den Reisenden aus einem Zyklus.

Es bleibt noch zu zeigen, daß für einen beliebigen, vom Punkt $i = 0$ ausgehenden Zyklus ein u_i gefunden werden kann, das (3.10) erfüllt. Mit diesem Ziel setzen wir $u_i = p$, wenn die Stadt i vom Reisenden im p-ten Reiseschritt berührt wird, $p = 1, 2, \ldots, n$. Aus dieser Konstruktion folgt, daß $u_i - u_j \leqq \leqq n - 1$ für alle i und j gilt. Somit ist Bedingung (3.10) für alle $x_{ij} = 0$ erfüllt. Bei $x_{ij} = 1$ verwandelt sich diese Bedingung in eine Gleichung; wegen (3.6) und der Definition von u_i haben wir

$$u_i - u_j + n\,x_{ij} = p - (p+1) + n = n - 1\,.$$

Das beschriebene Modell besitzt eine Bedeutung für die Anwendungen: verschiedene Varianten davon können zum Beispiel bei Problemen auftreten, die mit der Ermittlung von Marschrouten für den Transport von Fertigprodukten zum Verbraucher usw. zusammenhängen.

2.3.3. Eine interessante Klasse kombinatorischer Probleme bilden die sogenannten *Überdeckungsprobleme*, die in den letzten Jahren starke Beachtung fanden. Ein typisches Überdeckungsproblem besteht im folgenden. Gegeben sei ein Graph G. Es soll seine minimale Überdeckung gefunden werden, d. h. eine minimale Auswahl von Kanten des Graphen, so daß eine beliebige Ecke des Graphen mit irgendeiner Kante aus der Überdeckung inzidiert.

Wir stellen das Problem formal und werden die Ecken des Graphen mit i $(i = 1, 2, \ldots, m)$ und seine Kanten mit j $(j = 1, 2, \ldots, n)$ bezeichnen. Der Graph wird durch die Inzidenzmatrix der Ecken und Kanten charakterisier, d. h. durch eine $m \times n$-Matrix $A = ||a_{ij}||$, wo

$$a_{ij} = \begin{cases} 1, \text{ falls die Ecke } i \text{ mit der Kante } j \text{ indiziert,} \\ 0 \text{ im entgegengesetzten Falle.} \end{cases} \tag{3.11}$$

Wir führen BOOLEsche Variable $x_j, j = 1, 2, \ldots, n$ ein, die folgenden Sinn haben:

$$x_{ij} = \begin{cases} 1, \text{ falls die Kante } j \text{ zur Überdeckung gehört} \\ 0 \text{ im entgegengesetzten Falle.} \end{cases} \tag{3.12}$$

Das Auffinden einer minimalen Überdeckung ist äquivalent zur Minimierung von

$$\sum_{j=1}^{n} x_j\,. \tag{3.13}$$

Da die Auswahl der x_j die Überdeckung beschreiben muß, müssen Zusatzforderungen aufgestellt werden, damit jede Ecke mit mindestens einer Kante der Überdeckung inzidiert. Die entsprechenden Bedingungen haben offenbar die Gestalt

$$\sum_{j=1}^{n} a_{ij} x_j \geqq 1 , \qquad i = 1, 2, \ldots, m . \tag{3.14}$$

Somit wurde das kombinatorische Problem, einen Graphen zu überdecken, in das lineare diskrete Problem (3.12)–(3.14) übergeführt.

Eine allgemeinere Fragestellung kann im folgenden bestehen. Man habe eine endliche Menge $S = \{\sigma_1, \sigma_2, \ldots, \sigma_m\}$ und eine gewisse endliche Gesamtheit von Teilmengen S_j, $j = 1, 2, \ldots, n$ davon. Man finde eine minimale Überdeckung von S, d. h. eine minimale Auswahl von Teilmengen S_j, die die Eigenschaft erfüllen, daß ein beliebiges Element der Menge S in mindestens einer der ausgewählten Teilmengen liegt.

Dieses Problem wird analog behandelt: wir führen die ,,Inzidenz"matrix $\|a_{ij}\|$ ein, wo $a_{ij} = 1$ ist, falls $\sigma_i \in S_j$ und 0 im entgegengesetzten Falle. Wir definieren die Variable x_j zu 1, falls S_j zur Überdeckung gehört und zu 0, falls S_j nicht darin liegt. Somit kommen wir zum Problem (3.12)–(3.14).

Manchmal wird auch das sogenannte *gewichtete Überdeckungsproblem* betrachtet. Es besteht in der Minimierung von

$$\sum_{j=1}^{n} c_j x_j \tag{3.13'}$$

unter den Bedingungen (3.12) und (3.14). Hier stellen die c_j, $j = 1, 2, \ldots, n$,,Gewichte" dar, die verschiedenen Überdeckungselementen zugeschrieben werden.

Angewandte Aspekte für Überdeckungsmodelle werden in 3.3. betrachtet.

Wir bemerken auch, daß sich viele andere Extremalprobleme auf Graphen mit diskreten Optimierungsmodellen behandeln lassen. Zum Beispiel beschrieb BESSIÈRE [58] ein Verfahren zum Auffinden der chromatischen Zahl eines Graphen mit ganzzahligen linearen Optimierungsproblemen.

2.3.4. Zum Abschluß von 2.3. beschreiben wir noch eine Problemklasse, die weiter oben als *Probleme auf endlichen Mengen* chrakterisiert wurde. Sie grenzen in ideeller Hinsicht an die kombinatorischen Probleme, mehr noch, man kann sie als den allgemeinsten Fall kombinatorischer Extremalprobleme ansehen.

Wir betrachten ein allgemeines mathematisches Optimierungsproblem (der Kürze halber werden wir seine Formulierung nicht aufschreiben), in dem eine bestimmte Variable x_{j_0} einer zusätzlichen Diskretheitsforderung unterworfen wird. Das bedeutet, daß x_{j_0} nur Werte aus einer gewissen gegebenen endlichen Menge

$$x_{j_0} \in \{k_{j_0}^1, k_{j_0}^2, \ldots, k_{j_0}^p\}. \tag{3.15}$$

annehmen darf. Ein Problem mit der Diskretheitsbedingung (3.15) kann auf ein gemischt ganzzahliges mathematisches Optimierungsproblem zurückgeführt werden. Führen wir nämlich zusätzliche Boolesche Variable $y_1, y_2, \ldots, y_p$ ein und ersetzen wir (3.15) durch die beiden Bedingungen

$$x_{j_0} = k_{j_0}^1 y_1 + k_{j_0}^2 y_2 + \cdots + k_{j_0}^p y_p \tag{3.16}$$

und

$$y_j = \begin{cases} 0 \\ 1 \end{cases}, \; j = 1, 2, \ldots, p; \; y_1 + y_2 + \cdots + y_p = 1\,, \tag{3.17}$$

so sieht man leicht, daß (3.16) und (3.17) zu (3.15) äquivalent sind. Wegen (3.17) kann wirklich nur ein y_j gleich Eins sein, und dann kann man aus (3.16) die nötige Bedingung erhalten.

Wird eine Diskretheitsbedingung der Form (3.15) an einige Variable gestellt (oder an alle Variablen), so muß man selbstverständlich die angegebene Konstruktion für jede solche Bedingung durchführen.

Wir überlassen dem Leser den Vergleich der eingeführten Konstruktion mit der in 2.4. eingeführten. Die Parallele dazu wird klar, wenn wir bemerken, daß die Diskretheitsbedingung (3.15) im Grunde genommen eine p-fache Alternative der Gestalt „$x_{j_0} = k_{j_0}^1$ oder $x_{j_0} = k_{j_0}^2$ oder ... $x_{j_0} = k_{j_0}^p$“ darstellt.

Wir bemerken, daß das beschriebene Verfahren zur Überführung diskreter in ganzzahlige Probleme im Grunde von theoretischem Interesse ist, weil zur Zeit Schnittmethoden unmittelbar für diskrete Probleme entwickelt worden sind.

2.4. Probleme über nichtkonvexen und zusammenhängenden Bereichen

In diesem Abschnitt werden einige Modelle beschrieben, bei denen zu den gewöhnlichen Restriktionen in linearen Optimierungsproblemen einige zusätzliche Restriktionen hinzugefügt werden, die den Bereich der zulässigen Lösungen nicht konvex oder unzusammenhängend machen. Es werden Verfahren angegeben, die auf dem Wege der Einführung zusätzlicher ganzzahliger Variabler erlauben, solche „lineare Optimierungsprobleme über nichtklassischen Bereichen“ auf gemischt-ganzzahlige lineare Optimierungsprobleme zurückzuführen. Zur Abkürzung der Beschreibung werden wir die Standardrestriktionen des Problems nicht ausschreiben, sondern nur die notwendigen Zusatzbeschränkungen. Wir bemerken, daß die Ganzzahligkeit der Hauptvariablen hier nicht vorausgesetzt wird.

2.4.1. Wir betrachten dichotomische Probleme und setzen voraus, daß einem linearen Optimierungsproblem Bedingungen in der Gestalt $x_{i_0} x_{i_0+1} = 0$ oder Beschränkungen der allgemeineren Form

$$\sum_{i=1}^{p} x_i x_i' = 0 \; (p \leqq n-1)$$

hinzugefügt worden sind. Weil die Variablen des Problems nichtnegativ sind,

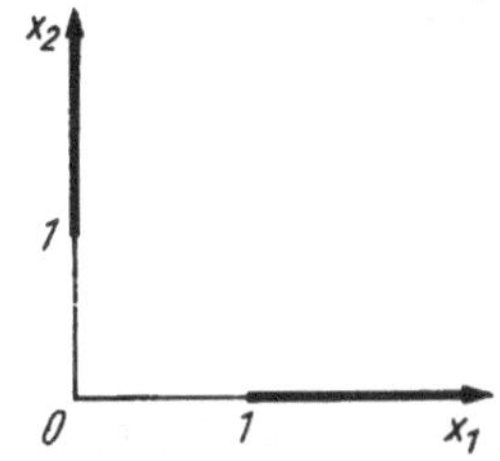

Abb. 2.4.1

bedeutet dies, daß in einer beliebigen zulässigen Lösung des linearen Optimierungsproblems mindestens eine Variable aus jedem ausgezeichneten Paar gleich Null sein muß. Auf den ersten Blick scheint es, daß das Hinzufügen solcher Bedingungen zu einem linearen Optimierungsproblem dieses in ein nichtlineares Optimierungsproblem verwandelt. In Wirklichkeit jedoch können derartige Bedingungen den Charakter des Problems nur soviel verändern, daß die Anwendung irgendwelcher Standardmethoden im besten Falle nur ein lokales Optimum liefert.

Wir führen ein einfaches Beispiel an. Fügen wir den Nichtnegativitätsbedingungen für die Variablen x_1, x_2 die Bedingungen

$$x_1 x_2 = 0\,, \qquad x_1 + x_2 \geqq 1$$

hinzu, erhalten wir den nicht zusammenhängenden Bereich, der in Abb. 2.4.1. durch fette Linien dargestellt ist. Tritt in die Bedingungen das Verschwinden für p paarweise erzeugte Variable ein, kann man einen unzusammenhängenden Bereich erhalten, der aus 2^p Teilen besteht.

Mathematische Optimierungsprobleme mit zusätzlichen Restriktionen vom Typ „entweder — oder" (Alternativ-Bedingungen) werden wir *dichotomisch* nennen. Es zeigt sich, daß derartige Probleme in gemischt ganzzahlige übergeführt werden können. Wir werden gewisse typischere Verfahren illustrieren, die bei derartigen Überführungen verwendet werden.

Sei eine bestimmte Variable x_{j_0} in einem mathematischen Optimierungsproblem von oben beschränkt:

$$0 \leqq x_{j_0} \leqq k_{j_0} \tag{4.1}$$

und werde ihr außerdem die Beschränkung

$$\text{entweder} \quad x_{j_0} \leqq a \quad \text{oder} \quad x_{j_0} \geqq b \tag{4.2}$$

auferlegt, wo $0 \leqq a < b \leqq k_{j_0}$. Wir führen die ganzzahlige Zusatzvariable y_{j_0} ein, die die beiden Werte 0 und 1 annimmt und ersetzen die Beschränkungen (4.1), (4.2) durch die folgenden:

$$\left.\begin{aligned} x_{j_0} - b + b y_{j_0} &\geqq 0\,, \\ -x_{j_0} + a y_{j_0} + k_{j_0}(1 - y_{j_0}) &\geqq 0\,, \\ y_{j_0} &= \begin{cases} 0, \\ 1. \end{cases} \end{aligned}\right\} \tag{4.3}$$

Wir bemerken, daß die Zusatzvariable y_{j_0} in die Zielfunktion nicht aufgenommen wird. Man sieht leicht, daß das Ungleichungssystem (4.3) bezüglich x_{j_0} und der ganzzahligen Zusatzvariablen y_{j_0} zu (4.1) und der Alternativbedingung (4.2) äquivalent ist. Nimmt nämlich y_{j_0} in der Lösung den Wert 1 an, so führt (4.3) zu $x_{j_0} \geqq 0$, $x_{j_0} \leqq a$; für $y_{j_0} = 0$ werden wir $x_{j_0} \geqq b$, $x_{j_0} \leqq k_{j_0}$ haben.

Im Falle mehrerer Beschränkungen vom Typ (4.2) werden die Ungleichungen (4.3) für jede von ihnen ausgeschrieben.

Wir betrachten jetzt einen allgemeineren Fall. Es werde in einem mathematischen Optimierungsproblem mit dem zulässigen Bereich G die zusätzliche Alternativbedingung

$$\text{entweder} \quad h(x_1, x_2, \ldots, x_n) \geqq 0 \quad \text{oder} \quad k(x_1, x_2, \ldots, x_n) \geqq 0 \tag{4.4}$$

hinzugefügt, wo $h(x_1, x_2, \ldots, x_n)$ und $k(x_1, x_2, \ldots, x_n)$ gegebene Funktionen sind.

Wir setzen voraus, daß uns Zahlen h_*, k_* bekannt sind, die untere Schranken für die Funktionen $h(x_1, x_2, \ldots, x_n)$ und $k(x_1, x_2, \ldots, x_n)$ auf der Menge G darstellen. (Von Interesse ist der Fall, in dem h_* und k_* negativ sind.) Sind die Zahlen h_* und k_* unbekannt, so kann man sie definieren, indem man Minimierungsprobleme für $h(x_1, x_2, \ldots, x_n)$ und $k(x_1, x_2, \ldots, x_n)$ über dem Gebiet G löst.

Wir führen nun eine ganzzahlige Hilfsvariable y ein, die die Werte 0 und 1 annimmt und betrachten das Ungleichungssystem

$$\left.\begin{aligned} h(x_1, x_2, \ldots, x_n) - h_* \, y &\geqq 0, \\ k(x_1, x_2, \ldots, x_n) - k_* \, (1 - y) &\geqq 0. \end{aligned}\right\} \tag{4.5}$$

Die Zusatzvariable y geht in die Zielfunktion nicht mit ein. Das Ungleichungssystem (4.5) ist der Alternativbedingung (4.4) äquivalent. Nimmt nämlich y den Wert 1 an, führt (4.5) auf die automatisch erfüllte Beziehung $h(x_1, x_2, \ldots, x_n) \geqq h_*$ und die gewünschte Ungleichung $k(x_1, x_2, \ldots, x_n) \geqq 0$; für $y = 0$ erhalten wir entsprechend $h(x_1, x_2, \ldots, x_n) \geqq 0$ und $k(x_1, x_2, \ldots, x_n) \geqq k_*$.

Im Folgenden werden wir noch der Anwendung des beschriebenen Verfahrens begegnen (s. 3.4.).

2.4.2. Wir betrachten ein mathematisches Optimierungsproblem mit dem Restriktionensystem

$$\left.\begin{aligned} g_1(x_1, x_2, \ldots, x_n) &\geqq 0, \\ g_2(x_1, x_2, \ldots, x_n) &\geqq 0, \\ &\cdots\cdots\cdots \\ g_m(x_1, x_2, \ldots, x_n) &\geqq 0 \end{aligned}\right\} \tag{4.6}$$

und bezeichnen den dadurch definierten Bereich mit G. Es soll eine Lösung gefunden werden, in der mindestens k dieser Bedingungen[1]) erfüllt werden. Seien

[1]) Ein Problem mit mehrfachen Alternativen.

wie oben Zahlen g_{*i} bekannt (oder berechenbar), die die unteren Schranken der Funktionen $g_i(x_1, x_2, \ldots, x_n)$, $i = 1, 2, \ldots, m$ über der Menge G darstellen. Wir führen ganzzahlige Zusatzvariable y_1, $i = 1, 2, \ldots, m$ ein, die die Werte 0 und 1 annehmen und betrachten das Restriktionensystem

$$\left.\begin{array}{l} g_1(x_1, x_2, \ldots, x_n) - g_{*1} y_1 \geqq 0, \\ g_2(x_1, x_2, \ldots, x_n) - g_{*2} y_2 \geqq 0, \\ \cdots\cdots\cdots\cdots\cdots \\ g_m(x_1, x_2, \ldots, x_n) - g_{*m} y_m \geqq 0, \end{array}\right\} \quad (4.7)$$

wo die Variablen y_i der Bedingung

$$y_i = \begin{cases} 0, \\ 1, \end{cases} i = 1, 2, \ldots, m; \; y_1 + y_2 + \cdots + y_m \leqq m - k \quad (4.8)$$

unterworfen sind. Die Bedingungen (4.7), (4.8) sind sicher notwendig. Das wird durch eine Erörterung gesichert, die man schon als Standarduntersuchung ansehen kann.

Wird bei der Lösung gefordert, daß genau k Bedingungen aus (4.6) erfüllt sind, muß sich die Ungleichung in (4.8) in eine Gleichung umwandeln.

Eine Konkretisierung solch eines Modells, die ein selbständiges Interesse beansprucht, wurde von Dinkelbach und Steffens [32] angegeben. Es werde einem gewöhnlichen linearen Optimierungsproblem eine Zusatzforderung vom folgenden Typ auferlegt: in einer Endlösung sollen nicht mehr als k Komponenten von Null verschieden sein (selbstverständlich sei $k < m$). Wir setzen voraus, daß für die Werte aller Variablen obere Grenzen (4.1) bekannt sind (oder gefunden werden können). Wir führen ganzzahlige Variable y_j, $j = 1, 2, \ldots, n$ ein, die die Werte 0 und 1 annehmen. Dann wird die weiter oben formulierte Forderung durch folgendes System von Zusatzbedingungen realisiert:

$$x_j \leqq k_j y_j, \qquad y_j = \begin{cases} 0, \\ 1, \end{cases} \qquad j = 1, 2, \ldots, n, \quad (4.9)$$

$$y_1 + y_2 + \cdots + y_n \leqq k\,. \quad (4.10)$$

Eine andere Variante solcher Probleme mit beschränkter Zahl Nichtnullkomponenten in der Endlösung besteht im folgenden. Werde die Indexmenge $N = \{1, 2, \ldots, n\}$ für die Variablen zerlegt in zwei disjunkte Teilmengen: $N = N_1 \cup N_2$, wobei die Endlösung entweder in den Variablen aus N_1 oder in den Variablen aus N_2 von Null verschieden ist. Von neuem wird das Vorhandensein oberer Grenzen (4.1) vorausgesetzt. Hier müssen zwei ganzzahlige Variable y_1, y_2 eingeführt werden. Die von uns benötigten Bedingungen nehmen die Gestalt

$$x_j \leqq k_j y_1, \qquad j \in N_1; \qquad x_j \leqq k_j y_2, \qquad j \in N_2, \quad (4.11)$$

$$y_1, y_2 = \begin{cases} 0, \\ 1, \end{cases} \qquad y_1 + y_2 = 1 \quad (4.12)$$

an.

2.4.3. Wir betrachten einige Probleme mit nichtkonvexen Bereichen. Die Einführung ganzzahliger Zusatzvariabler gestattet es, im Rahmen der diskreten Optimierung Optimierungsprobleme auf nichtkonvexen Gebieten zu betrachten, die sich als Vereinigung konvexer Polyeder darstellen lassen. Diese Gebiete kann man auch durch gewisse Alternativbedingungen beschreiben.

Wir betrachten als Beispiel ein lineares Optimierungsproblem mit Zusatzbedingungen

$$\left.\begin{array}{lll} & x_{j_1} \leqq k_1, & x_{j_2} \leqq k_2, \\ \text{entweder} & x_{j_1} \leqq a_1 \quad \text{oder} & x_{j_2} \leqq a_2 \end{array}\right\} \qquad (4.13)$$

für das Variablenpaar x_{j_1}, x_{j_2}, wo $a_1 < k_1$, $a_2 < k_2$. In der x_{j_1}, x_{j_2}-Ebene beschreibt Bedingung (4.13) einen L-förmigen Bereich, wie er in Abb. 2.4.2. dargestellt ist.

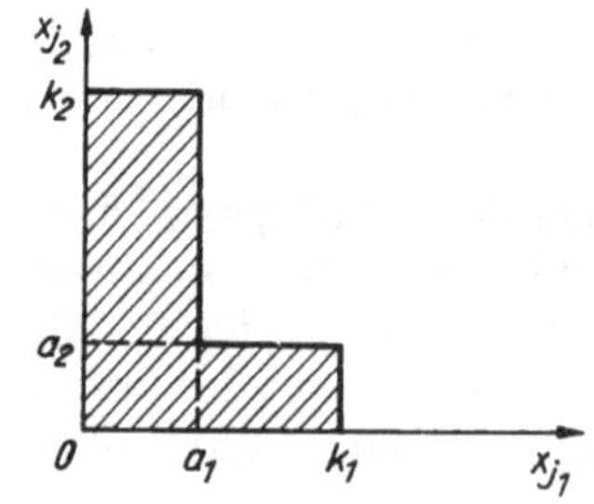

Abb. 2.4.2

Führen wir die ganzzahlige Zusatzvariable y ein, dann können wir diesen Bereich durch das Ungleichungssystem

$$0 \leqq x_{j_1} \leqq a_1 + (k_1 - a_1)\, y\,, \qquad 0 \leqq x_{j_2} \leqq k_2 - (k_2 - a_2)\, y \qquad (4.14)$$

charakterisieren, wo $y = 0$ oder 1 ist. Für $y = 1$ führt die Ungleichung (4.14) zu $0 \leqq x_{j_1} \leqq k_1$, $0 \leqq x_{j_2} \leqq a_2$, und für $y = 0$ haben wir $0 \leqq x_{j_1} \leqq a_1$, $0 \leqq x_{j_2} \leqq k_2$.

Die Beschränkungen (4.13) kann man auch auf etwas andere Weise interpretieren. Sie sind nämlich der Tatsache äquivalent, daß der gesuchte Punkt einem der beiden Rechtecke angehören muß, entweder dem Rechteck $0 \leqq x_{j_1} \leqq k_1$, $0 \leqq x_{j_2} \leqq a_2$ oder dem Rechteck $0 \leqq x_{j_1} \leqq a_1$, $0 \leqq x_{j_2} \leqq k_2$. Im allgemeineren Fall können wir einem System (T_1, T_1'), (T_2, T_2'), ..., (T_p, T_p') von Bereichspaaren begegnen, wobei die Lösung entweder zu $\bigcap_{i=1}^{p} T_i$ oder $\bigcap_{i=1}^{p} T_i'$ gehören muß. Es werde für jedes Paar (T_i, T_i') der Bereich T_i durch das Ungleichungssystem

$$\left.\begin{array}{l} g_1^i(x_1, x_2, \ldots, x_n) \geqq 0, \\ g_2^i(x_1, x_2, \ldots, x_n) \geqq 0, \\ \cdots\cdots\cdots\cdots \\ g_k^i(x_1, x_2, \ldots, x_n) \geqq 0 \end{array}\right| \qquad (4.15)$$

und der Bereich T_i' durch das System

$$\left.\begin{array}{l} h_1^i(x_1, x_2, \ldots, x_n) \geqq 0, \\ h_2^i(x_1, x_2, \ldots, x_n) \geqq 0, \\ \ldots\ldots\ldots\ldots \\ h_r^i(x_1, x_2, \ldots, x_n) \geqq 0 \end{array}\right\} \quad (4.16)$$

beschrieben. Seien außerdem Zahlen g_{*l}^i, die unteren Grenzen der Funktionen $g_l^i(x_1, x_2, \ldots, x_n)$, $l = 1, 2, \ldots, k$ und h_{*s}^i, die unteren Grenzen der Funktionen $h_s^i(x_1, x_2, \ldots, x_n)$, $s = 1, 2, \ldots, r$ bekannt. Wir führen eine ganzzahlige Zusatzvariable y ein, die die Werte 0 und 1 annimmt. Dann führt unsere Forderung auf das System ($i = 1, 2, \ldots, p$)

$$\left.\begin{array}{r} g_1^i(x_1, x_2, \ldots, x_n) - g_{*1}^i y \geqq 0, \\ g_2^i(x_1, x_2, \ldots, x_n) - g_{*2}^i y \geqq 0, \\ \ldots\ldots\ldots\ldots\ldots \\ g_k^i(x_1, x_2, \ldots, x_n) - g_{*k}^i y \geqq 0, \\ h_1^i(x_1, x_2, \ldots, x_n) - h_{*1}^i (1 - y) \geqq 0, \\ h_2^i(x_1, x_2, \ldots, x_n) - h_{*2}^i (1 - y) \geqq 0, \\ \ldots\ldots\ldots\ldots\ldots\ldots \\ h_r^i(x_1, x_2, \ldots, x_n) - h_{*r}^i (1 - y) \geqq 0, \\ y = \begin{cases} 0, \\ 1. \end{cases} \end{array}\right\} \quad (4.17)$$

Ist nun $y = 0$, so verwandelt sich die erste Ungleichungsserie aus (4.17) in die Ungleichungen $g_l^i(x_1, x_2, \ldots, x_n) \geqq 0$, $l = 1, 2, \ldots, k$, $i = 1, 2, \ldots, p$ (d. h. $(x_1, x_2, \ldots, x_n) \in \bigcap_{i=1}^{p} T_i$), und die zweite Serie ist automatisch erfüllt. Für $y = 1$ ist die Situation gerade umgekehrt.

Wir überlassen dem Leser als Übung, den Bereich zu beschreiben, der durch Vereinigung zweier Dreiecke gebildet wird (Abb. 2.4.3.).

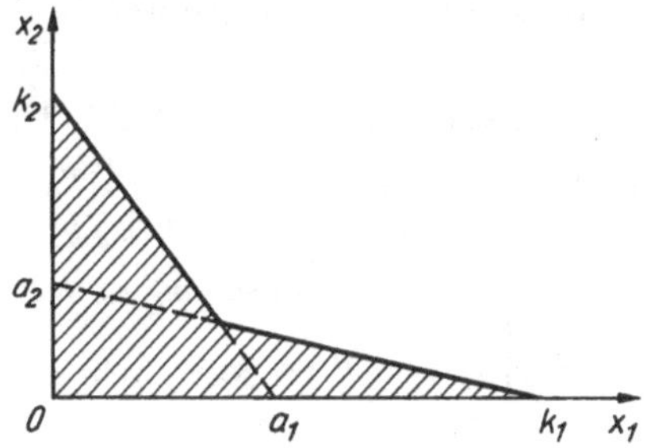

Abb. 2.4.3

2.4.4. Die weiter oben beschriebene Behandlung von Alternativbedingungen kann zur Betrachtung von *bedingten* oder *logischen* Restriktionen verwendet werden. Es habe nämlich ein mathematisches Optimierungsproblem neben den allgemeinen Restriktionen noch Restriktionen der Gestalt

$$\text{falls} \quad h(x_1, x_2, \ldots, x_n) > 0\,, \quad \text{so} \quad k(x_1, x_2, \ldots, x_n) \geqq 0\,, \tag{4.18}$$

wo $h(x_1, x_2, \ldots, x_n)$ und $k(x_1, x_2, \ldots, x_n)$ gegebene Funktionen sind. Hier wird sogar vorausgesetzt, daß für die Funktion $h(x_1, x_2, \ldots, x_n)$ ihre obere Grenze h^* bekannt ist, und für die Funktionen $h(x_1, x_2, \ldots, x_n)$ und $k(x_1, x_2, \ldots, x_n)$ die Zahlen h_* und k_* die unteren Grenzen sind. Die bedingte Restriktion (4.18) kann offensichtlich in Form der Alternativbedingung

$$\begin{array}{lll} \text{entweder} & h(x_1, x_2, \ldots, x_n) > 0\,, & k(x_1, x_2, \ldots, x_n) \geqq 0 \\ \text{oder} & h(x_1, x_2, \ldots, x_n) \leqq 0 & \end{array} \tag{4.19}$$

umgeschrieben werden. Nun verwenden wir das uns schon bekannte Verfahren: Nach Einführung der Zusatzvariablen y, die die Werte 0 und 1 annimmt, werden sie in die Gestalt des Ungleichungssystems

$$\left.\begin{array}{l} h(x_1, x_2, \ldots, x_n) \geqq h_* \, y, \\ k(x_1, x_2, \ldots, x_n) \geqq k_* \, y, \\ h(x_1, x_2, \ldots, x_n) \leqq h^* \, (1 - y) \end{array}\right\} \tag{4.20}$$

umgeschrieben. Wir bemerken nebenher, daß die erste Ungleichung aus (4.20) mit dem Vorzeichen $\geqq$ anstelle des Vorzeichens $>$ geschrieben werden kann, weil für $h(x_1, x_2, \ldots, x_n) = 0$ die Bedingung $k(x_1, x_2, \ldots, x_n) \geqq 0$ automatisch für $y = 1$ erfüllt wird.

Dieses Verfahren kann zum Beispiel leicht auf den Fall übertragen werden, daß die logische Restriktion die kompliziertere Gestalt

$$\left.\begin{array}{l} \text{falls} \quad h(x_1, x_2, \ldots, x_n) > 0, \\ \qquad\qquad\qquad \text{so} \quad k(x_1, x_2, \ldots, x_n) \geqq 0, \\ \text{falls} \quad h(x_1, x_2, \ldots, x_n) < 0, \\ \qquad\qquad\qquad \text{so} \quad l(x_1, x_2, \ldots, x_n) \geqq 0 \end{array}\right\} \tag{4.21}$$

besitzt. Führt man drei Zusatzvariable y_1, y_2, y_3 ein, die die Werte 0 und 1 annehmen, so kann man (4.21) in Gestalt des Systems (die Bezeichnungen brauchen nicht erklärt zu werden)

$$\left.\begin{array}{r} h_* \, (1 - y_3) \leqq h(x_1, x_2, \ldots, x_n) \leqq h^* \, (1 - y_3), \\ h_* \, y_1 \leqq h(x_1, x_2, \ldots, x_n) \leqq h^* \, y_2, \\ k(x_1, x_2, \ldots, x_n) \geqq k_* \, y_1, \\ l(x_1, x_2, \ldots, x_n) \geqq l_* \, y_2, \\ y = \begin{cases} 0, \\ 1, \end{cases} \qquad y_1 + y_2 = 1 + y_3 \end{array}\right\} \tag{4.22}$$

umschreiben. Den Nachweis der Äquivalenz von (4.21) und (4.22) überlassen wir dem Leser.

2.5. Probleme mit unstetiger Zielfunktion

2.5.1. Das wichtigste und am besten untersuchte Problem dieses Typs ist das sogenannte Transportproblem mit fixen Kosten. Wir bezeichnen wie beim gewöhnlichen Transportproblem mit $i = 1, 2, \ldots, m$ die Produktionszentren für eine bestimmte homogene Fracht und mit $j = 1, 2, \ldots, n$ die Verbraucherzentren. Gegeben seien die Größen

a_i, der Produktionsumfang im Produktionszentrum i,

b_j, der Umfang des Bedarfs im Verbraucherzentrum j.

Gesucht sind Größen x_{ij} (die zu transportierenden Mengen aus i nach j), die die natürlichen Transportrestriktionen

$$x_{ij} \geqq 0, \qquad \sum_{j=1}^{n} x_{ij} = a_i, \qquad \sum_{i=1}^{m} x_{ij} = b_j, \tag{5.1}$$
$$i = 1, 2, \ldots, m, \qquad j = 1, 2, \ldots, n,$$

erfüllen und die Funktion

$$\sum_{i=1}^{m} \sum_{j=1}^{n} c_{ij}(x_{ij}). \tag{5.2}$$

minimieren. Jedes $c_{ij}(x_{ij})$ in (5.2) hat die Gestalt

$$c_{ij}(x_{ij}) = \begin{cases} 0, & x_{ij} = 0, \\ c_{ij}\, x_{ij} + d_{ij}, & x_{ij} > 0. \end{cases} \tag{5.3}$$

Die Zahlen c_{ij} kann man in natürlicher Weise als Kosten für den Transport einer Frachteinheit von i nach j interpretieren. Unter d_{ij} kann man zum Beispiel die Pachtkosten für Transportmittel verstehen, die nicht von ihren Frachten abhängen oder die Kosten für den Bau von Magistralen von jedem Zentrum i nach jedem Zentrum j, die nicht von den zukünftigen Frachten abhängen. Natürlich nimmt man alle c_{ij} und d_{ij} nichtnegativ an.

Das Problem (5.1)—(5.3) heißt *Transportproblem mit fixen Kosten* oder *inhomogenes Transportproblem*. Sind alle $d_{ij} = 0$, so ist klar, daß es in das gewöhnliche Transportproblem übergeht. Im entgegengesetzten Falle fällt dieses Problem wegen der Unstetigkeit jedes Gliedes in (5.3) in der Null völlig aus dem Rahmen der linearen Optimierung. Allerdings gelingt es, dieses in ein gemischt ganzzahliges lineares Optimierungsproblem zu überführen, wenn man ganzzahlige Zusatzvariable einführt.

Eine Methode für eine solche Einführung wurde von BALINSKI [5] angegeben. Sie besteht im folgenden. Es sei

$$M_{ij} = \min \{a_i, b_j\}, \qquad i = 1, 2, \ldots, m, j = 1, 2, \ldots, n. \tag{5.4}$$

Wir betrachten das Minimierungsproblem für

$$\sum_{i=1}^{m} \sum_{j=1}^{n} c_{ij}\, x_{ij} + d_{ij}\, y_{ij} \tag{5.5}$$

unter den Restriktionen (5.1) und der Zusatzbedingung

$$y_{ij} = \begin{cases} 0, \\ 1, \end{cases} \quad x_{ij} \leqq M_{ij}\, y_{ij}. \tag{5.6}$$

Das gemischt ganzzahlige Problem (5.5), (5.1), (5.6) erweist sich als äquivalent zum Ausgangsproblem (5.1)—(5.3). In der Tat wird bei $y_{ij} = 0$ wegen (5.6) automatisch auch $x_{ij} = 0$ und für $y_{ij} = 1$ wird die Ungleichung (5.6) überflüssig, weil bei einer beliebigen zulässigen Lösung des Transportproblems die Bedingung $x_{ij} \leqq M_{ij}$ stets erfüllt ist. Ergibt sich umgekehrt bei irgendeiner optimalen Lösung von Problem (5.5), (5.1), (5.6) $x_{ij} = 0$, so muß das entsprechende y_{ij} zu Null werden (erwiese es sich als positiv, so würde die Lösung nicht optimal, denn wenn man dieses y_{ij} verkleinert, verletzt man die Restriktionen nicht und gibt der Zielfunktion (5.5) einen kleineren Wert). Ist schließlich $x_{ij} > 0$, so kann y_{ij} wegen (5.6) nur gleich Eins sein.

Somit bringen bei dieser Problemstellung die ganzzahligen Variablen y_{ij} den Bau von Magistralen zwischen i und j (oder in Abhängigkeit von der Interpretation die Transportpacht für diese Magistrale) und die Realisierung der Transporte zwischen i und j in Einklang.

Eine Näherungsmethode zur Lösung des Transportproblems mit Fixkosten, die sich auf diese Überführung gründet, wird in 16.1. beschrieben.

2.5.2. Wir betrachten nun ein allgemeineres Modell mit inhomogener, unstetiger Zielfunktion. Man formuliert es bequem in einer Terminologie, die der des Mischungsproblems ähnlich ist, obwohl so eine Interpretation nicht die einzig mögliche ist. Wir bezeichnen mit $j = 1, 2, \ldots, n$ die Komponenten des Gemisches und mit $i = 1, 2, \ldots, m$ die uns interessierenden Elemente in diesen Komponenten. Gegeben sind folgende Größen:

- a_{ij} der Gehalt des Elements i in einer Einheit der Komponente j,
- b_i die untere Schranke für den Gehalt jedes Elements im Gemisch,
- c_j die Einkaufskosten für eine Einheit der Komponente j,
- d_j die festen Kosten für den Einkauf der Komponente j, die nicht von der gekauften Menge abhängen.

Man soll das billigste Gemisch herstellen, das die gegebenen Restriktionen erfüllt. Wir bezeichnen die gesuchte Gesamtheit einer Komponente mit x_j. Dann führt das Problem auf die Minimierung von

$$\sum_{j=1}^{n} c_j(x_j) \tag{5.7}$$

unter den Restriktionen

$$x_j \geqq 0, \qquad \sum_{j=1}^{n} a_{ij}\, x_j \geqq b_i, \qquad i = 1, 2, \ldots, m, \tag{5.8}$$

wo

$$c_j(x_j) = \begin{cases} 0, & x_j = 0, \\ c_j\, x_j + d_j, & x_j > 0. \end{cases} \tag{5.9}$$

gilt. Wir unterstreichen, daß die Ganzzahligkeitsforderung an die Variablen x_j nicht ausgedrückt wurde.

Dieses Problem kann man mit dem in 2.5.1. beschriebenen Verfahren in ein allgemeines gemischt ganzzahliges lineares Optimierungsproblem überführen. Wir setzen voraus, daß zusätzlich zu den Bedingungen (5.8) noch obere Grenzen für die Variablen gegeben sind:

$$x_j \leqq k_j, \qquad j = 1, 2, \ldots, n \tag{5.10}$$

(oder daß diese Grenzen aus physikalischen Daten des Problems irgendwie roh bestimmt werden können). Wir betrachten das Minimumproblem für

$$\sum_{j=1}^{n} c_j x_j + d_j y_j \tag{5.11}$$

unter den Restriktionen (5.8) und der Zusatzrestriktion

$$y_j = \begin{cases} 0, \\ 1, \end{cases} \quad 0 \leqq x_j \leqq k_j y_j . \tag{5.12}$$

Die Äquivalenz des gemischt ganzzahligen Problems (5.11), (5.8), (5.12) mit dem Ausgangsproblem wird durch Betrachtungen gesichert, die den in 2.5.1. vorgeführten vollständig analog sind. Man kann sie dem Leser überlassen.

Wir bemerken, daß die Möglichkeit, das Problem mit unstetiger Zielfunktion auf ein gemischt ganzzahliges zu überführen, auf dem Vorhandensein oberer Grenzen für die Variablen basiert. Dieses Verfahren ist überhaupt charakteristisch für die ganzzahlige Optimierung; vgl. zum Beispiel die in 2.4. durchgeführten Konstruktionen. Beim Transportproblem werden diese Grenzen durch innere Betrachtungen bestimmt (s. (5.4)); im allgemeinen Fall muß man sie postulieren oder besonders definieren. In einigen Fällen lassen sich die Grenzen einfach berechnen. Sind zum Beispiel alle $a_{ij} \geqq 0$, so kann man als k_j

$$k_j = \min \frac{b_i}{a_{ij}}, \qquad j = 1, 2, \ldots, n, \tag{5.13}$$

wählen, wo das Minimum über alle i genommen wird, für die $a_{ij} > 0$ ist.

2.6. Einige Multi-Extremalprobleme

2.6.1. In 1. haben wir die Klasse der sogenannten *regulären* mathematischen Optimierungsprobleme ausgesondert. Grob gesprochen befinden sich in dieser Klasse Probleme, für die ein beliebiges lokales Optimum der Zielfunktion über der Menge der zulässigen Lösungen gleichzeitig das globale Optimum darstellt. Das ist zum Beispiel bei linearen Optimierungsproblemen der Fall. In der nichtlinearen Optimierung sind Probleme regulär, bei denen eine konvexe Funktion über der konvexen Menge der zulässigen Lösungen minimiert wird (oder eine konkave Funktion maximiert wird). Solche Probleme werden gewöhnlich unter der Bezeichnung konvexe Optimierungsprobleme vereinigt. Heutzutage weist die Lösung linearer und konvexer Optimierungsprobleme keine prinzipiellen Schwierigkeiten mehr auf.

Die Lage kompliziert sich beim Übergang zu nichtregulären Problemen stark. Unter ihnen hatten wir speziell die diskreten mathematischen Optimierungsprobleme herausgenommen, mit denen sich das vorliegende Buch ja auch befaßt. Andererseits ist die Nichtregularität für mathematische Optimierungsprobleme charakteristisch (im weiteren Verlaufe von 2.6. werden wir wegen der Unzweideutigkeit nur noch von Minimierungsproblemen sprechen), bei denen die Konvexitätsbedingung entweder für die Zielfunktion oder für die Menge der zulässigen Lösungen verletzt wird. In diesem Falle wird die Zielfunktion im allgemeinen viele lokale Optima besitzen, die nicht mit dem globalen Optimum zusammenfallen. Da viele lokale Extrema für derartige nichtreguläre Probleme vorhanden sind, hat sich in der sowjetischen Literatur die Bezeichnung *multiextremal* durchgesetzt.

Eine einheitliche Theorie der Multi-Extremalprobleme existiert bisher noch nicht, desgleichen befinden sich auch die Rechenmethoden im Keimzustand. Allerdings können Multi-Extremalprobleme im allgemeinen auf gemischt ganzzahlige zurückgeführt werden. Für Extremalprobleme über nichtkonvexen Bereichen wurde dies faktisch schon in 2.4. demonstriert. Inhalt von 2.6. wird das Studium des Zusammenhangs von Problemen mit nichtkonvexer Zielfunktion und ganzzahligen Problemen sein. Eine derartige Überführung hat ein nicht geringes theoretisches Interesse, denn sie weist auf den Ursprung und den gegenseitigen Zusammenhang zweier auf den ersten Blick vollkommen verschiedener Aspekte der „Nichtregularität" in der mathematischen Optimierung hin. Außerdem eröffnet sie, soweit numerische Methoden für die ganzzahlige Optimierung schon hinreichend bekannt sind, einen realen Weg zur faktischen Lösung von Multi-Extremalproblemen.

Wir gehen sofort zum Studium des erwähnten gegenseitigen Zusammenhangs über und bemerken, daß die Möglichkeit einer Überführung nichtlinearer nichtkonvexer Probleme in gemischtganzzahlige zuerst im Jahre 1957 (d. h. noch vor der Herausbildung allgemeiner Methoden zur ganzzahligen Optimierung) von MARKOVITZ und MANNE bemerkt wurde [105].

2.6.2. Wir betrachten die Aufgabe, die Funktion $f(x_1, x_2, \ldots, x_n)$ über einer gewissen konvexen Menge G zu minimieren (eine konkrete Methode zur Vorgabe von G ist für uns einstweilen gleichgültig). Wir werden voraussetzen, daß f in Gestalt einer Summe von Funktionen einer Variablen darstellbar ist[1]), d. h.

$$f(x_1, x_2, \ldots, x_n) = \sum_{j=1}^{n} f_j(x_j). \tag{6.1}$$

Um die durchzuführende Konstruktion besser erklären zu können, studieren wir zunächst den regulären Fall. Stelle nämlich jedes Glied $f_j(x_j)$ in (6.1) eine konvexe[2]) Funktion von x_j dar, dann ist auch $f(x_1, x_2, \ldots, x_n)$ als Summe konvexer Funktionen selbst konvex.

---

[1]) Solche Zielfunktionen heißen manchmal separabel.

[2]) Die Funktion f heißt konvex, wenn $\lambda f(z_1) + (1-\lambda) f(z_2) \leqq f(\lambda z_1 + (1-\lambda) z_2)$, $0 \leqq \lambda \leqq 1$.

Wir betrachten eine beliebige Funktion $f_j(x_j)$ aus (6.1). Im folgenden werden wir zur Abkürzung der Schreibarbeit den Index j weglassen und einfach $f(x)$ schreiben. Wir versuchen, die Angelegenheit auf die lineare Optimierung zurückzuführen, indem wir jede Funktion durch eine stückweise lineare Funktion approximieren. Habe $f(x)$ die in Abb. 2.6.1. dargestellte Figur. Wir zerlegen den Definitionsbereich von $f(x)$ in einige Teile (die auch ungleich sein dürfen) durch die Punkte $d_0\ (= 0), d_1, d_2, \ldots, d_p$, und auf jeder Strecke $\Delta_k = [d_{k-1}, d_k]$ ersetzen wir $f(x)$ durch eine lineare Funktion: Analytisch ist es bequem, das auf folgende Weise auszudrücken. Für beliebiges x definieren wir die Variable

$$y_k = \text{mes}\ \{[0, x] \cap \Delta_k\}; \tag{6.2}$$

mit anderen Worten, y_k stellt die Länge des Durchschnittes der Strecke $[0, x]$ mit der Strecke Δ_k dar. Wir bezeichnen die Länge des Abschnittes Δ_k mit h_k, d. h. $h_k = d_k - d_{k-1}$. Dann erhalten wir wegen der Definition von y_k

$$0 \leqq y_k \leqq h_k, \qquad k = 1, 2, \ldots, p. \tag{6.3}$$

Weiterhin gilt offenbar

$$x = y_1 + y_2 + \cdots + y_p, \tag{6.4}$$

und die stückweise lineare Approximation $\varphi(x)$ der Funktion $f(x)$ kann man in der Gestalt

$$\varphi(x) = c_0 + c_1 y_1 + c_2 y_2 + \cdots + c_p y_r \tag{6.5}$$

schreiben. Wir bemerken, daß die Eckkoeffizienten c_k, $k = 1, 2, \ldots, p$ wegen der Konvexität von $f(x)$ eine monoton fallende Folge

$$c_1 \leqq c_2 \leqq \cdots \leqq c_p \tag{6.6}$$

bilden.

Somit können wir x gemäß (6.4) ersetzen (indem wir annehmen, daß der Wert der Variablen y_k nach oben beschränkt ist — s. (6.3)) und anstelle von $f(x)$ die angenäherte Darstellung (6.5) verwenden. Das Minimierungsproblem (6.5) unter den Restriktionen (6.3) und (6.4) stellt schon ein lineares Optimierungsproblem dar.

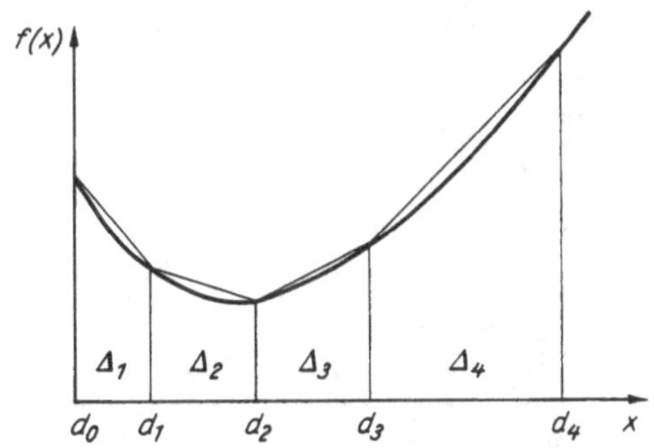

Abb. 2.6.1

Es ist wichtig, hier zu bemerken, daß die optimale Lösung des letzteren Problems die folgende Struktur besitzen wird:

$$x^* = y_1 + y_2 + \cdots + y_{k_0}, \qquad k_0 \leqq p\,,$$

mit $y_1 = h_1, y_2 = h_2, \ldots, y_{k_0-1} = h_{k_0-1}, 0 < y_{k_0} < h_{k_0}$, wobei alle y_k für $k > k_0$ gleich Null sind. Mit anderen Worten, in dieser Lösung wählt man y_1 so groß wie möglich: mit diesem Wert y_1 wird y_2 so groß wie möglich gewählt usw., solange, bis man auf kein solches k_0 mehr trifft, daß bei der Wahl von y_{k_0} so groß wie möglich schon der Wert x überschritten wird. Dann wird y_{k_0} verkleinert, bis die Gleichungen (6.4) erfüllt sind, und alle folgenden Werte y_k werden gleich Null gesetzt. Dieser Umstand folgt sofort aus der Konvexität der approximierenden Bruchstücke $\varphi(x)$, die analytisch durch die Ungleichungen (6.6) ausgedrückt wird. Tatsächlich erweist sich wegen (6.6) die Variable y_k als „ökonomischer" als die folgende Variable y_{k+1}, und solange y_k nicht seine oberste Grenze erreicht, hat es keinen Sinn, einen von Null verschiedenen Wert y_{k+1} zu wählen.

Formaler kann das ausgedrückt werden, wenn man die folgende Forderung stellt:

$$\text{entweder} \quad y_k - h_k = 0 \quad \text{oder} \quad y_{k+1} = 0\,. \tag{6.7}$$

Bedingung (6.7) bedeutet, daß dann, wenn y_k seine obere Grenze nicht erreicht, $y_{k+1} = 0$ gilt; hat es sie erreicht, wird auch $y_{k+1} > 0$ erlaubt.

Wir unterstreichen, daß im von uns bisher betrachteten regulären Falle (6.7) im Problem (6.3)—(6.5) keine Zusatzbeschränkung darstellt. Für eine optimale Lösung des letzteren ist sie automatisch erfüllt. Somit bringt diese Alternativbedingung hier keine zusätzlichen Schwierigkeiten mit sich.

2.6.3. Die Verhältnisse ändern sich wesentlich, wenn die zu minimierende Funktion $f(x)$ konkav ist (Abb. 2.6.2.). In diesem Falle (wir verwenden die vorigen Bezeichnungen) werden die Eckkoeffizienten c_k in (6.5) schon eine monoton wachsende Folge

$$c_1 \geqq c_2 \geqq \cdots \geqq c_p \tag{6.6'}$$

bilden. Daher müßte vom Gesichtspunkt der weiter oben durchgeführten Konstruktion y_k „in umgekehrter Ordnung" optimal gewählt werden (d. h. am An-

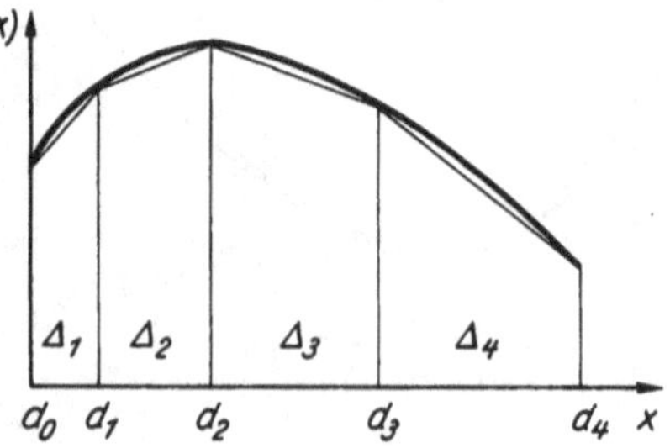

Abb. 2.6.2

fang nimmt man den maximalen Wert y_{p-1} usw.). Wenn dabei y_k seine obere Schranke nicht übersteigt, muß $y_{k-1} = 0$ sein. Eingedenk der Definition von y_k sehen wir, daß in diesem Falle schon die Darstellung von x in der Gestalt (6.4) und $\varphi(x)$ in der Gestalt (6.5) nicht mehr gelten.

Im allgemeinsten Falle (s. Abb. 2.6.3.) wird die Folge der Eckkoeffizienten c_k in (6.5) überhaupt nicht monoton sein. Wir müßten zuerst bis zur oberen Grenze die Variable y_k führen, die dem kleinsten c_k entspricht, danach die Variable, die dem in der Größe folgenden c_k entspricht usw. Aber dies würde dazu führen, daß das Streckensystem nicht zusammenhängt, aus dem man das optimale x „zusammenzuflicken" hätte.

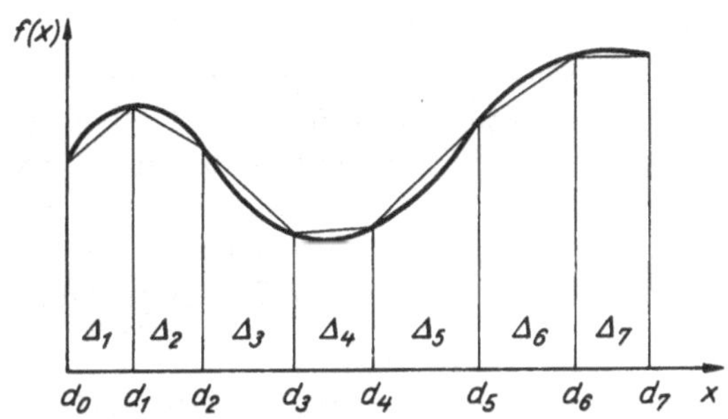

Abb. 2.6.3

Somit beginnt im Falle der Nichtkonvexität von $f(x)$ die Forderung (6.7) eine Schlüsselrolle zu spielen, und wir müssen sie in unserer Formulierung ausführlich diskutieren. Wie wir schon wissen (s. 2.4.), kann die Alternativbedingung (6.7) im Rahmen der gemischt ganzzahligen Optimierung zum Ausdruck gebracht werden. Im gegebenen Fall ist das besonders einfach, da für die Variablen y_k obere Grenzen bekannt sind. Wir führen Zusatzvariable

$$z_k = \begin{cases} 1, \\ 0, \end{cases} \quad k = 1, 2, \ldots, p \tag{6.8}$$

ein und ersetzen (6.7) durch das Ungleichungssystem

$$\left.\begin{aligned} y_k &\geqq h_k z_k, \\ y_{k+1} &\leqq h_{k+1} z_k, \end{aligned} \quad k = 1, 2, \ldots, p-1 \, . \right\} \tag{6.9}$$

Wir sehen, daß dann, wenn z_k den Wert 0 annimmt, die Ungleichungen (6.9) dazu führen, daß $y_k \geqq 0$, $y_{k+1} \leqq 0$ (d. h. einfach $y_{k+1} = 0$) gilt. Ist jedoch $z_k = 1$, erhalten wir $y_k \geqq h_k$ (d. h. $y_k = h_k$) und die triviale Ungleichung $y_{k+1} \leqq$ $\leqq h_{k+1}$. Somit wird auch der Sinn der von uns eingeführten Zusatzvariablen klar: $z_k = 1$, wenn die Variable y_k ihre obere Grenze überschritten hat und $z_k = 0$ im entgegengesetzten Fall.

Schließlich führt das Minimumproblem für die nichtkonvexe Funktion $f(x)$ über der konvexen Menge G auf die Minimierung von (6.5) bei den Restriktionen

(6.3), (6.4), (6.8) und (6.9) (und selbstverständlich unter den Bedingungen, die G definieren). Beachtet man, daß die oberen Schranken für y_k in (6.3) schon in den Ungleichungen auftreten (außer der Schranke für y_1), kann man (6.3) und (6.9) durch

$$y_k \geqq 0\,, \qquad k = 1, 2, \ldots, p\,, \tag{6.3'}$$

$$\left.\begin{aligned} y_k &\leqq h_1\,, \\ y_k &\geqq h_k z_k, \\ y_{k+1} &\leqq h_{k+1} z_k\,, \qquad k = 1, 2, \ldots, p-1 \end{aligned}\right\} \tag{6.9'}$$

ersetzen. Wie stets bei derartigen Zurückführungen auf gemischt ganzzahlige Probleme gelangen wir zu einer wesentlichen Vergrößerung der Anzahl der Variablen und Restriktionen.

Wir bemerken, daß wir mit der Anwendung dieses Verfahrens faktisch schon bei der Transformation des Transportproblems mit Fixkosten (s. 2.5) auf das gemischt ganzzahlige Problem gestoßen sind (wir erklären, daß die Zielfunktion beim Transportproblem mit Fixkosten eben eine Summe konkaver Funktionen darstellt). Einem anderen Anwendungsbeispiel für diesen Ideenkreis werden wir in 3.2. bei der Betrachtung nichtlinearer Planungsprobleme begegnen.

3. Angewandte diskrete Optimierungsprobleme

3.1. Transportplanungsprobleme

3.1.1. Das einfachste und populärste Transportplanungsproblem ist das Transportproblem selbst. Seine Problemstellung besteht im folgenden. Man habe m Produktionszentren (Händler) für ein bestimmtes homogenes Produkt und n Zentren für seinen Verbrauch. Für jedes Produktionszentrum i ist der Produktionsumfang a_i, $i = 1, 2, \ldots, m$, und für jedes Verbraucherzentrum j der Umfang des Bedarfs b_j, $j = 1, 2, \ldots, n$ bekannt. Dabei wird oft vorausgesetzt, daß Gesamtproduktion und Gesamtbedarf ausgeglichen sind, d. h.

$$\sum_{i=1}^{m} a_i = \sum_{j=1}^{n} b_j\,. \tag{1.1}$$

Gegeben sind auch die Kosten c_{ij} für den Transport einer Produkteneinheit von jedem Produktionszentrum i nach jedem Verbraucherzentrum j. Es soll ein Transportplan aufgestellt werden, der den Gesamtbedarf befriedigt, die Kapazitätsgrenzen der Händler nicht übersteigt und minimale Gesamttransportkosten ergibt.

Durch Einführung von Variablen x_{ij}, die die Transportmengen von jedem Produzenten i nach jedem Verbraucher j darstellen, wird das Problem auf die Minimierung von

$$\sum_{i=1}^{m} \sum_{j=1}^{n} c_{ij}\, x_{ij} \tag{1.2}$$

unter den Restriktionen

$$x_{ij} \geqq 0\,, \quad \sum_{j=1}^{n} x_{ij} = a_i\,, \quad \sum_{i=1}^{m} x_{ij} = b_j\,, \qquad (1.3)$$
$$i = 1, 2, \ldots, m, \quad j = 1, 2, \ldots, n$$

übergeführt.

Eine Ganzzahligkeitsforderung wird hier für die Variablen nicht ausgesprochen. Allerdings wollen wir daran erinnern (s. 2.1.), daß das Transportproblem (1.2)—(1.3) ein Vertreter der Problemklasse ist, für die bei ganzzahligen Ausgangsdaten $a_1, a_2, \ldots, a_m$ und $b_1, b_2, \ldots, b_n$ stets ganzzahlige Lösungen geliefert werden. Eben aus diesem Grund beginnen wir damit unsere Liste diskreter Transportprobleme.

Ein Beispiel eines eigentlich diskreten Transportproblems stellt das Transportproblem mit Fixkosten dar (s. 2.5.). Wir erinnern, daß bei diesem Problem unter gewöhnlichen ,,Transport"-Restriktionen (1.3) die unstetige Zielfunktion

$$\sum_{i=1}^{m} \sum_{j=1}^{n} c_{ij}(x_{ij}) \qquad (1.4)$$

minimiert werden soll, wo jede Funktion $c_{ij}(x_{ij})$ die Gestalt

$$c_{ij}(x_{ij}) = \begin{cases} 0\,, & x_{ij} = 0\,, \\ c_{ij}\,x_{ij} + c_{ij}\,, & x_{ij} > 0 \end{cases} \qquad (1.5)$$

hat. Die Fixkosten d_{ij} werden hier in natürlicher Weise als Pachtkosten für die Benutzung homogener Transportmittel interpretiert, die nicht von den Frachten abhängen.

Eine umfangreiche Klasse diskreter Modelle trifft man bei der Formulierung von Transportproblemen an, die mit der Benutzung unteilbarer Transporteinheiten verbunden sind. Wir gehen sogleich zur Betrachtung einiger Modelle dieser Art über.

3.1.2. Wir betrachten ein Verteilungsproblem. Dieses mathematische Modell wurde in der Literatur unter verschiedenen Bezeichnungen (verallgemeinertes Transportproblem, gewichtetes Verteilungsproblem, λ-Problem, Flotteneinsatzproblem usw.) breit beleuchtet. Wir werden es in der folgenden Interpretation beschreiben. Man habe n Transportlinien (etwa Passagierlinien). Auf der j-ten Linie müssen b_j ($j = 1, 2, \ldots, n$) Reisen ausgeführt werden. Es liegen m Typen von Transporteinheiten vor. Die Nutzzeitreserven für die Transporteinheit vom Typ i auf der Reise j zu transportieren, wird die Zeit t_{ij} benötigt mit den Reisekosten c_{ij}. Es soll die ökonomischste Verteilung der Transporteinheiten auf die Linien angegeben werden.

Bezeichnen wir mit x_{ij} die Gesamtheit der Reisen, die die Transporteinheit i auf der Linie j durchführen muß, gelangen wir zu folgendem Problem. Man minimiere

$$\sum_{i=1}^{m} \sum_{j=1}^{n} c_{ij}\,x_{ij} \qquad (1.6)$$

unter den Restriktionen

$$x_{ij} \geqq 0,\ x_{ij} \text{ ganzzahlig}, \qquad i = 1, 2, \ldots, m; j = 1, 2, \ldots, n\,, \tag{1.7}$$

$$\sum_{j=1}^{n} t_{ij}\, x_{ij} \leqq a_i\,, \qquad i = 1, 2, \ldots, m\,, \tag{1.8}$$

$$\sum_{i=1}^{m} x_{ij} = b_j\,, \qquad j = 1, 2, \ldots, n\,. \tag{1.9}$$

Hier drückt die Bedingung (1.8) die Zeitbeschränkung für jede Transporteinheit aus, und die Bedingung (1.9) besagt, daß alle Reisen ausgeführt werden müssen.

Zu einem vollkommen analogen Modell führt das Problem der Wahl von Frachtbeförderungsmitteln. Bezeichnen $i = 1, 2, \ldots, m$ die Frachterzeugungsorte mit einem Frachtumfang von a_i. Man habe n Frachtbeförderungen (in Gestalt von Transporten). Die Frachtkapazität für das j-te Beförderungsmittel macht p_j aus, und ihr vorhandener Park ist gleich N_j, $j = 1, 2, \ldots, n$. Die Frachten liegen zur Beförderung in einem zentralen Punkt (Lager). Die Kosten für die Ausführung einer Reise einer Einheit des Beförderungsmittels j vom Punkt i zum Lager sind gleich c_{ij}. Man soll den ökonomischsten Beförderungsplan aufstellen.

Mit x_{ij} bezeichnen wir die Gesamtheit der Beförderungsmittel vom Typ j, die vom Punkt i ausgehen. Dann führt das Problem auf die Minimierung einer Zielfunktion der Gestalt (1.6) unter den Restriktionen (1.7) und

$$\sum_{j=1}^{n} p_j\, x_{ij} \geqq a_i\,, \qquad i = 1, 2, \ldots, m\,, \tag{1.8'}$$

$$\sum_{i=1}^{m} x_{ij} \leqq N_j\,, \qquad j = 1, 2, \ldots, n\,. \tag{1.9'}$$

Das Verteilungsproblem hat mannigfache Anwendungen. Eine große Anzahl seiner praktischen Interpretationen kann der Leser in der Monographie [83] von D. B. Judin und E. G. Gol'štejn finden. Hier verweilen wir nur bei einer davon, die nicht mehr mit Transportfragen zusammenhängt, sondern eine wichtige Bedeutung bei Verteilungsfragen von Produktionsprogrammen besitzt.

Es sei gefordert, die Detailfertigung unter Maschinen zu verteilen. Mit dem Index $j = 1, 2, \ldots, n$ werden wir die Einzelteile und mit dem Index $i = 1, 2, \ldots, m$ die Maschinen bezeichnen, a_i sind die Arbeitsreserven. Die Planziffern pro Einzelteil seien durch die Zahlen b_j gegeben, die Stückzeitnormen für die Bearbeitung des j-ten Teiles auf der i-ten Maschine seien gleich t_{ij}, und die Sebstkosten mögen sich dabei auf c_{ij} belaufen. Gefordert ist ein Arbeitsverteilungsplan auf die Maschinen, der die Ausführung der Aufgaben garantiert, ohne bei einer Maschine die Zeitreservengrenzen zu überschreiten, und minimale Selbstkosten garantiert.

Wir bezeichnen mit x_{ij} die Gesamtheit der Teile vom Typ j, die man auf der Maschine i bearbeiten muß. Dann führt das beschriebene Verteilungsproblem für Produktionsprogramme auf das Modell (1.6)—(1.9).

Wir bemerken, daß bei vielen Interpretationen des Verteilungsproblems die Ganzzahligkeitsforderung an die Variablen auch nicht ausgesprochen werden muß.

3.1.3. Wir betrachten ein Verteilungsproblem mit Fixkosten[1]). Sei in Ergänzung zu den oben aufgezählten Daten (s. 3.1.2.) die Benutzung einer Transporteinheit vom Typ i auf der Linie j mit Vorarbeiten verbunden, die die Zeit τ_{ij} erfordern (diese Zeit hängt nicht von der Anzahl der Reisen ab, die von einer gegebenen Transporteinheit auszuführen sind). Die Kosten für die Ausführung dieser Vorarbeiten mögen d_{ij} sein.

Um wie schon weiter oben die ökonomischste Ausnutzung der Transporteinheiten pro Linie zu suchen, führen wir ganzzahlige Variable x_{ij} ein. Dann betragen die Gesamtkosten

$$\sum_{i=1}^{m} \sum_{j=1}^{n} c_{ij}(x_{ij}), \tag{1.10}$$

mit

$$c_{ij}(x_{ij}) = \begin{cases} 0, & x_{ij} = 0, \\ c_{ij} x_{ij} + d_{ij}, & x_{ij} > 0. \end{cases} \tag{1.11}$$

Die Beschränkungen für den Zeitfonds jeder Transporteinheit nehmen nun die Gestalt

$$\sum_{j=1}^{n} t_{ij}(x_{ij}) \leqq a_i, \qquad i = 1, 2, \ldots, m \tag{1.12}$$

an mit

$$t_{ij}(x_{ij}) = \begin{cases} 0, & x_{ij} = 0, \\ t_{ij} x_{ij} + \tau_{ij}, & x_{ij} > 0. \end{cases} \tag{1.13}$$

Die Restriktionen (1.9) pro Reise wie auch die offensichtlichen Restriktionen (1.7) bleiben dabei erhalten. Somit besteht das Problem in der Minimierung von (1.10) unter den Restriktionen (1.7), (1.9) und (1.12).

Aus (1.10) und (1.11) ersieht man leicht, daß wir ein Problem mit Fixkosten (s. 2.5.) vor uns haben. Der Unterschied zu den früher betrachteten Problemen dieser Art besteht darin, daß hier die Fixkosten nicht nur in die Zielfunktion, sondern auch in die Restriktionen (1.12) eingehen. Allerdings kann man auch diese Variante des Problems in ein ganzzahliges lineares Optimierungsproblem überführen.

Der in 2.5. beschriebenen analogen Transformation lag das Vorhandensein oberer Grenzen M_{ij} für die Variablen x_{ij} zugrunde. Hier gelingt es sogar, diese Grenzen durch die natürliche Voraussetzung zu finden, daß alle $t_{ij} > 0$ und $\tau_{ij} > 0$ sind. In der Tat haben wir für alle i, j

$$x_{ij} \leqq b_j .$$

[1]) Dieses Problem wurde in der Diplomarbeit v. G. I. Ozornyǐ (Ökonomische Fakultät der Leningrader Staatl. Univ. 1968) betrachtet.

Wegen (1.12) und (1.13) ist $t_{ij} x_{ij} + \tau_{ij} \leqq a_i$, wie auch

$$x_{ij} \leqq \frac{a_i - \tau_{ij}}{t_{ij}}.$$

Somit gilt

$$x_{ij} \leqq M_{ij} = \min\left\{\frac{a_i - \tau_{ij}}{t_{ij}}, b_j\right\}. \tag{1.14}$$

Wir führen nun Hilfsvariable

$$y_{ij} = \begin{cases} 0, \\ 1, \end{cases} \quad i = 1, 2, \ldots, m; \quad j = 1, 2, \ldots, n \tag{1.15}$$

ein und betrachten das Minimierungsproblem

$$\sum_{i=1}^{m} \sum_{j=1}^{n} c_{ij} x_{ij} + d_{ij} y_{ij} \tag{1.16}$$

mit den Restriktionen (1.7), (1.9), (1.15) und

$$\sum_{j=1}^{n} t_{ij} x_{ij} + \tau_{ij} y_{ij} \leqq a_i, \quad i = 1, 2, \ldots, m, \tag{1.17}$$

$$x_{ij} \leqq M_{ij} y_{ij}, \quad i = 1, 2, \ldots, m; \quad j = 1, 2, \ldots, n. \tag{1.18}$$

Seine Äquivalenz zum Ausgangsproblem (1.10), (1.7), (1.9), (1.12) wird mit genau demselben Verfahren nachgewiesen, wie dem in 2.5. auf das Transportproblem mit Fixkosten angewandte.

Zum eben untersuchten Problem kann man sogar eine industrielle Interpretation geben, wie das beim Verteilungsproblem am Ende des vorigen Punktes getan wurde. Betrachtet man nämlich die Verteilung von Produktionsprogrammen, so kann man τ_{ij} als Vorbereitungsabschlußzeit für die Bearbeitung des Teils j auf der Maschine i ansehen und d_{ij} als damit verbundene zeitliche Selbstkosten. Derartige Probleme sind charakteristisch für den Maschinenbau.

3.1.4. Wir betrachten das Problem, die Frachtbeförderungsmittel auszuwählen. Die Frachtflotte besitze in ihrem Bestand n Schiffstypen. Die Gesamtheit der Schiffe vom Typ j sei q_j, und die Benutzungskosten für ein Schiff vom Typ j in der Planungsperiode mögen c_j, $j = 1, 2, \ldots, n$ betragen. Jedes Schiff habe Frachträume von m Typen (Kielräume, Tanks, Decks usw.). Die Frachtkapazität für den Frachtraum i auf dem Schiffstyp j sei gleich d_{ij}. Es sollen p Frachtarten befördert werden. Von der Frachtart k sei die Menge a_k, $k = 1, 2, \ldots, p$ vorhanden. Es soll der ökonomischste Transportmittelkomplex für diese Frachten bestimmt werden, der mit den Frachtlademöglichkeiten der Schiffe vereinbar ist.

Indem wir die Unteilbarkeit der Transporteinheiten beachten, führen wir ganzzahlige Variable x_j, $j = 1, 2, \ldots, m$ ein, die die Gesamtheit der Schiffstypen bezeichnen, die zum Transport ausgewählt wurden. Außerdem führen wir Variable y_{ik} ein, die die Mengen der Frachtart k bezeichnen, die zur Auslastung des Raumes i verwendet werden ($i = 1, 2, \ldots, m$; $k = 1, 2, \ldots, p$). Dann gelangen wir zum Minimierungsproblem für

$$\sum_{j=1}^{n} c_j x_j \tag{1.19}$$

unter den Bedingungen

$$0 \leqq x_j \leqq q_j, \quad x_j \text{ ganzzahlig}; \quad y_{ik} \geqq 0\,, \tag{1.20}$$

$$\sum_{j=1}^{n} d_{ij} x_j - \sum_{k=1}^{p} y_{ik} \geqq 0\,, \quad i = 1, 2, \ldots, m\,, \tag{1.21}$$

$$\sum_{i=1}^{m} y_{ik} = a_k\,, \quad k = 1, 2, \ldots, p\,. \tag{1.22}$$

Hierbei zeigen die Beschränkungen (1.21), daß die Gesamtfrachtmenge, die in den Räumen jedes Types untergebracht wird, die Gesamtfrachtkapazität dieser Räume auf allen Schiffen nicht überschreiten darf. Dagegen entsprechen die Beschränkungen (1.22) der Forderung, daß der Transport aller Frachten vollständig durchgeführt werden muß. Wir bemerken, daß gegenüber den y_{ik} die Ganzzahligkeitsforderung im allgemeinen nicht ausgesprochen wird, so daß wir es hier mit einem gemischt ganzzahligen Problem zu tun haben.

3.1.5. Wir betrachten nun ein einfaches Speditionsmodell [7]. Eine gewisse zentrale Basis versorge m Lager mit seiner Produktion (die man als homogen ansehen kann). Der Produktionstransport zu den Lagern wird mit einem Lastwagen durchgeführt, wobei jedes Lager seinen Bedarf bei einer Fahrt erhält. Die Frachtkapazität des Lastwagens sei dafür ausreichend. Im allgemeinen kann der Lastwagen gleichzeitig Frachten laden, die dem Bedarf von nicht mehr als k Lagern entsprechen. Der Lastwagen kann die Lager auf r bestimmten Routen anfahren. Selbstverständlich kann einmal dasselbe Lager an verschiedenen Routen liegen.

Für jedes Lager sei die Kostenfunktion für den Transport etwa in Abhängigkeit vom Bedarf bekannt. Es soll ein Transportplan aufgestellt werden, der sämtliche Klienten zufriedenstellt und die Gesamtkosten minimiert. Wir unterstreichen, daß die Transportzeit hier überhaupt nicht in Betracht gezogen wird. Wir setzen voraus, daß sämtliche Transportoperationen verabredungsgemäß innerhalb einer bestimmten Zeitperiode ausgeführt werden können, die allen Lagern angenehm ist.

Unter einem *Transport* werden wir eine beliebige zulässige Kombination zur Erfüllung von Nachfragen verstehen. Genauer gesagt stellt ein Transport einen m-dimensionalen Spaltenvektor dar, dessen i-te Komponente gleich Eins ist, falls der i-te Bedarf bei diesem Transport befriedigt wird und gleich Null im entgegengesetzten Falle. Für ein beliebiges reales Problem kann man bei nicht zu großen Werten von m, k und r faktisch alle solchen Transporte beschreiben. Die Anzahl n dieser Transporte wird nicht nur von diesen Parametern abhängen, sondern auch zum Beispiel von der Anzahl der Lager an jeder Route, dem Umfang der Nachfragen usw. Außerdem kann man jedem Transport j leicht die mit ihm zusammenhängenden Kosten c_j zuordnen (es werden außer den oben angegebenen Transportkosten auch die Arbeitskosten beim Ausladen usw. in Betracht gezogen).

So sei unter gegebenen konkreten Bedingungen für ein Problem die Matrix $A = ||a_{ij}||$ aller möglichen Transporte gebildet, die aus Nullen und Einsen besteht. Die Spalten dieser Matrix stellen die oben beschriebenen Transporte dar, d. h. $a_{ij} = 1$, wenn im Transport j der Bedarf i erfüllt wird und $a_{ij} = 0$ im entgegengesetzten Falle. Man habe außerdem für jeden Transport j die ihm entsprechenden Kosten c_j, $j = 1, 2, \ldots, n$ gefunden. Nun besteht die Aufgabe in der Auswahl der ökonomischsten Transportkombinationen.

Wir führen die Variablen

$$x_j = \begin{cases} 1, \text{ falls der } j\text{-te Transport realisiert wird} \\ 0 \text{ im entgegengesetzten Falle} \end{cases} \tag{1.23}$$

ein. Auf natürliche Weise erhalten wir das Problem, die Gesamtkosten

$$\sum_{j=1}^{n} c_j x_j \tag{1.24}$$

unter den Restriktionen (1.23) und

$$\sum_{j=1}^{n} a_{ij} x_j = 1, \quad i = 1, 2, \ldots, m, \tag{1.25}$$

zu minimieren. Bedingung (1.25) bedeutet, daß der gesamte Bedarf befriedigt werden soll.

Wir wollen die Aufmerksamkeit des Lesers darauf lenken, daß das Modell (1.23)—(1.25) faktisch mit dem in 2.2. betrachteten gewichteten Überdeckungsproblem übereinstimmt.

3.2. Planungs- und Spezialisierungsprobleme

Probleme der Planung neuer Betriebe und Spezialisierung der Produktion gewannen in den letzten Jahren große Bedeutung. Wegen des ungeheuren Umfangs an Kapiteleinlagen, die für ein beliebiges reales Problem dieser Art benötigt werden, führt sogar eine kleine Verbesserung der ursprünglichen Planentwürfe zu einem großen volkswirtschaftlichen Gewinn.

In Anbetracht der wichtigen Rolle, die der Raumfaktor bei Planungs- und Spezialisierungsproblemen spielt, stellt die Mehrheit der entsprechenden Modelle Varianten und Verallgemeinerungen des klassischen Transportproblems dar, obgleich sich das Problem selbstverständlich bei weitem nicht nur in einer Aufstellung rationeller Frachtwege erschöpft. Das für diese Probleme typische Vorhandensein von Unteilbarkeitsforderungen führt in natürlicher Weise zur

Diskretheit vieler Modelle. In 3.2. werden wir einige der typischsten Modelle beschreiben, angefangen bei Modellen allgemeinen Charakters und bis zu Aufgaben vom Typ des Transportproblems.

3.2.1. Wir beschreiben zuerst eine hinreichend allgemeine Modellklasse, deren Modelle „Rekonstruktionsmodelle" genannt werden können, die aber keine unmittelbare Beziehung zu den in 3.2. betrachteten Fragen haben. Man habe n Rekonstruktionsverfahren für schon vorhandene Unternehmen und den Aufbau von neuen (es handelt sich um einen Industriezweig). Die Unternehmen sollen m Produkte herstellen. Bei jedem Rekonstruktionsverfahren j ($j = 1, 2, \ldots, n$) macht der Produktionsausstoß für Produkt i ($i = 1, 2, \ldots, m$) pro Zeiteinheit (Planungszeitraum) a_{ij} aus, und die auftretenden Realisierungskosten für dieses Verfahren sind gleich c_j.

Die Frage nach der Rekonstruktion und dem Neuaufbau wird für p Unternehmen betrachtet. Dabei wird die Indexmenge für die Rekonstruktionsverfahren $N = \{1, 2, \ldots, n\}$ in paarweise disjunkte Teilmengen $N = N_1 \cup N_2 \cup \cup \cdots \cup N_p$ zerlegt, so daß $j \in N_k$ bedeutet, daß das Verfahren j zum Unternehmen k ($k = 1, 2, \ldots, p$) gehört. Alle diese Verfahren schließen sich in einem bestimmten Sinne gegenseitig aus: für jedes Unternehmen kann ein und nur ein Rekonstruktionsverfahren (Neuaufbau) realisiert werden. Gefragt ist nach der Auswahl von Rekonstruktionsverfahren, so daß der Gesamtausstoß für jedes Produkt i von allen Unternehmen nicht kleiner als eine gegebene Größe b_i ist und die Gesamtkosten für Rekonstruktion und Aufbau minimal werden.

Wir führen die Variablen

$$x_j = \begin{cases} 1, & \text{falls das } j\text{-te Verfahren realisiert wird} \\ 0 & \text{im entgegengesetzten Falle} \end{cases} \tag{2.1}$$

ein. Dann führt unser Problem auf die Minimierung von

$$\sum_{j=1}^{n} c_j x_j \tag{2.2}$$

unter den Bedingungen

$$\sum_{j=1}^{n} a_{ij} x_j \geqq b_i , \quad i = 1, 2, \ldots, m \tag{2.3}$$

und

$$\sum_{j \in N_k} x_j = 1 , \quad k = 1, 2, \ldots, p . \tag{2.4}$$

Hierbei drückt Bedingung (2.4) in offensichtlicher Weise die Eindeutigkeit für die Realisierung des Rekonstruktions-(Aufbau-)Verfahrens für jedes Unternehmen aus. Wirklich folgt aus (2.1) und (2.4) direkt, daß in den Grenzen jedes N_k alle x_j gleich Null sind, mit Ausnahme eines, das gleich Eins sein muß.

Der Zusammenhang von Modell (2.1)--(2.4) mit den Planungsproblemen ist ziemlich durchsichtig. Man kann nämlich annehmen, daß einige (oder alle)

Unternehmen k nicht real, sondern nur projektiert sind, wobei für jedes die Verwirklichung höchstens eines Rekonstruktionsverfahrens möglich ist (d. h. einige Unternehmen können überhaupt nicht gebaut werden). Dann kann man für alle Indices k, die projektierten Unternehmen entsprechen, die Bedingung (2.4) durch die Ungleichungen

$$\sum_{j \in N_k} x_j \leqq 1 \tag{2.4'}$$

ersetzen. Nun können sich für gewisse N_k in der optimalen Lösung alle x_j zu Null ergeben, d. h. kein einziges Rekonstruktionsverfahren wird für die entsprechenden Unternehmen realisiert. Somit erhalten wir einen Plan zur Errichtung neuer Unternehmen.

Das beschriebene Modell ist hinreichend allgemein. Allerdings berücksichtigt es nicht den Verbraucher der Produktion und spiegelt nicht die Kosten für den Transport der Produktion vom Produzenten zum Verbraucher wider. Aber bei vielen realen Planungsproblemen erweist sich eben dieses Problem als sehr wesentlich. Daher gehen wir zur Beschreibung von Modellen über, die den Transportfaktor im weitesten Sinne berücksichtigen.

3.2.2. Das einfachste Planungsmodell ist das sogenannte *offene Transportproblem*. Es besteht im folgenden. Man habe Punkte der potentiellen Produktion i mit möglichen Produktionsumfängen a_i ($i = 1, 2, \ldots, m$) und Verbraucherzentren j mit den Bedarfsgrößen b_j ($j = 1, 2, \ldots, n$). Wir bemerken, daß hier von Produktion und Verbrauch eines bestimmten homogenen Produktes die Rede ist. Daher werden wir die Punkte der Produktion mit Unternehmen identifizieren, die dieses Produkt herstellen und dort gebaut sein können. Dabei überschreitet der potentielle Gesamtproduktionsumfang aller Erzeuger den Umfang des Gesamtbedarfs, d. h.

$$\sum_{i=1}^{m} a_i > \sum_{j=1}^{n} b_j \,. \tag{2.5}$$

Wie auch beim gewöhnlichen Transportproblem ist die Transportkostenmatrix $||c_{ij}||$ gegeben. Es soll ein Transportplan $||x_{ij}||$ bestimmt werden, der der Bedingung

$$x_{ij} \geqq 0 \,, \quad \sum_{j=1}^{n} x_{ij} \leqq a_i \,, \quad \sum_{i=1}^{m} x_{ij} = b_j \tag{2.6}$$

genügt und die Gesamtkosten

$$\sum_{i=1}^{m} \sum_{j=1}^{n} c_{ij} \, x_{ij} \tag{2.7}$$

minimiert. Dieses Problem unterscheidet sich vom klassischen Transportproblem nur darin, daß anstelle der gewöhnlichen Ausgeglichenheit von Produktion und Verbrauch die Ungleichung (2.5) gilt. Deshalb erscheinen in Bedingung (2.6) anstelle der Gleichungen $\sum_{j=1}^{n} x_{ij} = a_i$ Ungleichungen.

Die Lösung von Problem (2.6)—(2.7) ruft keine andere Schwierigkeit hervor, denn unter Benutzung des allgemein bekannten Verfahrens (Einführen eines fiktiven Bedarfs) wird es auf das Transportproblem zurückgeführt. Die optimale Lösung $\|x_{ij}^*\|$ dieses Problems ergibt folgende Information:

1. Ein Verzeichnis der realen Produzenten (die Menge all derjenigen i, für die die Größen

$$a_i^* = \sum_{j=1}^{n} x_{ij}^* \tag{2.8}$$

positiv sind).
2. Die geplanten Kapazitäten dieser Produzenten (die positiven a_i^* in (2.8)).
3. Ein Schema für die Verbindung vom Produzenten zum Verbraucher (die Zahlen x_{ij}^* selbst).

Von Fall zu Fall kann man zu den Bedingungen (2.6)—(2.7) Zusatzbeschränkungen hinzufügen, ohne den „Transport"-Charakter des Problems zu verändern. So kann man für gewisse i noch das Erfülltsein der Ungleichung

$$\sum_{j=1}^{n} x_{ij} \geqq r_i$$

fordern (der Produktionsumfang im gegebenen Zentrum darf nicht kleiner als eine gegebene Schranke sein) usw.

Problem (2.6)—(2.7) ist in unserem Verzeichnis von diskreten Modellen aus rein formalen Gründen eingeschlossen, die genau in 2.1. erklärt wurden (Ganzzahligkeit der optimalen Lösungen beim Transportproblem). Allerdings führen schon einige weitere Verallgemeinerungen dieses Verfahrens auf diskrete Probleme im eigentlichen Sinne des Wortes. Eine der unmittelbarsten Verallgemeinerungen solcher Art ist das früher beschriebene Transportproblem mit Fixkosten (s. 2.5.). Wir erinnern, daß es die Minimierung der Funktion

$$\sum_{i=1}^{m} \sum_{j=1}^{n} c_{ij}(x_{ij}) \tag{2.9}$$

mit

$$c_{ij}(x_{ij}) = \begin{cases} 0, & x_{ij} = 0\,, \\ c_{ij}\, x_{ij} + d_{ij}\,, & x_{ij} > 0 \end{cases} \tag{2.10}$$

unter den Restriktionen (2.6) beinhaltete. Das ökonomische Modell (2.9), (2.10), (2.6) wird zum Beispiel natürlich als „Planung bei Unzugänglichkeit" interpretiert. Unter c_{ij} kann man in diesen Bedingungen die Transportkosten verstehen und unter d_{ij} die Wegekosten zwischen dem Produzenten i und dem Verbraucher j. Die Überführung dieses Problems auf ein ganzzahliges wurde in 2.5. demonstriert.

3.2.3. Im vergangenen Punkte wurden Modelle betrachtet, in denen der geplante Produktionsumfang a_i^* (s. (2.8)) jedes Zulieferbetriebes beliebige Werte in vorgegebenen Grenzen annehmen konnte. Hingegen ist der Fall ziemlich typisch, wo die in einem Produktionszentrum geplante Produktion eines Betriebs durch einige Varianten realisiert werden kann, wobei jeder Variante ein Produktionsumfang entspricht. Wir zeigen, wie man bei der Projektierung eines Kohlentagebaues im Zweigwerk einen, zwei, drei usw. Bagger installieren kann, je nachdem wie man die Produktionsvarianten dieses Tagebaues bestimmt. In diesem Fall können wir zum folgenden Modell [112] übergehen.

Seien wie vorher mögliche Produktionszentren $i = 1, 2, \ldots, m$ und Verbraucherzentren j mit festem Bedarfsumfang b_j $(j = 1, 2, \ldots, n)$ gegeben. Gegeben sei auch die Selbskostenmatrix $||c_{ij}||$ für den Transport (Franko-Verbraucher). Für jedes Produktionszentrum i sind p_i projektierte Varianten möglich, denen die Produktionsumfänge a_i^k $(k = 1, 2, \ldots, p_i)$ entsprechen. Wir führen zu den gewöhnlichen ,,Transport"-Variablen x_{ij} Zusatzvariable y_{ik} $(i = 1, 2, \ldots, m;\ k = 1, 2, \ldots, p_i)$ ein, die folgenden Sinnhaben:

$$y_{ik} = \begin{cases} 1, & \text{falls im Zentrum } i \text{ der Produktionsumfang } a_i^k \\ & \text{angenommen wird,} \\ 0 & \text{im entgegengesetzten Falle.} \end{cases} \tag{2.11}$$

Dann wird unser Ziel in der Minimierung einer Zielfunktion der Gestalt (2.7) unter den Restriktionen

$$x_{ij} \geqq 0\,, \quad y_{ik} = \begin{cases} 0, \\ 1, \end{cases} \quad \sum_{i=1}^{m} x_{ij} = b_j\,, \tag{2.12}$$

$$\sum_{j=1}^{n} x_{ij} \leqq \sum_{k=1}^{p_i} a_i^k\, y_{ik}\,, \quad i = 1, 2, \ldots, m\,, \tag{2.13}$$

$$\sum_{k=1}^{p_i} y_{ik} = 1\,, \quad i = 1, 2, \ldots, m \tag{2.14}$$

bestehen. Hier folgt direkt aus (2.11) und (2.14), daß für jedes i nur ein y_{ik} gleich Eins sein kann und die übrigen verschwinden. Der Index k, der diesem y_{ik} entspricht, bezeichnet die projektierte Leistungsvariante, die im gegebenen Produktionszentrum i angenommen wird. Die Bedingung (2.13) ist hier ein direktes Analogon zur gewöhnlichen Bedingung $\sum_{j=1}^{n} x_{ij} \leqq a_i$ im offenen Transportproblem.

Wir bemerken, daß dieses Problem dem Rekonstruktionsproblem ähnlich ist, das in 3.2.1. beschrieben wurde. Insbesondere spielt hier die Bedingung (2.14) die Rolle der Bedingung (2.4) im Rekonstruktionsproblem. Wie auch dort, kann in diesem Modell die Bedingung (2.14) (für einige oder für alle i) durch die Ungleichungen

$$\sum_{k=1}^{p_i} y_{ik} \leqq 1 \tag{2.14'}$$

ersetzt werden, deren ökonomischer Sinn unmittelbar klar ist.

3.2.4. Wir unterstreichen, daß wir uns beim letzten Planungsmodell auf einen verhältnismäßig einfachen Fall beschränkt haben: die Gesamtkosten hängen von den Transportmengen vom Produzenten zum Verbraucher ab. In Wirklichkeit wird diese Voraussetzung längst nicht immer erfüllt, denn in die Zusammensetzung der Gesamtkosten gehen noch Kosten für den Bau von Zulieferbetrieben ein. Diese Kosten hängen nur von den geplanten Transportleistungen ab und nicht von der Verteilung ihrer Transporte. Formal haben die Gesamtkosten in diesem Falle die Gestalt

$$\sum_{i=1}^{m} \sum_{j=1}^{n} c_{ij} x_{ij} + \sum_{i=1}^{m} f_i\left(\sum_{j=1}^{n} x_{ij}\right), \tag{2.15}$$

wo die Funktionen $f_i(u)$ die Baukosten für das Produktionszentrum i mit dem Produktionsumfang u beschreiben. Zunächst betrachten wir den Fall inhomogener Abhängigkeiten der Gestalt

$$f_i(u) = \begin{cases} 0, & u = 0\,, \\ A_i u + B_i\,, & u > 0\,. \end{cases} \tag{2.16}$$

Der ökonomische Sinn von (2.16) ist ziemlich durchsichtig. Wir werden voraussetzen, daß die Kostenstruktur (2.15) in den Restriktionen eines gewöhnlichen offenen Transport-Planungsmodells gilt, wie es in 3.2.2. beschrieben wurde. Wir wenden das uns schon bekannte Verfahren an, das bei der Behandlung des Transportproblems mit Fixkosten (2.5.) benutzt wurde. Man überzeugt sich leicht davon, daß die Minimierung der Zielfunktion (2.15), wo f_i die Gestalt (2.16) hat, unter den Restriktionen (2.16) äquivalent zur Minimierung von

$$\sum_{i=1}^{m} \sum_{j=1}^{n} c_{ij} x_{ij} + \sum_{i=1}^{m} \left(A_i \sum_{j=1}^{n} x_{ij} + B_i y_i\right) \tag{2.17}$$

unter den Restriktionen

$$x_{ij} \geqq 0\,, \quad y_i = \begin{cases} 0, \\ 1, \end{cases} \quad \sum_{i=1}^{m} x_{ij} = b_j \tag{2.18}$$

und

$$\sum_{j=1}^{n} x_{ij} \leqq a_i y_i\,, \quad i = 1, 2, \ldots, m \tag{2.19}$$

ist. Es ist klar, daß hier $y_i = 1$ ist, falls in der Lösung offene Lieferungen i mit positiver Kapazität vorgesehen sind und $y_i = 0$ im entgegengesetzten Falle. Die Bedingungen (2.19) gehen bei $y_i = 1$ in die Restriktionen des gewöhnlichen offenen Transportproblems über und zeigen bei $y_j = 0$, daß bei gegebenen i alle x_{ij} gleich Null sind (der i-te Lieferant hat nicht geöffnet).

3.2.5. Man kann das letztere Modell noch komplizieren, wenn man voraussetzt (wie auch in 3.2.3.), daß man für jedes i p_i Aufbauvarianten mit den Produktivitäten a_i^k ($k = 1, 2, \ldots, p_i$) besitzt. Werden nun die Gestehungskosten für den

Lieferanten i durch die Funktion f_i^k beschrieben, die auch vom Index der projektierten Variante k abhängen, so gewinnt diese Abhängigkeit die Gestalt

$$f_i^k(u) = \begin{cases} 0\,, & u = 0\,, \\ A_i\, u + B_i^k\,, & u > 0 \end{cases} \tag{2.20}$$

(mit anderen Worten hängen hier vom Index k nur die Fixkosten für den Bau ab, und zwar zu proportionalen Teilen ein für allemal für sämtliche Varianten). Führt man dann gemäß. (2.11) Zusatzvariable y_{ik} ein, so wird man die Restriktionen (2.12), (2.13) und (2.14) haben, und die Zielfunktion gewinnt die Gestalt

$$\sum_{i=1}^{m} \sum_{j=1}^{n} c_{ij}\, x_{ij} + \sum_{i=1}^{m} \sum_{k=1}^{pi} \left(A_i \sum_{j=1}^{n} x_{ij} + B_i^k\right) y_{ik} =$$

$$= \sum_{i=1}^{m} \sum_{j=1}^{n} c_{ij}\, x_{ij} + \sum_{i=1}^{m} A_i \sum_{j=1}^{n} x_{ij} \sum_{k=1}^{p_i} y_{ik} + \sum_{i=1}^{m} \sum_{k=1}^{p_i} B_i^k\, y_{ik}\,,$$

was wegen (2.14) gleich

$$\sum_{i=1}^{m} \sum_{j=1}^{n} c_{ij}\, x_{ij} + \sum_{i=1}^{m} A_i \sum_{j=1}^{n} x_{ij} + \sum_{i=1}^{m} \sum_{k=1}^{p_i} B_i^k\, y_{ik} \tag{2.21}$$

ist.

3.2.6. Wir übertragen nun das in 3.2.3. beschriebene Modell auf den Fall einer nichtlinearen Zielfunktion in allgemeiner Gestalt. Die Gesamtkosten mögen folgende Struktur besitzen:

$$\sum_{i=1}^{m} \sum_{j=1}^{n} \left[c_{ij} + f_i\left(\sum_{j=1}^{n} x_{ij}\right)\right] x_{ij}\,. \tag{2.22}$$

Es geht um die Minimierung von (2.22) unter den Restriktionen (2.12)—(2.14). In praktischen Problemen erweisen sich Funktionen der Gestalt (2.22) gewöhnlich als konkav. Vom ökonomischen Gesichtspunkt bedeutet das, daß mit dem Anwachsen des Produktionsumfanges die spezifischen Kosten bei weiterer Vergrößerung abnehmen. Deshalb fällt Problem (2.22), (2.12)—(2.14) aus dem Rahmen der konvexen ganzzahligen Optimierung und wird zu einem Multi-Extremalproblem. Im gegebenen Fall erweist sich seine Betrachtung als einfach, weil die Produktionsumfänge in jedem Zentrum i nur eine endliche Anzahl von Werten a_i^k annehmen können. Und zwar finden wir für jedes Produktionszentrum i als Wert der Kosten beim k-ten Produktionsumfang

$$g_{ik} = a_i^k\, f(a_i^k)\,,$$

wonach man die Zielfunktion (2.22) in der Gestalt

$$\sum_{i=1}^{m} \sum_{j=1}^{n} c_{ij}\, x_{ij} + \sum_{i=1}^{m} \sum_{k=1}^{p_i} g_{ik}\, y_{ik} \tag{2.22'}$$

ausdrücken kann. Schließlich führt das Problem auf die Minimierung von (2.22′) unter den Restriktionen (2.12)—(2.14).

3.2.7. Als Abschluß von 3.2. demonstrieren wir die Zurückführung eines allgemeinen nichtlinearen Planungsproblems auf ein gemischt ganzzahliges. Wir setzen voraus, daß die Gesamtkosten wiederum durch eine nichtkonvexe Funktion der Gestalt (2.22) beschrieben werden. Diese Funktion soll unter gewöhnlichen Transportbedingungen (2.6) minimiert werden. Dabei kann der Produktionsumfang für jeden Lieferanten i nun beliebige Werte aus $[0, a_i]$ annehmen.

Wir konkretisieren das allgemeine, in 2.6. beschriebene Verfahren zur Betrachtung von Multi-Extremalproblemen. Zuerst behandeln wir Funktionen

$$g_i(u) = u\, f_i(u)$$

und approximieren sie durch stückweise lineare Funktionen $\psi_i(u)$, indem wir dafür den Definitionsbereich $[0, a_i]$ in Strecken $\Delta_{ik} = [a_i^{k-1}, a_i^k]$, $k = 1, 2, \ldots, p_i$ zerlegen (selbstverständlich ist $a_i^0 = 0$, $a_i^{p_i} = a_i$). Die Länge des Abschnitts Δ_{ik} bezeichnen wir mit h_{ik}, d. h. $h_{ik} = a_i^k - a_i^{k-1}$. Wir führen Zusatzvariable y_{ik} ein, die wir gleich der Länge des Durchschnitts vom Abschnitt Δ_{ik} mit der Strecke $[0, a_i]$ setzen. Wir erhalten

$$0 \leqq y_{ik} \leqq h_{ik}\,, \quad i = 1, 2, \ldots, m\,, \quad k = 1, 2, \ldots, p_i\,, \tag{2.23}$$

$$\sum_{j=1}^{n} x_{ij} = \sum_{k=1}^{p_i} y_{ik}\,, \quad i = 1, 2, \ldots, m\,. \tag{2.24}$$

Wir führen die Bezeichnungen

$$\psi_{ik} = g_i(a_i^k) = a_i^k\, f_i(a_i^k)$$

ein. Dann kann die Zielfunktion (2.22) angenähert durch die Formel

$$\sum_{i=1}^{m} \sum_{j=1}^{n} c_{ij}\, x_{ij} + \sum_{i=1}^{m} \sum_{k=1}^{p_i} \psi_{ik}\, y_{ik} \tag{2.25}$$

dargestellt werden. Dabei müssen wegen der Nichtkonvexität der Ausgangszielfunktion die Variablen noch gewissen Zusatzbedingungen unterworfen werden, deren Sinn ausführlich in 2.6. erklärt wurde. Und zwar muß man noch einen Satz von Zusatzvariablen

$$z_{ik} = \begin{cases} 0, \\ 1, \end{cases} \quad i = 1, 2, \ldots, m; \quad k = 1, 2, \ldots, p_i$$

einführen und Zusatzbeschränkungen zugrunde legen:

$$\begin{array}{ll} y_{ik} \geqq 0; & y_{i1} \leqq h_{i1}\,, \\ y_{ik} \geqq h_{ik}\, z_{ik}\,, & i = 1, 2, \ldots, m\,, \\ y_{i,k+1} \leqq h_{i,k+1}\, z_{ik}\,, & k = 1, 2, \ldots, p_i\,. \end{array} \tag{2.26}$$

Schließlich wird das nichtlineare nichtkonvexe Planungsproblem angenähert durch die Minimierung von (2.25) unter den Restriktionen (2.24), (2.26) und

$$x_{ij} \geqq 0\,, \quad \sum_{i=1}^{m} x_{ij} = b_j\,, \quad j = 1, 2, \ldots, n\,. \tag{2.27}$$

3.3. Logische Projektierungsprobleme

In neuester Zeit zeichnete sich für diskrete Optimierungsmodelle ein vollständig neues Anwendungsgebiet ab. Es geht um einen Kreis von Optimierungsproblemen, die einerseits mit Projektierungsfragen logischer und rechentechnischer Anlagen zusammenhängen und andererseits an einige moderne Probleme aus der theoretischen Kybernetik anschließen (vor allem die diskrete Analysis). In 3.3. werden einige charakteristische Problemstellungen dieser Art beschrieben.

3.3.1. Wir betrachten das *Zuordnungsproblem für Produktionseinheiten.* Man habe m nicht teilbare Produktionseinheiten, die wir im weiteren kurz *Zentren* nennen werden. Jede solche Produktionseinheit soll an einem von n möglichen Orten installiert werden. Die unmittelbar mit der Unterbringung des Zentrums i am Ort j verbundenen Kosten (die „Installierungskosten") seien gleich c_{ij} ($i = 1, 2, \ldots, m; j = 1, 2, \ldots, n$). Die „Entfernungen" d_{ij} vom Ort i nach dem Ort j seien bekannt (die Zahlen d_{ij} brauchen überhaupt nichts mit den entsprechenden geometrischen Entfernungen zu tun zu haben; sie sind nur Kostenabschätzungen, die mit der Verlegung von i nach j verbunden sind). Gegeben sind außerdem die „Produktionsflüsse" f_{ij} vom Zentrum i zum Zentrum j.

Wir bemerken, daß man o. B. d. A. $m = n$ setzen kann. Im Fall $m < n$ führen wir nämlich fiktive Zusatzzentren $m + 1, m + 2, \ldots, n$ ein, indem wir für sie $c_{ij} = 0$ für $i \geqq m + 1$ und $f_{ij} + 0$ für $i \geqq m + 1$ oder $j \geqq m + 1$ setzen.

Unser Ziel ist eine Zuordnung (Gründung) der Zentren zu den Orten, so daß die Gesamtkosten minimiert werden. Jede solche Zuordnung stellt eine Permutation $(p_1, p_2, \ldots, p_n)$ der Zahlen $(1, 2, \ldots, n)$ dar. Dabei wird eine beliebige durchgeführte Gründung eines Zentrums i am Ort p_i durch die Beziehung $i \to p_i$, $i = 1, 2, \ldots, n$ beschrieben. Für eine beliebige Zuordnung haben wir zuerst „unmittelbare" Kosten für die Verbindung zwischen Paaren von Zentren. Wir werden voraussetzen, daß diese Kosten bei der Einrichtung eines Zentrums i am Ort p_i und eines Zentrums j am Ort p_i gleich dem Produkt der Flußgrößen zwischen i und j mit der Entfernung zwischen p_i und p_j sind, durch die diese Ströme fließen, d. h. $f_{ij}\, d_{p_i p_j}$ ausmachen. Somit soll eine Permutation $p_1, p_2, \ldots, p_n$ der Zahlen $1, 2, \ldots, n$ gefunden werden, die die Gesamtkosten

$$\sum_{i=1}^{n} c_{ip_i} + \sum_{i=1}^{n} \sum_{j=1}^{n} f_{ij}\, d_{p_i p_j} \tag{3.1}$$

minimiert.

Hin und wieder tritt bei derartigen Problemen die folgende Zusatzforderung auf: Das Zentrum i kann nicht an einem beliebigen Ort eingerichtet werden, sondern nur an einem Ort aus einer gegebenen Liste $S(i)$ (etwa nach Gewichtserwägungen, Ladekapazitäten usw.). Dann muß man dem Problem noch die Restriktion

$$p_i \in S(i)\,, \quad i = 1, 2, \ldots, n \tag{3.2}$$

hinzufügen.

Im Fall der Unabhängigkeit der Produktionszentren sind alle $f_{ij} = 0$, und das Minimierungsproblem (3.1) verwandelt sich, entsprechend übertragen, in das Zuordnungsproblem, wie es in 3.2. beschrieben wurde. In diesem Fall kann man c_{ip_i} als „Maß für die Unerwünschtheit“ der Zuordnung $i \to p_i$ interpretieren, oder einfach als Verluste, die mit einer solchen Zuordnung verbunden sind. Umgekehrt kann man bei anderen Problemen die Gestehungskosten c_{ip_i} vernachlässigen (oder alle diese Kosten als identisch ansehen), so daß man nur von der Minimierung der gesamten „Verbindungskosten“ spricht, d. h. vom zweiten Glied in (3.1).

Das Modell (3.1)—(3.2) hat relativ weitreichende praktische Anwendungen, die wesentliche Entwicklungslinien bei vielen modernen Projektierungsproblemen widerspiegeln. So kann es verwendet werden bei Fragen zur Planung der Aufstellung von Geräten in Werkhallen des Maschinenbaus oder der chemischen Industrie. Auf der anderen Seite kann es auch Anwendung finden bei Projektierungsproblemen zur Anordnung von Einzelteilen in Zellen von Rechen- und Steuerungsanlagen (zum Beispiel beim Finden von Verfahren zur Montage von Platten, auf denen die Gesamtlänge der Verbindungen minimiert wird). Hier wird dieses Modell absichtlich in allgemeinen Termini beschrieben in der Hoffnung, daß der Leser selbst verschiedene konkrete Interpretationen findet.

Die Aufmerksamkeit wurde schon dem Ursprung von Modell (3.1)—(3.2) beim Zuordnungsproblem zugewandt. Tatsächlich unterscheidet sich die Zielfunktion (3.1) von der Zielfunktion des Zuordnungsproblems im Vorhandensein von Zusatzgliedern, die zwar nicht von allen möglichen Zuordnungen, sondern nur von allen möglichen Zuordnungs**paaren** abhängen. Wir formulieren ein konkretes Modell, das unter dem Namen *quadratisches Zuordnungsproblem* bekannt ist und demonstrieren seine Überführung auf Modell (3.1)—(3.2).

Das quadratische Zuordnungsproblem besteht in folgendem: Gegeben sind Zahlen a_{ijkl} $(i, j, k, l = 1, 2, \ldots, n)$. Es soll ein Satz von Variablen x_{ij} gefunden werden, die die Werte 0 und 1 annehmen und die Funktion

$$\sum_{i=1}^{n} \sum_{j=1}^{n} \sum_{k=1}^{n} \sum_{l=1}^{n} a_{ijkl}\, x_{ij}\, x_{kl} \tag{3.3}$$

unter den Restriktionen

$$\sum_{j=1}^{n} x_{ij} = 1\,, \qquad i = 1, 2, \ldots, n\,, \tag{3.4}$$

$$\sum_{i=1}^{n} x_{ij} = 1\,, \qquad j = 1, 2, \ldots, n \tag{3.5}$$

minimieren.

Für die Überführung von Modell (3.1)—(3.2) auf ein quadratisches Zuordnungsproblem führen wir, wie beim gewöhnlichen Zuordnungsproblem, die Variablen

$$x_{ij} = \begin{cases} 1, & \text{falls das Zentrum } i \text{ dem Ort } j \text{ zugeordnet wird,} \\ 0 & \text{im entgegengesetzten Fall} \end{cases} \tag{3.6}$$

ein.

Wir erhalten nun

$$a_{ijkl} = \begin{cases} c_{ij} + f_{ii}\, d_{jj}\,, & \text{falls } i = k \text{ und } \quad j = l\,, \\ f_{ik}\, d_{jl}\,, & \text{falls } i \neq k \text{ oder } \ j \neq l\,. \end{cases}$$

Es ist offensichtlich, daß jedes Glied $a_{ijkl}\, x_{ij}\, x_{kl}$ in (3.3) in dem und nur dem Falle gleich a_{ijkl} wird, wenn $x_{ij} = 1$ und $x_{kl} = 1$ ist. Im entgegengesetzten Falle ist es gleich Null. Die Beziehungen $x_{ij} = 1$ und $x_{kl} = 1$ sind jedoch in der Permutationsterminologie äquivalent mit $p_j = j$ und $p_k = 1$. Wir erhalten

$$\sum_{i=1}^{n} \sum_{j=1}^{n} \sum_{k=1}^{n} \sum_{l=1}^{n} a_{ijkl}\, x_{ij}\, x_{kl} = \sum_{i=1}^{n} \sum_{k=1}^{n} a_{ip_ikp_k} =$$

$$= \sum_{i=1}^{n} c_{ip_i} + \sum_{i=1}^{n} \sum_{k=1}^{n} f_{ik}\, d_{p_ip_k} = \sum_{i=1}^{n} c_{ip_i} + \sum_{i=1}^{n} \sum_{j=1}^{n} f_{ij}\, d_{p_ip_j}\,.$$

Somit wurde die Zielfunktion des quadratischen Zuordnungsproblems auf die Gestalt (3.1) gebracht. Die Bedingungen (3.4)—(3.5) sind für dieses Problem offensichtlich und werden genau so wie beim gewöhnlichen Zuordnungsproblem interpretiert.

Ist es schließlich noch nötig, Beschränkungen vom Typ (3.2) in Betracht zu ziehen, so kann das am einfachsten so geschehen, daß man $c_{ij} = \infty$ für $j \in S(i)$ setzt. Dann gehen die entsprechenden Paare i, j nicht in die optimale Lösung ein (selbstverständlich unter der Bedingung, daß eine zulässige Lösung existiert).

Die Lösung des quadratischen Zuordnungsproblems ist vom Standpunkt der Rechentechnik aus keine einfache Sache. Zur Zeit sind dafür einige exakte und einige approximative Methoden bekannt. In Wahrheit sind die exakten Methoden nur für Probleme hinreichend kleinen Ausmaßes realisierbar. Die Beschreibung und der Vergleich (bezüglich der Ergebnisse numerischer Experimente) einiger Näherungsmethoden wurde im Artikel von Hillier und Connors [74] gegeben. Dort ist auch eine Bibliographie über diese Fragen angefügt.

3.3.2. Wir betrachten die oben beschriebenen Modelle für Überdeckungsprobleme unter einem etwas anderen Blickwinkel (s. 2.3.). Wir erinnern, daß das Überdeckungsproblem in der Minimierung von

$$\sum_{j=1}^{n} x_j \tag{3.7}$$

unter den Restriktionen

$$x_j = \begin{cases} 0, \\ 1, \end{cases} j = 1, 2, \ldots, n\,, \quad \sum_{j=1} a_{ij}\, x_j \geqq 1\,, \quad i = 1, 2, \ldots, m\,, \tag{3.8}$$

besteht, wobei alle Koeffizienten a_{ij} gleich 0 oder 1 sind.

Im Anschluß an Überdeckungsprobleme wird oft das gewichtete Überdeckungsproblem betrachtet, das in der Minimierung von

$$\sum_{j=1}^{n} c_j\, x_j \tag{3.7'}$$

unter den Restriktionen (3.8) besteht. Hier sind die c_j gegebene reelle Zahlen.

Die kombinatorische Interpretation dieser Modelle, die ihren Namen bestätigt, wurde auch in 2.3. gegeben. Hier wird uns allerdings ein vollkommen anderer Anwendungskreis interessieren, der Fragen der diskreten Analysis, der mathematischen Logik und Simulationstechnik (Synthese von Schemata) berührt.

Zuerst geben wir eine allgemeine Beschreibung der Fragen in der Therminologie der Synthese von Schemata. Das Syntheseproblem kann man auf folgende Weise darstellen. Unter einem *Schema* wird eine gewisse Anlage mit p BOOLEschen Inputs und einem BOOLEschen Output verstanden. Die Forderungen an dieses Schema werden in Form einer Liste angegeben, die jeder von 2^p möglichen Kombinationen aus Nullen und Einsen beim Input den entsprechenden Wert (0 oder 1) am Output zuordnet. Damit definiert die Liste (Tabelle) eine gewisse BOOLE*sche Funktion*, d. h. eine Funktion, die auf der Menge der p-dimensionalen Vektoren mit Komponenten 0 und 1 gegeben ist und die Werte 0 und 1 annimmt (s. [22]). Dieser Umstand ergibt die Möglichkeit, die Synthesefragen parallel in der Sprache der Logik zu interpretieren. Allerdings werden wir die entsprechenden Analoga nur am Rande streifen.

Das Syntheseprobelm ist: 1) die Konstruktion eines Schemas, das durch eine gegeben BOOLEsche Funktion realisiert wird, 2) das Auffinden des in einem bestimmten Sinne ökonomischste unter allen solchen Schemata. Diesen beiden Problemen entspricht die Suche nach einer zulässigen und optimalen Lösung bei mathematischen Optimierungsproblemen. Lösungsverfahren für das erste Problem sind hinreichend lange bekannt. Ein konstruktiver Zugang zum zweiten kann in der Terminologie der ganzzahligen linearen Optimierung aufgezeigt werden.

Ein Schema wird aus *Elementen* synthetisiert, die Relais, Elektronenröhren, Halbleiterelemente usw. darstellen können. Allerdings ist die technische Realisierung dieser Elemente (und der Schemata im Ganzen) für uns jetzt vollkommen irrelevant. Wichtig ist nur, daß sich jedes Element in einem von zwei Zuständen befinden kann (zum Beispiel) Relais geschlossen — Relais geöffnet). Den Zustand „geschlossen" eines Elements werden wir mit 0, den Zustand „geöffnet" mit 1 bezeichnen. Elemente kann man in *Blöcken* (Ketten) zweier Typen vereinigen: a) Blöcke, die den Output 1 nur dann ergeben, wenn sämtliche Inputs gleich 1 sind. b) Blöcke, die den Output 1 ergeben, wenn mindestens ein Input gleich 1 ist. Blöcke vom Typ a) stellen eine Hintereinanderschaltung von Elementen dar, Blöcke vom Typ b) eine Parallelschaltung. Man kann sich auf die Betrachtung von Schemata beschränken, die aus einigen Blöcken vom Typ a) (deren Inputs Inputs des Schemas sind) und einem Block vom Typ b) zusammengesetzt sind. Der Output des letzteren stellt auch den Output des Schemas dar.

Mit diesen Begriffen kann man auch eine rein algebraische Behandlung geben. Führt man nämlich die Symbole 0 und 1 im oben angeführten Sinne ein, kann man die Vereinigung von Elementen in Blöcken vom Typ a) mit der Operation „Multiplikation" vergleichen, die der Multiplikationstabelle

×	0	1
0	0	0
1	0	1

(3.9)

gehorcht, und ihrer Vereinigung in Blöcken vom Typ b) entspricht die Operation „Addition" mit der Regel

+	0	1
0	0	1
1	1	1

(3.10)

Die durch diese Tabellen definierten Multiplikations- und Additionsoperationen heißen BOOLE*sche Operationen*. Das von uns erhaltene System mit diesen Operationen stellt den einfachsten Fall einer sogenannten BOOLEschen *Algebra* dar. Wir sehen, daß sich die „BOOLEsche Arithmetik" von der gewöhnlichen nur in der Identität $1 + 1 = 1$ unterscheidet. Weiterhin werden die BOOLEschen Operationen als assoziativ vorausgesetzt:

$$\left.\begin{aligned} a\,b\,c &= (a\,b)\,c = a(b\,c)\,, \\ a + b + c &= (a + b) + c = a + (b + c) \end{aligned}\right\} \tag{3.11}$$

wie auch als distributiv:

$$a\,(b + c) = a\,b + a\,c\,. \tag{3.12}$$

Außerdem ist für jedes beliebige Element a in eindeutiger Weise sein *Komplement* a' bestimmt, das den Eigenschaften

$$a\,a' = 0\,, \qquad a + a' = 1$$

genügt.

Hier werden unter a, b, c beliebige Elemente einer BOOLEschen Algebra (in unserem Falle die Null und die Eins) verstanden. Komplement der Null ist die Eins, Komplement der Eins die Null. Das Komplement von a wird oft mit $1 - a$ bezeichnet.

Wir bemerken, daß die BOOLEsche Multiplikation in der Logik der Konjunktion und der BOOLEschen Addition die Diskunktion entspricht. Dem Komplement entspricht die Negation.

Aus dem Skizzierten ergibt sich, daß das Problem der Synthese von Schemata mit den gegebenen Eigenschaften dem Problem der analytischen Darstellung BOOLEscher Funktionen (gegeben durch Tabellen) in Gestalt einer Superposition BOOLEscher Operationen über ihren Variablen äquivalent ist. Da wir uns auf Schemata der oben beschriebenen Gestalt beschränken, muß sich dieser analytische Ausdruck als BOOLEsche Summe von Gliedern darstellen, deren jedes Produkt BOOLEscher Variabler ist (und ihrer Komplemente).

Sei uns also eine Wertetabelle[1]) für die BOOLEsche Funktion $F = F(\xi_1, \xi_2, \ldots, \xi_p)$ gegeben, d. h. eine Tabelle, in der jedem der 2^p Vektoren von der Dimension p, die aus Nullen und Einsen bestehen, Null oder Eins zugeordnet wird. Wir werden einen analytischen Ausdruck für diese Funktion suchen. Ein bekanntes Konstruktionsverfahren dafür besteht im folgenden. Wir notieren in der Tabelle für die BOOLEsche Funktion F alle Zeilen i, in denen $F = 1$ ist. Sei $(\xi_1^0, \xi_2^0, \ldots, \xi_p^0)$ irgendein (der i-te) Satz, für den $F(\xi_1^0, \xi_2^0, \ldots, \xi_p^0) = 1$ ist. Wir bilden für diesen Satz das Produkt

$$P_i = \prod_{k=1}^{p} \hat{\xi}_k \tag{3.13}$$

mit

$$\hat{\xi}_k = \begin{cases} \xi_k, & \text{falls } \xi_k^0 = 1, \\ 1 - \xi_k, & \text{falls } \xi_k^0 = 0\,. \end{cases}$$

Produkte der Gestalt (3.13) werden *Fundamentalprodukte* genannt. Wir bilden nun das Fundamentalprodukt P_i für jede Zeile i, in der $F = 1$ ist (die Gesamtheit solcher Zeilen bezeichnen wir mit m) und bilden die BOOLEsche Summe dieser P_i:

$$F = \sum_{j=1}^{m} P_i\,. \tag{3.14}$$

Formel (3.14) gibt uns auch den analytischen Ausdruck der geforderten Form. Nun kann man zum zweiten Syntheseproblem übergehen, zum Auffinden im definierten Sinne „einfachsten" oder „ökonomischsten" analytischen Ausdruck. Dieser Begriff selbst wird später präzisiert.

---

[1]) So eine Tabelle wird oft „Wahrheitstafel" genannt.

Wir führen noch einen wichtigen Begriff ein. *Implikant* der Funktion F wird ein Produkt der Gestalt

$$I = \prod_{k \in S} \hat{\xi}_k \tag{3.15}$$

genannt, wo S irgend eine Teilmenge der Indexmenge $\{1, 2, \ldots, p\}$ ist, die die Eigenschaft besitzt, daß aus $I = 1$ folgt $G = 1$ und so, daß für beliebiges $S' \subset S$ das Produkt

$$\prod_{k \in S'} \hat{\xi}_k$$

(d. h. ein beliebiges eigentliches Teilprodukt von (3.15)) diese Eigenschaft schon nicht mehr besitzt. M. a. W., der Implikant ist Produkt von Variablen und deren Komplemente, das aus einer minimalen Anzahl von Multiplikatoren gebildet wird und gleich 1 ist nur im Falle $F = 1$. Die ökonomischste Darstellung werden wir in Gestalt einer BOOLEschen Implikantensumme suchen, die eine minimale Gliederzahl besitzt.

Somit müssen wir ein Konstruktionsverfahren für alle Implikanten der Funktion F kennen. Hierfür geht man von der Darstellung (3.14) aus und versucht es mit der Anwendung der folgenden beiden Regeln.

Regel ***I***: *Enthält die Darstellung* (3.14) *einen Ausdruck der Gestalt* $P_{i_1} + P_{i_2}$, *wo das Glied* P_{i_1} *als Faktor in* P_{i_2} *eingeht, so streicht man ihn aus der Summe* P_{i_2}.

Regel ***II***: *Enthält die Darstellung einen Ausdruck der Gestalt* $\xi_k P_{i_1} + (1 - \xi_k) P_{i_2}$, *so fügt man den Ausdruck* $P_{i_1} P_{i_2}$[1]) *zur Summe hinzu unter der Bedingung, daß* a) $P_{i_1} P_{i_2}$ *keine Produkte der Gestalt* $\xi_1 (1 - \xi_1)$ *enthält (denn in diesem Falle ist* $P_{i_1} P_{i_2} = 0$) *und* b) $P_{i_1} P_{i_2}$ *keine Teilprodukte enthält, die in der Summe schon als einzelne Glieder auftreten.*

Die Bildung von Implikanten geschieht auf folgende Weise. Auf (3.14) wird sukzessive Regel I angewandt. Ist deren Anwendung unmöglich, nimmt man Regel II. Kann man die Anwendung beider Regeln unmöglich einrichten, ist das Verfahren beendet, die im Ergebnis erhaltene Summe besteht aus allen Implikanten.

Schließlich müssen wir nun noch die Formulierung des Problems der optimalen Synthese von Schemata in Gestalt eines Überdeckungsproblems fertigstellen. Seien $P_1, P_2, \ldots, P_m$ die Fundamentalprodukte der Funktion F und $I_1, I_2, \ldots, I_n$ deren Implikanten. Wir erhalten

$$a_{ij} = \begin{cases} 1, \text{ falls } I_j \text{ Teilprodukt von } P_i \text{ ist,} \\ 0 \text{ im entgegengesetzten Falle.} \end{cases} \tag{3.16}$$

M. a. W. $a_{ij} = 1$ bedeutet, daß aus $P_i = 1$ folgt $I_j = 1$.

Wir führen nun die Variablen

$$x_j = \begin{cases} 1, \text{ falls der Implikant } j \text{ in die Darstellung eingeht} \\ 0 \text{ im entgegengesetzten Falle.} \end{cases} \tag{3.17}$$

Es soll eine Auswahl mit minimaler Implikantengesamtheit gefunden werden. Das bedeutet, daß man die Funktion (3.7) (wir gehen jetzt von der BOOLEschen Addition zur allgemeinen über) unter der Bedingung minimiert, daß dabei alle Einswerte der Funktion F gesichert werden. Offenbar wird die letzte Forderung auch durch die in (3.8) auftretenden Ungleichungen ausgedrückt. Also sind wir wirklich zu einem Überdeckungsproblem gelangt.

Man kann sogar annehmen, daß jedem Implikanten I_j ein „Gewicht" c_j (das etwa die Kosten für die technische Realisierung des dem Implikanten entsprechenden Blocks ausdrücken kann) beigelegt wird. In diesem Falle kann man davon sprechen, daß ein Schema mit minimalem Gesamt„gewicht" gefunden werden soll. Es ist klar, daß diese Forderung durch das gewichtete Überdeckungsproblem (3.7'), (3.8) beschrieben wird.

---

[1]) Dabei muß man sich erinnern, daß $\xi \xi = \xi$ gilt.

Die Fülle und Neuheit der in diesem Punkte eingeführten Begriffe macht ein illustrierendes Beispiel wünschenswert. Die Funktion F von vier BOOLEschen Variablen ($p = 4$) werde durch die folgend angegebene Tabelle beschrieben.

ξ_1	ξ_2	ξ_3	ξ_4	F
0	0	0	0	0
0	0	0	1	0
0	0	1	0	0
0	0	1	1	0
0	1	0	0	0
*0	1	0	1	1
0	1	1	0	0
*0	1	1	1	1
1	0	0	0	0
1	0	0	1	0
1	0	1	0	0
1	0	1	1	0
*1	1	0	0	1
*1	1	0	1	1
1	1	1	0	0
1	1	1	1	0

Hier ist $m = 4$ (die entsprechenden Zeilen sind links vom Strich notiert), so daß die Darstellung (3.14) die Gestalt

$$F = (1 - \xi_2)\,\xi_1\,(1 - \xi_3)\,\xi_4 + (1 - \xi_1)\,\xi_2\,\xi_3\,\xi_4 + \xi_1\,\xi_2\,(1 - \xi_3)\,(1 - \xi_4) + \xi_1\,\xi_2\,(1 - \xi_3)\,\xi_4 \tag{3.14'}$$

haben wird. Wir kommen zur Implikantensuche und betrachten die ersten beiden Glieder von (3.14′) und wenden Regel II auf diese an. Dann wird diesen Gliedern das Produkt $(1 - \xi_1) \times \times (1 - \xi_1)\,\xi_2\,\xi_2\,\xi_4\,\xi_4$, d. h. $(1 - \xi_1)\,\xi_2\,\xi_4$ hinzugefügt. Danach streicht eine zweifache Anwendung der Regel I die ersten beiden Glieder, und wir erhalten

$$F = (1 - \xi_1)\,\xi_2\,\xi_4 + \xi_1\,\xi_2\,(1 - \xi_3)\,(1 - \xi_4) + \xi_1\,\xi_2\,(1 - \xi_3)\,\xi_4\,. \tag{3.14''}$$

Wir wenden nun Regel II auf das erste und dritte Glied des erhaltenen Ausdruckes an und fügen ihm das Produkt $\xi_2\,(1 - \xi_3)\,\xi_4$ hinzu, streichen aber danach gemäß Regel I das letzte Glied von (3.14″). So erhalten wir

$$F = (1 - \xi_1)\,\xi_2\,\xi_4 + \xi_2\,(1 - \xi_3)\,\xi_4 + \xi_1\,\xi_2\,(1 - \xi_3)\,(1 - \xi_4)\,. \tag{3 14'''}$$

Wir wenden noch einmal Regel II auf das zweite und dritte Glied von (3.14‴) an, benutzen danach Regel I und erhalten schließlich die Darstellung

$$F = (1 - \xi_1)\,\xi_2\,\xi_4 + \xi_2\,(1 - \xi_3)\,\xi_4 + \xi_1\,\xi_2\,(1 - \xi_3)\,,$$

auf die Regel I und II schon nicht anwendbar sind. Somit ist $n = 3$, und wir erhalten die Implikanten

$$I_1 = (1 - \xi_1)\,\xi_2\,\xi_4\,,$$

$$I_2 = \xi_2\,(1 - \xi_3)\,\xi_4\,,$$

$$I_3 = \xi_1\,\xi_2\,(1 - \xi_3)\,.$$

Nun können wir eine 4×3-Matrix nach der Regel (3.16) bilden Der erste Implikant geht ins erste und zweite Fundamentalprodukt, der zweite ins erste und vierte und der dritte ins dritte und vierte ein. Damit ergibt sich

$$\|a_{ij}\| = \begin{pmatrix} 1 & 1 & 0 \\ 1 & 0 & 0 \\ 0 & 0 & 1 \\ 0 & 1 & 1 \end{pmatrix}, \tag{3.16'}$$

und unser Überdeckungsproblem erlangt die Gestalt: Man minimiere

$$x_1 + x_2 + x_3$$

unter den Restriktionen

$$\begin{aligned} x_1 + x_2 &\geqq 1\,, \\ x_1 &\geqq 1\,, \\ x_3 &\geqq 1\,, \\ x_2 + x_3 &\geqq 1\,, \\ x_1, x_2, x_3 &= \begin{cases} 0\,, \\ 1\,. \end{cases} \end{aligned}$$

Aber die optimale Lösung dieses Problems wird direkt ausgeschrieben, da aus den Restriktionen $x_1 = 1$ und $x_3 = 1$ folgt, wonach man notwendig $x_2 = 0$ erhält. Somit geht in die minimale Darstellung der Funktion F der erste und dritte Implikant ein, d. h.

$$F = (1 - \xi_1)\,\xi_2\,\xi_4 + \xi_1\,\xi_2\,(1 - \xi_3)\,.$$

Aus dem angeführten Beispiel ist ersichtlich, daß sich die Lösung von Überdeckungsproblemen oft bei Berücksichtigung einer spezifischen Struktur der Restriktionsmatrix erleichtert. Wirklich gibt es eine Reihe einfacher Verfahren zur Vereinfachung der Matrix von Überdeckungsproblemen. Sie beruhen auf Ideen, die der Idee der dominierenden Strategie in Matrixspielen ähnlich sind. Dazu vgl. z. B. den Übersichtsartikel von Balinski [6].

Wir bemerken, daß dem beschriebenen Problem in der Logik und in der diskreten Analysis das Problem der Minimierung disjunktiver Normalformen entspricht.

Zum Schluß widmen wir unsere Aufmerksamkeit noch der Möglichkeit einer rein kombinatorischen Interpretation des Überdeckungsproblems. Sei nämlich eine Matrix gegeben, die aus Nullen und Einsen besteht. Gefordert ist, daß man in ihr einen solchen minimalen Satz auswählt, daß die in diesen Spalten stehenden Einsen in jeder Matrixzeile mindestens einmal auftreten. In diesem Sinne kann man sagen, daß die ausgewählten Spalten eine „Überdeckung" der Matrixzeilen bilden.

3.4. Probleme der Ablaufplanung

3.4.1. Relativ wichtig in Bezug auf die Anwendungen ist die sogenannte *allgemeine Theorie der Ablaufplanung.* In der entsprechenden Literatur wird dieses Problem gewöhnlich *Reihenfolgeproblem* genannt. Sein allgemeines Schema kann man wie folgt beschreiben. Man hat m Maschinen und n Einzelteile, wobei jedes auf allen Maschinen in einer bestimmten Reihenfolge bearbeitet werden muß. Diese Reihenfolge muß für alle Teile eindeutig sein oder höchstens für verschiedene Gruppen davon verschieden. Dabei werden die Produktionsgänge als unteilbar angesehen (beginnen wir die Bearbeitung von Teil j auf der Maschine i, so müssen wir diese Bearbeitung bis zum Ende durchführen, ohne das Recht zur Unterbrechung zu haben usw.).

Die gegebene Matrix $A = ||a_{ij}||$, wo $a_{ij} \geqq 0$ die Zeit bedeutet, die notwendig ist, um das Teil j auf der i-ten Maschine zu bearbeiten ($a_{ij} = 0$ für solche Teile j, die auf der Maschine i nicht bearbeitet zu werden brauchen). Gefordert ist eine Reihenfolge der Teile in der Bearbeitung, die die Gesamtzeit zur Ausführung aller Arbeiten (die Länge des Produktionszyklus) minimiert.

Eine unmittelbare Lösung dieses Problems (auf dem Wege der Durchsicht aller Varianten) ist nicht durchführbar, weil dabei schon im einfachsten Falle einer linearen Ordnung eine Durchsicht der Einzelteile dazu führte, daß man die kleinste unter $n!$ Größen heraussuchen muß. Bei großen n ist das selbst bei Benutzung von schnellsten Elektronenrechnern undurchführbar. Ungeachtet der großen Bedeutung dieser Probleme für die Praxis (das beschriebene Modell oder seine Varianten stellt das Schema für die Hauptmasse der Produktionsbeschränkungsprobleme dar), gelang bisher seine Lösung nur für den Fall[1]) $m = 2$. Anstattdessen ergab der Fall $m > 2$ bisher ziemlich ernste theoretische und rechnerische Schwirigkeiten. Die Aufstellung der Probleme dieser Klasse in Gestalt ganzzahliger linearer Optimierungsprobleme stellt ein Verfahren mit der Perspektive dar, in dieser Richtung vorwärts zu kommen.

3.4.2. Einige Formulierungen für Probleme aus der Theorie der Ablaufplanung in Gestalt ganzzahliger linearer Optimierungsprobleme sind bekannt. Wir beschreiben eine der wichtigsten Problemstellungen, die auf einer Idee von A. MANNE [104] basiert; s. auch [77], Kap. 12.

Ohne Einschränkung der Allgemeinheit kann man a_{ij} als ganze Zahlen annehmen. Die Aufstellung eines Arbeitsablaufplanes für die Einzelteile werden wir mit einem ,,Kalender" in Zusammenhang bringen, dessen ,,Tage" wir mit den ganzen Zahlen $0, 1, \ldots, T$ durchnumerieren, wo T hinreichend so groß ist daß die Möglichkeit, alle Teile zu verarbeiten, anerkanntermaßen garantiert ist.

Wir führen nichtnegative ganzzahlige Variable x_{ij} ein, die die Werte $0, 1, \ldots, T$ annehmen. Hier bezeichnet x_{ij} das ,,Datum" an dem mit der Bearbeitung des j-ten Teils auf der i-ten Maschine begonnen wird. Wir betrachten die Bedingungen, denen die x_{ij} genügen müssen.

1. Zuerst muß man eine Beschränkung einführen, die die gleichzeitige Bearbeitung zweier Teile auf einer Maschine verbietet. Dafür dürfen die Zeitpunkte für den Bearbeitungsbeginn zweier beliebiger Teile j, k auf dem ,,Kalender" nicht weniger als nur die Bearbeitungsdauer desjenigen davon auseinanderliegen, das zuerst begonnen wird, d. h.

$$x_{ij} - x_{ik} \geqq a_{ik} \quad \text{oder} \quad x_{ik} - x_{ij} \geqq a_{ij} \,. \tag{4.1}$$

In gewöhnlichen linearen Optimierungsproblemen kann man eine Alternativbedingung vom Typ (4.1) nicht einführen. Wir konkretisieren das in 2.4. beschriebene Verfahren zur Abarbeitung von Alternativbedingungen und definieren ganzzahlige Variable y_{ijk}, die die Werte 0 oder 1 annehmen. Dann kann man

[1]) S. 1.2.3

(4.1) in die Form

$$(T + a_{ik})\, y_{ijk} + (x_{ij} - x_{ik}) \geqq a_{ik}\,, \tag{4.2}$$

$$(T + a_{ij})\,(1 - y_{ijk}) + (x_{ik} - x_{ij}) \geqq a_{ij} \tag{4.3}$$

umschreiben. Wir machen auf die offensichtliche Ungleichung $|x_{ij} - x_{ik}| \leqq T$ aufmerksam, die sich aus der Definition von T ergibt. Es ist klar, daß der Fall $x_{ij} - x_{ik} = 0$ unmöglich ist (d. h. die Bearbeitung zweier verschiedener Teile kann nicht gleichzeitig auf einer Maschine beginnen), denn in diesem Falle wäre Ungleichung (4.2) nur für $y_{ijk} = 1$ erfüllt, hingegen die Ungleichung (4.3) nur für $y_{ijk} = 0$. Ist $x_{ij} - x_{ik} > 0$, so kann y_{ijk} in (4.2) gleich Null oder Eins sein, und in (4.3) nur Null, der einzig mögliche Wert hier wird $y_{ijk} = 0$. Ist dagegen $x_{ij} - x_{jk} < 0$, so kann y_{ijk} in (4.2) nur gleich Eins sein und in (4.3) sowohl Null, als auch Eins, so daß in diesem Falle nur $y_{ijk} = 1$ möglich ist.

Hieraus ist klar, daß $y_{ijk} = 0$ ist, wenn auf der i-ten Maschine der Bearbeitung des k-ten Teiles die Bearbeitung des j-ten Teiles vorangeht und $y_{ijk} = 1$ im entgegengesetzten Falle.

2. Nun muß sich die gegebene technologische Reihenfolge bei der Durchsicht der zu bearbeitenden Teile auf den Maschinen widerspiegeln. Bei der gegebenen Formulierung ist es im Prinzip gleichgültig, ob diese Ordnung für alle Teile identisch ist oder nicht. Muß nämlich das Teil j zunächst auf der Maschine i bearbeitet werden und danach auf der Maschine l, so benötigen wir

$$x_{lj} - x_{ij} \geqq a_{ij}\,. \tag{4.4}$$

Hieraus ist klar, daß der Fall $x_{lj} - x_{ij} = 0$ (d. h. der gleichzeitige Bearbeitungsbeginn eines Teiles auf zwei Maschinen) nur bei $a_{ij} = 0$ möglich ist, d. h. dann, wenn das gegebene Teil auf einer Maschine davon überhaupt nicht bearbeitet zu werden braucht.

Für manche Teile kann die Anordnungsbedingung auch nur in folgender abgeschwächter Form zugrunde gelegt werden: das Teil j muß bei Bearbeitungsbeginn zur Maschine i_1 und i_2 (in beliebiger Ordnung) gebracht werden und danach zur Macshine l. Dann wird Bedingung (4.4) durch folgende zwei Bedingungen ersetzt:

$$x_{lj} - x_{i_1j} \geqq a_{i_1j}\,, \qquad x_{lj} - x_{i_2j} \geqq a_{i_2j}\,. \tag{4.4a}$$

Man kann noch eine Variante für Bedingungen dieses Typs eingeben, wenn man annimmt, daß das Teil j zwischen der Bearbeitung auf den Maschinen i und l eine Zeit τ^j_{il} (ganze Zahl) liegen muß. In diesem Falle ist

$$x_{lj} - x_{ij} = a_{ij} + \tau^j_{il}\,. \tag{4.4b}$$

3. Es können zusätzliche „Abfertigungs"-Bedingungen auferlegt werden (d. h. für die Fristen zur Beendigung einzelner Arbeiten). So hat man

$$x_{ij} + a_{ij} \leqq d_{ij}\,, \tag{4.5}$$

wenn die Bearbeitung des Teiles j auf der Maschine i zur Zeit d_{ij} beendet sein muß.

4. Als Optimierungskriterien wird die Minimierung der Gesamtbearbeitungszeit einer Partie genommen. Sei $t(\leqq T)$ der Zeitpunkt, an dem die Arbeit vollständig beendet ist. Man muß t unter den Restriktionen

$$x_{ij} + a_{ij} \leqq t\,, \qquad i = 1, 2, \ldots, m; \qquad j = 1, 2, \ldots, n \tag{4.6}$$

und den Bedingungen (4.2), (4.3), (4.4) (oder einer Variante davon) möglicherweise noch unter der Bedingung (4.5) minimieren.

In all diesen Modellen ist es nötig, $p = m\,n + m\,C_n^2 = m\,n\left(1 + \frac{n-1}{2}\right)$ Variable einzuführen (abgesehen von t und den freien Variablen). Diese Variablen müssen außerdem noch ganzzahlig sein. Für reale Probleme führt das sogar bei bescheidensten Ausmaßen auf ziemlich umfangreiche Modelle (so erhält man bei $m = 5$ und $n = 10 p = 275$). Allein ist das beschriebene Modell offensichtlich eines der ökonomischsten im Sinne der Dimension des zu erhaltenden ganzzahligen Problems.

Wir werden hier nicht länger bei den Problemen aus der Theorie der Ablaufplanung verweilen, weil unser unmittelbares Ziel nur die Beschreibung des entsprechenden diskreten Modells war. Selbstverständlich erschöpft eine derartige Einführung bei weitem nicht alle Aspekte des Problems, vor allem aus dem Grunde, weil sie auf ernste rechentechnische Schwierigkeiten führt. Daher spielen bei der Lösung dieser Probleme verschiedene Arten von approximativen und heuristischen Methoden eine große Rolle.

Der an der Ablaufplanungstheorie interessierte Leser kann eine relativ vollständige Darstellung über den gegenwärtigen Zustand der Fragen erhalten, wenn er sich mit dem Sammelband ,,Industrial scheduling" [77] bekannt macht. Wir weisen auch auf das Buch [121] hin.

3.5. Andere angewandte Probleme

Wir haben schon bemerkt, daß es zur Zeit kaum möglich ist, eine erschöpfende Klassifizierung der angewandten diskreten Optimierungsprobleme zu geben. Hier werden noch einige in ihrem Charakter unterschiedliche Modelle beschrieben, die jedoch im Grunde auf dem Leser schon bekannten Ideen basieren.

3.5.1. Wir betrachten das folgende vereinfachte Problem zur besten Speicherausnutzung einer Rechenanlage. Sei Π_{ij} das j-te Standard-Programm zur Berechnung der Funktion i in der Programmbibliothek ($i = 1, 2, \ldots, m$; $j = 1, 2, \ldots, n$). Das Programm Π_{ij} besetzt p_{ij} Zellen im Speicher und braucht t_{ij} Sekunden zur Berechnung. Es soll ein ,,Programm" Π zusammengestellt werden, das durch Vorgabe eines gewissen Satzes I von Indices i bestimmt ist, d. h. einer Funktion, die berechnet werden soll (das Vorhandensein anderer Befehle wird unterdrückt). Dabei muß zur Aufstellung des Programms Π so eine Auswahl von Unterprogrammen Π_{ij} getroffen werden, daß die Gesamtprogrammlänge M Zellen nicht überschreitet und die Rechenzeit dabei minimal wird.

Wie gewöhnlich bei derartigen Fällen führen wir die Variablen

$$x_{ij} = \begin{cases} 1, \text{ falls } \Pi_{ij} \text{ in } \Pi \text{ enthalten ist} \\ 0 \text{ im entgegengesetzten Falle} \end{cases} \tag{5.1}$$

ein.

Dann führt unser Problem zur Minimierung von

$$\sum_{i \in I} \sum_{j=1}^{n} t_{ij} x_{ij} \tag{5.2}$$

unter den Restriktionen

$$\sum_{j=1}^{n} x_{ij} = 1, \qquad i \in I; \qquad \sum_{i \in I} \sum_{j=1}^{n} p_{ij} x_{ij} \leqq M . \tag{5.3}$$

3.5.2. Einige Probleme über rationellen Materialzuschnitt können in natürlicher Weise durch ganzzahlige Modelle beschrieben werden. Als Beispiel führen wir die folgende Variante eines linearen (homogenen) Zuschnittproblems an. Man habe eine große (praktisch unbeschränkte) Anzahl homogener Halbfertigprodukte mit gleicher Länge L. Das können Röhren, Stäbe usw. sein. Die Halbfertigprodukte sollen in Stücke (Einzelteile) von m Typen zerlegt werden. Die Länge eines Stückes vom Typ i sei gleich l_i, $i = 1, 2, \ldots, m$. Aus den gegebenen Zahlen L und l_i kann man die Matrix aller möglichen *Zuschnittverfahren* $A = \|a_{ij}\|$ bilden, wo jedes a_{ij} die Gesamtheit der Stücke vom Typ i bezeichnet, die man aus einem Halbfertigprodukt beim Zuschnitt nach dem Verfahren $j = 1, 2, \ldots, n$ erhält. Somit wird jedes Zuschnittverfahren j durch eine Spalte der Matrix A dargestellt. Sie ist durch einen Satz ganzer Zahlen a_{ij} charakterisiert, die nur der Bedingung

$$L \geqq \sum_{i=1}^{m} a_{ij} l_i \tag{5.4}$$

unterworfen sind (die Gesamtlänge der aus dem Halbprodukt herausgeschnittenen Stücke darf die Länge des Halbprodukts nicht überschreiten). Es ist wichtig zu bemerken, daß die Matrix A dieses Problems nicht von Anfang an gegeben ist, sondern etwa im Zuge der Lösung des Problems aufgebaut werden kann.

Die Anzahl der Schnittmethoden kann sogar bei Problemen mit kleiner Menge von Verfahren ziemlich imposant sein. So erhalten wir zum Beispiel für $L = 70$, $m = 2$, $l_1 = 20$, $l_2 = 15$ die folgende Matrix

$$A = \begin{pmatrix} 0 & 1 & 2 & 3 & 2 & 2 & 1 & 1 & 1 & 0 & 0 & 0 & 0 \\ 0 & 0 & 0 & 0 & 1 & 2 & 1 & 2 & 3 & 1 & 2 & 3 & 4 \end{pmatrix}.$$

Hier bedeutet zum Beispiel die 5. Spalte, daß man aus einem Halbprodukt 2 Stück zu 20 und 1 Stück zu 15 herausschneiden kann. Insgesamt haben wir 13 Zuschnittverfahren.

Seien außerdem Bedürfnisse b_i, $i = 1, 2, \ldots, m$ vom Stücktyp i gegeben. Man soll diese Planauflage erfüllen, indem man eine minimale Anzahl von Halbprodukten zuschneidet.

Führt man Variable x_j ein, die die Gesamtheit der Halbprodukte bezeichnet, die beim Verfahren j ($j = 1, 2, \ldots, n$) zugeschnitten werden müssen, so führt dieses Problem auf die Minimierung von

$$\sum_{j=1}^{n} x_j \tag{5.5}$$

unter den Restriktionen

$$x_j \geqq 0\,, \quad x_j \text{ ganze Zahlen}, \quad j = 1, 2, \ldots, n\,, \tag{5.6}$$

$$\sum_{j=1}^{n} a_{ij}\, x_i \geqq b_i\,, \quad i = 1, 2, \ldots, m\,. \tag{5.7}$$

Diese Problemstellung kann man ein wenig modifizieren, wenn man als Optimierungskriterium die Minimierung der Gesamtgröße des Ausschusses beim Zuschnitt annimmt. Bezeichnet man die Ausschüsse bei einem Stück mit dem Zuschnittverfahren j durch c_j, so wird die Zielfunktion (5.5) durch

$$\sum_{j=1}^{n} c_j\, x_j \tag{5.5'}$$

ersetzt. Wir bemerken, daß bei gegebener Matrix A die Ausschüsse leicht als Differenzen zwischen linkem und rechtem Teil von (5.4) berechnen kann.

3.5.3. Wir betrachten die Finanzierung von Forschungsprojekten. Sei im Zeitabschnitt T die Verwirklichung von n Forschungsprojekten möglich. Der in „gegenwartsnahen" Nutzenseinheiten ausgedrückte erwartete Effekt des Projekts j sei c_j, $j = 1, 2, \ldots, n$. Die Einrichtungskosten für das Projekt j machen im Jahre i a_{ij} aus, und das Gesamtlimit für die Kapitalinvestition in der Forschung im Jahre i ist gleich b_i, $i = 1, 2, \ldots, T$. Man soll eine Auswahl von Projekten mit maximaler Effektivität angeben, die die Grenzen der zugewiesenen Investitionen nicht überschreitet.

Formal ist dieses Problem offensichtlich: führt man in gewöhnlicher Weise die Variablen

$$x_j = \begin{cases} 1, \text{ falls das Projekt } j \text{ ausgeführt wird} \\ 0 \text{ im entgegengesetzten Falle} \end{cases} \tag{5.8}$$

ein, so gelangt man zum Maximumproblem für

$$\sum_{j=1}^{n} c_j\, x_j \tag{5.9}$$

unter den Restriktionen

$$\sum_{j=1}^{n} a_{ij}\, x_j \leqq b_i\,, \quad i = 1, 2, \ldots, T\,. \tag{5.10}$$

3.5.4. Viele Probleme aus dem Gebiet der Landwirtschaftsökonomie führen auf ganzzahlige Modelle. Wir betrachten zum Beispiel folgendes vereinfachte statistische Verteilungsmodell für den Traktoreneinsatz [90].

Man habe n Landwirtschaftsmaschinentypen und m Arbeiten, deren Erfüllung im Umfang b_i, $i = 1, 2, \ldots, m$ garantiert werden soll (wir werden annehmen, daß all diese Umfänge in Hektar ausgedrückt sind). Gegeben sei die Produktivität a_{ij} der j-ten Maschine für die i-te Arbeit und ebenfalls die Selbstkosten d_{ij} für die Bearbeitung von 1 ha der Arbeit i mit der Maschine j. Die Maschinenselbstkosten (sagen wir die Preise dafür oder die Pachten, versehen mit irgendeinem Reparaturkoeffizienten) betragen c_j, $j = 1, 2, \ldots n$. Man soll einen optimalen Maschinenpark für den Arbeitskomplex finden und die Verteilung dieses Parks auf die Arbeiten zusammenstellen, so daß man die Planziffern erfüllt und minimale Gesamtselbstkosten erreicht.

Wir bezeichnen mit x_j die Gesamtheit der Maschinen jeden Typs und mit y_{ij} die Gesamtheit der Maschinen vom Typ j, die der Arbeit i zugeteilt werden. Dann wird unser Problem auf die Minimierung von

$$\sum_{j=1}^{n} c_j x_j + \sum_{i=1}^{m} b_i \sum_{j=1}^{n} d_{ij} y_{ij} \tag{5.11}$$

unter den Restriktionen

$$x_j \geqq 0 , \quad x_j \text{ ganzzahlig}; \quad y_{ij} \geqq 0 , \; y_{ij} \text{ ganzzahlig} , \tag{5.12}$$

$$\left.\begin{aligned} x_j - \sum_{i=1}^{m} y_{ij} \geqq 0 , &\quad j = 1 , 2, \ldots, n; \\ \sum_{j=1}^{n} a_{ij} y_{ij} = b_i , &\quad i = 1, 2, \ldots m \end{aligned}\right. \tag{5.13}$$

übergeführt.

Wir bemerken, daß ein Aussprechen der Ganzzahligkeitsbedingung für y_{ij} obligatorisch ist, weil nichtganze y_{ij} hier eine völlig unvernünftige Interpretation ergeben.

Somit haben wir noch ein Beispiel für ein Problem mit Unteilbarkeitsforderungen vor uns. Dieses Modell kompliziert sich wesentlich, wenn man zusätzlich fordert, daß jede Arbeit indem für sie entsprechenden agrotechnischen Zeitraum erfüllt wird. Wir werden hier nicht dabei verweilen.

Die Diskretheit bei landwirtschaftlichen Problemen kann auch auf anderen Wegen auftreten. So kann es sich zum Beispiel im Rahmen gewisser Modelle zur Beschränkung landwirtschaftlicher Arbeiten für einzelne technologische Prozesse als vernünftig erweisen — für den Fall, daß man sie in den Plan aufnimmt — sie mit einer Intensität nicht niedriger als eine gegebene Grenze durchzuführen (etwa, daß man eine bestimmte Kultur, wenn man sich zur Realisierung entschließt, auf einer Fläche nicht kleiner als 5 ha aussäht). Eine andere Variante: der Anbau einer bestimmten Kultur erfordert einen gewissen Kostenumfang für Arbeit und Technik, und ohne diese Kosten kann man sie nicht anbauen. Der Leser hat offensichtlich schon bemerkt, daß das erste dieser Beispiele im Rahmen von Alternativbedingungen betrachtet werden muß (2.4.1.) und das zweite auf dem Wege der Einführung von Fixkosten (2.5.). Einzelheiten können wir hier nicht bringen, denn sie würden das früher Gesagte wiederholen.

TEIL II

SCHNITTMETHODEN

Dieser Teil des Buches befaßt sich mit der Anwendung des Apparates der linearen Optimierung auf die Lösung von ganzzahligen linearen Optimierungsproblemen, ganzzahligen konvexen Optimierungsproblemen und einigen anderen Fragestellungen. Alle hier dargestellten Algorithmen verwenden in der einen oder anderen Form die Idee der schrittweisen Einführung zusätzlicher linearer Restriktionen.

In 4. werden kurz notwendige vorbereitende Betrachtungen aus der Theorie der konvexen Mengen und der linearen Optimierung dargelegt.

In 5.—8. beschäftigt man sich mit verschiedenen Algorithmen für Schnittmethoden.

In 5. werden die Idee der Methode und der erste Algorithmus dargelegt, der diese Idee realisiert. Das ist der Algorithmus von GOMORY für rein ganzzahlige lineare Optimierungsprobleme [58], [64].

In 6. wird eine Reihe von Algorithmen gesammelt, die nach dem gleichen Schema ablaufen, wie der erste Algorithmus von GOMORY, sich aber von ihm im Konstruktionsverfahren der Schnitte unterscheiden. Das sind der zweite Algorithmus von GOMORY [62] für gemischt ganzzahlige lineare Optimierungsprobleme, der Algorithmus von DALTON und LLEWELLYN [23] für gemischt diskrete lineare Optimierungsprobleme, der B-Algorithmus von FINKEL'ŠTEIN [41] für gemischt ganzzahlige lineare Optimierungsprobleme mit BOOLEschen Variablen und der revidierte Algorithmus von DANTZIG [27].

In 7. wird der dritte Algorithmus von GOMORY [67] für rein ganzzahlige lineare Optimierungsprobleme (der diskrete oder rein ganzzahlige Algorithmus, wie man ihn in der Literatur nennt) und seine Anwendung sowie die von FINKEL'ŠTEIN [44] angegebene Modifikation dargestellt.

In 8. werden einige neue Verfahren vorgelegt, die gestatten, die in den vorangegangenen Kapiteln gebrachten Algorithmen für die ganzzahlige lineare Optimierung auf eine bedeutend erweiterte Problemklasse anzuwenden.

In 9. befaßt man sich mit einer Effektivitätsanalyse für die Algorithmen der Schnittmethoden. Hier werden einige Ergebnisse aus numerischen Experimenten angeführt.

In diesem Teil des Buches werden nicht sämtliche Schnittmethoden dargelegt. Zum Beispiel wird hier nicht über den Algorithmus von MARTIN [106] berichtet, der nach dem Urteil der Literatur (s. zum Beispiel [6]) die effektivste Modifikation des ersten Algorithmus von GOMORY darstellt. Dieser Algorithmus wird deshalb hier nicht betrachtet, weil in der Literatur eine hinreichend vollständige Darglegung davon existiert. In der Arbeit von MARTIN [106] fehlt nicht nur ein Endlichkeitsbeweis, sondern es sind auch einige wesentliche Einzelheiten des Algorithmus ausgelassen.

Nicht dargelegt werden auch gewissen Arbeiten über konvexe ganzzahlige Optimierung (s. den Anfang von 8.), deren Effektivität bisher nicht klar ist. Es muß bemerkt werden, daß die in 8. dargestellten neuen Verfahren auf eine bedeutend größere Problemklasse anwendbar sind.

Aus Platzgründen wird auch eine Reihe von anderen Arbeiten über Schnittmethoden nicht vorgestellt, insbesondere die Arbeit von YOUNG [131] und einige andere Arbeiten, die sich mit (praktisch bisher schlecht erforschten) primalen Algorithmen für Schnittmethoden befassen. Primale Algorithmen für Schnittmethoden sind in gewissem Sinne eine Übertragung der Methode der sukzessiven Verbesserung der Lösung (primalen Simplexmethode auf ganzzahlige lineare Optimierungsproblem, während die von uns dargestellten Algorithmen dual genannt werden können — bei ihnen wird die Methode der sukzessiven Verbesserung der Schätzungen (duale Simplexmethode) auf ganzzahlige lineare Optimierungsprobleme angewandt.

4. Einige vorbereitende Einführungen

Hier werden in ziemlich dichter Form die notwendigen Grundbegriffe aus der Theorie der konvexen Mengen und der linearen Optimierung mitgeteilt. Nach der Einführung von Grundbegriffen werden einige Sätze formuliert. Die Darlegung folgt dem Buch von D. B. Judin und E. G. Gol'štein [84] (das früher in der Reihe „Ökonomisch-mathematische Bibliothek" erschien), an das der Leser sich im Bedarfsfalle für ausführlichere Einführung wenden muß.

In 4. wird auch eine formale Problemstellung für die ganzzahlige lineare Optimierung gegeben.

4.1. Grundbegriff der linearen Optimierung

4.1.1. Das *lineare Optimierungsproblem* wird wie folgt formuliert.

Man maximiere

$$x_0 \equiv c_1 x_1 + c_2 x_2 + \cdots + c_n x \tag{1.1}$$

unter den Restriktionen

$$\left.\begin{array}{l} a_{11} x_1 + a_{12} x_2 + \cdots + a_{1n} x_n = b_1 , \\ \cdots\cdots\cdots\cdots\cdots\cdots \\ a_{11} x_1 + a_{l2} x_2 + \cdots + a_{ln} x_n = b_l , \end{array}\right\} \tag{1.2}$$

$$\left.\begin{array}{l} a_{l+1,1} x_1 + a_{l+1,2} x_2 + \cdots + a_{l+1,n} x_n \leqq b_{l+1} , \\ \cdots\cdots\cdots\cdots\cdots\cdots \\ a_{m1} x_1 + a_{m2} x_2 + \cdots + a_{mn} x_n \leqq b_m , \end{array}\right\} \tag{1.3}$$

$$x_j \geqq 0 , \quad j = 1, 2, \ldots , n \tag{1.4}$$

oder in einer einfacheren Beschreibung:

Man maximiere

$$x_0 \equiv \sum_{j=1}^{n} c_j x_j \tag{1.1'}$$

unter den Restriktionen

$$\sum_{j=1}^{n} a_{ij} x_j = b_i , \quad i = 1, \ldots , l , \tag{1.2'}$$

$$\sum_{j=1}^{n} a_{ij} x_j \leqq b_i , \quad i = l+1, \ldots , m , \tag{1.3'}$$

$$x_j \geqq 0 , \quad j = 1, 2, \ldots , n . \tag{1.4'}$$

Die Menge der n-Tupel $(x_1, \ldots, x_n)$, die den Bedingungen (1.2)—(1.4) genügt, wird *zulässiger Bereich* oder *Restriktionsbereich* des linearen Optimierungsproblems (1.1)—(1.4) genannt. Der Vektor $X = (x_1, \ldots, x_n)$, der die Bedingungen (1.2)—(1.4) erfüllt, heiße *Lösung* (*Plan*) oder *zulässige Lösung* von Problem (.1.1)—(1.4). *Erweiterte Lösung* von Problem (1.1)—(1.4) heißt das $(n+1)$-Tupel $\widetilde{X} = (x_0, x_1, \ldots, x_n)$, wo $x_0 = \sum_{j=1}^{n} c_j x_j$ und $(x_1, \ldots, x_n)$ eine Lösung von Problem (1.1)—(1.4) ist.

Eine Lösung $X^* = (x_1^*, \ldots, x_n^*)$, die die Linearform (1.1) zum Maximum macht, heiße *optimale Lösung* von Problem (1.1)—(1.4). Eine erweiterte Lösung $\widetilde{X}^*$ heiße *optimale erweiterte Lösung*, wenn die Lösung X^* optimal ist.

Manchmal ist es bequem, folgende Bezeichnungen einzuführen: $\mathcal{L}$ der Restriktionsbereich von Problem (1.1)—(1.4); $(\mathcal{L}, C)$ das Problem (1.1)—(1.4); $X(\mathcal{L}, C)$ die optimale Lösung von Problem (1.1)—(1.4), $\widetilde{X}(\mathcal{L}, C)$ die erweiterte optimale Lösung. Mit $\mathcal{L}^C$ bezeichnen wir die Menge der optimalen Lösungen des Problems $(\mathcal{L}, C)$.

Die Matrizen- und Vektorenschreibweise des linearen Optimierungsproblems lautet:

Man maximiere

$$C X \tag{1.5}$$

unter den Restriktionen

$$A' X = b' , \tag{1.6}$$

$$A'' X \leqq b'' , \tag{1.7}$$

$$X \geqq \mathbf{0} . \tag{1.8}$$

Es ist klar, daß das Problem, die Linearform CX unter den Restriktionen (1.6) bis (1.8) zu minimieren, auf die Aufgabe führt, die Linearform $(-CX)$ unter denselben Bedingungen zu maximieren.

Ein lineares Optimierungsproblem heißt *lösbar*, wenn eine optimale Lösung $(x_1^*, \ldots, x_n^*)$ existiert.

4.1.2. Oft erweist sich die *kanonische Form* eines linearen Optimierungsproblems als bequem.

Man maximiere

$$x_0 \equiv \sum_{j=1}^{n} c_j x_j \tag{1.9}$$

unter den Restriktionen

$$\sum_{j=1}^{n} a_{ij} x_j = b_i , \qquad i = 1, \ldots, m , \tag{1.10}$$

$$x_j \geqq 0 , \qquad j = 1, \ldots, n . \tag{1.11}$$

Problem (1.1')—(1.4') wird leicht auf das Problem (1.9)—(1.11) zurückgeführt, wenn man neue nichtnegative Variable x_{n-l+i} $(i = l+1, \ldots, m)$ einführt und die Ungleichungen (1.3′) durch die Gleichungen

$$\sum_{j=1}^{n} a_{ij} x_j + x_{n-l+i} = b_i\,, \qquad i = l+1, \ldots, m\,, \tag{1.12}$$

$$x_{n-l+i} \geqq 0\,, \qquad i = l+1, \ldots, m \tag{1.13}$$

ersetzt. Der Spaltenvektor $A_j = \begin{pmatrix} a_{1j} \\ \cdot \\ \cdot \\ \cdot \\ a_{mj} \end{pmatrix}$ heißt *j-ter Bedingungsvektor* von Problem (1.9)—(1.11). Der Spaltenvektor $B = \begin{pmatrix} b_1 \\ \cdot \\ \cdot \\ \cdot \\ b_m \end{pmatrix}$ heiße *Beschränkungsvektor* von Problem (1.9)—(1.11).

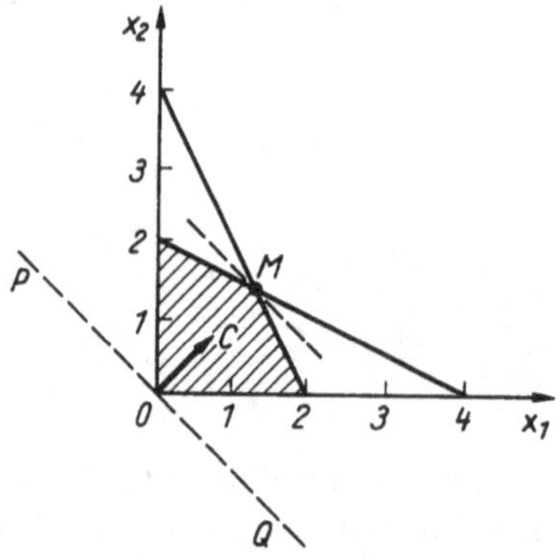

Abb. 4.1.1

4.1.3. Eine geometrische Interpretation eines linearen Optimierungsproblems illustriert die Ausgangsbegriffe (und Lösungsmethoden). Wir bringen ein Beispiel.

Man maximiere

$$x_0 = x_1 + x_2$$

unter den Restriktionen

$$\frac{1}{2} x_1 + \frac{1}{4} x_2 \leqq 1\,,$$

$$\frac{1}{4} x_1 + \frac{1}{2} x_2 \leqq 1\,,$$

$$x_1 \geqq 0\,, \qquad x_2 \geqq 0\,.$$

Die geometrische Interpretation wird in Abb. 4.1.1. angegeben.

Der Restriktionsbereich für das Problem ist schraffiert. Dem Punkt M entspricht die optimale Lösung $(x_1^*, x_2^*) = (4/3, 4/3)$. Der Normalenvektor C der Geraden PQ bestimmt die Richtung, in der die Linearform x_0 wächst.

4.2. Konvexe Mengen

4.2.1. Wir betrachten eine im n-dimensionalen euklidischen Raum E_n gelegene Menge G. Die Menge G heiße *konvex*, wenn zusammen mit zwei beliebigen Punkten A und B aus G auch die sie verbindende Strecke

$$\mu A + (1 - \mu) B\,, \qquad 0 \leqq \mu \leqq 1$$

in G enthalten ist.

Ist G eine konvexe Menge und sind die Punkte $P_1, \ldots, P_s$ in G enthalten, so enthält G auch deren *konvexe Linearkombination*

$$\sum_{i=1}^{s} a_i P_i\,, \qquad a_i \geqq 0\,, \qquad i = 1, \ldots, s; \qquad \sum_{i=1}^{s} a_i = 1\,.$$

Der Durchschnitt einer beliebigen Anzahl konvexer Mengen ist wieder eine konvexe Menge.

4.2.2. Man sagt, daß die Hyperebene $\sum_{j=1}^{n} \lambda_j x_j \equiv (\Lambda, X) = c$ die Mengen G_1 und G_2 *trennt*, wenn $(\Lambda, X) \leqq c$ für alle $x \in G_1$ und $(\Lambda, X) \geqq c$ für alle $X \in G_2$, gilt. Werden alle in der Definition eingehenden Ungleichungen streng erfüllt, sagt man, daß die Hyperebene $(\Lambda, X) = c$ die Mengen G_1 und G_2 *streng trennt.*

Satz 4.2.1. (Satz über streng trennende Hyperebenen). *Seien G_1 und G_2 beliebige konvexe abgeschlossene Mengen ohne gemeinsame Punkte, von denen mindestens eine beschränkt ist. Unter diesen Voraussetzungen existiert eine Hyperebene, die die Mengen G_1 und G_2 streng trennt.*

4.2.3. Ein Punkt P der Menge G heißt *Randpunkt*, wenn nicht zwei verschiedene Punkte P_1 und P_2 aus G existieren, so daß

$$P = \mu P_1 + (1 - \mu) P_2$$

mit

$$0 < \mu < 1$$

gilt. Wir sagen, die Menge G ist die *konvexe Hülle* $V(G_1)$ einer Menge G_1, wenn sie aus allen möglichen konvexen Linearkombinationen

$$\sum_{i=1}^{N} \mu_i P_i\,, \qquad \mu_i \geqq 0\,, \qquad i = 1, \ldots, N; \ \sum_{i=1}^{N} \mu_i = 1$$

besteht. Hier ist $P_1, \ldots, P_N$ ein beliebiges endliches Punktsystem aus G_1.

Satz 4.2.2. *Sind P und Q beliebige Mengen mit $P \subseteq Q$, so ist $V(P) \subseteq V(Q)$.*

Satz 4.2.3. (Darstellungssatz). *Sei G eine konvexe abgeschlossen und beschränkte Menge und G^* die Gesamtheit aller Randpunkte davon. Dann ist G konvexe Hülle der Menge G^*.*

Satz 4.2.4. *Jede nichtleere konvexe abgeschlossene und beschränkte Menge enthält mindestens einen Randpunkt.*

4.3. Konvexe polyedrische Mengen und lineare Optimierung

4.2.1. Eine durch ein endliches System linearer Gleichungen oder Ungleichungen gegebene Menge $\mathscr{L}$ werden wir eine *konvexe polyedrische Menge* nennen.

Diese Definition (die auch den Restriktionsbereich eines linearen Optimierungsproblems erfaßt) wird durch folgenden Satz gerechtfertigt.

Satz 4.3.1. *Die Menge $\mathscr{L}$ ist eine konvexe abgeschlossene Menge.*

4.3.2. Eine beschränkte konvexe polyedrische Menge heiße ein *konvexes Polyeder*. Der Restriktionsbereich eines linearen Optimierungsproblems wird oft auch polyedrische Lösungsmenge (oder Lösungspolyeder) genannt, wobei das Wort konvexe (konvexes) weggelassen wird.

4.3.3. Eine Teilmenge G einer konvexen polyedrischen Menge $\mathscr{L}$ heiße q-dimensionale *Seite* von $\mathscr{L}$, falls:

a) die Dimension von G gleich q ist;
b) aus der Bedingung $X = \alpha X' + (1-\alpha) X'' \in G$, $0 < \alpha < 1$, und $X', X'' \in \mathscr{L}$ folgt, daß $X', X'' \in G$ gilt.

Für $q = 0$ verwandelt sich diese Definition in die Definition eines Eckpunktes der Menge $\mathscr{L}$.

Ein Eckpunkt einer konvexen polyedrischen Menge $\mathscr{L}$ heißt *Ecke* (*Basislösung*).

Eine *Kante* einer konvexen polyedrischen Menge ist eine eindimensionale Seite.

4.3.4.

Satz 4.3.2. (Darstellungssatz konvexer Polyeder). *Jeder Punkt X eines konvexen Polyeders $\mathscr{L}$ läßt sich in der Form*

$$X = \sum_{i=1}^{N} \alpha_i X_i \tag{3.1}$$

darstellen, wo die X_i, $i = 1, \ldots, N$ die Ecken des Polyeders $\mathscr{L}$ sind und

$$\sum_{i=1}^{N} \alpha_i = 1\,, \qquad \alpha_i \geqq 0\,, \qquad i = 1, \ldots, N$$

gilt.

Mit anderen Worten kann man den Inhalt von Satz 4.3.2. auf folgende Weise ausdrücken: Ist $\mathscr{L}$ ein konvexes Polyeder und $\mathscr{L}^*$ die Menge seiner Ecken (Basislösungen), so gilt

$$V(\mathscr{L}^*) = \mathscr{L}\,.$$

Satz 4.3.2'. (Darstellungssatz für konvexe polyedrische Mengen). *Jeder Punkt X einer polyedrischenMenge $\mathcal{L}$ läßt sich in der Form*

$$X = \sum_{i=1}^{N_1} \alpha_i X_i + \sum_{i=1}^{N_2} \beta_i R_i \tag{3.1'}$$

darstellen, wo $\sum_{i=1}^{N_1} \alpha_i = 1$; $\alpha_i \geqq 0$, $i = 1, \ldots, N_1$; $\beta_i \geqq 0$, $i = 1, \ldots, N_2$; X_i *die Ecken von* $\mathcal{L}$ *und* R_i *die Normalenvektoren der unbeschränkten Kanten von* $\mathcal{L}$*sind.*

Satz 4.3.3. *Die aus den in der Gestalt* (3.1) (*wo* $X_1, \ldots, X_N$ *ein beliebiges endendliches Punktsystem ist*) *darstellbaren Punkten bestehende Menge T ist eine konvexes Polyeder*

Satz 4.3.3'. *Die aus den in der Gestalt* (3.1') *wo* $X_1, \ldots, X_{N_1}$ *ein beliebiges endliches Punktsystem ist*) *darstellbaren Punkten bestehende Menge* $\mathcal{L}$ *ist eine konvexe polyedrische Menge.*

4.3.5.

Satz 4.3.4. *Ist die Lösungsmenge des Problems* (1.1)—(1.4) *nicht leer, so existiert darin mindestens eine Ecklösung.*

Satz 4.3.5. *Jedes lösbare lineare Optimierungsproblem hat mindestens eine optimale Ecklösung* (*optimale Basislösung*).

Satz 4.3.6. *Ist die Lösungsmenge* $\mathcal{L}$ *eines linearen Optimierungsproblems nicht leer und die Linearform* (*Zielfunktion*) *des Problems auf* $\mathcal{L}$ *von oben beschränkt, so ist die zu untersuchende Aufgabe lösbar, d. h. besitzt mindestens eine optimale Lösung.*

Die Menge aller Ecken (Basislösungen) einer polyedrischen Menge $\mathcal{L}$ werden wir mit $\mathcal{L}^*$ bezeichnen.

4.3.6. Die Definition einer *Ecklösung* für das *kanonische Problem* kann man wie folgt beschreiben: Eine Lösung $X = (x_1, \ldots, x_n)$ von Problem (1.9)—(1.11) heißt *Ecklösung*, falls die Bedingungsvektoren, die ihren positiven Komponenten entsprechen, linear unabhängig sind.

Ein System linear unabhängiger Bedingungsvektoren, das alle diejenigen A_j umfaßt, für die $x_j > 0$ ist, werden wir wie üblich *Basis* der Ecklösung $X = (x_1, \ldots, x_n)$ nennen. Die Komponenten der Ecklösung, die mit den Vektoren der Basis zusammenhängen, werden manchmal *Basiskomponenten* (und die entsprechenden Variablen *Basisvariablen*) genannt, während die restlichen *Nichtbasiskomponenten* (und die entsprechenden Variablen *Nichtbasisvariablen*) heißen.

Sind

$$\overline{X} \equiv (\bar{x}_1, \ldots, \bar{x}_n)$$

eine Ecklösung für ein lineares Optimierungsproblem (gegeben in kanonischer Form) $A_{j_1}, \ldots, A_{j_k}$ die Basis der Ecklösung $\overline{X}$,

$$B = \{j_1, \ldots, j_k\}$$

und

$$N = \{1, \ldots, n\} \setminus B\,,$$

so kann man die Zielfunktion x_0 und sämtliche Variablen $x_1, \ldots, x_n$ linear durch die Nichtbasisvariablen (mit negativem Vorzeichen gewählt) ausdrücken:

$$x_i = x_{i0} + \sum_{j \in N} x_{ij} (-x_j), \qquad i = 0, 1, \ldots, n.$$

Hier ist

$$x_{i0} = \bar{x}_i, \qquad i = 0, 1, \ldots, n.$$

Wir führen folgende Bezeichnungen ein:

$$\{0, 1, \ldots, n\} = Q^n; \qquad \{0\} \cup B = B^0; \qquad \{0\} \cup N = N^0.$$

Die Tabelle

$$T = ||x_{ij}||_{i \in Q^n;\, j \in N^0}$$

werden wir *Simplextableau* (vollständiges) nennen. Das Wort „Simplex" werden wir oft weglassen ohne Mißverständnisse fürchten zu müssen.

Die Tabelle

$$T_c = ||x_{ij}||_{i \in B^0;\, j \in N^0}$$

nennen wir *verkürztes Simplextableau*. Es muß bemerkt werden, daß das vollständige Simplextableau in theoretischen Fragen manchmal bequemer ist, dagegen nimmt das verkürzte Simplextableau weniger Platz weg und ist daher bei praktischen Berechnungen bequemer.

4.3.7. Eine Ecklösung des linearen Optimierungsproblems (1.9)—(1.11) heißt *nicht ausgeartet*, wenn die Anzahl der Beziehungen im System (1.10)—(1.11), denen sie als Gleichung genügt, gleich n ist (natürlich müssen diese Beziehungen linear unabhängig sein). Im entgegengesetzten Falle heißt die Ecklösung *ausgeartet* (eine ausgeartete Ecklösung verwandelt mehr als n Beziehungen in (1.10)—(1.11) in eine Gleichung).

Ein lineares Optimierungsproblem heißt *nicht ausgeartet*, wenn sämtliche Ecklösungen nicht ausgeartet sind. Im entgegengesetzten Falle heißt das linear-Optimierungsproblem *ausgeartet*.

Die Definition einer *nicht ausgearteten Ecklösung* für ein in *kanonischer Form* beschriebenes lineares Optimierungsproblem kann wie folgt formuliert werden.

Eine Ecklösung X von Problem (1.9)—(1.11) heißt *nicht ausgeartet*, wenn alle seine Basiskomponenten positiv sind. Die Basis einer nicht ausgearteten Ecklösung ist eindeutig definiert. Einer ausgearteten Ecklösung können mehrere Basen entsprechen.

4.3.8.

Satz 4.3.7. *Die erweiterte Ecklösung $\widetilde{X}' = (x'_0, x'_1, \ldots, x'_n)$ ist genau dann optimal, wenn eine Basis B ($N = \{1, \ldots, n\} \setminus B$) gefunden werden kann mit*

$$x_i = x'_i + \sum_{j \in N} x_{ij} (-x_j), \qquad i = 0, 1, \ldots, n, \tag{3.2}$$

$$x_{0j} \geqq 0, \qquad j \in N. \tag{3.3}$$

4.3.9. Die linearen Restriktionen (1.10) von Problem (1.9)—(1.11) seien in der Gestalt

$$x_i = x_{i0} + \sum_{j \in N} x_{ij} (- x_j) , \qquad i = 0, 1, \ldots, n \tag{3.4}$$

beschrieben; es sei

$$T = ||x_{ij}||_{i \in Q^n; j \in N^0} \tag{3.5}$$

das entsprechende Simplextableau,

$$X \equiv (x_1, \ldots, x_n) = (x_{10}, \ldots, x_{n0}) , \tag{3.6}$$

und

$$\widetilde{X} \equiv (x_0, x_1, \ldots, x_n) = \left(\sum_{j=1}^{n} c_j x_j, x_1, \ldots, x_n\right). \tag{3.6'}$$

Gilt

$$x_{i0} \geqq 0 , \qquad i = 1, \ldots, n , \tag{3.7}$$

so heißt das Simplextableau T *zulässig*, und der Vektor X ist eine Ecklösung von Problem $(\mathcal{L}, C)$.

Gilt

$$x_{0j} \geqq 0 \quad \text{für alle} \quad j \in N , \tag{3.8}$$

so heiße das Simplextableau T *normal*[1]), der Vektor X heißt *Pseudolösung* von Problem $(\mathcal{L}, C)$, und der Vektor $\widetilde{X}$ *erweiterte Pseudolösung* von Problem $(\mathcal{L}, C)$.

4.4. Lexikographie

4.4.1. Man sagt, daß der Vektor $X = (x_1, \ldots, x_n)$ *lexikographisch positiv* ist

$$X \succ \mathbf{0} , \tag{4.1}$$

falls

$$X \neq (0, 0, \ldots, 0) \equiv \mathbf{0} \tag{4.2}$$

und

$$x_k > 0 , \tag{4.3}$$

mit

$$k = \min \{j | x_j \neq 0\} . \tag{4.4}$$

Man sagt, daß der Vektor X *lexikographisch nichtnegativ* ist, wenn eine der beiden Möglichkeiten

$$X \succ \mathbf{0} \tag{4.5}$$

oder

$$X = \mathbf{0} \tag{4.6}$$

gilt.

---

[1]) In der Literatur wird auch oft der Terminus *dual-zulässiges* Tableau verwendet. Der Ursprung dieser Bezeichnung hängt mit der Dualitätstheorie für lineare Optimierungsprobleme zusammen, mit der sich der Leser im schon angegebenen Buche [84] bekannt machen kann.

Wir führen die lexikographische Ordnung von Vektoren ein. Man sagt, daß der Vektor X *lexikographisch größer* als der Vektor Y ist,

$$X \succ Y,$$

falls

$$(X - Y) \succ 0 \tag{4.7}$$

gilt. Man sagt, daß der Vektor X *lexikographisch nicht kleiner* als der Vektor Y

$$X \succeq Y,$$

falls

$$(X - Y) \succ 0$$

gilt.

Weiter sagt man, daß der Vektor X *lexikographisch negativ* ist

$$X \prec 0,$$

wenn

$$-X \succ 0$$

gilt. Analog werden auch andere Begriffe definiert — lexikographisch nicht positiv heißt $X \preceq 0$; $X \prec Y$; $X \leqq Y$.

4.4.2. Eine Lösung X^* (eine erweiterte Lösung $\widetilde{X}^*$) des linearen Optimierungsproblems (1.9)—(1.11) heiße *lexikographisch optimal* (oder *lexikographisches Optimum*), falls für alle erweiterten Lösungen $\widetilde{X}$ von Problem (1.9)—(1.11) die Beziehung

$$(x_0^* \, x_1^*, \ldots, x_n^*) = \widetilde{X}^* \succeq \widetilde{X} = (x_0, x_1, \ldots, x_n) \tag{4.8}$$

gilt. Abgekürzte Bezeichnung: *l-optimale Lösung.*

Satz 4.4.1. *Ist die Menge der optimalen Lösungen des linearen Optimierungsproblems* (1.9)—(1.11) *nicht leer und beschränkt, so existiert ein lexikographisches Optimum X^* des Problems.*

Satz 4.4.2. *Ist X^* eine lexikographisch optimale Lösung von Problem* (1.9) *bis* (1.11), *so ist X^* eine Ecklösung.*

Das Simplextableau

$$\|x_{ij}\|_{i \in Q^n;\, j \in N^0}$$

heiße *lexikographisch normal*[1]), falls

$$R_j = \begin{pmatrix} x_{0j} \\ x_{1j} \\ \cdot \\ \cdot \\ \cdot \\ x_{nj} \end{pmatrix} \succ 0 \text{ für alle } j \in N$$

gilt. Abgekürzte Bezeichnung: *l-normales Simplextableau.*

[1]) In der Literatur begegnet man auch der Bezeichnung *lexikographisch dual-zulässiges Simplextableau* (Vgl. die Fußnote auf p. 75).

Satz 4.4.3. *Eine Ecklösung X^* von Problem* (1.9)—(1.11) *ist genau dann l-optimal, wenn man eine Basis B ($N = \{1, \ldots, n\} \setminus B$) gefunden hat, so daß das Simplextableau*

$$||x_{ij}||_{i \in Q^n;\, j \in N^0}$$

l-normal ist.

Eine Pseudolösung X (eine erweiterte Pseudolösung $\widetilde{X}$) des linearen Optimierungsproblems (1.9)—(1.11) heiße *lexikographisch positiv*, wenn das entsprechende Simplextableau l-normal ist. Abgekürzte Bezeichnung: *l-Pseudolösung* (*erweiterte l-Pseudolösung*).

4.5. Simplextableaus, Lösungen und Pseudolösungen

4.5.1. Es sei Bedingung (1.10) im linearen Optimierungsproblem ($\mathcal{L}$, C) (1.9)—(1.11) in Gestalt des Simplextableaus

$$T = ||x_{ij}||_{i \in Q^n;\, j \in N^0} \tag{5.1}$$

beschrieben und sei

$$X \equiv (x_1, \ldots, x_n) = (x_{10}, \ldots, x_{n0}) . \tag{5.2}$$

Wir fassen gemäß Tabelle 5.1 den Zusammenhang zwischen den Eigenschaften des Tableaus T und denen des Vektors X zusammen. Jeder Spalte in Tabelle 5.1 entspricht eine Behauptung des Typs „Hat das Tableau die Eigenschaft (man überträgt die den Zeilen entsprechenden Eigenschaften, in denen das Vorzeichen „+" ohne Klammern steht), so ist der Vektor X (Bezeichnung der Spalte)".

Tabelle 5.1

Tableau	Vektor X				
	Lösung	Pseudolösung	l-Pseudolösung	optimale Lösung	l-optimale Lösung
	1	2	3	4	5
zulässig	+			+	+
normal		+	(+)	+	(+)
l-normal			+		+

Zum Beispiel entspricht der 5-ten Spalte folgende Behauptung: Ist das Tableau T zulässig und l-normal, so ist der Vektor X eine l-optimale Lösung.

Das in der 3. und 5. Spalte stehende Zeichen (+) erinnert daran, daß ein l-normales Tableau gewiß auch ein normales Tableau ist.

4.5.2. Im weiteren wird es mehrfach nötig sein, ein Simplextableau T_* zu berechnen, das man aus dem Ausgangstableau nach einer elementaren Transformation erhält. Eine *elementare Transformation* ist das Austreten einer gewissen Variablen x_k aus der Basis B und das Eintreten einer gewissen Variablen x_l in die Basis. Das Element x_{kl} des Simplextableaus T heiße *Leitelement* der elementaren Transformation (es sind auch die Bezeichnungen *Zentralelement* und *Pivotelement* üblich).

Sei

$$T = ||x_{ji}||_{i \in Q^n;\, j \in N^0} \tag{5.3}$$

ein Simplextableau mit der Basis B ($N = \{1, \ldots, n\} / B$), wobei $1 \in N$ und $k \in B$ ist.

Wir nehmen

$$x_{kl} \neq 0 \tag{5.4}$$

an. Dann kann man, wie aus der linearen Algebra bekannt ist, die Variablen $x_0, x_1, \ldots, x_n$ (ausgedrückt durch die Variablen aus N im Tableau T) auch durch die Variablen aus N_* ausdrücken, wo

$$N_* = (N \cup \{k\}) \setminus \{l\} \tag{5.5}$$

(d. h. N erhält man durch Entfernen des Index l aus N und Zufügen des Index k) ist, so daß man ein neues Tableau T_* erhält:

$$T_* = ||x_{ij}^*||_{i \in Q^n;\, j \in N_*^0} \tag{5.6}$$

und eine neue Basis B^*:

$$B_* = (B \cup \{l\}) \setminus \{k\} . \tag{5.7}$$

Bezeichnet man die Spalten des Tableaus T, entsprechend dem Index j, durch R_j (und für das Tableau T_* durch R_j^*), so gelten die folgenden Übertragungsformeln:

$$R_k^* = -\frac{R_l}{x_{kl}}, \tag{5.8}$$

$$R_j^* = R_j - \frac{x_{kj}}{x_{kl}} R_l \text{ für alle } j \in (N \setminus \{l\} \cup \{0\} , \tag{5.9}$$

oder in Koordinatenschreibweise

$$x_{jk}^* = -\frac{x_{il}}{x_{kl}}, \quad i = 0, 1, \ldots, n , \tag{5.10}$$

$$x_{ij}^* = x_{ij} - \frac{x_{kj}}{x_{kl}} x_{il} \text{ für alle } j \in (N \setminus \{l\}) \cup \{0\};\ i = 0,1, \ldots, n . \tag{5.11}$$

Bei der praktischen Berechnung hat man es oft mit verkürzten Simplextableaus T_c und T_{*c} zu tun:

$$T_c = ||x_{ij}||, \quad i \in B^0;\ j \in N^0 , \tag{5.12}$$

$$T_c^* = ||x_{ij}^*||, \quad i \in B_*^0;\ j \in N_*^0 . \tag{5.13}$$

Für verkürzte Tableaus haben die Übergangsformeln folgende Gestalt:

$$x_{ik}^* = \frac{x_{il}}{x_{kl}}, \tag{5.14}$$

$$x_{ik}^* = \frac{x_{il}}{x_{kl}}, \qquad i \in (B / \{k\}) \cup \{0\} , \tag{5.15}$$

$$x_{ij}^* = x_{ij} - \frac{x_{kj}}{x_{kl}} x_{il} , \quad i \in (B \setminus \{k\}) \cup \{0\}, j \in (N \setminus \{l\}) \cup \{0\} . \tag{5.16}$$

4.6. Die Methode zur sukzessiven Verbesserung der Lösung (primale Simplexmethode)

4.6.1. Die *primale Simplexmethode* gestattet die Konstruktion einer endlichen Folge von Ecklösungen

$$X^0, X^1, \ldots, X^k,$$

deren letzte eine optimale Lösung von Problem (1.9)–(1.11) darstellt. Die Zielfunktion $x_0 = x_0(X^r)$ wächst (genauer fällt nicht) mit wachsendem r. In der geometrischen Interpretation sind X_r und X^{r+1} benachbarte Ecken des Lösungspolyeders[1]). Jeder Ecklösung entspricht: das Simplextableau T_r und die Mengen B_r und N_r (die die Indices, die die Basis- bzw. Nichtbasisvariablen durchnumerieren).

Das Lösungsverfahren besteht aus einer Anfangsiteration (Konstruktion einer Ausgangsecklösung X^0) und einer Folge allgemeiner Iterationen.

4.6.2. Die allgemeine (r-te, $r \geqq 0$) Iteration. Man hat eine Ecklösung X^r und dieser entsprechen T_r, B_r, N_r.

Wir prüfen, ob das Tableau T_r normal ist (d. h. ob die Bedingung $x_{0j} \geqq 0$ für alle $j \in N_r$ erfüllt ist). Ist das der Fall, so ist die Lösung X^r optimal. Ist es nicht der Fall, suchen wir eine in die Basis einzuführende Variable x_l nach der Regel

$$x_{0l} = \min_{j \in N_r} x_{0j}\,,^{2)} \tag{6.1}$$

Danach suchen wir eine Variable x_k, die nach der Regel

$$\frac{x_{k0}}{x_{kl}} = \min\left\{\frac{x_{i0}}{x_{il}} \,\middle|\, i = 1, 2, \ldots, n;\quad x_{il} > 0\right\} \tag{6.2}$$

aus der Basis entfernt wird. Befindet sich unter den Zahlen x_{il}, $i = 1, 2, \ldots, n$ keine positive, so ist das Problem unlösbar.

Existieren solche Zahlen, so führen wir die Transformation nach den Formeln in 4.5. aus. Wir erhalten X_{r+1}, T_{r+1}, B_{r+1}, N_{r+1}. Hier ist

$$\left\{\begin{aligned} B_{r+1} &= (B_r \cup \{l\}) \setminus \{k\}, \\ N_{r+1} &= (N_r \cup \{k\}) \setminus \{l\}. \end{aligned}\right\} \tag{6.3}$$

4.6.3. Um eine Ausgangsbasislösung X^0 zu erhalten, transformieren wir das Ausgangsproblem (1.9)–(1.11) so, daß die rechten Seiten aller Gleichungen nichtnegativ sind ($b_i \geqq 0$, $i = 1, \ldots, m$). Dafür müssen wir diejenigen Gleichungen in (1.10), für die $b_i > 0$ ist in die Gestalt

$$\sum_{j=1}^{n} a'_{ij}\, x_j = b'_i\,,$$

---

[1]) Diese Interpretation trifft bei Ausartung nicht zu. In diesem Falle sind X^r und X^{r+1} die gleichen Ecken aber mit verschiedenen Basen. (Anm. d. Red. d. dt. Ausgabe)

[2]) Dies ist eine Regel, für die es keine mathematische Rechtfertigung gibt und die daher nicht zur Simplexmethode gehört. Prinzipiell kann eine beliebige Variable x_l mit $x_{0l} < 0$ gewählt werden. (Anm. d. Red. d. dt. Ausgabe)

mit

$$a'_{ij} = -a_{ij}, \qquad b'_i = -b_i$$

umschreiben.

Wir betrachten ein Hilfsproblem:

Man maximiere

$$f(x_1, \ldots, x_{n+m}) = -\sum_{j=n+1}^{n+m} x_j \tag{6.4}$$

unter den Restriktionen

$$\sum_{j=1}^{n} a_{ij} x_j + x_{n+i} = b_i, \qquad i = 1, \ldots, m, \tag{6.5}$$

$$x_j \geqq 0, \qquad j = 1, \ldots, n+m. \tag{6.6}$$

Eine Basislösung

$$(\bar{x}_1, \ldots, x_{n+m}) = (\overbrace{0, 0, \ldots, 0}^{n}, b_1, \ldots, b_m)$$

dieses Problems kann unmittelbar angegeben werden. Wir lösen das Hilfsproblem mit der Simplexmethode. Ist der optimale Wert der Zielfunktion $f(x_1^*, \ldots, x_{n+m}^*) = 0$, so ist $x_{n+i}^* = 0$, $i = 1, \ldots, m$, und der Vektor $(x_1^*, \ldots, x_n^*)$ stellt die gesuchte Basislösung X^0 dar[1]). Ist aber $f(x_1^*, \ldots, x_{n+m}^*) < 0$, so ist das Ausgangsproblem unlösbar.

4.7. Die duale Simplexmethode

4.7.1. Die *duale Simplexmethode* gestattet die Konstruktion einer endlichen Folge

$$X^0, X^1, \ldots, X^k,$$

von Pseudolösungen, deren letzte eine Lösung (und folglich auch eine optimale Lösung) von Problem (1.9)—(1.11) ist. Die Zielfunktion $x_0 = x_0(X^r)$ fällt (genauer wächst nicht) mit wachsendem r. Eine geometrische Interpretation der dualen Simplexmethode findet der Leser im Buch [84]. Jeder Pseudolösung X^r entspricht ein Simplextableau T_r und die Mengen B_r und N_r.

Das Lösungsverfahren besteht aus einer Anfangsiteration (der Konstruktion der Ausgangspseudolösung X^0) und einer Folge von allgemeinen Iterationen.

4.7.2. Genau genommen bedienen wir uns der sogenannten *lexikographischen dualen Simplexmethode* (*der lexikographischen Modifikation der dualen Simplexmethode*), die anstelle des Ausgangsproblems (1.9)—(1.11) eine *lexikographische Variante* zu lösen gestattet. Man finde das lexikographische Maximum der er-

---

[1]) Damit ist aber im allgemeinen noch nicht entschieden, welche Variablen als Basisvariablen anzusehen sind, da im optimalen Simplextableau noch gewisse x_{n+i} Basisvariable sein können. (Anm. d. Red. d. dt. Ausgabe)

weiterten Lösung

$$\widetilde{X} \equiv (x_0, x_1, \ldots, x_n) \equiv \left(\sum_{j=1}^{n} c_j x_j, x_1, \ldots, x_n\right) \tag{1.9'}$$

unter den Restriktionen

$$\sum_{j=1}^{n} a_{ij} x_j = b_i\,, \qquad i = 1, \ldots, m\,, \tag{1.10'}$$

$$x_j \geqq 0\,, \qquad j = 1, \ldots, n\,. \tag{1.11'}$$

Das lexikographische Maximumproblem für die erweiterte Lösung (1.9') über der Menge $\mathcal{L}$ von (1.10')–(1.11') werden wir mit $\overline{(\mathcal{L}, C)}$ bezeichnen und der Kürze halber *l-Problem* nennen.

Hier und im weiteren werden wir zur Abkürzung die lexikographische duale Simplexmethode *l-Methode* nennen.

4.7.3. Die allgemeine (r-te, $r \geqq 0$) Iteration. Man habe eine l-Pseudolösung X^r und die ihr entsprechenden T_r, N_r, B_r. Die Spalten von T_r bezeichnen wir mit R_j^r ($j \in N_r^0$). Wir prüfen, ob die Tabelle T_r zulässig ist (d. h. ob die Bedingung $x_{i0}^r \geqq 0$, $i = 1, \ldots, n$ erfüllt ist). Ist das der Fall, ist X^r eine optimale Lösung. Ist es nicht der Fall, suchen wir eine aus der Basis zu entfernende Variable x_k nach der Regel

$$k = \min \{i | i = 1, \ldots, n; x_{i0} < 0\}\,. \tag{7.1}$$

Danach suchen wir eine in die Basis einzuführende Variable x_l nach der Regel

$$\frac{R_l}{|x_{kl}|} = \operatorname{lex\,min} \left\{ \frac{R_j}{|x_{kj}|} \middle| \, j \in N_r; \quad x_{kj} < 0 \right\}. \tag{7.2}$$

Gibt es unter den Zahlen x_{kj} ($j \in N_r$) keine negative, so ist das Problem unlösbar. Existieren solche Zahlen, führen wir die Transformation nach den Formeln aus 4.5. durch und erhalten eine l-Pseudolösung X^{r+1} sowie $T_{r+1}, B_{r+1}, N_{r+1}$. Hier gilt

$$B_{r+1} = (B_r \cup \{l\}) \setminus \{k\}\,, \tag{7.3}$$

$$N_{r+1} = (N_r \cup \{k\}) \setminus \{l\}\,. \tag{7.4}$$

4.7.4. Ein Konstruktionsverfahren für die Ausgangs-l-Pseudolösung X^0 wurde im Buche [84] angegeben. Wir weisen hier nur auf ein Verfahren zum Auffinden von X^0 hin. Man habe das Simplextableau T aufgestellt, das dem Problem (1.9)–(1.11) entspricht und nicht l-normal ist. Ihm entsprechen die Indexmengen B und N. Sei die Funktion $\sum_{j \in N} x_j$ auf der Menge (1.10)–(1.11) beschränkt.

Dann kann man (zum Beispiel mit der primalen Simplexmethode oder oft auch unmittelbar) so eine Zahl M finden, daß

$$\sum_{j \in N} x_j \leqq M \tag{7.5}$$

gilt. Wir führen eine neue Variable

$$x_{n+1} = M + \sum_{j \in N} 1 \cdot (-x_j)\,, \tag{7.6}$$

$$x_{n+1} \geqq 0 \tag{7.7}$$

ein. Wir schreiben die Zeile (7.6) unten an das Tableau T, wählen eine Variable x_k nach der Regel

$$k = n + 1$$

und eine Variable x_l nach der Regel

$$R_l = \operatorname{lex\,min}\,\{R_j | j \in N\}\,.$$

Wir führen die Transformation nach den Formeln von 4.5. durch und erhalten das l-normale Tableau T_0 und ihm entsprechend B_0 und N_0. Hier gilt

$$B_0 = (B \cup \{l\})\,,$$

$$N_0 = (N \cup \{n+1\}) \setminus \{l\}\,.$$

4.8 Das ganzzahlige lineare Optimierungsproblem

4.8.1. Wir betrachten ein lineares Optimierungsproblem mit zusätzlichen Ganzzahligkeitsbedingungen, das *ganzzahlige lineare Optimierungsproblem.*

Man maximiere

$$x_0 = \sum_{j=1}^{n} c_j x_j \tag{8.1}$$

unter den Restriktionen

$$\sum_{j=1}^{n} a_{ij} x_j = b_i\,, \qquad i = 1, \ldots, m\,, \tag{8.2}$$

$$x_j \geqq 0\,, \qquad j = 1, \ldots, n\,, \tag{8.3}$$

$$x_j \text{ ganzzahlig}, \qquad j = 1, \ldots, n_1\ (n_1 \leqq n)\,. \tag{8.4}$$

Ist $n_1 = n$, so heißt Problem (8.1)–(8.4) *rein ganzzahliges lineares Optimierungsproblem*, ist $n_1 < n$, so *gemischt ganzzahliges lineares Optimierungsproblem.* Manchmal werden die Bedingungen (8.4) in der allgemeineren Gestalt

$$x_j \text{ ganzzahlig}, \ j \in J$$

geschrieben. Hier ist $J \subset \{1, \ldots, n\}$.

4.8.2. Wir führen für ganzzahlige lineare Optimierungsprobleme eine Reihe von Begriffen ein, die zu den oben für lineare Optimierungsprobleme eingeführten analog sind. Wir erinnern, daß der Restriktionsbereich des linearen Optimierungsproblems (8.1)–(8.3) oben mit $\mathscr{L}$ bezeichnet wurde, das Problem selbst mit $(\mathscr{L}, C)$ und seine optimale Lösung mit $X(\mathscr{L}, C)$. Die Menge der n-Tupel $(x_1, \ldots, x_n)$, die die Bedingungen (8.2)–(8.4) erfüllen, heiße *Restriktionsbereich* des ganzzahligen linearen Optimierungsproblems (8.1)–(8.4).

Ein Vektor $X = (x_1, \ldots, x_n)$, der die Bedingungen (8.2)–(8.4) erfüllt, heißt *Lösung* (oder *zulässige Lösung*) des ganzzahligen linearen Optimierungsproblems (8.1)–(8.4).

Eine Lösung $X^* = (x_1^*, \ldots, x_n^*)$, die die Linearform (8.1) zum Maximum macht, heiße *optimale Lösung* des ganzzahligen linearen Optimierungsproblems (8.1)–(8.4).

Ist $X = (x_1, \ldots, x_n)$ eine Lösung (optimale Lösung) und $x_0 = \sum_{j=1}^{n} c_j x_j$, so heißt der Vektor $\widetilde{X} = (x_0, x_1, \ldots, x_n)$ eine *erweiterte Lösung* (*erweiterte optimale Lösung*) des ganzzahligen linearen Optimierungsproblems (8.1)–(8.4).

Manchmal ist es bequem, folgende Bezeichnungen einzuführen: $\mathcal{L}^{\text{ganz}}$ der Restriktionsbereich von Problem (8.1)–(8.4); $(\mathcal{L}^{\text{ganz}}, C)$ das Problem (8.1)–(8.4); $X(\mathcal{L}^{\text{ganz}}, C)$ die optimale Lösung und $\widetilde{X}(\mathcal{L}^{\text{ganz}}, C)$ die erweiterte optimale Lösung von Problem (8.1)–(8.4). Ein ganzzahliges lineares Optimierungsproblem heiße *lösbar*, falls eine optimale Lösung X^* existiert.

4.8.3. Ein Polyeder $\mathcal{L}$, dessen sämtliche Basislösungen (Ecken) ganzzahlig sind (d. h. alle Komponenten jeder Basislösung sind ganze Zahlen), heiße *ganzzahliges Polyeder*.

4.8.4. Ein Simplextableau $T = ||x_{ij}||_{i \in Q;\, j \in N'}$ dessen sämtliche Elemente ganze Zahlen sind, heiße ein *ganzzahliges Simplextableau*.

5. Die Idee der Schnittmethoden. Der erste Algorithmus von Gomory

Hier werden die Idee der Schnittmethoden und der erste Algorithmus dargestellt, der diese Idee realisierte, der Algorithmus von Gomory [58, 64].

5.1. Die Idee der Schnittmethoden

In 1.1. wurden die prinzipiellen Schwierigkeiten bemerkt, die bei der Lösung diskreter Optimierungsprobleme und insbesondere bei der Lösung ganzzahliger linearer Optimierungsprobleme auftreten. Auf der anderen Seite (und darüber wurde oben auch gesprochen) gibt es bei der Lösung linearer Optimierungsprobleme zur Zeit keine prinzipiellen Schwierigkeiten[1]). Ist es also möglich, den Apparat der linearen Optimierung in irgendeiner Weise zur Lösung ganzzahliger linearer Optimierungsprobleme anzuwenden?

5.1.1. Wir formulieren die Frage konkreter. Ist es möglich, zu einem ganzzahligen linearen Optimierungsproblem $(\mathcal{L}^{\text{ganz}}, C')$ so ein lineares Optimierungsproblem (A, C) zu finden, daß die Lösung von $(\mathcal{L}^{\text{ganz}}, C)$ zur Lösung von (A, C) führt?

---

[1]) Falls man von den numerischen Problemen bei der Lösung großer Probleme absieht. (Anm. d. Red. d. dt. Augsabe)

Die Antwort auf diese Frage fällt positiv aus. Die prinzipielle Möglichkeit einer Anwendung des Apparates der linearen Optimierung zur Lösung ganzzahliger linearer Optimierungsprobleme liefert der folgende

Satz 5.1.1. *Sei $\mathcal{L}$ ein konvexes Polyeder, $\mathcal{L}^{\text{ganz}}$ die Menge seiner ganzzahligen Punkte und $R = V(\mathcal{L}^{\text{ganz}})$ die konvexe lineare Hülle der Menge $\mathcal{L}^{\text{ganz}}$. Dann gilt:*

1. *$R = V(\mathcal{L}^{\text{ganz}})$ ist ein ganzzahliges Polyeder.*
2. $R^{\text{ganz}} = \mathcal{L}^{\text{ganz}}$. (1.1)
3. *Die Basislösungsmenge R^* für das Polyeder R ist in der Menge R^{ganz} enthalten:*

$$R^* \subseteq R^{\text{ganz}}. \tag{1.2}$$

Bevor wir den Satz beweisen, bemerken wir, daß sich aus (1.2) unmittelbar ergibt

Folgerung 5.1.1. *Sei $X(R, C)$ eine optimale Basislösung des Problems (R, C). Dann stellt $X(R, C)$ auch die optimale Lösung des Problems $(\mathcal{L}^{\text{ganz}}, C)$ dar.*

Daher kann man die optimale Lösung des ganzzahligen linearen Optimierungsproblems $(\mathcal{L}^{\text{ganz}}, C)$ erhalten, wenn man ein die Gewinnung einer optimalen Basislösung garantierendes lineares Optimierungsproblem mit irgendeiner beliebigen Methode löst (zum Beispiel mit der primalen oder der dualen Simplexmethode).

Beweis von Satz 5.1.1.

a) Wir beweisen, daß R ein ganzzahliges Polyeder ist. Weil $\mathcal{L}$ ein konvexes Polyeder ist, d. h. eine beschränkte konvexe Menge, ist $\mathcal{L}^{\text{ganz}}$ eine endliche Menge, d. h. $R \equiv V(\mathcal{L}^{\text{ganz}})$ ist die konvexe lineare Hülle einer endlichen Punktmenge. Folglich ist R ein Polyeder, wobei die Basislösungsmenge R^* des Polyeders R die Bedingung

$$R^* \subseteq \mathcal{L}^{\text{ganz}} \tag{1.3}$$

erfüllt, d. h. das Polyeder R ist ganzzahlig.

b) Aus der Definition der konvexen linearen Hülle folgt, daß

$$\mathcal{L}^{\text{ganz}} \subseteq V(\mathcal{L}^{\text{ganz}}) \equiv R$$

gilt und folglich

$$\mathcal{L}^{\text{ganz}} \subseteq R^{\text{ganz}}. \tag{1.4}$$

c) Wir beweisen, daß

$$R^{\text{ganz}} \subseteq \mathcal{L}^{\text{ganz}} \tag{1.5}$$

gilt.

Sei

$$X \in R^{\text{ganz}}. \tag{1.6}$$

Wir bemerken, daß wegen $\mathcal{L}^{\text{ganz}} \subseteq \mathcal{L}$

$$R \equiv V(\mathcal{L}^{\text{ganz}}) \subseteq V(\mathcal{L}) = \mathcal{L}$$

gilt. Folglich ist

$$X \in R^{\text{ganz}} \subseteq R \subseteq \mathcal{L}. \tag{1.7}$$

Aus (1.6) und (1.7) erhalten wir

$$X \in \mathcal{L}^{\text{ganz}},$$

woraus auch (1.5) folgt.

d) Vergleichen wir (1.4) und (1.5), so erhalten wir

$$R^{\text{ganz}} = \mathcal{L}^{\text{ganz}}. \tag{1.8}$$

e) Aus (1.3) und (1.8) folgt (1.2). Der Satz 5.1.1. ist bewiesen.

5.1.2. Wir zeigen, daß $R \equiv V(\mathcal{L}^{\text{ganz}})$ das einzige ganzzahlige Polyeder ist, für das die Menge der ganzzahligen Punkte mit $\mathcal{L}^{\text{ganz}}$ zusammenfällt.

Satz 5.1.2. *Sei $\mathcal{L}$ ein Polyeder, U ein ganzzahliges Polyeder und*

$$U^{\text{ganz}} = \mathcal{L}^{\text{ganz}}. \tag{1.9}$$

Dann gilt

$$U = R \equiv V(\mathcal{L}^{\text{ganz}})\,. \tag{1.10}$$

Beweis von Satz 5.1.2.

a) Aus (1.9) folgt unmittelbar, daß

$$R \subseteq U \tag{1.11}$$

gilt.

b) Wir zeigen, daß

$$U \subseteq R \tag{1.12}$$

gilt. Weil das Polyeder U ganzzahlig ist, d. h. weil sämtliche Basislösungen davon ganzzahlig sind, gilt

$$U^* \subseteq U^{\text{ganz}}. \tag{1.13}$$

Aus (1.9) und (1.13) folgt, daß

$$U^* \subseteq \mathcal{L}^{\text{ganz}}$$

gilt, woraus wir

$$U = V(U^*) - V(\mathcal{L}^{\text{ganz}}) \equiv R$$

erhalten, d. h.

$$U \subseteq R\,.$$

c) Wenn wir (1.11) und (1.12) vergleichen, erschließen wir, daß

$$U = R \equiv V(\mathcal{L}^{\text{ganz}})$$

gilt, womit Satz 5.1.2. bewiesen ist.

5.1.3. Wir führen ein einfaches Beispiel an.

Problem $(\mathcal{L}, C)$	Problem $(\mathcal{L}^{\text{ganz}}, C)$	Problem $(V, (\mathcal{L}^{\text{ganz}}), C)$
Man maximiere	Man maximiere	Man maximiere
$x_1 + x_2$	$x_1 + x_2$	$x_1 + x_2$
unter den	unter den	unter den
Restriktionen	Restriktionen	Restriktionen
$2x_1 + 11x_2 \leqq 38$	$2x_1 + 11x_2 \leqq 38$	$x_2 \leqq 3$
$x_1 + x_2 \leqq 7$	$x_1 + x_2 \leqq 7$	$x_1 + x_2 \leqq 5$
$4x_1 - 5x_2 \leqq 5$	$4x_1 - 5x_2 \leqq 5$	$x_1 - x_2 \leqq 1$
$x_1 \leqq 0, x_2 \geqq 0$	$x_1 \geqq 0, x_2 \geqq 0$	$x_1 \geqq 0, x_2 \geqq 0$
	x_1, x_2 ganzzahlig	

In der Abb. 5.1.1. wurde das Polyeder (Polygon) $\mathcal{L}$ durch Schraffierung herausgehoben und die zur Menge $\mathcal{L}^{\text{ganz}}$ gehörenden Punkte mit ganzzahliger Lösung durch schwarze fette Punkte hervorgehoben. Der optimale Wert der Zielfunktion für Problem $(\mathcal{L}, C)$ ist gleich 7. Das Optimum wird in allen Punkten der Seite (Strecke) $x_1 + x_2 = 7$ angenommen, d. h. in den Punkten der Strecke, die zwei Basislösungen (Ecken) des Polyeders $\mathcal{L}$ verbindet: $\left(\frac{13}{3}; \frac{8}{3}\right)$ und $\left(\frac{40}{9}; \frac{23}{9}\right)$.

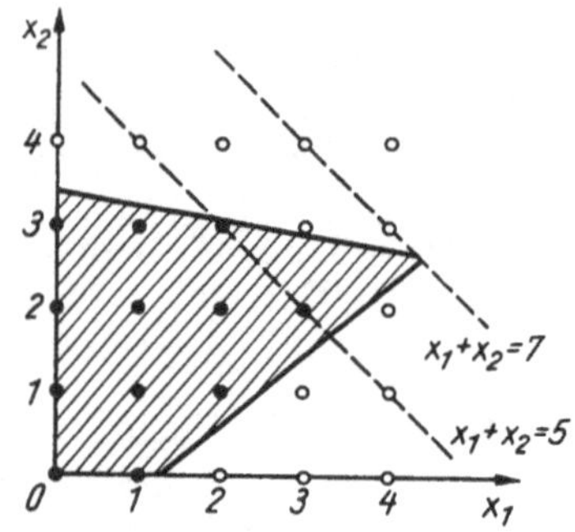

Abb. 5.1.1

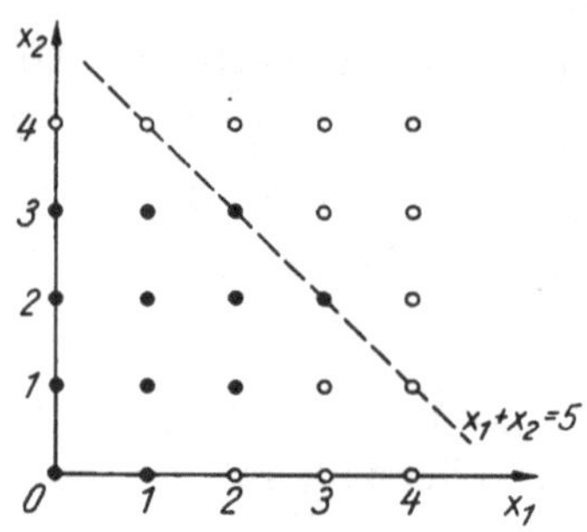

Abb. 5.1.2

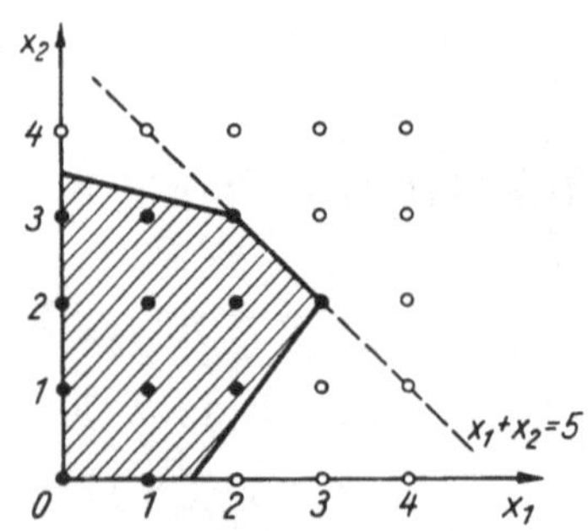

Abb. 5.1.3

Der optimale Wert der Zielfunktion für Problem $(\mathcal{L}^{\text{ganz}}, C)$ ist gleich 5. Das Optimum wird in den Punkten (2,3) und (3,2) angenommen. In Abb. 5.1.2. wird die Menge $\mathcal{L}^{\text{ganz}}$ besonders gezeigt (ihre Punkte sind durch schwarze Kreise hervorgehoben). In Abb. 5.1.3. wurde das Polyeder (Polygon) $V(\mathcal{L}^{\text{ganz}})$ schraffiert. Der optimale Wert der Zielfunktion für Problem $\big(V(\mathcal{L}^{\text{ganz}}), C\big)$ ist gleich 5, das Optimum wird in allen Punkten der Seite (Strecke) $x_1 + x_2 = 5$, d. h. in allen Punkten der Strecke angenommen, die die beiden Basislösungen (Ecken) (2,3) und (3,2) des Polyeders $V(\mathcal{L}^{\text{ganz}})$ verbindet.

5.1.4. Folgerung 5.1.1. aus Satz 5.1.1. beweist die Möglichkeit einer exakten linearen Approximation des ganzzahligen linearen Optimierungsproblems $(\mathcal{L}^{\text{ganz}}, C)$ durch das lineare Optimierungsproblem $\big(V(\mathcal{L}^{\text{ganz}}), C\big)$, gibt aber kein praktisches Verfahren zur Bestimmung von $V(\mathcal{L}^{\text{ganz}})$. Es tritt ein neues Problem auf: zu einem gegebenen Polyeder die konvexe lineare Hülle $V(\mathcal{L}^{\text{ganz}})$ ihrer ganzzahligen Punkte zu finden. Dieses Problem ist offensichtlich im allgemeinen Falle nicht weniger kompliziert als das Ausgangsproblem $(\mathcal{L}^{\text{ganz}}, C)$ der ganzzahligen linearen Optimierung, und heute sind keine effektiven Algorithmen zu seiner Lösung bekannt.

5.1.5. Wir bemerken, daß bei der Konstruktion von $V(\mathcal{L}^{\text{ganz}})$ keine Information über die Zielfunktion CX des ursprünglichen ganzzahligen linearen Ausgangsproblems $(\mathcal{L}^{\text{ganz}}, C)$ verwendet wurde, und das lineare Optimierungsproblem $\big(V(\mathcal{L}^{\text{ganz}}, C\big)$ ergibt (im angegebenen Sinne) eine genaue lineare Approximation für Problem $(\mathcal{L}^{\text{ganz}}, C)$, bei beliebigem C. Man kann voraussetzen, daß die Konstruktion einer linearen Approximation für $(\mathcal{L}^{\text{ganz}}, C)$ erleichtert wird, wenn man die Information über die Zielfunktion $C\,X$ in vernünftiger Weise verwendet. Mit anderen Worten kann man die zu Beginn von 5.1.1. formulierte Frage wie folgt präzisieren.

Ist es möglich, zum ganzzahligen linearen Optimierungsproblem $(\mathcal{L}^{\text{ganz}}, C)$ ein lineares Optimierungsproblem (A, C) zu finden, so daß

1. die optimalen Zielfunktionswerte für Problem $(\mathcal{L}^{\text{ganz}}, C)$ und (A, C) zusammenfallen:

$$C\,X(\mathcal{L}^{\text{ganz}}, C) = C\,X(A, C)\,. \tag{1.14}$$

2. die Menge der ganzzahligen Punkte des Polyeders A mit der Menge aller ganzzahligen Punkte des Polyeders $\mathcal{L}$ zusammenfällt:

$$A^{\text{ganz}} = \mathcal{L}^{\text{ganz}}. \tag{1.15}$$

3. sämtliche optimalen Basislösungen von Problem (A, C) die Ganzzahligkeitsbedingung

$$A^C \cap A^* - A^{\text{ganz}} \tag{1.16}$$

erfüllen.

Wir erinnern, daß wir mit A^C die Menge der optimalen Lösungen von Problem (A, C), und mit A^* die Menge der Ecken (Basislösungen) des Polyeders A bezeichnen.

Das Problem (A, C) kann konstruiert werden, aber wir werden darauf nicht näher eingehen, weil das Problem, das Polyeder A zu konstruieren, das den Bedingungen (1.14)–(1.16) genügt, wie auch das Problem, das Polyeder $V(\mathcal{L}^{\text{ganz}})$ zu konstruieren, sich als hinreichend kompliziert erweist und zur Zeit keine effektiven Algorithmen zu seiner Lösung bekannt sind.

Wir bemerken nur, daß das den Bedingungen (1.14)–(1.16) genügende Polyeder A allgemein gesprochen nicht eindeutig bestimmt ist. Basierend auf Satz 5.1.1. und 5.1.2. kann leicht gezeigt werden, daß jedoch zur gleichen Zeit das Polyeder $V(\mathcal{L}^{\text{ganz}})$ (bei gegebenem $\mathcal{L}$) das einzige Polyeder ist, das folgende Bedingungen erfüllt, die an das gesuchte Polyeder A' gestellt werden:

I. Für beliebiges C fallen die optimalen Zielfunktionswerte für die Probleme $(\mathcal{L}^{\text{ganz}}, C)$ und (A', C) zusammen.

II. Die Menge der ganzzahligen Punkte des Polyeders A' ist gleich der Menge aller ganzzahligen Punkte des Polyeders $\mathcal{L}$.

III. Für beliebiges C erfüllen sämtliche optimalen Basislösungen von Problem (A', C) die Ganzzahligkeitsbedingung.

In Abb. 5.1.4. ist eines der Polyeder A schraffiert, das die Bedingungen (1.14) bis (1.16) für Problem $(\mathcal{L}^{\text{ganz}}, C)$ in 5.1.3. erfüllt.

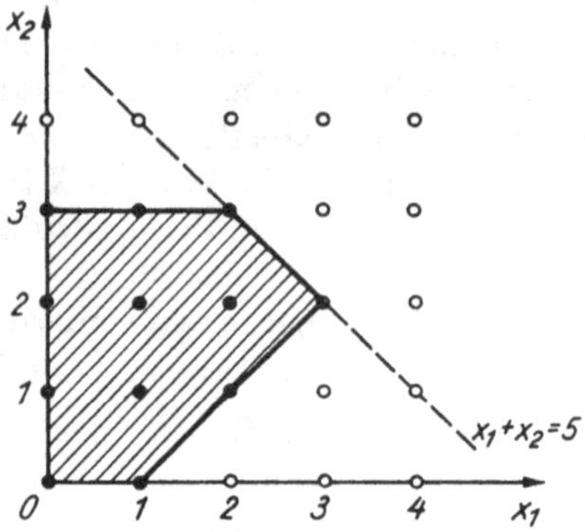

Abb. 5.1.4

5.1.6. Die beiden oben betrachteten, mißglückten Problemstellungen für eine lineare Approximation von Problem $(\mathcal{L}^{\text{ganz}}, C)$ haben eine Menge Gemeinsamkeiten.

I. Die Menge der ganzzahligen Punkte A^{ganz} des Polyeders A zum approximierenden Problem (A, C) mußte gleich der Menge aller ganzzahligen Punkte $\mathcal{L}^{\text{ganz}}$ vom Ausgangsproblem $(\mathcal{L}^{\text{ganz}}, C)$ sein.

$$A^{\text{ganz}} = \mathcal{L}^{\text{ganz}}.$$

II. Jede optimale Basislösung des approximierenden Problems (A, C) mußte die Ganzzahligkeitsbedingung erfüllen:

$$A^C \cap A^* \subseteq A^{\text{ganz}}.$$

III. Es wurde vorausgesetzt, daß Problem ($\mathscr{L}^{\text{ganz}}$, C) in zwei Etappen gelöst wird: 1. Konstruktion des approximierenden Problems (A, C). 2. Auffinden der optimalen Basislösung von Problem (A, C) (die sich offensichtlich auch als optimale Lösung von Problem ($\mathscr{L}^{\text{ganz}}$, C) erweist).

Als mißlungen zeigten sich offenbar Bedingung II und III. Bedingung I jedoch tritt in allen bekannten Realisierungen von Schnittmethoden auf.

5.1.7. Wir führen den Begriff eines *regulären Schnittes* ein, der im weiteren systematisch verwendet wird.

Sei ($\mathscr{L}^{\text{ganz}}$, C) ein ganzzahliges lineares Optimierungsproblem und erfülle die optimale Basislösung $X(\mathscr{L}, C)$ des entsprechenden linearen Optimierungsproblems nicht die Ganzzahligkeitsbedingung:

$$X(\mathscr{L}, C) \in \mathscr{L}^{\text{ganz}}.$$

Die Ungleichung

$$\sum_j a_j x_j \leqq \beta \tag{1.17}$$

(oder in Vektorschreibweise $a X \leqq \beta$) heiße *regulärer Schnitt*, wenn sie folgenden beiden Bedingungen genügt:

I. Schnittbedingung. $X(\mathscr{L}, C)$ erfüllt die Ungleichung (1.17) nicht, d. h.

$$a X(\mathscr{L}, C) > \beta . \tag{1.18}$$

II. Regularitätsbedingung. Ist X eine Lösung von Problem ($\mathscr{L}^{\text{ganz}}$, C), so erfüllt X die Ungleichung (1.17), d. h.

$$\mathscr{L}^{\text{ganz}} \subset \{X | a X \leqq \beta\} . \tag{1.19}$$

5.1.8. Wir stellen nun die Idee der Schnittmethode in der Gestalt dar, in der sie zuerst vorgelegt wurde (s. Dantzig, Fulkerson, Johnson [30] und Dantzig [26]).

I. Das Problem ($\mathscr{L}^{\text{ganz}}$, C) soll nicht mit einem Zweietappen-, sondern allgemein gesprochen mit einem Mehretappenverfahren gelöst werden, wobei

I-1) In der r-ten Etappe ein Hilfsproblem der linearen Optimierung:

$$(\mathscr{L}_r, C) , \qquad r = 0, 1, 2, \ldots$$

gelöst wird. Hier ist

$$\mathscr{L}_0 = \mathscr{L} .$$

I-2) Die Menge der ganzzahligen Punkte ist dieselbe für alle Polyeder:

$$\mathscr{L}_0^{\text{ganz}} = \mathscr{L}_1^{\text{ganz}} = \mathscr{L}_2^{\text{ganz}} = \cdots ,$$

erfüllt also die optimale Lösung $X(\mathscr{L}_r, C)$ von Problem ($\mathscr{L}_r$, C) die Ganzzahligkeitsbedingung, so erweist sie sich auch als optimale Lösung $X(\mathscr{L}_0^{\text{ganz}}, C)$ für das Ausgangsproblem ($\mathscr{L}_0^{\text{ganz}}$, C), und das Lösungsverfahren ist zum Abschluß gekommen.

I-3) Erfüllt $X(\mathscr{L}_r, C)$ die Ganzzahligkeitsbedingung nicht, so ist $X(\mathscr{L}_r, C)$ keine Lösung von ($\mathscr{L}_{r+1}$, C):

$$X(\mathscr{L}_r, C) \notin \mathscr{L}_{r+1}.$$

II. Der Übergang von der r-ten zur $(r+1)$ten Etappe, d. h. der Übergang von Problem $(\mathscr{L}_r, C)$ zu Problem $(\mathscr{L}_{r+1}, C)$ (unter Einhaltung der Bedingungen I-2, I-3) vollzieht sich im Falle der Nichtganzzahligkeit von $X(\mathscr{L}_r, C)$ über einem Schnitt

$$a_r X \leqq \beta_r,$$

deren Hinzufügen zu den linearen Restriktionen von Problem $(\mathscr{L}_r, C)$ das Polyeder $\mathscr{L}_r$ in das Polyeder $\mathscr{L}_{r+1}$ verwandelt.

5.1.9. Somit basiert die Schnittmethode auf zwei grundlegenden Ideen:

I. Eine lineare Approximation von Problem $(\mathscr{L}^{\text{ganz}}, C)$ in mehreren Etappen.

II. Der Übergang von Etappe zu Etappe über die Schnitte.

Allein diese Ideen sind niemals zu realisieren, solange man kein Konstruktionsverfahren für Schnitte angibt, das die Endlichkeit des Lösungsprozesses garantiert.

Ein solches Verfahren wird in 5.2. dargestellt.

Als weniger prinzipiell, aber praktisch wichtig stellt sich das Problem der übermäßigen Vergrößerung der Anzahl der Restriktionen dar, wenn der Lösungsprozeß lange genug fortgesetzt wird. Man muß in irgendeinem Maße für die Dimensionsverkleinerung des Problems $(\mathscr{L}_r, C)$ sorgen.

5.2. Der erste Algorithmus von Gomory

Hier wird derjenige Algorithmus von Gomory [58] dargelegt, der die historisch erste Realisierung der Schnittmethode ergibt, für die:

1. die Konstruktion der Schnitte algorithmisch durchgeführt wird (ohne Benutzung intuitiver Betrachtungen),
2. die Endlichkeit des Algorithmus bewiesen wird.

5.2.1. Wir bringen das von Gomory aufgestellte Konstruktionsverfahren für Schnitte. Es wird ein rein ganzzahliges lineares Optimierungsproblem betrachtet.

Man maximiere

$$x_0 \equiv \sum_{j=1}^{n} c_j x_j \tag{2.1}$$

unter den Restriktionen

$$\sum_{j=1}^{n} a_{ij} x_j = b_i, \qquad i = 1, \ldots, m, \tag{2.2}$$

$$x_j \geqq 0, \qquad j = 1, \ldots, n, \tag{2.3}$$

$$x_j \text{ ganzzahlig}, \qquad j = 1, \ldots, n. \tag{2.4}$$

Sei $X(\mathscr{L}, C)$ eine optimale Basislösung von Problem $(\mathscr{L}, C)$ $\big((2.1)-(2.3)\big)$. Wir drücken die Zielfunktion x_0 und alle Variablen $x_1, \ldots, x_n$ durch Nichtbasisvariable x_j ($j \in N$) aus, die der optimalen Basislösung $X(\mathcal{L}, C)$ entsprechen:

$$x_i = x_{i0} + \sum_{j \in N} x_{ij} (-x_j), \qquad i = 0, 1, \ldots, n. \tag{2.5}$$

Sei x eine reelle Zahl. *Ganzer Teil* von x heiße die größte ganze Zahl, die x nicht überschreitet. Der ganze Teil von x wird mit $[x]$ bezeichnet.

Gebrochener Teil der Zahl x (Bezeichnung $\{x\}$) heiße die Zahl

$$\{x\} = x - [x].$$

Satz 5.2.1. *Sei*

1. $$z_i \equiv z_i(X) = -\{x_{i0}\} + \sum_{j \in N} (-\{x_{ij}\})(-x_j), \qquad i = 1, \ldots, n; \tag{2.6}$$

2. *X eine Lösung von Problem* $(\mathcal{L}^{\text{ganz}}, C)$ $\big((2.1)-(2.4)\big)$.

Dann gilt

$$z_i \text{ ganzzahlig} \tag{2.7}$$

$$z_i \geqq 0. \tag{2.8}$$

Beweis. Aus (2.5) erhalten wir

$$x_i = [x_{i0}] + \{x_{i0}\} + \sum_{j \in N} ([x_{ij}] + \{x_{ij}\})(-x_j).$$

Hieraus und aus (2.6) erhalten wir

$$z_i = -x_i + [x_{i0}] + \sum_{j \in N} [x_{ij}](-x_j). \tag{2.9}$$

Aus der Definition des ganzen Teiles folgt, daß $[x_{i0}]$ und $[x_{ij}]$ ($j \in N$) ganzzahlig sind, und aus Bedingung 2. des Satzes erhalten wir, daß x_i und x_j ($j \in N$) ganze Zahlen sein müssen. Folglich müssen auch die Zahlen z_i ganz sein, womit Formel (2.7) bewiesen ist.

Wir nehmen nun an, daß

$$z_i < 0$$

gilt. Dann erhalten wir, wenn wir (2.6) benutzen

$$-\{x_{i0}\} + \sum_{j \in N} \{x_{ij}\} x_j < 0.$$

Aber aus der Definition des gebrochenen Teiles folgt, daß $1 > \{x_{ij}\} \geqq 0$ und aus Bedingung 2., daß $x_j \geqq 0$ ($j \in N$) ist. Daraus erhalten wir

$$-1 < -\{x_{i0}\} + \sum_{j \in N} \{x_{ij}\} x_j < 0,$$

oder, was dasselbe ist

$$-1 < z_i < 0,$$

so daß die z_i nicht ganzzahlig sind, was der bewiesenen Formel (2.7) widerspricht. Folglich gilt

$$z_i \geqq 0,$$

und Formel (2.8) ist bestätigt, womit Satz 5.2.1. bewiesen ist.

Bemerkung 5.2.1. Ist die Ganzzahligkeit der Zielfunktion x_0 garantiert (zum Beispiel im Falle, wenn sämtliche c_j ganze Zahlen sind), so wird Satz 5.2.1. auch unmittelbar auf den Fall $i = 0$ übertragen.

Folgerung 5.2.1. (aus Satz 5.2.1. und Bemerkung 5.2.1.) *Erfülle $X(\mathcal{L}, C)$ die Ganzzahligkeitsbedingung* (2.4) *nicht, so daß für ein gewisses i* $(1 \leqq i \leqq n)$

$$x_{i0} \text{ nicht ganzzahlig}^{1)} \tag{2.10}$$

gilt. Dann geben die Beziehungen (2.6), (2.8) *die Schnittregel an.*

Beweis der Folgerung. a) Zunächst verifizieren wir die Regularitätsbedingung. Sämtliche Lösungen von Problem $(\mathcal{L}^{\text{ganz}}, C)$ erfüllen die Bedingungen (2.6) und (2.8). Das ist unmittelbar aus Satz 5.2.1. ersichtlich.

b) Nun beweisen wir die Schnittbedingung. Setzen wir in (2.6) eine nicht ganzzahlige optimale Lösung $X(\mathcal{L}, C)$ ein und nehmen wir an, daß $x_j(\mathcal{L}, C) = 0\,(j \in N)$ gilt, so erhalten wir (unter Verwendung von (2.10))

$$z_i(X(\mathcal{L}, C)) = -\{x_{i0}\} + 0 < 0\,, \tag{2.11}$$

was (2.8) widerspricht, womit Folgerung 5.2.1. begründet ist.

5.2.2. Bei der oben gegebenen schematischen Darstellung der Schnittmethode brauchen die optimalen Lösungen $X(\mathcal{L}_r, C)$ der linearen Hilfs-Optimierungsprobleme nicht eindeutig zu sein. Gomory verlangt, daß anstelle des Problems $(\mathcal{L}_r, C)$ das l-Problem $\overline{(\mathcal{L}_r, C)}$ gelöst werden sollte.

Eine l-optimale Lösung $X(\mathcal{L}_r, C)$ ist Basislösung (s. Satz 4.4.2.) und ist eindeutig bestimmt. Sämtliche Berechnungen werden in Übereinstimmung mit der l-Methode durchgeführt (s. 4.7).

5.2.3. Weiter oben wurde bemerkt, daß das Anwachsen der Restriktionenzahl ein wichtiges Problem bei der Schnittmethode darstellt. Gomory legt ein Verfahren vor, das die Dimension der betrachteten erweiterten Simplextableaus auf $(n + 2) \times (k + 1)$ beschränkt (wo n die Gesamtheit der Variablen von Problem $(\mathcal{L}_0, C)$ und k die Anzahl der Nichtbasisvariablen in Problem $(\mathcal{L}_0, C)$ ist). Das Verfahren von Gomory basiert darauf, daß Zusatzrestriktionen (Schnitte) $a_r X \leqq \beta_r$ nicht für sich selbst interessieren, sondern nur als Hilfsmittel, um ein nicht ganzzahliges Optimum $X(\mathcal{L}_r, C)$ abzuschneiden und vom Problem $(\mathcal{L}_r, C)$ zum Problem $(\mathcal{L}_{r+1}, C)$ überzugehen. Wir bemerken nun, daß die Variable x_{n+r+1} $(r \geqq 0)$ zugleich nach Einführung der Restriktionen

$$x_{n+r+1} \geqq 0\,,$$
$$x_{n+r+1} = \beta_r - a_r X$$

aus der Basis entfernt wird. Die Idee von Gomory besteht im folgenden:

a) Unmittelbar nach dem Entfernen von x_{n+r+1} $(r \geqq 0)$ aus der Basis wird die entsprechende Zeile aus dem erweiterten Simplextableau ausgestrichen.

b) Tritt im Zuge der weiteren Berechnungen x_{n+r+1} von neuem in die Basis

[1]) Wird die Ganzzahligkeit der Zielfunktion x_0 garantiert, so ist $0 \leqq i \leqq n$.

ein, so wird die entsprechende Zeile im Simplextableau nicht wieder hergestellt, und x_{n+r+1} nimmt an der weiteren Berechnung nicht teil[1]). Somit beinhaltet das erweiterte Simplextableau bei jeder beliebigen Rechenetappe anerkanntermaßen: 1. Genausoviel Spalten $(k + 1)$ wie das Ausgangstableau, 2. die Zeilenmenge überschreitet $(n + 2)$ nicht. Hier entsprechen $(n + 1)$ Zeilen den $x_0, x_1, \ldots, x_n$ (im allgemeinen können sämtliche Variablen des Ausgangstableaus in die Basis eingehen), und eine Zeile entspricht x_{n+r+1} (im Moment ihrer Einführung). Daher überschreiten die Ausmaße des Simplextableaus $(n + 2) \times (k + 1)$ offenbar nicht.

5.2.4. Besitzt Problem $(\mathscr{L}, C)$ wegen der Unbeschränktheit der Zielfunktion $x_0 = C\,X$ nach oben auf der polyedrischen Lösungsmenge $\mathscr{L}$ keine Lösung, so kann der erste Algorithmus von GOMORY nicht angewendet werden.

Der erste Algorithmus von GOMORY ist auch in dem Falle nicht anwendbar, wenn Problem $(\mathscr{L}, C)$ zwar eine Lösung besitzt, aber nicht das l-Problem $\overline{(\mathscr{L}, C)}$. Das bedeutet, daß die optimale Lösungsmenge von Problem $(\mathscr{L}, C)$ nicht leer ist, aber unbeschränkt. Wir werden im weiteren voraussetzen:

1. Die Zielfunktion $x_0 \equiv C\,X$ auf $\mathscr{L}$ ist nach oben beschränkt.

2. Ist die optimale Lösungsmenge von Problem $(\mathscr{L}, C)$ nicht leer, so ist sie beschränkt, d. h. ist das Problem $(\mathscr{L}, C)$ lösbar, so ist auch das l-Problem $\overline{(\mathscr{L}, C)}$ lösbar.

5.2.5. Wir kommen zur formalen Darstellung des ersten Algorithmus von GOMORY.

D i e g r o ß e A n f a n g s i t e r a t i o n[2]). Wir lösen das l-Problem $\overline{(\mathscr{L}, C)} \equiv \overline{(\mathscr{L}_0, C)}$. Ist es unlösbar, so ist auch das Problem $(\mathscr{L}_0^{\text{ganz}}, C)$ unlösbar. Ist Problem $\overline{(\mathscr{L}_0, C)}$ lösbar und erfüllt die l-optimale Lösung $X\overline{(\mathscr{L}_0, C)}$ die Ganzzahligkeitsbedingung (2.4), so stellt $X\overline{(\mathscr{L}_0, C)}$ gleichzeitig die optimale Lösung von Problem $(\mathscr{L}_0^{\text{ganz}}, C)$ dar.

Erfüllt aber $X\overline{(\mathscr{L}_0, C)}$ die Ganzzahligkeitsbedingung nicht, so gehen wir zur 0-ten großen Iteration über.

r-t e g r o ß e I t e r a t i o n $(r \geqq 0)$. Erfülle $X\overline{(\mathscr{L}_r, C)}$ die Ganzzahligkeitsbedingung nicht. Wir drücken die Zielfunktion $x_0 \equiv C\,X$ und die Variablen $x_1, \ldots, x_n$ durch die Nichtbasisvariablen x_j $(j \in N_r)$.

$$x_i = x_{i0}^r + \sum_{j \in N_r} x_{ij}^r (-x_j)\,, \qquad i = 0, 1, \ldots, n$$

aus und erhalten das Simplextableau

$$T_r = \|x_{ij}^r\|_{i \in Q^n;\; j \in N_r^0}$$

das zulässig und l-normal ist.

---

[1]) Die durch den Schnitt hinzugefügte Restriktion wird also wieder fallengelassen, wenn sie für den Iterationspunkt nicht mehr als Gleichung erfüllt ist. (Anm. d. Red. d. dt. Ausg.)

[2]) Der Terminus „große Iteration" wurde zur Vermeidung von Verwechslungen mit den Iterationen der l-Methode eingeführt.

Wir wählen die (nach dem Index) kleinste Zeile, der eine nichtganzzahlige Komponente entspricht:

$$k = \min \{i | i \in \{1, \ldots, n\}\,;\ x_{i0}^r \text{ nicht ganzzahlig}\}^{1)}$$

und konstruieren den entsprechenden Schnitt

$$x_{n+r+1} = -\{x_{k0}^r\} + \sum_{j \in N_r} (-\{x_{kj}^r\})(-x_j)\,, \tag{2.12}$$

$$x_{n+r+1} \geqq 0\,, \tag{2.13}$$

$$x_{n+r+1} \text{ ganzzahlig}\,. \tag{2.14}$$

Die Zeile x_{n+r+1} (2.12) schreiben wir unten an die Tabelle T_r. Wir erhalten ein (nur in der Zeile x_{n+r+1}!) unzulässiges l-normales Tableau, auf das wir die l-Methode anwenden, wobei nach dem Entfernen von x_{n+r+1} aus der Basis die entsprechende Zeile ausgestrichen wird und nach der Einführung von x_l ($l \geqq n + 1$) in die Basis die entsprechende Zeile nicht wiederhergestellt wird. Ergibt sich ein Simplextableau, das einem unlösbaren linearen Optimierungsproblem entspricht (s. 4.7.3.), so ist Problem ($\mathcal{L}_0^{\text{ganz}}$, C) unlösbar. Erhalten wir dagegen ein zulässiges und l-normales Tableau T_{r+1}, so prüfen wir die entsprechende l-optimale Basislösung $X(\overline{\mathcal{L}_{r+1}, C})$ auf ihre Ganzzahligkeit. Erfüllt $X(\overline{\mathcal{L}_{r+1}, C})$ die Ganzzahligkeitsbedingung (2.4), so stellt $X(\overline{\mathcal{L}_{r+1}, C})$ gleichzeitig die optimale Lösung von Problem ($\mathcal{L}_0^{\text{ganz}}$, C) dar. Erfüllt dagegen $X(\overline{\mathcal{L}_{r+1}, C})$ die Ganzzahligkeitsbedingung nicht, so gehen wir zur ($r + 1$)-ten großen Iteration über.

Ein Blockschema für den ersten Algorithmus von Gomory wird in Abb. 5.2.1. angegeben.

5.2.6. Wir lösen das oben betrachtete numerische Beispiel (s. 1.1.3.) mit dem ersten Algorithmus von Gomory.

Man maximiere

$$x_0 \equiv x_1 + x_2$$

unter den Restriktionen

$$\begin{aligned} 2x_1 + 11x_2 &\leqq 38\,, \\ x_1 + x_2 &\leqq 7\,, \\ 4x_1 - 5x_2 &\leqq 5\,, \\ x_1 \geqq 0\,, \quad x_2 &\geqq 0\,, \\ x_1, x_2 &\text{ ganzzahlig}, \end{aligned}$$

oder, was dasselbe ist:

Man maximiere

$$x_0 \equiv x_1 + x_2$$

1) Ist die Ganzzahligkeit der Zielfunktion x_0 garantiert, so gilt $k = \min\{i | i \in \{0, 1, \ldots, n\}\,;\ x_{i0}^r$ nicht ganzzahlig$\}$.

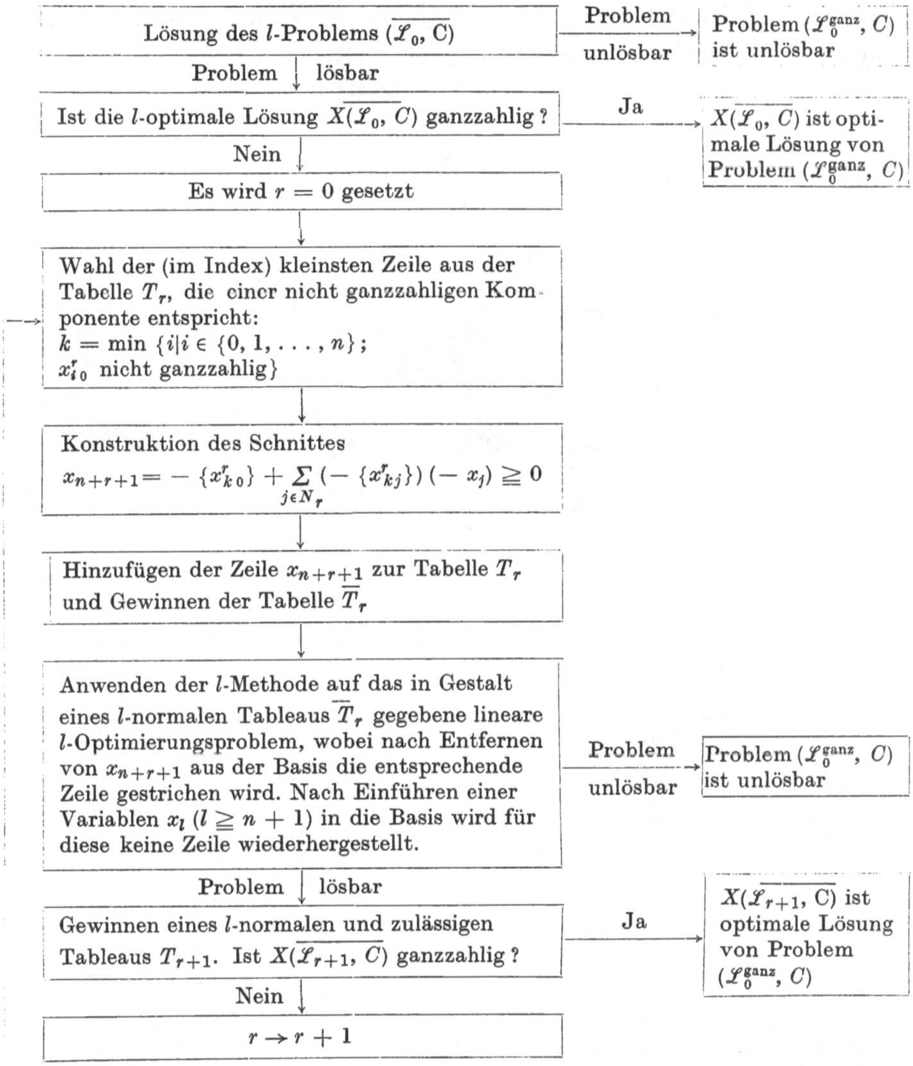

Abb. 5.2.1. Blockschema für den ersten Algorithmus von GOMORY

unter den Restriktionen

$$x_3 = 38 - 2\,x_1 - 11\,x_2\,, \qquad x_4 = 7 - x_1 - x_2\,, \qquad x_5 = 5 - 4\,x_1 + 5\,x_2\,,$$

$$x_j \geqq 0\,, \qquad j = 1, \ldots, 5\,,$$

$$x_j \text{ ganzzahlig}, \qquad j = 1, \ldots, 5\,.$$ [1])

---

[1]) Man beachte, daß bei Einführung von Schlupfvariablen im allgemeinen ein gemischt-ganzzahliges Problem entsteht, was hier nicht der Fall ist, da alle Koeffizienten ganzzahlig sind. (Anm. d. Red. d. dt. Ausgabe)

Die Folge der Berechnungen wird abgekürzt durch die Tabellen 1—10 beschrieben. Die optimale erweiterte Lösung ist $X(\mathcal{L}_0^{\text{ganz}}, C) = X(\overline{\mathcal{L}_4, C}) \equiv \equiv (x_0^4, x_1^4, \ldots, x_5^4) = (5, 3, 2, 10, 2, 3)$. Das Leitelement ist überall mit einem Sternchen gekennzeichnet. Die geometrische Illustration ist in Abb. 5.2.2. dargestellt.

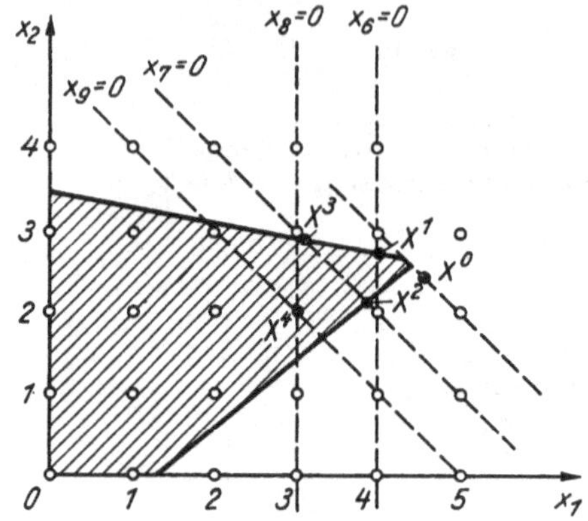

Abb. 5.2.2

	1	$-x_1$	$-x_2$
x_0	0	−1	−1
x_1	0	−1	0
x_2	0	0	−1
x_3	38	2	11
x_4	7	1*	1
x_5	5	4	−5

Tabelle 1

	1	$-x_5$	$-x_2$
x_0	5/4	1/4	−9/4
x_1	5/4	1/4	−5/4
x_2	0	0	−1
x_3	71/2	−1/2	27/2
x_4	23/4	−1/4	9/4*
x_5	0	−1	0

Tabelle 2

	1	$-x_5$	$-x_4$
x_0	7	0	1
x_1	40/9	1/9	5/9
x_2	23/9	−1/9	4/9
x_3	1	1	−6
x_4	0	0	−1
x_5	0	−1	0

Tabelle 3 (T_0)

x_6	−4/9	−1/9*	−5/9

	1	$-x_6$	$-x_4$
x_0	7	0	1
x_1	4	1	0
x_2	3	−1	1
x_3	−3	9	−11*
x_4	27/2	0	−1
x_5	4	−9	5

Tabelle 4

	1	$-x_6$	$-x_3$
x_0	74/11	9/11	1/11
x_1	4	1	0
x_2	30/11	−2/11	1/11
x_3	0	0	−1
x_4	3/11	−9/11	−1/11
x_5	29/11	−54/11	5/11
x_7	−8/11	−9/11	1/11*

Tabelle 5 (T^1)

	1	$-x_6$	$-x_7$
x_0	6	0	1
x_1	4	1	0
x_2	2	−1	1
x_3	8	9	−11
x_4	1	0	−1
x_5	−1	−9*	5

Tabelle 6

	1	$-x_5$	$-x_7$
x_0	6	0	1
x_1	35/9	1/9	5/9
x_2	19/9	−1/9	4/9
x_3	7	1	−6
x_4	1	0	−1
x_5	0	−1	0
x_8	−8/9	−1/9*	−5/9

Tabelle 7 (T^2)

	1	$-x_8$	$-x_7$
x_0	6	0	1
x_1	3	1	0
x_2	3	−1	1
x_3	−1	9	−11*
x_4	1	0	−1
x_5	8	−9	5

Tabelle 8

Wir bemerken, daß die optimale Lösung (3, 2, 10, 2, 3) des Problems ($\mathcal{L}^{\text{ganz}}$, C) nicht durch Rundung aus der optimalen Lösung (40/9, 23/9, 1, 0, 0) des entsprechenden nichtganzzahligen Problems ($\mathcal{L}$, C) erhalten werden kann.

	1	$-x_8$	$-x_3$
x_0	65/11	9/11	1/11
x_1	3	1	0
x_2	32/11	−2/11	1/11
x_3	0	0	−1
x_4	12/11	−9/11	−1/11
x_5	83/11	−54/11	5/11
x_9	−10/11	−9/11	−1/11*

Tabelle 9 (T^3)

	1	$-x_8$	$-x_9$
x_0	5	0	1
x_1	3	1	0
x_2	2	−1	1
x_3	10	9	−11
x_4	2	0	−1
x_5	3	−9	5

Tabelle 10 (T^4)

5.3. Endlichkeitsbeweis für den ersten Algorithmus von Gomory

Hier wird unter bestimmten Bedingungen die Endlichkeit des ersten Algorithmus von GOMORY nachgewiesen. Wie in 5.2. nehmen wir an, daß die Menge der optimalen Lösungen des Problems $(\mathcal{L}_0, C)$ beschränkt ist.

5.3.1. Satz 5.3.1. *Folgende Bedingungen seien erfüllt:*

1. *Die Ganzzahligkeit der Zielfunktion* $x_0 \equiv C X$ *(zum Beispiel seien alle* c_j, $j = 1, \ldots, n$ *ganzzahlig) sei garantiert,*[1]) *und* x_0 *werde bei der Auswahl der Zeilen zur Konstruktion der Schnitte berücksichtigt.*

2. *Es trifft mindestens eine der folgenden beiden Behauptungen zu:*

2′. *Die Zielfunktion* x_0 *ist auf* $\mathcal{L}_0$ *nach unten beschränkt.*[2])

2″. *Problem* $(\mathcal{L}_0^{\text{ganz}}, C)$ *hat mindestens eine Lösung* X'.

Dann liefert der erste Algorithmus von GOMORY *nach endlich vielen Iterationen eine optimale Lösung des Problems* $(\mathcal{L}^{\text{ganz}}, C)$.

Der Beweis dieses Satzes erfolgt in einigen Etappen.

5.3.2. Sei

$$X(\overline{\mathcal{L}_r, C}) \equiv X^r \equiv (x_0^r, x_1^r, \ldots, x_n^r) .$$

Wir bezeichnen mit $\overline{X}_r$ diejenige Pseudolösung, die dem Tableau $\overline{T}_r$ entspricht, das man aus T_r erhält, nachdem x_{n+r+1} aus der Basis entfernt und die entsprechende Zeile gestrichen wurde.

Lemma 5.3.1. *Es gilt*

$$X^r \succ \overline{X}^r \succeq X^{r+1} .$$

Der Beweis von Lemma 5.3.1. folgt direkt aus den Regeln der l-Methode[3]).

5.3.3. Lemma 5.3.2. *Die Zahlen* x_i^r $(i = 0, 1, \ldots, n)$ *sind nach unten beschränkt.*

Für $i = 1, \ldots, n$ folgt dies aus der Nichtnegativitätsbedingung (2.3). Für $i = 0$ folgt es aus der Bedingung 2. von Satz 5.3.1. Ist nämlich 2′. erfüllt, so gilt das Lemma 5.3.2. trivialerweise. Ist hingegen Bedingung 2″. erfüllt, gilt offenbar

$$X^r \succeq X' ,$$

so daß man

$$x_0^r \geqq x_0'$$

hat und Lemma 5.3.2. richtig ist.

---

[1]) Gemeint ist hier genauer: Der Wert der Zielfunktion in einer optimalen Lösung sei ganzzahlig, sofern eine optimale Lösung existiert. (Anm. d. Red. d. dt. Ausg.)

[2]) Wegen der Beschränktheit der Menge der optimalen Lösungen von Problem $(\mathcal{L}_0, C)$ folgt hieraus, daß $\mathcal{L}_0$ ein konvexes Polyeder ist.

[3]) Die Relation $\overline{X}^r \succeq X^{r+1}$ ist unmittelbar klar, da mit der l-Methode eine lexikographisch optimale Lösung für ein Maximumproblem gefunden wird und $\overline{X}^r$ im allgemeinen noch nicht zulässig ist. Für die Relation $X^r \succ \overline{X}^r$ genügt es zu bedenken, daß die durch die l-Methode entstehende Folge von Pseudolösungen lexikographisch streng monoton fallend ist. (Anm. d. Red. d. dt. Ausg.)

5.3.4. Lemma 5.3.3. *Erfüllt X^r die Ganzzahligkeitsbedingung nicht und ist $x_p^r \equiv x_{p0}^r$ nicht ganzzahlig, so gilt*

$$(x_0^r, x_1^r, \ldots, x_{p-1}^r, [x_p^r]) \succeq (\bar{x}_0^r, \ldots, \bar{x}_p^r)\,.$$

Beweis. Sei

$$k = \min\,\{i \mid i \in \{0, 1, \ldots, n\}\,;\ x_{i0}^r \text{ nicht ganzzahlig}\}\,.$$

Dann ist

$$k \leqq p\,.$$

Sei weiterhin

$$\frac{R_l^r}{\{x_{kl}^r\}} = \operatorname{lex\,min}\left\{\frac{R_j^r}{\{x_{kj}^r\}}\,\middle|\, j \in N_r;\ \{x_{kj}^r\} \neq 0\right\}^{1)}$$

und

$$h(R_l^r) = \min\,\{i \mid i \in \{0, 1, \ldots, n\}\,;\ x_{il}^r \neq 0\}\,.$$

Wegen $\{x_{kl}^r\} \neq 0$ ist auch $x_{kl}^r \neq 0$ und folglich

$$h(R_l^r) \leqq k \leqq p\,.$$

Zwei Fälle sind möglich:

1. $h(R_l^r) \equiv q < p$,
2. $h(R_l^r) \equiv q = p$.

Im Falle 1. ist $\bar{x}_q^r < x_q^r$ wegen der Regeln bei der l-Methode, und das Lemma ist bewiesen.

Im Falle 2. ist $x_{pl}^r > 0$, und da offenbar $h(R_l^r) \geqq k$ gilt, hat man $k = p$. Wegen der Regeln der l-Methode erhalten wir

$$\bar{x}_{i0}^r = x_{i0}^r \quad \text{für} \quad i < k\,,$$

$$\bar{x}_{k0}^r = x_{k0}^r - \frac{\{x_{k0}^r\}}{\{x_{kl}^r\}}\, x_{kl}^r\ ^{2)}\,.$$

Aber wegen $x_{kl}^r = x_{pl}^r > 0$ gilt $x_{kl}^r \geqq \{x_{kl}^r\}$ und $\bar{x}_{k0}^r \leqq x_{k0}^r - \{x_{k0}^r\} = [x_{k0}^r]$. Lemma 5.3.3. ist bewiesen.

5.3.5. Wir gehen unmittelbar zum Beweis von Satz 5.3.1. über.

Angenommen, die Folge

$$X^0, X^1, X^2, \ldots, X^r, \ldots \tag{3.1}$$

---

[1]) Wir erinnern, daß R_j^r die Spalte der Matrix $T_r = \|x_{ij}^r\|$ ist, die dem Index j entspricht.

[2]) Die Positivität von $x_{rl}^r = x_{kl}^r$ folgt aus dieser Gleichung; wäre nämlich $x_{kl}^r < 0$, müßte $\bar{x}_i^r = x_i^r$ $(i < k)$ und $\bar{x}_k^r < x_k^r$ gelten, was aber Lemma 5.3.1 widerspricht. Andererseits folgt die Positivität von x_{pl}^r auch daraus, daß x_{pl}^r das erste von Null verschiedene Element von R_l^r ist und das Simplextableau T_r l-normal sein muß, also $R_l^r \succ 0$ gilt. (Anm. d. Red. d. dt. Ausg.)

ist unendlich. Dann gibt es (wegen Lemma 5.3.1. und 5.3.2.) Zahlen i_0 $(0 \leqq \leqq i_0 \leqq n)$, r_0 $(r_0 \geqq 0)$ und so eine unendliche Folge

$$r_1 < r_2 < \cdots < r_\nu < \cdots \qquad (r_1 \geqq r_0)\,, \tag{3.2}$$

daß

$$x_i^{r+1} = x_i^r\,, \qquad r \geqq r_0\,, \qquad 0 \leqq i \leqq i_0 - 1\,, \tag{3.3}$$

$$x_{i_0}^{r_\nu+1} < x_{i_0}^{r_\nu}\,, \qquad \nu = 1, 2, \ldots \tag{3.4}$$

gilt[1]). Wir bemerken, daß man aus Lemma 5.3.1. und der Formel (3.3)

$$x_{i_0}^{r+1} \leqq x_{i_0}^r\,, \qquad r \geqq r_0 \tag{3.5}$$

erhält. Aus (3.4), (3.5) und Lemma 5.3.2. folgt die Existenz einer Zahl $r' \geqq r_0$ und ganze Zahlen z_0 und $z_0 + 1$, so daß

$$z_0 < x_{i_0}^r < z_0 + 1\,, \qquad r \geqq r' \tag{3.6}$$

gilt. Aus (3.3), (3.6) und Lemma 5.3.3. erhalten wir

$$x_{i_0}^{r+1} \leqq \bar{x}_{i_0}^r \leqq [x_{i_0}^r] = z_0\,,$$

was (3.6) widerspricht[2]). Damit ist Satz 5.3.1. bewiesen.

6. Der zweite Algorithmus von Gomory und andere Verallgemeinerungen des ersten Algorithmus

Hier wird eine Reihe von Algorithmen dargelegt, die nach dem gleichen Schema ablaufen wie der erste Algorithmus und sich von diesem nur in der Konstruktion der Schnitte unterscheiden[3]).

In 6.1. wird das logische Schema für den ersten Gomory-Algorithmus dargestellt, das in allen Algorithmen dieses Kapitels verwendet wird.

6.2., 6.3., 6.4. befassen sich mit dem zweiten Algorithmus von Gomory [62] bzw. dem Algorithmus von Dalton und Llewellyn [23] bzw. dem B-Algorithmus von Finkel'štein [41].

[1]) Die Zahlen r_0 und i_0 erhält man z. B. in folgender Weise: Nach Lemma 5.3.2. existiert für jedes i $(i = 0, 1, \ldots, n)$ eine größte ganze Zahl x_i^*, so daß $x_i^r \geqq x_i^*$ für alle r gilt. Wenn für $r = r_1$ von x_0^r die untere Grenze x_0^* angenommen wird, gilt $x_0^r = x_0^*$ für alle $r \geqq r_1$, da nach Lemma 5.3.1. die Folge der X^r lexikographisch streng monoton fallend ist: $X^0 \succ X^1 \succ \succ X^2 \succ \cdots \succ X^r \succ \cdots$. Falls außerdem ein $r_2 \geqq r_1$ existiert mit $x_1^{r_2} = x_1^*$, so muß $x_0^r = x_0^*$ und $x_1^r = x_1$ für alle $r \geqq r_2$ gelten. Sollte sich dieser Prozeß bis zur letzten Folge $\{x_n^r\}$ fortsetzen lassen, ist die Folge der X^r offenbar endlich, was der Voraussetzung widerspricht. Der Index i_0 ist also derjenige Index, für den der obige Prozeß abbricht, und r_0 ist gleich r_{i_0-1}. (Anm. d. Red. d. dt. Ausg.)

[2]) Entspechend der letzten Fußnote ist $z_0 = x_{i_0}^*$. Es sei $r \geqq r'$ fixiert; wegen der Wahl von $x_{i_0}^*$ ist $x_{i_0}^* = [x_{i_0}^r]$; nach Lemma 5.3.3. muß $[x_{i_0}^r] \geqq \bar{x}_{i_0}^r$ gelten, und nach Lemma 5.3.1. ist $\bar{x}_{i_0}^r \geqq x_{i_0}^{r+1}$ (da nach Konstruktion von i_0 $x_i^r = x_i^*$ $(i < i_0, r \geqq r_0 \geqq r')$ gelten sollte), was zusammen $x_{i_0}^* \geqq x_{i_0}^{r+1}$ liefert und somit (3.6) widerspricht. (Anm. d. Red. d. dt. Ausg.)

[3]) Die Blockschemata der hier dargelegten Algorithmen werden nicht gebracht, weil sie sich unwesentlich vom Blockschema des ersten Algorithmus von Gomory unterscheiden.

6.2.—6.4. sind logisch gleich aufgebaut und beinhalten folgende Punkte:

1. das betrachtete Problem;
2. das Konstruktionsverfahren für die Schnitte;
3. die Endlichkeitsbedingung für den Algorithmus (ohne Beweis, der im wesentlichen den Endlichkeitsbeweis für den ersten Algorithmus von GOMORY wiederholen würde);
4. andere Fragen (den gegenseitigen Zusammenhang mit anderen Problemstellungen, numerische Beispiele u. a.).

6.5. befaßt sich mit dem abgekürzten Algorithmus von DANTZIG [27] und seiner Untersuchung, wie sie von GOMORY und HOFFMAN [68] durchgeführt wurden.

6.1. Das logische Schema für den ersten Algorithmus von Gomory

Hier wird das logische Schema für den ersten Algorithmus von GOMORY dargestellt, daß für alle Algorithmen des vorliegenden Kapitels verwendet wird.

6.1.1. Es wird ein lineares Optimierungsproblem mit zusätzlichen Diskretheitsbedingung betrachtet.

Man maximiere

$$x_0 \equiv \sum_{j=1}^{n} c_j x_j \tag{1.1}$$

unter den Restriktionen

$$\sum_{j=1}^{n} a_{ij} x_j = b_i, \qquad i = 1, \ldots, m, \tag{1.2}$$

$$x_j \geqq 0, \qquad j = 1, \ldots, n, \tag{1.3}$$

$$x_j \in D_j, \quad j = 1, \ldots, n_1{}^{1)}. \tag{1.4}$$

Hier ist $n_1 \leqq n$.

Die Lösungsmenge (1.2)—(1.4) bezeichnen wir mit $\mathcal{L}^D \equiv \mathcal{L}_0^D$, das gesamte Problem (1.1)—(1.4) mit $(\mathcal{L}^D, C) \equiv (\mathcal{L}_0^D, D)$.

Die Diskretheitsbedingung (1.4) kann in verschiedenen Fällen verschiedene Gestalt haben. Es wird (wie auch beim ersten Algorithmus von GOMORY) vorausgesetzt, daß

1. die Zielfunktion x_0 auf der polyedrischen Lösungsmenge (1.2)—(1.3) nach oben beschränkt ist;
2. die optimale Lösungsmenge des Problems (1.1)—(1.3) beschränkt ist, falls sie nicht leer sein sollte.

---

[1]) Wird die Diskretheitsbedingung auch der Zielfunktion x_0 auferlegt, bekommt die Diskretheitsbedingung die Form

$$x_j \in D_j, \qquad j = 0, 1, \ldots, n_1.$$

Problem (1.1)—(1.4) ist ein Spezialfall von Problem (1.1), (1.2), (1.4) aus 1.

6.1.2. Wir legen das logische Schema für den ersten GOMORYschen Algorithmus dar:

Große Anfangsiteration. Wir lösen das l-Problem $(\overline{\mathcal{L}, C}) \equiv (\overline{\mathcal{L}_0, C})$ $((1.1)-(1.3))$. Ist es unlösbar, so ist das Problem $(\mathcal{L}_0^D, C)$ $((1.1)-(1.4))$ unlösbar. Ist Problem $(\overline{\mathcal{L}_0, C})$ lösbar und erfüllt das l-Optimum $X(\overline{\mathcal{L}_0, C})$ die Diskretheitsbedingung (1.4), so ist $X(\overline{\mathcal{L}_0, C})$ gleichzeitig optimale Lösung des Problems $(\mathcal{L}_0^D, C)$.

Erfüllt dagegen $X(\overline{\mathcal{L}_0, C})$ die Diskretheitsbedingung nicht, gehen wir zur 0-ten großen Iteration über.

r-te große Iteration ($r \geqq 0$). Erfülle $X(\overline{\mathcal{L}_r, C})$ die Diskretheitsbedingung nicht. Wir drücken die Zielfunktion $x_0 \equiv C\,X$ und die Variablen $x_1, \ldots, x_n$ durch die Nichtbasisvariablen x_j $(j \in N_r)$ aus:

$$x_i = x_{i0}^r + \sum_{j \in N_r} x_{ij}^r (-x_j)\,, \qquad i = 0, 1, \ldots, n\,,$$

und erhalten das Simplextableau

$$T_r = ||x_{ij}^r||_{i \in Q^n;\, j \in N_r^0}\,,$$

das zulässig und l-normal ist. Wir wählen die (im Index) kleinste Zeile, die einer Komponente entspricht, die die Diskretheitsbedingung nicht erfüllt

$$k = \min\,\{i | i \in \{1, \ldots, n_1\}\,;\, x_{i0}^r \in D_i\}^{1)}\,,$$

und konstruieren nach irgendeiner Regel[2]) den Schnitt

$$x_{n+r+1} = \gamma_0 + \sum_{j \in N_r} \gamma_j (-x_j)\,, \tag{1.5}$$

$$x_{n+r+1} \geqq 0\,. \tag{1.6}$$

Die Zeile x_{n+r+1} (1.5) schreiben wir unten an das Tableau T_r und erhalten ein (nur in der Zeile x_{n+r+1} !) unzulässiges l-normales Tableau, auf das wir die l-Methode anwenden, wobei nach Entfernen von x_{n+r+1} aus der Basis die entsprechende Zeile ausgestrichen wird und nach Einführen von x_e $(l \geqq n+1)$ in die Basis die entsprechende Zeile nicht wieder hergestellt wird. Erhalten wir im Endergebnis ein Simplextableau, dem ein unlösbares lineares Optimierungsproblem entspricht (s. 4.7.3.), so ist Problem $(\mathcal{L}_0^D, C)$ unlösbar. Erhalten wir dagegen ein zulässiges und l-normales Tableau T_{r+1}, so prüfen wir die entsprechende l-optimale Lösung $X(\overline{\mathcal{L}_{r+1}, C})$ auf Diskretheit. Erfüllt $X(\overline{\mathcal{L}_{r+1}, C})$ die Diskretheitsbedingung (1.4), so stellt $X(\overline{\mathcal{L}_{r+1}, C})$ gleichzeitig eine optimale Lösung des Problems $(\mathcal{L}_0^D, C)$ dar. Erfüllt dagegen $X(\overline{\mathcal{L}_{r+1}, C})$ die Diskretheitsbedingung nicht, so gehen wir zur $(r+1)$ten großen Iteration über.

---

[1]) Wird die Diskretheitsbedinung auch der Zielfunktion x_0 auferlegt, so

$$k = \min\,\{i | i \in \{0, 1, \ldots, n_1\}\,; \quad x_{i0}^r \notin D_i\},$$

[2]) Für jeden Algorithmus nach seiner Regel.

6.2. Der zweite Algorithmus von Gomory

Beim ersten Algorithmus wurde die Ganzzahligkeit aller Variablen wesentlich benutzt. Beim zweiten Algorithmus von GOMORY handelt es sich um eine umfangreichere Problemklasse.

6.2.1. Es wird ein gemischt ganzzahliges lineares Optimierungsproblem untersucht.

Man maximiere

$$x_0 \equiv \sum_{j=1}^{n} c_j x_j \tag{2.1}$$

unter den Restriktionen

$$\sum_{j=1}^{n} a_{ij} x_j = b_j, \qquad i = 1, \ldots, m, \tag{2.2}$$

$$x_j \geqq 0, \quad j = 1, \ldots, n, \tag{2.3}$$

$$x_j \text{ ganzzahlig}, \qquad j = 1, \ldots, n_1. \tag{2.4}$$

Hier ist $n_1 \leqq n$.

6.2.2. Satz 6.2.1. *Sei $X(\mathcal{L}_r, C) \equiv X^r$ eine optimale Basislösung des Problems $(\mathcal{L}_r, C)$ und*

$$T_r = ||x^r_{ij}||_{i \in Q^n; j \in N_r}$$

das entsprechende Simplextableau, $1 \leqq i \leqq n_1$[1]), x^r_{i0} nicht ganzzahlig. Dann stellt die Ungleichung

$$\sum_{j \in N_r} \gamma_j x_j \geqq \gamma_0, \tag{2.5}$$

oder, was dasselbe ist,

$$z = -\gamma_0 + \sum_{j \in N_r} \gamma_j x_j, \tag{2.6}$$

$$z \geqq 0, \tag{2.7}$$

einen Schnitt dar. Hier gelten

$$\gamma_0 = \{x^r_{i0}\}, \tag{2.8}$$

$$\gamma_j = \begin{cases} \{x^r_{ij}\}, & j \leqq n_1, \quad \{x^r_{ij}\} \leqq \{x^r_{i0}\}, \\ \dfrac{\{x^r_{i0}\}}{1 - \{x^r_{i0}\}} (1 - \{x^r_{ij}\}), & j \leqq n_1, \quad \{x^r_{ij}\} > \{x^r_{i0}\}, \\ x^r_{ij}, & j \geqq n_1 + 1, \quad x^r_{ij} \geqq 0, \\ \dfrac{\{x^r_{i0}\}}{1 - \{x^r_{i0}\}} (-x^r_{ij}), & j \geqq n_1 + 1, \quad x^r_{ij} < 0. \end{cases} \tag{2.9}$$

---

[1]) oder $0 \leqq i \leqq n_1$.

6.2.3. Beweis. Zunächst prüfen wir die Schnittbedingung. In der Tat gilt

$$\sum_{j \in N_r} \gamma_j x_j^r = \sum_{j \in N_r} \gamma_j \cdot 0 = 0 < \gamma_0 = \{x_{i0}^r\} ,$$

so daß die Schnittbedingung erfüllt ist.

Wir gehen zum Beweis der Regularitätsbedingung über und stellen x_i durch die Nichtbasisvariablen dar

$$x_i = x_{i0}^r + \sum_{j \in N_r} x_{ij}^r (-x_j) .$$

Sei

$$x_{ij}^r = \begin{cases} x_{ij}' , & j \in N_r, \quad j \geqq n_1 + 1 , \\ x_{ij}' + y_{ij} , \; j \in N_r, & j \leqq n_1 , \end{cases}$$

wo y_{ij} gewisse ganze Zahlen sind, deren Größe später gewählt wird.

Dann gilt

$$x_i - [x_{i0}^r] + \sum_{\substack{j \in N_r \\ j \leqq n_1}} y_{ij} x_j = \{x_{i0}^r\} + \sum_{j \in N_r} x_{ij}' (-x_j) ,$$

d. h.

$$\{x_{i0}^r\} + \sum_{j \in N_r} (-x_{ij}') x_j = z_i(X) , \qquad z_i(X) \text{ ganzzahlig} .$$

Wir führen die Bezeichnungen

$$N_r^+ = \{j | j \in N_r; -x_{ij}' > 0\} \equiv \{j | j \in N_r; x_{ij}' < 0\} ,$$
$$N_r^- = \{j | j \in N_r; -x_{ij}' \leqq 0\} \equiv \{j | j \in N_r; x_{ij}' \geqq 0\} ,$$
$$S^+(X) = \sum_{j \in N_r^+} (-x_{ij}') x_j ,$$
$$S^-(X) = \sum_{j \in N_r^-} (-x_{ij}') x_j$$

ein und bemerken, daß

$$S^+(X) \geqq 0 , \tag{2.10}$$
$$S^-(X) \leqq 0 \tag{2.11}$$

sein muß. Diese Ungleichungen können in folgende Gestalt umgeschrieben werden:

$$\frac{\{x_{i0}^r\}}{1 - \{x_{i0}^r\}} S^+(X) \geqq 0 , \tag{2.12}$$
$$- S^-(X) \geqq 0 . \tag{2.13}$$

Weiter erhalten wir

$$\{x_{i0}^r\} + S^+(X) + S^-(X) = z_i(X) , \qquad z_i(X) \text{ ganzzahlig} .$$

Es sind zwei Fälle möglich:

1. $S^+(X) + S^-(X) \geqq 0$;
2. $S^+(X) + S^-(X) < 0$.

Zunächst wählen wir Fall 1.

$$S^+(X) + S^-(X) \geqq 0 .$$

Dann ist

$$z_i(X) \geqq \{x^r_{i0}\}$$

und wegen der Nichtganzzahligkeit von x^r_{i0}

$$z_i(X) > 0 ,$$

sowie wegen der Ganzzahligkeit von $z_i(X)$

$$z_i(X) \geqq 1 ,$$

so daß

$$S^+(X) + S^-(X) \geqq 1 - \{x^r_{i0}\}$$

oder (s. (2.13))

$$S^+(X) \geqq 1 - \{x^r_{i0}\}$$

gilt. Die letzte Ungleichung schreiben wir in der Gestalt

$$\frac{\{x^r_{i0}\}}{1 - \{x^r_{i0}\}} S^+(X) \geqq \{x^r_{i0}\} . \tag{2.14}$$

Wir gehen nun zum Fall 2. über:

$$S^+(X) + S^-(X) < 0 .$$

Wir haben

$$z_i(X) < \{x^r_{i0}\} ,$$

und wegen der Ganzzahligkeit von $z_i(X)$

$$z_i(X) \leqq 0 ,$$

so daß

$$\{x^r_{i0}\} + S^+(X) + S^-(X) \leqq 0$$

gilt. Hieraus und aus (2.10) erhalten wir

$$- S^-(X) \geqq \{x^r_{i0}\} . \tag{2.15}$$

Addieren wir im Falle 1. die Ungleichungen (2.14) und (2.13), und im Falle 2. die Ungleichungen (2.15) und (2.12), so erhalten wir

$$\frac{\{x^r_{i0}\}}{1 - \{x^r_{i0}\}} S^+(X) - S^-(X) \geqq \{x^r_{i0}\} ,$$

oder nach Definition von $S^+(X)$ und $S^-(X)$:

$$\sum_{i \in N_r^+} \frac{\{x^r_{i0}\}}{1 - \{x^r_{i0}\}} (- x'_{ij}) \, x_j + \sum_{j \in N_r^-} x'_{ij} \, x_j \geqq \{x^r_{i0}\} . \tag{2.16}$$

Wir bemerken, daß Ungleichung (2.16) die Gestalt

$$\sum_{j \in N_r} \gamma_j \, x_j \geqq \{x^r_{i0}\} ,$$

hat, mit $\gamma_j \geqq 0$, wobei $\gamma_j = \gamma_j(y_{ij})$ $(j \leqq n_1)$, und der rechte Teil $\{x^r_{i0}\}$ hängt nicht von der Wahl der Zahlen y_{ij} ab. Folglich muß jede Zahl y_{ij} so gewählt werden, daß $\gamma_i(y_{ij})$ minimal wird — in diesem Falle wird ein möglichst großer Polyederteil „abgeschnitten".

Wir erinnern uns an

$$x'_{ij} = x^r_{ij} - y_{ij}, \qquad j \in N_r, \qquad j \leqq n_1,$$

so daß

$$\gamma_j(y_{ij}) = \begin{cases} \dfrac{\{x^r_{i0}\}}{1 - \{x^r_{i0}\}}(y_{ij} - x^r_{ij}), & \text{falls} \quad y_{ij} - x^r_{ij} < 0, \\ x^r_{ij} - y_{ij}, & \text{falls} \quad x^r_{ij} - y_i \geqq 0 \end{cases}$$

gilt. Man kann den Fall, in dem x^r_{ij} ganz ist, sofort aussondern. Man kann $y_{ij} = x^r_{ij}$ voraussetzen und erhält

$$\gamma_j = \gamma_j(y_{ij}) = 0.$$

Das ist das Minimum von $\gamma_j(y_{ij})$, da $\gamma_j(y_{ij}) \geqq 0$ ist.

Nun lassen wir zu, daß

$$x^r_{ij} \text{ nicht ganzzahlig}$$

ist. Dann gilt

$$\min\left\{\frac{\{x^r_{i0}\}}{1 - \{x^r_{i0}\}}(y_{ij} - x^r_{ij}) \middle| y_{ij} - x^r_{ij} > 0\right\} = \frac{\{x^r_{i0}\}}{1 - \{x^r_{i0}\}}(1 - \{x^r_{ij}\}),$$

$$\min\{(x^r_{ij} - y_{ij}) | x^r_{ij} - y_{ij} \geqq 0\} = \{x^r_{ij}\}.$$

Wenn wir die Minimalitätsbedingung berücksichtigen, erhalten wir

$$\gamma_j = \min\left\{\frac{\{x^r_{i0}\}}{1 - \{x^r_{i0}\}}(1 - \{x^r_{ij}\}), \{x^r_{ij}\}\right\}.$$

Wir betrachten die lineare Funktion

$$z(x) = \frac{\{x^r_{i0}\}}{1 - \{x^r_{i0}\}}(1 - x) \qquad (0 \leqq x \leqq 1).$$

$$z(0) = \frac{\{x^r_{i0}\}}{1 - \{x^r_{i0}\}} > \{x^r_{j0}\}, \quad z(\{x^r_{i0}\}) = \{x^r_{i0}\}, \quad z(1) = 0 < 1,$$

d. h.

$$\min\{z(x), x\} = \begin{cases} x, & x \leqq \{x^r_{i0}\}, \\ z(x), & x > \{x^r_{i0}\} \end{cases}$$

und

$$\gamma_j = \begin{cases} \{x^r_{ij}\}, & \{x^r_{ij}\} \leqq \{x^r_{i0}\}, \\ \dfrac{\{x^r_{i0}\}}{1 - \{x^r_{i0}\}}(1 - \{x^r_{ij}\}), & \{x^r_{ij}\} > \{x^r_{i0}\}. \end{cases}$$

Schließlich erhalten wir

$$\gamma_j = \begin{cases} \{x^r_{ij}\}\,, & j \leqq n_1\,, \quad \{x^r_{ij}\} \leqq \{x^r_{i0}\}\,, \\ \dfrac{\{x^r_{i0}\}}{1-\{x^r_{i0}\}}(1-\{x^r_{ij}\})\,, & j \leqq n_1\,, \quad \{x^r_{ij}\} < \{x^r_{i0}\}\,, \\ x^r_{ij}\,, & j \geqq n_1+1, \quad x^r_{ij} \geqq 0\,, \\ \dfrac{\{x^r_{i0}\}}{1-\{x^r_{i0}\}}(-x^r_{ij})\,, & j \geqq n_1+1\,, \quad x^r_{ij} < 0\,, \end{cases}$$

womit Satz 6.2.1. bewiesen ist.

6.2.4. Konstruktionsanleitung für den Schnitt. Erfülle $X(\overline{\mathcal{L}_r, C})$ die Ganzzahligkeitsbedingung (2.4) nicht und sei $\|x^r_{ij}\|$ das $X(\overline{\mathcal{L}_r, C})$ entsprechende Simplextableau. Wir wählen

$$k = \min\,\{i | i \in \{1, \ldots, n_1\}\,;\, x^r_{i0} \text{ nicht ganzzahlig}\}^{1)}$$

und konstruieren den Schnitt

$$x_{n+r+1} \geqq 0\,,$$

$$x_{n+r+1} = -\gamma_0 + \sum_{j \in N_r} (-\gamma_j)(-x_j)\,,$$

wo die Zahlen γ_0 und γ_j ($j \in N_r$) nach den Formeln (2.8) und (2.9) für $i = k$ ausgerechnet werden.

6.2.5. Die Endlichkeit des zweiten Algorithmus von Gomory wird genau so bewiesen wie die Endlichkeit des ersten Gomory-Algorithmus. Dabei ist es nötig, Forderungen zu stellen, die den Forderungen 1. und 2. aus 5.3. ähnlich sind.

1. Die Zielfunktion x_0 erfüllt die Ganzzahligkeitsbedingung. Das wird bei der Auswahl der Zeile k zur Konstruktion des Schnittes berücksichtigt.

2. Es soll mindestens eine der beiden folgenden Bedingungen erfüllt sein:

2'. Die Zielfunktion x_0 ist auf der polyedrischen Menge $\mathcal{L} \equiv \mathcal{L}_0$ nach unten beschränkt.

2''. Das Problem $(\mathcal{L}_0^{ganz}, C)$ hat mindestens eine Lösung.

6.2.6. Mit Hilfe des zweiten Algorithmus von Gomory kann man (im Falle $n_1 = n$) auch das rein ganzzahlige lineare Optimierungsproblem lösen. Allein besteht in diesem Falle keine Basis zu einem Effektivitätsvergleich vom zweiten mit dem ersten Algorithmus. In den Tabellen 1—7 wird die Lösung des weiter oben mit dem ersten Gomory-Algorithmus gelösten Zahlenbeispiels mit dem zweiten gebracht. In beiden Fällen mußten vier Schnitte eingeführt werden.

---

1) Erfüllt auch die Zielfunktion x_0 die Ganzzahligkeitsbedingung, so gilt

$$k = \min\,\{i | i \in \{0, 1, \ldots, n_1\}\,;\quad x^r_{i0} \text{ nicht ganzzahlig}\}$$

	1	$-x_4$	$-x_5$
x_0	7	1	0
x_1	49/9	5/9	1/9
x_2	23/9	4/9	−1/9
x_3	1	−6	1
x_4	0	−1	0
x_5	0	9	−1
x_6	−20/45	−16/45	−5/45*

Tableau 1 (T_0)

	1	$-x_4$	$-x_5$
x_0	7	1	0
x_1	4	1/5	1
x_2	3	4/5	−1
x_3	−3	−46/5*	9
x_4	0	−1	0
x_5	4	16/5	−9

Tableau 2

	1	$-x_3$	$-x_6$
x_0	307/46	5/46	45/46
x_1	184/46	1/46	55/46
x_2	63/23	2/23	− 5/23
x_3	0	−1	0
x_4	15/46	−5/46	− 45/46
x_5	68/23	8/23	−135/23
x_7	−31/46	−5/46*	−45/46

Tableau 3 (T_1)

	1	$-x_7$	x_6
x_0	6	1	0
x_1	19/5	1/5	1
x_2	11/5	4/5	−1
x_3	31/5	−46/5	9
x_4	1	−1	0
x_5	4/5	16/5	−9
x_8	−4/5	−1/5	−1*

Tableau 4 (T_2)

	1	$-x_7$	$-x_8$
x_0	6	1	0
x_1	3	0	1
x_2	3	1	−1
x_3	−1	−11*	9
x_4	1	−1	0
x_5	8	5	−9

Tableau 5

	1	$-x_3$	$-x_8$
x_0	65/11	1/11	9/11
x_1	3	0	1
x_2	32/11	1/11	− 2/11
x_3	0	−1	0
x_4	12/11	−1/11	− 9/11
x_5	83/11	5/11	−54/11
x_9	−10/11	−1/11*	−3/11

Tableau 6 (T_3)

	1	$-x_9$	$-x_8$
x_0	5	1	0
x_1	3	0	1
x_2	2	1	-1
x_3	10	-11	9
x_4	2	-1	0
x_5	3	5	-3

Tableau 7 (T_4)

6.3. Der Algorithmus von Dalton und Llewellyn

Der zweite Algorithmus von GOMORY betrifft gemischt ganzzahlige lineare Optimierungsprobleme. DALTON und LLEWELLYN betrachten die größere Klasse der gemischt diskreten linearen Optimierungsprobleme (deren Problemstellung weiter unten gegeben wird) und modifizieren den zweiten Algorithmus von GOMORY entsprechend.

6.3.1. Das gemischt diskrete lineare Optimierungsproblem wird wie folgt formuliert.

Man maximiere

$$x_0 \equiv \sum_{j=1}^{n} c_j x_j \tag{3.1}$$

unter den Restriktionen

$$\sum_{j=1}^{n} a_{ij} x_j = b_i , \quad i = 1, \ldots, m , \tag{3.2}$$

$$x_j \geqq 0 , \quad j = 1, \ldots, n , \tag{3.3}$$

$$x_j \in A^j \equiv \{A_{j1}, A_{j2}, \ldots, A_{jq_j}\} , \quad j = 1, \ldots, n_1[1]) . \tag{3.4}$$

Hier ist $n_1 \leqq n$ und

$$0 = A_{j1} < A_{j2} < \cdots < A_{jq_j} , \quad j = 1, \ldots, n_1[2]) .$$

Zu den Bedingungen (3.2) werden, falls das nötig ist, die Ungleichungen

$$x_j \leqq A_{jq_j} , \tag{3.5}$$

hinzugefügt, so daß jede Lösung X von Problem $(\mathscr{L}_0, C)$ $\big((3.1)-(3.3)\big)$ offenbar

---

1) Wird die Diskretheitsbedingung auch an die Zielfunktion x_0 gestellt, so ist $j = 0, 1, \ldots, n_1$.

2) Wird die Diskretheitsbedingung auch an die Zielfunktion x_0 gestellt, so gilt

$$A_{01} < A_{02} < \cdots < A_{0q_0} .$$

die Bedingung

$$0 \leqq x_j \leqq A_{j q_j}, \quad j = 1, \ldots, n_1{}^{1)}$$

erfüllt.

6.3.2. Satz 6.3.1. *Sei $X(\mathscr{L}_r, C) \equiv X^r$ eine optimale Basislösung des Problems $(\mathscr{L}_r, 0)$ und*

$$T_r = \|x_{ij}^r\|_{i \in Q^n;\ j \in N_r^0}$$

das entsprechende Simplextableau $1 \leqq i \leqq n_1$[2]*),*

$$A_{i\nu} < x_{i0}^r < A_{i,\nu+1}.$$

Dann stellt die Ungleichung

$$\sum_{j \in N_r} \gamma_j x_j \geqq \gamma_0, \tag{3.6}$$

oder, was dasselbe ist

$$z = -\gamma_0 + \sum_{j \in N_r} \gamma_j x_j, \tag{3.7}$$

$$z \geqq 0, \tag{3.8}$$

einen Schnitt dar.

Hierbei gelten

$$\gamma_0 = x_{i0}^r - A_{i\nu}, \tag{3.9}$$

$$\gamma_j = \begin{cases} x_{ij}^r, & x_{ij}^r \geqq 0, \\ \dfrac{x_{i0}^r - A_{i\nu}}{A_{i,\nu+1} - x_{i0}^r}(-x_{ij}^r), & x_{ij}^r < 0. \end{cases} \tag{3.10}$$

6.3.3. Beweis von Satz 6.3.1. Zunächst prüfen wir die Schnittbedingung. Es gilt tatsächlich

$$\sum_{j \in N_r} \gamma_j x_j^r = \sum_{j \in N_r} \gamma_j \cdot 0 = 0 < \gamma_0 = x_{i0}^r - A_{i\nu},$$

so daß die Schnittbedingung erfüllt ist.

Wir gehen zum Beweis der Regularitätsbedingung über.

Wir schreiben die Auflösung von x_i nach den Nichtbasisvariablen

$$x_i = x_{i0}^r + \sum_{j \in N_r} x_{ij}^r(-x_j) = x_{i0}^r + \sum_{j \in N_r} (-x_{ij}^r) x_i. \tag{3.11}$$

Es sind zwei Fälle möglich:

1. $x_i \geqq A_{i,\nu+1}$. (3.12)

2. $x_i \leqq A_{i\nu}$. (3.13)

---

[1]) Wird die Diskretheitsbedingung auch an die Zielfunktion x_0 gestellt) so gilt $x_0 \leqq A_{0q_0}$.

[2]) Wird die Diskretheitsbedingung auch an die Zielfunktion x_i gestellt, so gilt

$$0 \leqq i \leqq n_1.$$

Ehe wir uns diese Fälle genau ansehen, führen wir einige Bezeichnungen ein:

$$N_r^- = \{j | j \in N_r; (-x_{ij}^r) \leqq 0\} \equiv \{j | j \in N_r; x_{ij}^r \geqq 0\} ,$$

$$N_r^+ = \{j | j \in N_r; (-x_{ij}^r) > 0\} \equiv \{j | j \in N_r; x_{ij}^r < 0\} ,$$

$$S^- = \sum_{j \in N_r^-} (-x_{ij}^r) x_j ,$$

$$S^+ = \sum_{j \in N_r^+} (-x_{ij}^r) x_j ,$$

so daß

$$x_i = x_{i0}^r + S^- + S^+ \tag{3.14}$$

gilt. Aus der Definition der Mengen N_r^+ und N_r^- und der Nichtnegativität der Variablen x_j folgt, daß

$$S^- \leqq 0 , \tag{3.15}$$

$$S^+ \geqq 0 \tag{3.16}$$

gelten.

Wir untersuchen den Fall 1. (3.12). Aus (3.12) und (3.14) folgt:

$$x_{i0}^r + S^- + S^+ \geqq A_{i,\nu+1} ,$$

$$S^+ \geqq (A_{i,\nu+1} - x_{i0}^r) - S^- ,$$

woraus wir unter Berücksichtigung von (3.15)

$$S^+ \geqq (A_{i,\nu+1} - x_{i0}^r)$$

erhalten, oder, was dasselbe ist,

$$\frac{x_{i0}^r - A_{i\nu}}{A_{i,\nu+1} - x_{i0}^r} S^+ \geqq x_{i0}^r - A_{i\nu} . \tag{3.17}$$

Wir kommen zum Fall 2. (3.13). Aus (3.13) und (3.14) folgt

$$x_{i0}^r + S^- + S^+ \leqq A_{i1} ,$$

$$(x_{i0}^r - A_{i\nu}) + S^+ \leqq - S^- ,$$

woraus wir unter Berücksichtigung von (3.16)

$$(x_{i0}^r - A_{i\nu}) \leqq - S^- \tag{3.18}$$

erhalten. Wir bemerken, daß wegen (3.15) und (3.16) in beiden Fällen die Ungleichungen

$$\frac{x_{i0}^r - A_{i\nu}}{A_{i,\nu+1} - x_{i0}^r} S^+ \geqq 0 , \tag{3.19}$$

$$- S^- \geqq 0 \tag{3.20}$$

gelten. Addieren wir im Falle 1. (3.17) und (3.20) und im Falle 2. (3.18) und (3.19), so erhalten wir, daß in beiden Fällen die Ungleichung

$$\frac{x_{i0}^r - A_{i\nu}}{A_{i,\nu+1} - x_{i0}^r} S^+ - S^- \geqq (x_{i0}^r - A_{i\nu})$$

erfüllt sein muß. Die letztere Ungleichung kann man in die folgende Gestalt umschreiben:

$$\sum_{j \in N_r^+} \frac{x_{i0}^r - A_{i\nu}}{A_{i,\nu+1} - x_{i0}^r} (-x_{ij}^r)\, x_j + \sum_{j \in N_r^-} x_{ij}^r\, x_j \geqq (x_{i0}^r - A_{i\nu})$$

und Satz 6.3.1. ist bewiesen.

6.3.4. Das Konstruktionsverfahren für die Schnitte. Erfülle $X(\mathcal{L}_r, C)$ die Diskretheitsbedingung nicht und sei $\|x_{ij}^r\|_{i \in Q^n;\, j \in N_r^0}$ das $X(\mathcal{L}_r, C)$ entsprechende Simplextableau. Wir wählen $k = \min\{i | i \in \{1, \ldots, n_1\}, x_{i0}^r$ erfüllt (3.4) nicht$\}$[1]) und konstruieren den Schnitt

$$x_{n+r+1} \geqq 0\,,$$
$$x_{n+r+1} = -\gamma_0 + \sum_{j \ni Q_r} (-\gamma_j)(-x_j)\,,$$

wo die Zahlen γ_0 und γ_j $(j \in N_r)$ nach den Formeln (3.9) und (3.10) für $i = k$ berechnet werden.

6.3.5. Die Endlichkeit des Algorithmus von DALTON und LLEWELLYN wird genauso bewiesen wie die Endlichkeit des ersten Algorithmus von GOMORY. Dabei müssen Bedingungen befolgt werden, die den Bedingungen 1. und 2. aus 5.3. analog sind.

1. Die Zielfunktion x_0 erfüllt die Diskretheitsbedingung. Das wird bei der Wahl der Zeile k zur Konstruktion des Schnittes berücksichtigt.

2. Mindestens eine der beiden folgenden Bedingungen ist erfüllt:

2'. Die Zielfunktion x_0 ist auf dem Polyeder $\mathcal{L}$ nach unten beschränkt.

2''. Problem $(\mathcal{L}_0^D, C)$ hat mindestens eine Lösung.

6.3.6. Mit dem Algorithmus von DALTON und LLEWELLYN kann man auch rein (und gemischt) ganzzahlige lineare Optimierungsprobleme lösen. Allerdings sind erster und zweiter Algorithmus von GOMORY offensichtlich effektiver.

6.3.7. Es muß bemerkt werden, daß man von gemischt diskreten linearen Optimierungsproblemen stets zu gemischt ganzzahligen linearen Optimierungsproblemen mit BOOLEschen Variablen übergehen kann, wenn man neue Variable $y_{j1}, y_{j2}, \ldots, y_{jq_j}$, $(j = 1, \ldots, n_1)$[2]) einführt:

$$x_j = \sum_{\nu=1}^{q_j} A_{j\nu}\, y_{j\nu}\,,$$

$$\sum_{\nu=1}^{q_j} y_{j\nu} = 1\,,$$

$$y_{j\nu} \geqq 0\,,$$

$$y_{j\nu} \text{ ganzzahlig}\,.$$

---

[1]) Erfüllt auch die Zielfunktion x_0 die Diskretheitsbedingung, so ist $k = \min\{i | i \in \{0, 1, \ldots, n_1\}, x_{i0}^r$ erfüllt Bedingung (3.4) nicht$\}$.

[2]) Wird die Diskretheitsforderung auch an die Zielfunktion gestellt, so ist $j = 0, 1, \ldots, n_1$

Allerdings kann dabei die Anzahl der Variablen wesentlich anwachsen.

6.3.8. Wir kommen zu einem Zahlenbeispiel.

Man maximiere

$$x_0 \equiv x_1 + x_2$$

unter den Restriktionen

$$\begin{aligned} -x_1 + 4x_2 &\leqq 12 \,, \\ 4x_1 - x_2 &\leqq 12 \,, \\ x_1 &\in \{0, 1, 4\} \,, \\ x_2 &\in \{0, 1, 3, 5\} \end{aligned}$$

oder, was dasselbe ist:

Man maximiere

$$x_0 \equiv x_1 + x_2$$

unter den Restriktionen

$$\begin{aligned} -x_1 + 4x_2 &= 12 - x_3 \,, \\ 4x_1 - x_2 &= 12 - x_4 \,, \\ x_j &\geqq 0 \,, \qquad j = 1, \ldots, 4 \,, \\ x_0 &\text{ ganzzahlig,} \\ x_1 &\in \{0, 1, 4\} \,, \\ x_2 &\in \{0, 1, 3, 5\} \,, \\ x_3, x_4 &\text{ ganzzahlig.} \end{aligned}$$

Die Lösung des Beispiels wird in den Tabellen 1–8 gebracht. Die optimale erweiterte Lösung ist

$$\tilde{X}(\mathcal{L}^D, C) = \tilde{X} \equiv (x_0, x_1, \ldots, x_4) = (4, 1, 3, 1, 11) \,.$$

	1	$-x_1$	$-x_2$
x_0	0	−1	−1
x_1	0	−1	0
x_2	0	0	−1
x_3	12	−1	4
x_4	12	4*	−1

Tableau 1

	1	$-x_4$	$-x_2$
x_0	3	1/4	−5/4
x_1	3	1/4	−1/4
x_2	01	0	−1
x_3	15	1/4	15/4*
x_4	0	−1	0

Tableau 2

	1	$-x_4$	$-x_3$
x_0	8	1/3	1/3
x_1	4	4/15	1/15
x_2	1/15	4	4/15
x_3	0	0	−1
x_4	0	−1	0
x_5	−1	−1/15	−4/15*

Tableau 3 (T_0)

	1	$-x_4$	$-x_5$
x_0	27/4	1/4	5/4
x_1	15/4	1/4	1/4
x_2	3	0	1
x_3	15/4	1/4	−15/4
x_4	0	−1	0

Tableau 4 (T_1)

x_6	−3/4	−1/4	−5/4*

	1	$-x_4$	$-x_6$
x_0	6	0	1
x_1	18/5	1/5	1/5
x_2	12/5	−1/5	4/5
x_3	6	1	−3
x_4	0	−1	0

Tableau 5 (T_2)

x_7	−13/5	−1/5*	−1/5

	1	$-x_7$	$-x_6$
x_0	6	0	1
x_1	1	1	0
x_2	5	−1	1
x_3	−7	5	−4*
x_4	13	−5	1

Tableau 6

	1	$-x_7$	$-x_3$
x_0	17/4	5/4	1/4
x_1	1	1	0
x_2	13/4	1/4	1/4
x_3	9	0	−1
x_4	45/4	−15/4	1/4

Tableau 7 (T^3)

x_8	−1/4	−1/4	−1/4*

	1	$-x_7$	$-x_8$
x_0	4	1	1
x_1	1	1	0
x_2	3	0	1
x_3	1	1	−4
x_4	11	−4	1

Tableau 8 (T_4)

6.4. Der B-Algorithmus zur Lösung ganzzahliger linearer Optimierungsprobleme mit Booleschen Variablen

Der B-Algorithmus von FINKEL'ŠTEĬN ist für ganzzahlige lineare Optimierungsprobleme mit BOOLEschen Variablen bestimmt. Das drückt sich auch in seinem Namen B-Algorithmus aus. Die Spezifik von Problemen mit BOOLEschen Variablen wird wesentlich bei der Konstruktion der Schnitte benutzt.

6.4.1. Betrachtet wird ein gemischt ganzzahliges lineares Optimierungsproblem, in dem alle ganzzahligen Variablen BOOLEsch sind.

Man finde das l-Maximum des Vektors

$$(x_1, x_2, \ldots, x_{n_1}) \tag{4.1}$$

unter den Restriktionen

$$\sum_{j=1}^{n} a_{ij} x_j = b_i, \qquad i = 1, \ldots, m\,, \tag{4.2}$$

$$x_j \geqq 0\,, \qquad j = 1, \ldots, n\,, \tag{4.3}$$

$$x_j \leqq 1\,, \qquad j = 1, \ldots, n_1\,, \tag{4.4}$$

$$x_j \text{ ganzzahlig}, \qquad j = 1, \ldots, n_1\,. \tag{4.5}$$

Hier ist $n_1 \leqq n$.

6.4.2. Satz 6.4.1. *Sei $X(\mathcal{L}_r, C) \equiv X^r$ eine l-optimale Basislösung von Problem $(\mathcal{L}_r, C)$, x_i^r nichtganzzahlig und $i = \min\,\{p | x_p^r$ nicht ganzzahlig; $p \in \{1, \ldots, n_1\}\}$. Dann ergibt die Ungleichung*

$$\sum_{j \leqq i-1} \left(x_j (1 - x_j^r) + (1 - x_j) x_j^r\right) + (1 - x_i) \geqq 1 \tag{4.6}$$

einen Schnitt.

6.4.3. Beweis. Zuerst prüfen wir die Schnittbedingung. Tatsächlich gilt

$$\sum_{j \leqq i-1} \left(x_j^r (1 - x_j^r) + (1 - x_j^r) x_j^r\right) + (1 - x_i^r) =$$
$$= \sum_{j \leqq i-1} 0 + (1 - x_i^r) = (1 - x_i^r) < 1,$$

so daß die Schnittbedingung erfüllt ist.

Wir gehen zum Beweis der Regularitätsbedingung über.

Da der Vektor $(x_1^r, \ldots, x_n^r)$ l-maximal ist (unter den Restriktionen von Problem $(\mathcal{L}_r, C)$), ist (unter denselben Restriktionen) auch der Vektor $(x_1^r, \ldots, x_i^r)$ l-maximal. Folglich haben wir für eine beliebige Lösung X des Problems $(\mathcal{L}_r^{\text{ganz}}, C)$

$$(x_1^r, \ldots, x_i^r) \succ (x_1, \ldots, x_i) \tag{4.7}$$

(die Gleichheit ist unmöglich, weil x_i^r nicht ganzzahlig ist).

Es sind zwei Fälle möglich:

1. $x_i = 0$,
2. $x_i = 1$.

Im Falle 1. gilt

$$(1 - x_i) = 1 \geqq 1,$$

[1]) Anstelle von (4.4) und (4.5) kann man auch $x_j = \operatorname{sign} x_j$ schreiben. (Anm. d. Red. d. dt. Ausg.)

und die Ungleichung (4.6) ist erfüllt.

Im Falle 2. gilt

$$x_i = 1 < x_i^r,$$

und aus (4.7) folgt, daß

$$(x_1^r, \ldots, x_{i-1}^r) \succ (x_1, \ldots, x_{i-1})$$

gilt, so daß für ein gewisses k $(1 \leqq k \leqq i - 1)$

$$x_k^r \neq x_k$$

gilt.

Es gibt zwei Möglichkeiten:

a) $x_k^r = 0, \quad x_k = 1,$

b) $x_k^r = 1, \quad x_k = 0,$

und da eine davon nicht realisiert ist, ist stets

$$x_k (1 - x_k^r) + (1 - x_k)\, x_k^r \geqq 1,$$

so daß Ungleichung (4.6) auch in diesem Falle gilt.

6.4.4. Wir schreiben nun die Ungleichung (4.6) in einer Form, die zur Berechnung nach der l-Methode bequem ist, indem wir annehmen, daß der nichtganzzahligen optimalen Lösung X^r das Tableau $T_r = \|x_{ij}^r\|_{i\in Q;\, j\in N_r^0}$ entspricht:

$$z \geqq 0\,,$$

$$z = \sum_{j \leqq i-1} [x_j (1 - x_j^r) + (1 - x_j)\, x_j^r] - x_i =$$

$$= \sum_{j \leqq i-1} \left\{ \left[x_{j0}^r + \sum_{k \in N_r} x_{jk}^r (-x_k) \right] (1 - x_{j0}^r) + \right.$$

$$\left. + \left[1 - x_{j0}^r - \sum_{k \in N_r} x_{jk}^r (-x_k) \right] x_{i0}^r \right\} - x_{i0}^r - \sum_{k \in N_r} x_{ik}^r (-x_k) =$$

$$= \sum_{i \leqq i-1} [x_{j0}^r (1 - x_{j0}^r) + (1 - x_{j0}^r)\, x_{j0}^r] +$$

$$+ \sum_{j \leqq i-1} (1 - 2x_{j0}^r) \sum_{k \in N_r} x_{jk}^r (-x_k) - x_{i0}^r - \sum_{k \in N_r} x_{ik}^r (-x_k) =$$

$$= -x_{i0}^r + \sum_{k \in N_r} (-x_k) \left[-x_{ik}^r + \sum_{j \leqq i-1} (1 - 2\, x_{j0}^r)\, x_{jk}^r \right].$$

6.4.5. Zum Endlichkeitsbeweis für den B-Algorithmus wird die lexikographische Abnahme der Vektoren $X(\mathcal{L}_r, C)$ (wie auch beim ersten Algorithmus von GOMORY) und die Tatsache benutzt, daß nur eine endliche Anzahl von Restriktionen in der Gestalt (4.6) existiert.

6.4.6. Ein beliebiges gemischt ganzzahliges lineares Optimierungsproblem mit ganzzahliger Zielfunktion, ganzzahligen Variablen $x_1, \ldots, x_{n_1}$ und beschränkter Lösungsmenge $\mathcal{L}$ kann auf ein Problem der Gestalt (4.1)—(4.5) zurückgeführt werden, wenn man neue BOOLEsche Variable einführt. Für jede Variable x_i $(i =$

$= 0, 1, \ldots, n_1$) werden Variationsgrenzen $d_i \leqq x_i \leqq D_i$ eingeführt. Die Zahlen d_i und D_i kann man als ganzzahlig ansehen.

$$x_i = d_i + y_i,$$
$$0 \leqq y_i \leqq \Delta_i = D_i - d_i,$$
$$[\log_2 \Delta_i] = q_i.$$

Dann wird x_i in der Gestalt

$$x_i = d_i + 2^{q_i} \cdot z_{i0} + 2^{q_i-1} \cdot z_{i1} + \cdots + 2 \cdot z_{i,(q_i-1)} + z_{iq_i}$$

darsgestellt, wo $z_{i\nu}$ BOOLEsche Variable sind. Anstelle des Maximums muß das lexikographische Maximum des Vektors

$$(z_{00}, z_{01}, \ldots, z_{0q_0})$$

gesucht werden. Braucht jedoch die Zielfunktion nicht unbedingt ganzzahlig zu sein, kann man eine Näherungslösung mit beliebig vorgegebener Genauigkeit (bezüglich des Zielfunktionswertes) erhalten. Dafür wird die Maximumbedingung für die Zielfunktion x_0 durch die l-Maximumbedingung für den Vektor $(x_1, \ldots, x_{n_1})$ ersetzt, und folglich werden Restriktionen der Form $x_0 \geqq l$ hinzugefügt (genauer s. JU. JU. FINKEL'ŠTEĬN [41]).

6.5. Der Algorithmus von Dantzig

Hier wird ein Konstruktionsverfahren für reguläre schneidende Hyperebenen dargelegt, wie es von DANTZIG angegeben wurde. Dieses Verfahren ist wesentlich einfacher, als alle oben dargestellten Verfahren. Aber, wie von GOMORY und HOFFMAN gezeigt wurde [68] (ihre Untersuchungen werden weiter unten wiedergegeben), ist die Endlichkeit des DANTZIGschen Algorithmus nur für eine enge Klasse von Problemen garantiert. Am Beispiel des Algorithmus von DANTZIG ist ersichtlich, wie diffizil die Frage der Konstruktion von Schnitten ist und wie skeptisch man an die verschiedenen vereinfachenden Algorithmen herangehen muß.

6.5.1. Es wird das rein ganzzahlige lineare Optimierungsproblem betrachtet: Man maximiere

$$x_0 \equiv \sum_{j=1}^{n} c_j x_j \tag{5.1}$$

unter den Restriktionen

$$\sum_{j=1}^{n} a_{ij} x_j = b_i, \qquad i = 1, \ldots, m, \tag{5.2}$$

$$x_j \geqq 0, \qquad j = 1, \ldots, n, \tag{5.3}$$

$$x_j \text{ ganzzahlig}, \qquad j = 1, \ldots, n. \tag{5.4}$$

Der Rang der Matrix $||a_{ij}||_{i=1,\ldots,m;\, j=1,\ldots,n}$ sei gleich m.

6.5.2. Satz 6.5.1. *Sei $X(\mathcal{L}_r, C) \equiv X^r$ eine optimale Basislösung des Problems $(\mathcal{L}_r, C)$ und erfülle X^r die Ganzzahligkeitsbedingung nicht. N_r sei die Indexmenge der X^r entsprechenden Nichtbasisvariablen.*

Dann stellt die Ungleichung

$$\sum_{j \in N_r} x_j \geqq 1 \tag{5.5}$$

einen Schritt dar.

Beweis. Zuerst prüfen wir die Schnittbedingung. In der Tat gilt

$$\sum_{j \in N_r} x_j^r = \sum_{j \in N_r} 0 = 0 < 1,$$

so daß die Schnittbedingung erfüllt ist.

Wir gehen zum Beweis der Regularitätsbedingung über. Da die Lösung X^r durch ihre Nichtbasisvariablen eindeutig bestimmt ist, gilt für jede mit der Lösung X^r nicht zusammenfallende Lösung X von Problem $(\mathcal{L}_r, C)$

$$\sum_{j \in N_r} x_j > 0\,,$$

wobei für eine beliebige Lösung X von Problem $(\mathcal{L}_r^{\text{ganz}}, C)$ aus der Ganzzahligkeit der Variablen x_j $(j \in N_r)$ folgt, daß

$$\sum_{j \in N_r} x_j \geqq 1$$

gilt.

6.5.3. Der Schnitt, der das nicht ganzzahlige Optimum $X(\mathcal{L}_r, C)$ von Problem $(\mathcal{L}_r, C)$ abschneidet, kann wie folgt beschrieben werden:

$$\begin{aligned} x_{n+r+1} &= -1 + \sum_{j \in N_r} x_j, \\ x_{n+r+1} &\geqq 0, \\ x_{n+r+1} & \text{ ganzzahlig.} \end{aligned}$$

Wir bemerken, daß jede der von neuem eingeführten Variablen x_{n+p} eindeutig durch Vorgabe der Variablen $x_1, \ldots, x_n$ definiert ist, so daß

$$x_{n+p} = x_{n+p}(X)$$

gilt.

6.5.4. Wir bezeichnen mit $y_1(X), y_2(X), \ldots, y_n(X)$ die nach steigenden Komponenten $x_1, \ldots, x_n$ angeordneten Lösungen X des Problems (5.1)–(5.3), so daß

$$y_1(X) \leqq y_2(X) \leqq \cdots \leqq y_n(X) \tag{5.6}$$

gilt. Wir setzen

$$\sigma(X) = \sum_{j=1}^{n-m-1} y_j(X). \tag{5.7}$$

6.5.5. Lemma 6.5.1. *Gilt für eine Lösung X des Problems* (5.1)–(5.3)

$$\sigma(X) \geqq 1, \tag{5.8}$$

so ist

$$x_{n+p}(X) \geqq y_{n-m-1}(X)\,, \qquad p = 1, 2, \ldots \tag{5.9}$$

Den Beweis führen wir durch Induktion. Zunächst zeigen wir, daß

$$x_{n+1}(X) \geqq y_{n-m-1}(X) \tag{5.9'}$$

gilt. Nach Definition haben wir

$$x_{n+1}(X) = \sum_{j \in N_0} x_j - 1. \tag{5.10}$$

Da der Rang der Matrix $||a_{ij}||$ gleich m ist, gilt

$$|N_r| = n - m\,, \qquad r = 0, 1, \ldots,$$

wo $|N_r|$ die Anzahl der Elemente der Menge N_r ist. Aus der Definition der Zahlen $y_j(X)$ erhalten wir

$$x_{j_1} = \max_{j \in N_0} x_j \geqq y_{n-m-1}(X), \tag{5.11}$$

$$\sum_{\substack{j \in N_0 \\ j \neq j_1}} x_j \geqq \sum_{j=1}^{n-m-1} y_j(X) = \sigma(X). \tag{5.12}$$

Aus (5.10), (5.11), (5.12) und (5.8) bekommen wir

$$x_{n+1}(X) = x_{j_1} + \sum_{\substack{j \in N_0 \\ j \neq j_1}} x_j - 1 \geqq y_{n-m-1}(X) + \sigma(X) - 1 \geqq y_{n-m-1}(X).$$

Das Lemma ist für $p = 1$ bewiesen.

Nun nehmen wir an, daß das Lemma für $p \leqq p_1$ richtig ist und beweisen es für $p = p_1 + 1$:

$$x_{n+p_1+1}(X) = \sum_{j \in Np_1} x_j - 1 = \sum_{\substack{j \in Np_1 \\ j \leqq n}} x_j + \sum_{\substack{j \in Np_1 \\ j \geqq n+1}} x_j - 1 \geqq \sum_{\substack{j \in Np_1 \\ j \leqq n}} x_j + \sum_{\substack{j \in Np_1 \\ j \geqq n+1}} y_{n-m-1}(X) - 1 \geqq$$

$$\geqq y_{n-m-1}(X) + \sum_{j=1}^{n-m-1} y_j(X) - 1 \geqq y_{n-m-1}(X) + \sigma(X) - 1 \geqq y_{n-m-1}(X).$$

Das Lemma ist bewiesen.

Unter Verwendung des Lemmas folgen zwei Sätze.

6.5.6. Satz 6.5.2. *Enthält jede optimale Lösung des Problems* (5.1)—(5.4) *mindestens* $(m + 2)$ *positive Komponenten, wird der Algorithmus von* DANTZIG *nicht endlich.*

Beweis. Wir nehmen an, daß wir bei der s-ten Iteration des DANTZIGschen Algorithmus die gesuchte optimale Lösung $X^* = (x_1^*, \ldots, x_n^*)$ erhalten. Wir betrachten die Zahlen

$$x_1^*, \ldots, x_n^*, x_{n+1}(X^*), \ldots, x_{n+s}(X^*). \tag{5.13}$$

Sie sind allesamt ganzzahlig, und unter ihnen müssen mindestens $(n - m)$ gleich Null sein. Das sind die Nichtbasisvariablen. Außerdem müssen nach Voraussetzung unter den Zahlen $x_j^*, j = 1, \ldots, n$ mindestens $(m + 2)$ positive Zahlen sein, d. h. höchstens $(n - m - 2)$ Nullen.

Nach Definition der Zahlen $y_j(X^*)$ folgt hieraus, daß

$$y_{n-m-1}(X^*) > 0$$

gilt, aber weil $y_{n-m-1}(X^*)$ ganzzahlig sein muß, ist

$$y_{n-m-1}(X^*) \geqq 1. \tag{5.14}$$

Aber nach Definition der Zahlen $y_j(X)$ gilt

$$y_j(X) \geqq y_{n-m-1}(X) \geqq 1, \qquad j = n - m, \ldots, n. \tag{5.15}$$

Aus (5.14) erhalten wir

$$\sigma(X^*) = \sum_{j=1}^{n-m-1} y_j(X^*) \geqq y_{n-m-1}(X^*) \geqq 1 \tag{5.16}$$

und nach Lemma 6.5.1.

$$x_{n+p}(X^*) \geqq y_{n-m-1}(X^*), \qquad p = 1, \ldots, s. \tag{5.17}$$

Aus (5.14), (5.15) und (5.17) folgt, daß unter den Zahlen (5.13) mindestens $[1 + (m + 1) + s] = [m + 2 + s]$ positiv sind und folglich insgesamt höchstens $[n + s - (m + 2 + s)] = (n - m - 2)$ Nullen. Nun wurde aber weiter oben bemerkt, daß unter den Zahlen (5.13) $(n - m)$ Nullen sein müssen. Wir erhalten einen Widerspruch. Satz 6.5.2. ist bewiesen.

6.5.7. Folgerung 6.5.1. (aus Satz 6.5.2.). *Dafür, daß der Algorithmus von* DANTZIG *endlich ist, ist notwendig, daß die gesuchte optimale Lösung auf einer Kante der polyedrischen Menge* (5.2)—(5.3) *liegt (es wird vorausgesetzt, daß Problem* (5.1)—(5.3) *nicht ausgeartet ist).*

Wenn auch diese Bedingung ziemlich hart ist, so genügen ihr doch zum Beispiel alle (nicht entarteten) Probleme folgender Gestalt:

Man maximiere

$$x_0 \equiv \sum_{j=1}^{n} c_j x_j \tag{5.18}$$

unter den Restriktionen

$$\sum_{j=1}^{n} a_{ij} x_j = b_i, \qquad i = 1, \ldots, m_1, \tag{5.19}$$

$$\sum_{j=1}^{n} a_{ij} x_j \leqq b_i, \qquad i = m_1 + 1, \ldots, m_1 + m_2, \tag{5.20}$$

$$0 \leqq x_j \leqq 1\,, \qquad j = 1, \ldots, n\,, \tag{5.21}$$

$$x_j \text{ ganzzahlig}, \qquad j = 1, \ldots, n\,. \tag{5.22}$$

Das ist aber eine wichtige Problemklasse (vgl. 2. und 3.).

6.5.8. Die in der Folgerung 6.5.1. angegebene notwendige Endlichkeitsbedingung für den Algorithmus von DANTZIG ist allerdings nicht hinreichend. Es gilt nämlich:

Satz 6.5.3. *Gelten für eine gewisse optimale Lösung X' von Problem* (5.1)—(5.4) *und eine gewisse Lösung X'' von Problem* (5.1)—(5.3) *die Ungleichungen*

$$\sum_{j=1}^{n} c_j x_j'' > \sum_{j=1} c_j x_j' \tag{5.23}$$

und

$$\sigma(X'') \geqq 1, \tag{5.24}$$

so wird der DANTZIGsche *Algorithmus nicht endlich.*

Beweis. Wir nehmen an, der Algorithmus von DANTZIG wäre endlich. Dann folgt aus (5.23), daß der Punkt X'' nach einer gewissen Iteration (etwa der r-ten) abgeschnitten wird, so daß

$$x_{n+p}(X'') < 0 \tag{5.25}$$

gilt. Aber aus (5.24) und Lemma 6.5.1. erhalten wir

$$x_{n+p}(X'') \geqq y_{n-m-1}(X'') \geqq 0. \tag{5.26}$$

Beim Vergleich von (5.25) und (5.26) erhalten wir einen Widerspruch. Satz 6.5.3. ist bewiesen. Also wird der vereinfachte DANTZIGsche Algorithmus in relativ wenig Fällen endlich.

6.5.9. Wir kommen zu einem einfachen Zahlenbeispiel, wo das gesuchte ganzzahlige Optimum einen inneren Punkt des Lösungspolyeders darstellt und der Algorithmus von DANTZIG nicht endlich ist.

Man maximiere

$$x_0 \equiv x_1 + x_2$$

unter den Restriktionen

$$\begin{aligned} -x_1 + 3x_2 &= 3 - x_3, \\ 3x_1 - x_2 &= 3 - x_4, \\ x_j &\geqq 0, \qquad j = 1, \ldots, 4, \\ x_j &\text{ ganzzahlig}, \qquad j = 1, \ldots, 4. \end{aligned}$$

Die optimale Lösung $(x_1^*, \ldots, x_4^*) = (1, 1, 1, 1,)$ ist innerer Punkt des Lösungspolyeders.

7. Der dritte Algorithmus von Gomory und seine Modifikation

Hier wird der dritte Algorithmus von GOMORY [60], [67] dargestellt, der in der Literatur oft rein ganzzahlig genannt wird und unter gewissen Bedingungen endlich ist. Es wird ein Beispiel angegeben, wo diese Bedingungen verletzt sind und die Endlichkeit des Algorithmus von GOMORY nicht gilt. Außerdem wird eine Modifikation des Algorithmus, die die Endlichkeit unter weniger einschränkenden Bedingungen garantiert, vorgelegt (Beispiel und Modifikation des Algorithmus stammen von FINKEL'ŠTEIN [44]).

7.1. Über den Einfluß von Rundungsfehlern. Die Idee des dritten Algorithmus von Gomory

7.1.1. Es ist bekannt (s. z. B. JACOBS [80]), daß der Einfluß von Rundungsfehlern zu fehlerhaften Lösungen bei der Anwendung der (primalen oder dualen) Simplexmethode auf gewöhnliche lineare Optimierungsprobleme führen kann[1]). Dagegen verstärkt sich der Einfluß von Rundungsfehlern bei der Lösung ganzzahliger linearer Optimierungsprobleme mit den oben dargelegten Algorithmen wesentlich durch folgende Ursachen:

1. Die Umfangsvergrößerung für die Rechnung wegen der mehrfachen Anwendung der l-Methode.

2. Die Möglichkeit grober Fehler bei der Berechnung, wenn Zahlen auftreten, die vom Typ von Bruchteilen gerundeter Zahlen sind[2]).

Beim Algorithmus von DALTON und LLEWELLYN wird anstelle des Bruchteiles $\{x_{i0}^r\}$ der Zahl x_{i0}^r $(0 \leqq 1 \leqq n_1)$ die Zahl $(x_{i0}^r - A_{i\nu})$, $A_{i\nu} < x_{i0}^r < A_{i,\nu+1}$ und anstelle der Zahl $(1 - \{x_{i0}^r\})$ die Zahl $(A_{i,\nu+1} - x_{i0}^r)$ übernommen.

3. Die Möglichkeit des Auftretens von irregulären Lösungen, da ganze Zahlen anstelle von nicht ganzen angenommen werden können usw.

Der von GOMORY [67] vorgelegte dritte Algorithmus zur Lösung rein ganzzahliger linearer Optimierungsprobleme:

Man maximiere

$$x_0 \equiv \sum_{j=1}^{n} c_j x_j \tag{1.1}$$

unter den Restriktionen

$$\sum_{j=1}^{n} a_{ij} x_j = b_i, \qquad i = 1, \ldots, m, \tag{1.2}$$

$$x_j \geqq 0, \qquad j = 1, \ldots, n, \tag{1.3}$$

$$x_j \text{ ganzzahlig}, \qquad j = 1, \ldots, n \tag{1.4}$$

ist frei vom Einfluß gefährlicher Rundungsfehler.

7.1.2. Wir beschreiben die Idee des dritten Algorithmus von GOMORY. Seien die Restriktionen des linearen Optimierungsproblems $(\mathcal{L}, C) \equiv (\mathcal{L}_0, C)$ in Gestalt des l-normalen Tableaus T_0 aufgeschrieben. Wenn wir sukzessive Iterationen der l-Methode durchführen, erhalten wir eine endliche Folge

$$T_0, T_1, \ldots, T_s,$$

von l-normalen Tableaus, deren letztes zulässig ist.

Wir nehmen an, daß das Ausgangstableau T_0 rein ganzzahlig ist (d. h. alle seine Elemente sind ganze Zahlen). Warum ist im allgemeinen das letzte Tableau

---

[1]) Bei der numerischen Lösung von Optimierungsproblemen sind weniger jene Fehler bedeutungsvoll, die durch Rundung entstehen, als vielmehr solche, die bei der Substraktion fast gleichgroßer Zahlen auftreten, die sog. Auslöschung. (Anm. d. Red. d. dt. Ausg.)

[2]) Zum Beispiel $0{,}999999 \approx 1{,}000000$ in dem Sinne, daß $|0{,}999999 - 1{,}000000| = 10^{-6} < 10^{-5}$. Allein $|\{0{,}999999\} - \{1{,}000000\}| = |0{,}999999 - 0| = 0{,}999999 \gg 10^{-5}$.

nicht ganzzahlig? Dem ist so, weil außer den Operationen Addition (Subtraktion) und Multiplikation beim Übergang von T_ν zu $T_{\nu+1}$ noch Divisionsoperationen durch das Leitelement auftreten. Wäre das Leitelement bei allen Iterationen gleich (-1), hätte die Ganzzahligkeit des Tableaus T_0 die Ganzzahligkeit aller restlichen Tableaus zur Folge, und die optimale Lösung X^s des Problems $(\mathcal{L}_s, C)$ (die dem Tableau T_s entspricht) erwiese sich gleichzeitig als optimale Lösung von $(\mathcal{L}^{\text{ganz}}, C)$.

Selbstverständlich ist es im allgemeinen Falle unmöglich, zu garantieren, daß bei jeder Iteration der l-Methode das Leitelement gleich (-1) ist. Allerdings kann man versuchen (indem man sich auf die Erfahrungen mit dem ersten Algorithmus stützt), die Definition des Schnitts so zu modifizieren, daß dann, wenn man die ihr entsprechende (Schnitt-)Zeile als Leitzeile nimmt, das Leitelement (bei Auswahl der Spalte nach der l-Methode) gleich (-1) wird.

Genauer wird das Problem, einen *ganzzahligen Schnitt* ausfindig zu machen, auf folgende Weise formuliert. Man habe ein lineares Optimierungsproblem $(\mathcal{L}, C)$, dessen Restriktionen in Gestalt eines ganzzahligen, unzulässigen und l-normalen Tableaus $T' = \|x_{ij}\|_{i \in Q^n;\, j \in N^0}$ gegeben seien, so daß die erweiterte l-Pseudolösung

$$\widetilde{X}' \equiv (x_0', x_1', \ldots, x_n') = (x_{00}, x_{10}, \ldots, x_{n0}),$$

die dem Tableau T' entspricht, keine erweiterte Lösung ist. Man muß eine lineare Funktion

$$z(X) = r_0 + \sum_{j \in N} r_j\,(-x_j) \tag{1.5}$$

bilden, die folgenden Bedingungen genügt.

I. Ganzzahligkeitsbedingung.

$$r_j \text{ ganzzahlig für alle } j \in N^0. \tag{1.6}$$

II. Schnittbedingung.

$$z(X') \equiv r_0 < 0\,. \tag{1.7}$$

III. Regularitätsbedingung. Für beliebige Lösungen X von $(\mathcal{L}^{\text{ganz}}, C)$ ist die Ungleichung

$$z(X) \geqq 0 \tag{1.8}$$

erfüllt.

IV. Erhaltungsbedingung für die Ganzzahligkeit. Befindet sich unter den Zahlen $r_j (j \in N)$ eine negative, sind

$$R_j = \begin{pmatrix} x_{0j} \\ x_{1j} \\ \cdot \\ \cdot \\ \cdot \\ x_{nj} \end{pmatrix} \text{ die Spalte der Matrix } T' \ (j \in N) \text{ und ist}$$

$$\frac{R_l}{|r_l|} = \operatorname*{lex\,min}_{j \in N;\, r_j < 0} \frac{R_j}{|r_j|}, \tag{1.9}$$

so gilt

$$r_l = -1. \tag{1.10}$$

Die Bedingung (1.9)—(1.10) bedeutet, daß, falls die Zeile $z(X)$ als Leitzeile gewählt wird, das Leitelement gleich (-1) ist.

Bemerkung 7.1.1. Aus den Bedingungen (1.9)—(1.10) folgt, daß die Leitspalte durch die Wahl der negativen Elemente der Leitzeile $x(X)$ eindeutig bestimmt ist:

$$R_l = \operatorname*{lex\,min}_{j \in N;\, r_j < 0} R_j. \tag{1.11}$$

7.1.3. Soll ein ganzzahliger Schnitt konstruiert werden, der den Bedingungen (1.5)—(1.10) entspricht, so wird das logische Schema für den Algorithmus wie folgt aussehen.

Beginnt man mit einem unzulässigen Anfangstableau T_0, so wird eine Tableau-Folge

$$T_0, T_1, T_2, \ldots, T_r, T_{r+1}, \ldots$$

konstruiert, bei der jedes Tableau ganzzahlig und l-normal ist. Erweist sich das Tableau T_r als zulässig, ist die ihm zugeordnete l-Pseudolösung X^{ganz} gleichzeitig auch optimale Lösung von Problem $(\mathscr{L}^{\text{ganz}}, C)$. Erweist sich dagegen das Tableau T_r als unzulässig, wird ein ganzzahliger Schnitt konstruiert, der die Bedingungen (1.5)—(1.10) erfüllt. Wir fügen die entsprechende Zeile unten an das Tableau T_r an, nehmen sie als Leitzeile und führen eine Iteration nach der l-Methode durch. Wir erhalten ein neues Tableau T_{r+1} (das ganzzahlig und l-normal ist).

7.2. Konstruktion eines ganzzahligen Schnittes. Der dritte Algorithmus von Gomory

Hier werden ein Verfahren vorgestellt, daß von GOMORY zur Konstruktion eines ganzzahligen Schnittes angegeben wurde, und der auf diesem Verfahren beruhende dritte Algorithmus von GOMORY.

7.2.1. Grundlegend für die Konstruktion eines ganzzahligen Schnittes ist der folgende

Satz 7.2.1. *Sei* $\lambda > 0$

$$y_0 = d_0 + \sum_{j \in T} d_j(-y_j),$$

wobei T *eine endliche Menge ist*

$$z = \left[\frac{d_0}{\lambda}\right] + \sum_{j \in T} \left[\frac{d_j}{\lambda}\right](-y_j),$$

wo $[x]$ *der ganze Teil der Zahl* x *ist, und*

$$y_j \geqq 0, \qquad j \in \{0\} \cup T,$$

$$y_j \text{ ganzzahlig} \qquad j \in T.$$

Dann gilt

$$z \geqq 0\,,$$
$$z \text{ ganzzahlig}\,.$$

Beweis. Die Ganzzahligkeit von z folgt unmittelbar aus der Definition des ganzen Teiles und aus der Ganzzahligkeit von $y_j\,(j \in T)$.

Wir nehmen nun an, daß

$$z < 0$$

gilt. Dann folgt aus der Ganzzahligkeit von z, daß

$$z \leqq -1 \tag{2.1}$$

gilt. Andererseits ist

$$\frac{y_0}{\lambda} = \frac{d_0}{\lambda} + \sum_{j \in T} \frac{d_j}{\lambda}(-y_j),$$

so daß

$$\frac{y_0}{\lambda} + \sum_{j \in T} \left\{\frac{d_j}{\lambda}\right\} y_j = \left\{\frac{d_0}{\lambda}\right\} + z \tag{2.2}$$

gilt. Aus (2.1) und (2.2) erhalten wir

$$\frac{y_0}{\lambda} + \sum_{j \in T} \left\{\frac{d_j}{\lambda}\right\} y_j \leqq \left\{\frac{d_0}{\lambda}\right\} - 1 < 0,$$

was wegen der Nichtnegativität von λ, $y_j\,(j \in \{0\} \cup T)$ und des gebrochenen Anteils $\left\{\frac{d_j}{\lambda}\right\}(j \in T)$ unmöglich ist. Satz 7.2.1. ist bewiesen.

7.2.2. Wendet man Satz 7.2.1. an, kann man einen ganzzahligen Schnitt konstruieren (der die Bedingungen (1.5)—(1.10) erfüllt.) Gegeben sei ein ganzzahliges, unzulässiges und l-normales Tableau

$$T = ||x_{ij}||_{i \in Q^n;\, j \in N^0}$$

und es gelte für irgend ein k $(1 \leqq k \leqq n)$

$$x_{k0} < 0\,.$$

Wir setzen $T = N$, $d_j = x_{kj}\,(j \in N^0)$, $y_0 = x_k$, $y_j = x_j\,(j \in N)$ und

$$\lambda > \max_{j \in N^0} |d_j|,$$

so daß

$$\left[\frac{d_j}{\lambda}\right] = \begin{cases} 0, & d_j \geqq 0, \\ -1, & d_j < 0, \end{cases}$$

gilt und erhalten den ganzzahligen Schnitt

$$z \equiv z_k(\lambda; X) = -1 + \sum_{\substack{j \in N \\ x_{kj} < 0}} (-1)(-x_j),$$

$$z \geqq 0,$$

$$z \text{ ganzzahlig.}$$

Weiter unten (im Zuge der Darlegung des Algorithmus) wird eine rationellere Auswahl von λ vorgestellt.

7.2.3. Weiter oben wurde erwähnt, daß der dritte Algorithmus von GOMORY mit der Angabe eines ganzzahligen und l-normalen Ausgangstableaus T_0 beginnt. Bevor wir zur unmittelbaren Darstellung des Algorithmus kommen, zeigen wir, wie man in einigen Fällen ein Ausgangstableau T_0 mit den nötigen Eigenschaften erhalten kann.

Wir betrachten das rein ganzzahlige lineare Optimierungsproblem:

Man maximiere

$$x_0 \equiv \sum_{j=1}^{n} c_j x_j \tag{2.3}$$

unter den Restriktionen

$$\sum_{j=1}^{n} a_{ij} x_j \leqq b_i, \qquad i = 1, \ldots, m, \tag{2.4}$$

$$x_j \geqq 0, \qquad j = 1, \ldots, n, \tag{2.5}$$

$$x_j \text{ ganzzahlig} \qquad j = 1, \ldots, n, \tag{2.6}$$

Hier sind alle Zahlen c_j, a_{ij}, b_i ganz.

Wir führen neue Variable ein und erhalten ein äquivalentes Problem mit Gleichungen anstelle von Ungleichungen.

Man maximiere

$$x_0 \equiv \sum_{j=1}^{n} (-c_j)(-x_j)$$

unter den Restriktionen

$$x_{n+i} = b_i + \sum_{j=1}^{n} a_{ij}(-x_j), \qquad i = 1, \ldots, m,$$

$$x_j \geqq 0, \qquad j = 1, \ldots, n, n+1, \ldots, n+m,$$

$$x_j \text{ ganzzahlig} \qquad j = 1, \ldots, n, n+1, \ldots, n+m,$$

Wir nehmen die Variablen $x_1, \ldots, x_n$ als Nichtbasisvariable und schreiben das Tableau T_0' (s. p. 127).

a) Ist Tableau T_0' l-normal (zum Beispiel im Falle $c_j < 0$, $j = 1, \ldots, n$), so nehmen wir es als Ausgangstableau T_0.

b) Wir nehmen an, daß das Tableau T_0' nicht l-normal, aber die Lösungsmenge von (2.3)—(2.5) beschränkt ist. Dann lösen wir das lineare Optimierungsproblem mit der Zielfunktion $\sum_{j=1}^{n} x_j$ unter den Restriktionen (2.4)—(2.5) und finden

$$\max \sum_{j=1}^{n} x_j = M'.$$

	1	$-x_1$	$-x_2$	$\cdots$	$-x_j$	$\cdots$	$-x_n$
x_0	0	$-c_1$	$-c_2$	$\cdots$	$-c_j$	$\cdots$	$-c_n$
x_1	0	-1	0	$\cdots$	0	$\cdots$	0
x_2	0	0	-1	$\cdots$	0	$\cdots$	0
$\vdots$	$\vdots$	$\vdots$	$\vdots$	$\cdots$	$\vdots$	$\cdots$	$\vdots$
x_n	0	0	0	$\cdots$	0	$\cdots$	-1
x_{n+1}	b_1	a_{11}	a_{12}	$\cdots$	a_{1j}	$\cdots$	a_{1n}
x_{n+2}	b_2	a_{21}	a_{22}	$\cdots$	a_{2j}	$\cdots$	a_{2n}
$\vdots$	$\vdots$	$\vdots$	$\vdots$	$\cdots$	$\vdots$	$\cdots$	$\vdots$
x_{n+i}	b_i	a_{i1}	a_{i2}	$\cdots$	a_{ij}	$\cdots$	a_{ix}
$\vdots$	$\vdots$	$\vdots$	$\vdots$	$\cdots$	$\vdots$	$\cdots$	$\vdots$
x_{n+m}	b_m	a_{m1}	a_{m2}	$\cdots$	a_{mj}	$\cdots$	a_{mn}

Tableau T_0'

Es ist offensichtlich, daß für alle Lösungen von Problem (2.3)—(2.6) ganz sicher

$$\sum_{j=1}^{n} x_j \leqq [M'] \equiv M$$

gilt. Folglich kann man eine neue Variable einführen:

$$x_{n+1} = M + \sum_{j=1}^{n} 1 \cdot (-x_j) , \tag{2.7}$$

$$x_{n+1} \geqq 0 , \tag{2.8}$$

$$x_{n+1} \text{ganzzahlig} \tag{2.9}$$

Die Zeile (2.7) schreiben wir unten an die Tabelle T_0' und nehmen sie als Leitzeile. Als Leitspalte verwenden wir

$$R_l' = \underset{j \in \{1, \ldots, n\}}{\text{lex min}} R_j' ,$$

wobei R_j' die Spalten von T_0' sind, die den Nichtbasisvariablen x_j entsprechen. Wir führen eine Iteration in der l-Methode durch, streichen die Zeile x_{n+1} und erhalten ein rein ganzzahliges und l-normales Tableau T_0. Im folgenden kann man die Variable x_{n+1} behandeln wie eine neu eingeführte Variable (vgl. den ersten Algorithmus von Gomory), d. h. bei seinem Wiedereintreten in die Basis wird seine Zeile nicht wieder eingerichtet.

7.2.4. Wir kommen zur Darstellung des dritten Algorithmus von GOMORY.
0-te Iteration. Das Ausgangstableau

$$T_0 = ||x_{ij}^0||_{i \in Q^n;\, j \in N^0}$$

wird konstruiert. Es ist ganzzahlig und l-normal. Ist Tabelau T_0 schon zulässig, so ist die erweiterte Pseudolösung

$$\tilde{X}^0 \equiv (x_0^0, x_1^0, \ldots, x_n^0) = (x_{00}^0, x_{10}^0, \ldots, x_{n0}^0)$$

erweiterte optimale Lösung von Problem $(\mathcal{L}^{\text{ganz}}, C)$ (2.3)—(2.6). Ist Tableau T_0 nicht zulässig, so kommen wir zur ersten Iteration.

p-te Iteration ($p \geqq 1$). Das Problem ist ganzzahlig und l-normal, aber das Tableau

$$T_{p-1} = ||x_{ij}^{p-1}||_{i \in Q^n;\, j \in N_{p-1}^0}$$

ist unzulässig. Die Spalten von T_{p-1} bezeichnen wir mit $R_j^{p-1} = \begin{pmatrix} x_{0j}^{p-1} \\ x_{1j}^{p-1} \\ \cdots \\ x_{nj}^{p-1} \end{pmatrix}$. Wir suchen die im Index erste Komponente x_{i0}^{p-1}, die die Zulässigkeit von T_{p-1} verletzt:

$$k = \min \{i | i \in \{1, 2, \ldots, n\};\, x_{i0}^{p-1} < 0\}\,.$$

Sind die Zahlen $x_{kj}^{p-1} \geqq 0$ für alle $j \in N_{p-1}$, so ist $(\mathcal{L}^{\text{ganz}}, C)$ (2.3)—(2.6) unlösbar. Befinden sich dagegen unter den Zahlen x_{kj}^{p-1} negative, so wählen wir die Führungsspalte R_l^{p-1}:

$$R_l^{p-1} = \operatorname*{lex\,min}_{j \in N_{p-1};\; x_{kj} < 0} R_j^{p-1} \tag{2.10}$$

und konstruieren den ganzzahligen Schnitt (die Leitzeile)

$$x_{n+p} = \left[\frac{x_{k0}^{p-1}}{\lambda}\right] + \sum_{j \in N_{p-1}} \left[\frac{x_{kj}^{p-1}}{\lambda}\right](-x_j)\,, \tag{2.11}$$

$$x_{n+p} \geqq 0\,, \tag{2.12}$$

$$x_{n+p} \text{ ganzzahlig.} \tag{2.13}$$

Die Auswahlregel für die Zahl λ wird weiter unten angegeben (s. 7.2.5.). Die Zeile x_{n+p} (2.11) schreiben wir unten an das Tableau T_{p-1} und wählen sie als Leitzeile. Wir führen eine Iteration nach der l-Methode durch (aus der Basis wird x_{n+p} entfernt, in die Basis tritt x_l ein). Die Zeile x_{n+p} streichen wir. Ist $l \geqq n + 1$, so richten wir die Zeile x_l nicht wieder ein. Wir erhalten das ganzzahlige und l-normale Tableau

$$T_p = ||x_{ij}^p||_{i \in Q^n;\, j \in N_p^0}.$$

Hier ist

$$N_p = [N_{p-1} \setminus \{l\}] \cup \{(n + p)\}\,.$$

Erweist sich Tableau T_p als zulässig, so ist der Vektor

$$X^p \equiv (x_0^p, x_1^p, \ldots, x_n^p) = (x_{00}^p, x_{10}^p, \ldots, x_{n0}^p)$$

erweiterte optimale Lösung von $(\mathcal{L}^{\text{ganz}}, C)$ (2.3)–(2.6). Ist das Tableau T_p unzulässig, so gehen wir zur $(p+1)$-ten Iteration über.

Das Blockschema für den dritten Algorithmus von Gomory wird in Abb. 7.2.1. gebracht.

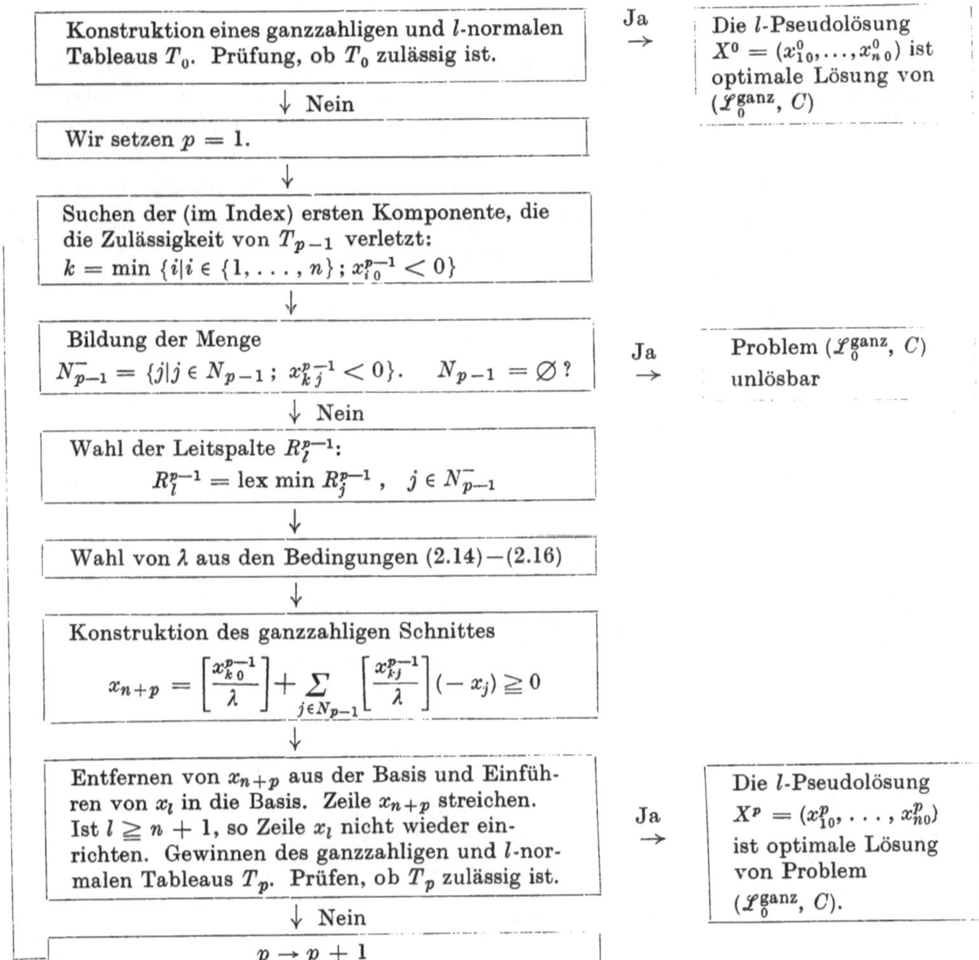

Abb. 7.2.1. Blockschema für den dritten Algorithmus von Gomory

7.2.5. Die Zahl λ wird unter Einhaltung folgender Bedingungen gewählt:

I. Das Leitelement ist gleich (-1):

$$\left[\frac{x_{kl}^{p-1}}{\lambda}\right] = -1\,. \tag{2.14}$$

II. Tableau T_p muß l-normal sein:

$$R_j^p = R_j^{p-1} + \left[\frac{x_{kj}^{p-1}}{\lambda}\right] R_l^{p-1} \succ 0 \tag{2.15}$$

für alle $j \in N_p \setminus \{(n + p)\} = N_{p-1} \setminus \{l\}$.

III. Die Spalte R_0^p muß l-minimal sein:

$$R_0^p = R_0^{p-1} + \left[\frac{x_{k0}^{p-1}}{\lambda}\right] R_l^{p-1} \to \text{lex min} . \tag{2.16}$$

Bemerkung 7.2.1. Weil das Leitelement gleich (-1) ist und $R_l^{p-1} \succ 0$ (wegen der l-Normalität von T_{p-1}) ist $R_{n+p}^p = R_l^{p-1} \succ 0$, d. h. die l-Positivität von R_{n+p}^p ist garantiert. Die Positivität von λ folgt aus (2.14) und der Negativität von x_{kl}^{p-1} (s. (2.10)).

7.2.6. Wir erklären, wie man λ aus den Bedingungen (2.14)—(2.16) finden kann. Die Bedingung (2.14) kann man wie folgt umschreiben:

$$-1 \leqq \frac{x_{kl}^{p-1}}{\lambda} < 0 ,$$

oder, was dasselbe ist

$$\lambda \geqq -x_{kl}^{p-1} . \tag{2.14'}$$

Bedingung (2.15) kann man noch vereinfachen. Ist $x_{kj}^{p-1} \geqq 0$, so ist $\left[\frac{x_{kj}^{p-1}}{\lambda}\right] R_l^{p-1} \succeq 0$, und Bedingung (2.15) ist für beliebiges (positives) λ erfüllt.

Somit genügt es, diejenigen $j \in N_{p-1} \setminus \{1\}$ zu betrachten, für die $x_{kj}^{p-1} < 0$ ist. Sei weiterhin für alle $j \in N_{p-1}$

$$h(j) = \min \{i | x_{ij}^{p-1} > 0\} .$$

Aus (2.10) folgt: $h(l) = \max \{h(j) | j \in N_{p-1}\ x_{kj}^{p-1} < 0\}$.

Es ist klar, daß dann, wenn $h(j) < h(l)$ gilt, man für beliebiges λ

$$R_j^{p-1} + \left[\frac{x_{kj}^{p-1}}{\lambda}\right] R_l^{p-1} \succ 0$$

erhält. Folglich genügt es, nur diejenigen $j \in N_{p-1} \setminus \{1\}$ zu betrachten, für die

$$x_{kj}^{p-1} < 0$$

und

$$h(j) = h(l)$$

gilt. Wir bezeichnen die Menge dieser j mit N'_{p-1}:

$$N'_{p-1} = \{j | j \in N_{p-1} \setminus \{l\} ;\ x_{kj}^{p-1} < 0;\ h(j) = h(l)\} .$$

Nun kann man die Bedingung (2.15) wie folgt umschreiben:

$$R_j^p \equiv R_j^{p-1} + \left[\frac{x_{kj}^{p-1}}{\lambda}\right] R_l^{p-1} \succ 0 \quad \text{für alle} \quad j \in N'_{p-1}. \tag{2.15'}$$

Ist die Menge N'_{p-1} leer, so wird durch Bedingung (2.15') dem (positiven) λ keinerlei Beschränkungen auferlegt. Wir nehmen an, daß die Menge N'_{p-1} nicht leer ist. Dann kann man für jedes $j \in N'_{p-1}$ so eine natürliche Zahl z_j finden, daß

$$R_j^{p-1} - (z_j + 1)\, R_l^{p-1} \prec 0 \prec R_j^{p-1} - z_j\, R_l^{p-1}$$

gilt.

Wir bemerken, daß für solch ein z gilt: $R_j^{p-1} \neq z\, R_l^{p-1}$. Wäre nämlich

$$R_j^{p-1} = z\, R_l^{p-1} \text{ so wäre}$$

$$\det \|x_{ij}^{p-1}\|_{i \in N_0;\, j \in N_{p-1}} = 0\,.$$

Aber das ist unmöglich, da die Leitelemente bei uns jederzeit gleich (-1) sind. Daher erhalten wir

$$\det \|x_{ij}^{p-1}\|_{i \in N_0;\, j \in N_{p-1}} = \det \|x_{ij}^{p-2}\|_{i \in N_0;\, j \in N_{p-2}} =$$

$$= \cdots = \det \|x_{ij}^{0}\|_{i \in N_0;\, j \in N_0} = \det \begin{Vmatrix} -1 & & 0 \\ & \ddots & \\ 0 & & -1 \end{Vmatrix} \neq 0.$$

Es sind vier Fälle möglich:

$$1.\ x_{h(l)j}^{p-1} = x_{h(l)l}^{p-1}\,.$$

In diesem Falle gilt

$$z_j = 1\,.$$

$$2.\ x_{h(l)j}^{p-1} = q\, x_{h(l)l}^{p-1} + r\,.$$

Hier sind q und r natürliche Zahlen

$$r < x_{h(l)l}^{p-1}\,.$$

In diesem Falle ist

$$z_j = q\,.$$

$$3.\ x_{ij}^{p-1} = q\, x_{il}^{p-1}\,, \qquad i = h(l), h(l) + 1, \ldots, h(l) + t \equiv s - 1\,,$$

$$x_{sj}^{p-1} > q\, x_{sl}^{p-1}\,.$$

Hier ist $q \geqq 2$ natürliche Zahl. In diesem Falle ist

$$z_j = q\,.$$

$$4.\ x_{ij}^{p-1} = q\, x_{il}^{p-1}, i = h(l)\, h(l) + 1, \ldots, h(l) + t \equiv s - 1\,,$$

$$x_{sj}^{p-1} < q\, x_{sl}^{p-1}\,.$$

Hier ist $q \geqq 2$ natürliche Zahl. In diesem Falle ist

$$z_j = q - 1\,.$$

Indem man z_j ausrechnet, kann man (2.15′) wie folgt umschreiben:

$$-\left[\frac{x_{kj}^{p-1}}{\lambda}\right] \leqq z_j \quad \text{für alle} \quad j \in N'_{p-1},$$

oder, was dasselbe ist

$$\frac{x_{kj}^{p-1}}{\lambda} \geqq -z_j\,, \qquad \lambda \geqq -\frac{x_{kj}^{p-1}}{z_j}\,,$$

woraus wir

$$\max_j \left(- \frac{x_{kj}^{p-1}}{z_j} \middle| j \in N'_{p-1} \right) \equiv \theta \leqq \lambda \tag{2.15''}$$

erhalten. Da schließlich $\lambda > 0$, $x_{k0}^{p-1} < 0$ und $R_l^{p-1} \succ 0$ sind, kann man die Bedingung (2.16) wie folgt umschreiben:

$$\lambda \to \min . \tag{2.16'}$$

Aus (2.14'), (2.15'') und (2.16') erhalten wir

$$\lambda = \max \{- x_{kl}^{p-1}, \theta\} .$$

7.2.7. Wir bringen ein Zahlenbeispiel.

Man maximiere

$$x_0 \equiv x_1 + x_2 \tag{2.18}$$

unter den Restriktionen

$$\left.\begin{aligned} x_1 + x_2 + x_3 &= 9 , \\ -4 x_1 + 7 x_2 + x_4 &= 4 , \\ 5 x_1 - 6 x_2 + x_5 &= 6 , \end{aligned}\right\} \tag{2.19}$$

$$x_j \geqq 0 , \qquad j = 1, \ldots, 5 . \tag{2.20}$$

$$x_j \text{ ganzzahlig,} \qquad j = 1, \ldots, 5 . \tag{2.21}$$

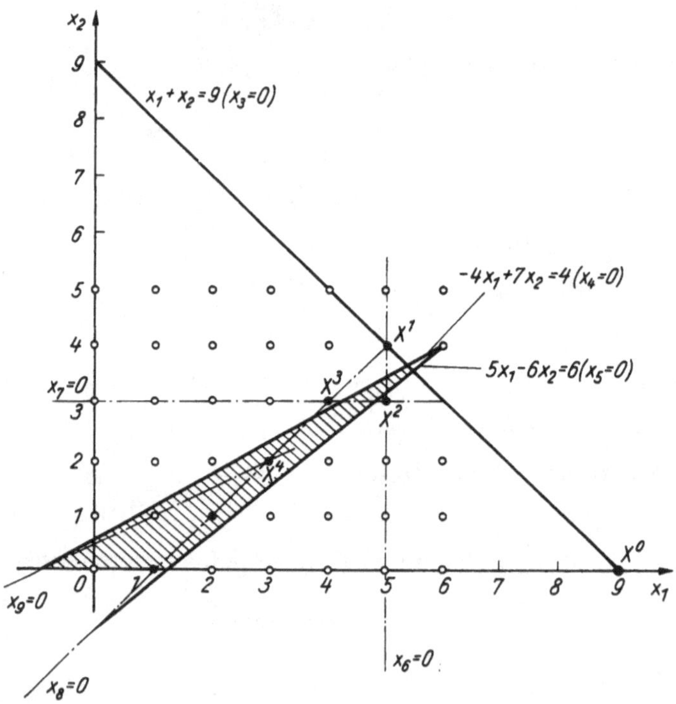

Abb. 7.2.2.

Das Lösungsverfahren wird in Gestalt der Tableau-Folge T_0, T_1, T_2, T_3, T_4 dargestellt. Unter die Tableaus $T_0, \ldots, T_3$ (denen die l-Pseudolösungen $X^0, \ldots, X^3$ entsprechen) sind die den ganzzahligen Schnitten $x_{6+p} \geqq 0$ entsprechenden Zeilen geschrieben worden. Die Leitelemente sind stets mit Sternchen gekennzeichnet. Dem Tableau T_4 entspricht die Lösung von Problem (2.18)–(2.21). Eine geometrische Illustration des Lösungsverfahrens für das Problem wird in Abb. 7.2.2. gegeben. Die erweiterten l-Pseudolösungen $\tilde{X}^0, \tilde{X}^1, \ldots, \tilde{X}^4$ des letzteren davon sind die optimale Lösung von Problem (2.18)–(2.21), die einzeln in Gestalt des Tableaus 7.2.1. ausgeschrieben wurde. In diesem Tableau sind auch die Zahlen λ_0, λ_1, λ_2, λ_3 eingetragen.

	1	$-x_3$	$-x_2$
x_0	9	1	0
x_1	9	1	1
x_2	0	0	−1
x_3	0	−1	0
x_4	40	4	11
x_5	−39	−5	−11

Tableau T_0

x_6	−4	−1	−1*

	1	$-x_3$	$-x_6$
x_0	9	1	0
x_1	5	0	1
x_2	4	1	−1
x_3	0	−1	0
x_4	−4	−7	11
x_5	5	6	−11

Tableau T_1

x_7	−1	−1*	1

	1	$-x_7$	$-x_8$
x_0	8	1	1
x_1	5	0	1
x_2	3	1	0
x_3	1	−1	−1
x_4	3	−7	4
x_5	−1	6	−5

Tableau T_2

x_8	−1	1	−1*

	1	$-x_7$	$-x_8$
x_0	7	2	1
x_1	4	1	1
x_2	3	1	0
x_3	2	−2	−1
x_4	−1	−3	4
x_5	4	1	−5

Tableau T_3

x_9	−1	−1*	1

	1	$-x_9$	$-x_8$
x_0	5	2	3
x_1	3	1	2
x_2	2	1	1
x_3	4	−2	−3
x_4	2	−3	1
x_5	3	1	−4

Tableau T_4

	$\tilde{X}^p$						
p	x_0^p	x_1^p	x_2^p	x_3^p	x_4^p	x_5^p	λ_p
0	9	9	0	0	40	−39	11
1	9	5	4	0	−4	5	7
2	8	5	3	1	3	−1	5
3	7	4	3	2	−1	4	3
4	5	3	2	4	2	3	—

7.3. Endlichkeitsbeweis für den dritten Algorithmus von Gomory

7.3.1. Hier wird ein rein ganzzahliges lineares Optimierungsproblem ($\mathcal{L}^{\text{ganz}}$, C) (2.3)—(2.6) betrachtet, dessen Restriktionen in Gestalt eines ganzzahligen l-normalen Tableaus T_0 gegeben sind.

Satz 7.3.1. *Existiert eine Lösung* $X' \equiv (x'_1, \ldots, x'_n)$ *von* ($\mathcal{L}^{\text{ganz}}$, C)(2.3)—(2.6), *so ist der dritte Algorithmus von* Gomory *endlich.*

7.3.2. Beweis. Wir erinnern an einige Bezeichnungen. Die Elemente von Tableau T_r werden durch x^r_{ij}, $i \in Q^n$, $j \in N^0_r$, bezeichnet, wo N_r die Menge der Indices für die Nichtbasisvariablen ist, die dem Tableau T_r entsprechen. Mit $\widetilde{X}^r \equiv (x^r_0, x^r_1, \ldots, x^r_n)$ wird die erweiterte l-Pseudolösung $(x^r_{00}, x^r_{10}, \ldots, x^r_{n0})$ des entsprechenden Tableaus T_r bezeichnet. Sei $k_{p-1} = \min\{i | i \in \{1, \ldots, n\};$ $x^{p-1}_{i0} < 0\}$. Wir bezeichnen mit l_{p-1} den Index der Leitspalte für die p-te Iteration:

$$R^{p-1}_{l_{p-1}} = \operatorname*{lex\,min}_{j \in N_{p-1};\; x^{p-1}_{k_{p-1}j} < 0} R_j .$$

Offensichtlich ist

$$X^0 \succ X^1 \succ X^2 \cdots \succ X^p \succ \cdots \succeq X' . \tag{3.1}$$

Hieraus folgt, daß

$$x^p_0 \geqq x'_0 , \qquad p = 0, 1, \ldots \tag{3.2}$$

gilt.

7.3.3. Es existiert so ein p_0, daß

$$x^{p-1}_0 = x^p_0 \quad \text{für} \quad p \geqq p_0 \tag{3.3}$$

gilt. In der Tat, weil x^p_0 für beliebiges p ganz ist, ist auch $(x^{p-1}_0 - x^p_0) \geqq 0$ ganz. Folglich übertrifft die Gesamtheit der Iterationen p, für die $x^p_0 - x^{p-1}_0 > 0$ ist, nicht $x^0_0 - x'_0$, woraus auch (3.3) folgt.

7.3.4. Wir nehmen an, die Gesamtheit der Iterationen wäre unendlich. Dann findet man solche $d_1 \geqq 1$ und $p_1 \geqq 1$, daß

$$1.\ x^{p-1}_i = x^p_i, \qquad p \geqq p_1 , \qquad i = 0, 1, \ldots, d_1 - 1 \tag{3.4}$$

gilt.[1])

2. Man sucht ein hinreichend großes p, für das

$$x^{p-1}_{d_1} \neq x^p_{d_1} \tag{3.5}$$

erfüllt ist. Aus (3.1), (3.4) und (3.5) erhalten wir

$$x^{p-1}_{d_1} \geqq x^p_{d_1}, \qquad p \geqq p_1 . \tag{3.6}$$

Folglich findet sich ein $p_2 \geqq p_1$, daß

$$x^{p-1}_i = x^p_i , \qquad p \geqq p_2 , \qquad i = 0, 1, \ldots, d_1 - 1 , \tag{3.7}$$

$$x^{p-1}_{d_1} < 0 , \qquad p \geqq p_2 \tag{3.8}$$

---

[1]) Bezüglich der Konstruktion von d_1, p_1 vgl. man die Fußnote zum Endlichkeitsbeweis des ersten Gomory-Algorithmus. (Amn. d. Red. d. dt. Ausg.)

gilt. Wir betrachten die q-te Iteration mit $q \geqq p_2$. Aus (3.8) folgt, daß

$$x_{d_1}^{q-1} < 0 \,, \tag{3.9}$$

gilt, d. h.

$$k_{q-1} \leqq d_1 \,, \tag{3.10}$$

woraus wir wegen der Negativität von $x_{k_{q-1} l_{q-1}}^{q-1}$ und der lexikographischen Positivität von $R_{l_{q-1}}^{q-1}$

$$h(l_{q-1}) \equiv \min \{i | i \in \{0, 1, 2, \ldots, n\};\ x_{i l_{q-1}}^{q-1} > 0\} \leqq d_1 - 1 \tag{3.11}$$

erhalten. Aus (3.11) folgt, daß

$$x_{h(l_{q-1})}^{q} \leqq x_{h(l_{q-1})}^{q-1} - 1 \,, \quad \text{mit} \quad h(l_{q-1}) \leqq d_1 - 1 \,, \quad q \geqq p_2 \tag{3.12}$$

gilt. Wenn wir (3.7) und (3.12) vergleichen, erhalten wir einen Widerspruch. Die Endlichkeit des dritten Algorithmus von Gomory ist bewiesen.

7.4. Eine Modifikation des dritten Algorithmus von Gomory

Soeben wurde die Endlichkeit des dritten Algorithmus von Gomory bewiesen, aber nur unter der Bedingung, daß Problem (2.3)—(2.6) mindestens eine Lösung besitzt. Es ist zu bemerken, daß im allgemeinen die Verifizierung dieser Voraussetzung ebenso schwierig ist wie das Lösen des Problems (2.3)—(2.6) selbst. Es tritt die natürliche Frage auf, ob es eine Aussage über die Existenz von Lösungen des Problems (2.3)—(2.6) unter der notwendigen Bedingung gibt, daß der dritte Algorithmus von Gomory endlich ist, oder ob die Technik des Beweises einfach unvollständig ist.

Hier wird die Antwort auf diese Frage gegeben (s. Finkel'štejn [44]). Es wird ein Beispiel für ein Problem in der Gestalt (2.3)—(2.6) konstruiert, das keine Lösungen besitzt, für das der dritte Algorithmus von Gomory nicht endlich ist. Außerdem wird eine Modifikation des dritten Algorithmus von Gomory angegeben, für die die Endlichkeit ohne die Voraussetzung der Existenz einer Lösung für Problem (2.3)—(2.6) garantiert wird.

7.4.1. Wir bringen ein Beispiel für ein Problem, für das der dritte Algorithmus von Gomory nicht endlich ist. Die Restriktionen des Problems schreiben wir in Gestalt des Tableaus T_0.

	1	$-x_4$	$-x_5$	$-x_6$
x_0	10	4	3	1
x_1	-1	3	2	2
x_2	-1	2	-3	2
x_3	-1	2	2	-3
x_4	0	-1	0	0
x_5	0	0	-1	0
x_6	0	0	0	-1

Tableau T_0

Wir bemerken, daß im gegebenen Falle nicht nur Problem (2.3)—(2.6), sondern auch das nicht ganzzahlige Problem (2.3)—(2.5) keine Lösungen besitzt, weil

$$0 \leqq x_1 + x_2 + x_3 = (-1 + 3x_4 - 2x_5 - 2x_6) + (1 - 2x_4 + 3x_5 - 2x_6) + \\ + (1 - 2x_4 - 2x_5 + 3x_6) = -3 - x_4 - x_5 - x_6 < 0 ,$$

gilt, d. h. die Restriktionen von Problem (2.3)—(2.5) sind widersprüchlich.

7.4.2. Wir zeigen, daß die Anwendung des GOMORY-Algorithmus auf Tableau T_0 zu einem unendlichen Prozeß führt.

Wir bezeichnen mit $\bar{x}^p_{ij}$ ($j \geqq 1$) dasjenige Element von Tableau T_p, das in der der Variablen x_i entsprechenden Zeile und der j-ten Spalte steht. Es sei daran erinnert, daß x^p_{ij} die Elemente von Tableau T^p bezeichnen, die sich in der Zeile x_i und der Spalte x_j befinden.

Satz 7.4.1. *Für ein beliebiges p ($p = 0, 1, \ldots$) gilt*

$$\sum_{i=1}^{3} x^p_{i0} < 0 , \tag{4.1}$$

$$\bar{x}^p_{ij} = \bar{x}^0_{ij} , \qquad i = 0, 1, \ldots, 6 , \qquad j \geqq 1 . \tag{4.2}$$

Den Beweis führen wir durch Induktion. Für $p = 0$ sind die Formeln (4.1) und (4.2) wahr. Wir nehmen an, daß sie für $p = q$ gelten und beweisen sie für $p = q + 1$. Wegen

$$\sum_{i=1}^{3} x^q_{i0} < 0 , \tag{4.3}$$

ist

$$k_q = \min \{i | i \in \{1, 2, \ldots, 6\}; \quad x^q_{i0} < 0\} \in \{1, 2, 3\} .$$

Weil weiterhin

$$\bar{x}^q_{k_q j} = \bar{x}^0_{k_q j} , \qquad j \geqq 1 , \tag{4.4}$$

gilt, erhalten wir $\lambda_q = 3$, wenn wir mit λ_q den Wert von λ bezeichnen, der zur Konstruktion des ganzzahligen Schnittes $x_{n+q+1} \geqq 0$ ausgewählt wurde. Folglich enthält die x_{n+q+1} entsprechende Zeile (-1) als Leitspalte und Nullen in zwei restlichen Spalten, die N_q entsprechen (weil $[2/3] = 0$ ist). Hieraus folgt direkt

$$\bar{x}^{q+1}_{ij} = \bar{x}^q_{ij} = \bar{x}^0_{ij} , \qquad i = 0, 1, \ldots, 6 , \qquad j \geqq 1. \tag{4.5}$$

Weiter erhalten wir offenbar

$$\sum_{i=1}^{3} x^{q+1}_{i0} \leqq \sum_{i=1}^{3} x^q_{i0} - (-3 + 2 + 2) = \sum_{i=1}^{3} x^q_{i0} - 1 < 0 . \tag{4.6}$$

Der Satz ist bewiesen.

Aus dem Satz ergibt sich sofort, daß die Anwendung des GOMORY-Algorithmus auf T_0 zu einem unendlichen Prozeß führt. Ein analoges Beispiel kann man leicht auch für eine beliebige Kollektion von Variablen konstruieren.

7.4.3. Wir modifizieren nun den dritten Algorithmus von GOMORY so, daß seine Endlichkeit unter Beachtung folgender Bedingungen garantiert ist:

1. Es wird ein gazzahliges und l-normales Tableau T_0 konstruiert, und
2. die Lösungsmenge G von (2.3)—(2.5) ist beschränkt[1]).

Der Endlichkeitsbeweis für den modifizierten Algorithmus ändert sich fast nicht und wird hier nicht gebracht.

---

[1]) Beachtet man die Endlichkeitsbedingung für den dritten GOMORY-Algorithmus, so wird die Endlichkeit der Modifikation auch garantiert.

Wegen der Beschränktheit der Menge G kann man (mit Methoden der linearen Optimierung)

$$\min_{X \in G} x_0 \equiv M \tag{4.7}$$

finden.

Ist das Problem, x_0 über G zu minimieren, unlösbar, so ist auch Problem (2.3)–(2.6) unlösbar.

Ist dieses Problem jedoch lösbar, so erhalten wir für eine beliebige Lösung von (2.3)–(2.6)

$$x_0' = x_0 -]M[\geqq 0 , \tag{4.8}$$

wo $]M[$ die kleinste ganze Zahl ist, die nicht kleiner als M ist. Im Ausgangstableau T_0 ersetzen wir x_0 durch x_0' (offenbar werden die Komponenten $x_1, \ldots, x_n$ der optimalen Ausgangslösung davon nicht geändert) und werden bei der Prüfung der Zulässigkeit von T_p nunmehr mit der Prüfung auf Nichtnegativität nicht mit der Zahl x_{10}^p, sondern mit der Zahl x_{00}^p beginnen. Ergibt sich dabei, daß $x_{00}^p < 0$ ist, so ist das Problem (2.3)–(2.6) unlösbar.

8. Zur Lösung ganzzahliger linearer Optimierungsprobleme mit beliebigen Zusatzbedingungen

In den letzten Jahren erschien eine Reihe von Arbeiten, die sich mit der Übertragung der Schnittmethoden auf konvexe ganzzahlige Optimierungsprobleme befaßten (s. Courtillot [21], Künzi und Oettli [97], Witzgall [130]).

Die Effektivität dieser Algorithmen ist bislang unklar. Daher werden hier die angegebenen Arbeiten nicht dargestellt, sondern nur einige neue Verfahren beschrieben, die gestatten, die oben dargelegten Algorithmen für Schnittmethoden auf eine bedeutend weitere Problemklasse zu übertragen.

Problemstellung und Idee der Methoden werden in 8.1. dargestellt. Dort werden auch im wesentlichen die einfachsten Algorithmen gegeben. In 8.2. befaßt man sich mit der Ausnutzung der Spezifik konvexer und gewisser nicht konvexer Probleme. In 8.3. wird eine eingehendere Darlegung der Anwendung des dritten Gomory-Algorithmus und ein Zahlenbeispiel gebracht.

8.1. Problemstellung und Idee der Lösungsmethode

8.11. Wir betrachten ein rein ganzzahliges lineares Optimierungsproblem mit Zusatzrestriktionen.

Man maximiere

$$x_0 \equiv \sum_{j=1}^{n} c_j x_j \tag{1.1}$$

unter den Restriktionen

$$\sum_{j=1}^{n} a_{ij} x_j = b_i , \qquad i = 1, \ldots, m , \tag{1.2}$$

$$x_j \geqq 0 , \qquad j = 1, \ldots, n , \tag{1.3}$$

$$x_j \text{ ganzzahlig}, \qquad j = 1, \ldots, n , \tag{1.4}$$

$$(x_1, \ldots, x_n) \equiv X \in D . \tag{1.5}$$

Bedingung (1.5) ist vollkommen beliebig. Die polyedrische Menge $\mathcal{L}$ ((1.2) bis (1.3)) sehen wir als beschränkt an, so daß die Menge $\mathcal{L}^{\text{ganz}}$ (1.2)—(1.4) nur eine endliche Menge von Punkten erhält. Die Zahlen c_j nehmen wir als ganze Zahlen, $j = 1, \ldots, n$ an.

8.1.2. Die Idee der Methode besteht in der sukzessiven Lösung (mit einer Schnittmethode) einer Reihe rein ganzzahliger Hilfsprobleme aus der linearen Optimierung:

$$(\mathcal{L}^{\text{ganz}}, C) \equiv (\mathcal{L}_0^{\text{ganz}}, C), (\mathcal{L}_1^{\text{ganz}}, C), (\mathcal{L}_2^{\text{ganz}}, C), \ldots$$

Der Übergang von $(\mathcal{L}_r^{\text{ganz}}, C)$ zum Problem $(\mathcal{L}_{r+1}^{\text{ganz}}, C)$ wird mit einer Schnittmethode bewerkstelligt. Erfüllt die Lösung $X(\mathcal{L}_r^{\text{ganz}}, C)$ eines gewissen Problems die Zusatzbedingung (1.5), so ist das Lösungsverfahren beendet, und $X(\mathcal{L}_r^{\text{ganz}}, C)$ ist optimale Lösung von (1.1)—(1.5).

8.1.3. Wir beschreiben den Übergang von $(\mathcal{L}_r^{\text{ganz}}, C)$ zum Problem $(\mathcal{L}_{r+1}^{\text{ganz}}, C)$. Erfülle die optimale Basislösung $X(\mathcal{L}_r^{\text{ganz}}, C)$ von $(\mathcal{L}_r^{\text{ganz}}, C)$ die Zusatzbedingung (1.5) nicht, wobei N_r die Indexmenge für die Nichtbasisvariablen ist, die $X(\mathcal{L}_r^{\text{ganz}}, C)$ entsprechen.

Die Lösung $X(\mathcal{L}_r^{\text{ganz}}, C)$ kann man „abschneiden", wenn man ein Verfahren benutzt, das dem oben angegebenen Verfahren von DANTZIG analog ist.

Satz 8.1.1. *Sei*

$$z_r(X) = -1 + \sum_{j \in N_r} x_j ,$$

X eine Lösung von (1.1)—(1.5). *Dann gilt*

$$z_r(X) \text{ ganzzahlig,}$$

$$z_r(X) \geqq 0 .$$

Der Beweis ist vollkommen analog zur Begründung des Verfahrens von DANTZIG. Die Lösung X ist eindeutig durch die Werte der Variablen x_j $(j \in N_r)$ definiert, wobei $X(\mathcal{L}_r^{\text{ganz}}, C)$ ein Satz von Werten $(x_j = 0, j \in N_r)$ entspricht, der keine Lösung darstellt (weil er Bedingung (1.5) nicht erfüllt). Folglich muß für die Lösung X mindestens eine der Variablen x_j, $j \in N_r$, sagen wir die Variable x_k, positiv sein und wegen der Ganzzahligkeit

$$x_k \geqq 1 .$$

woraus zufolge der Nichtnegativität der Variablen x_j

$$\sum_{j \in N_r} x_j \geqq 1$$

erhalten wird.

Der Satz 8.1.1. ist bewiesen.

8.1.4. Wir wählen einen Algorithmus für eine Schnittmethode, mit dem wir das Hilfsproblem $(\mathcal{L}_r^{\text{ganz}}, C)$ lösen werden. Unter $(\mathcal{L}_0^{\text{ganz}}, C)$ verstehen wir das Problem $(\mathcal{L}^{\text{ganz}}, C)$ ((1.1)—(1.4)).

r-ter Schritt ($r \geqq 0$). Wir lösen das Problem $(\mathcal{L}_r^{\text{ganz}}, C)$. Ist Problem $(\mathcal{L}_r^{\text{ganz}}, C)$ unlösbar, so ist auch Problem (1.1)—(1.5) unlösbar. Ist Problem $(\mathcal{L}_r^{\text{ganz}}, C)$

lösbar, und erfüllt seine optimale Lösung $(\mathcal{L}_r^{\text{ganz}}, C)$ die Zusatzbedingung (1.5), so ist $X(\mathcal{L}_r^{\text{ganz}}, C)$ gleichzeitig optimale Lösung von (1.1)—(1.5). Erfüllt die optimale Lösung $X(\mathcal{L}_r^{\text{ganz}}, C)$ jedoch Bedingung (1.5) nicht, so führen wir eine Zusatzrestriktion ein (s. Satz 8.1.1.), indem wir sie zu den Restriktionen von $(\mathcal{L}_r^{\text{ganz}}, C)$ hinzufügen und erhalten das Problem $(\mathcal{L}_{r+1}^{\text{ganz}}, C)$. Die Endlichkeit des Verfahrens folgt aus der Endlichkeit der Anzahl der Lösungen für $(\mathcal{L}_0^{\text{ganz}}, C)$.

8.1.5. Die Methode kann man auch auf Probleme mit beliebiger zu maximierender Zielfunktion $f(X)$ und den Restriktionen (1.2)—(1.5) erweitern, nur gelingt es in diesem Falle lediglich, eine Näherungslösung zu erhalten.

Sei $\varepsilon > 0$ die maximal zulässige Abweichung (im Wert der Zielfunktion) von der exakten Lösung. Wir führen die Hilfszielfunktion $x_0 \equiv \sum_{j=1}^{n} c_j x_j$ ein, lösen (mit der oben angegebenen Methode) das Problem (1.1)—(1.5), erhalten die optimale Lösung X^0, speichern sie und gehen zur Lösung von Problem (1.1) bis (1.5) mit der Zusatzrestriktion

$$f(X) \geqq f(X^0) + \varepsilon \tag{1.6}$$

über. Besitzt das neue Problem (1.1)—(1.6) eine optimale Lösung, muß X^0 als Näherungslösung von (1.1)—(1.5) genommen werden. Hat jedoch Problem (1.1)—(1.6) die Lösung X^1, streichen wir X^0 aus dem Speicher, speichern X^1 und gehen zur Lösung von (1.1)—(1.5) mit der Zusatzrestriktion

$$f(X) \geqq f(X^1) + \varepsilon \tag{1.7}$$

über. Somit erhalten wir nach endlichen vielen Schritten die gesuchte optimale Näherungslösung.

8.1.6. Die oben dargelegten Methoden sind von universellem Charakter, was mit dem Fehlen irgendwelcher Beschränkungen zusammenhängt, die der Menge D (die in Bedingung (1.5) eingeht) und der Funktion $f(X)$ auferlegt werden. Daher kann das zugehörige Rechenverfahren ziemlich langwierig sein. Zum Beispiel wird bei der Lösung von (1.1)—(1.5) die Gesamtheit der zu lösenden Probleme $(\mathcal{L}_r^{\text{ganz}}, C)$ gleich der Gesamtheit der Lösungen X von $(\mathcal{L}_0^{\text{ganz}}, C)$ sein, die die Bedingung

$$X \geqq \overline{X}$$

erfüllen, wo $\overline{X}$ das lexikographische Optimum von (1.1)—(1.5) ist.

In 8.2. werden einige Verfahren zur Ausnutzung spezieller Eigenschaften von D (und f) angegeben.

8.2. Die Konstruktion von Schnitten für konvexe und einige nichtkonvexe Probleme

8.2.1. Sei D eine konvexe, abgeschlossene Menge. Dann ist es natürlich, als Ebene, die den Punkt $\overline{X} \notin D$ von D abschneidet, eine der Ebenen zu nehmen, die

$\overline{X}$ und D trennt (s. 4.):

$$\sum_j \gamma_j' x_j - \gamma_0' \equiv z(X) \geqq 0 .$$

Da $\overline{X}$ eine Basislösung ist (eine Ecke des Polyeders $\mathscr{L}'$), der ein gewisser Satz Nichtbasisvariablen $N = \{j|x_j$ Nichtbasisvariable für die Lösung $\overline{X}\}$ entspricht, kann die Ungleichung $z(X) \geqq 0$ selbstverständlich auch in Nichtbasisvariablen ausgedrückt werden:

$$\sum_{j \in N} \gamma_j x_j - \gamma_0 \equiv z(X) \geqq 0 . \tag{2.1}$$

8.2.2. Sei D eine nichtkonvexe abgeschlossene Menge, wobei das Komplement von D im Raum E_n eine konvexe Menge D' sei. Man muß von D den Punkt $\overline{X} \notin D$ abschneiden, wobei $\overline{X}$ eine Basislösung des Polyeders $\mathscr{L}'$ ($\overline{N} = \{j|x_j$ Nichtbasisvariable für die Lösung $\overline{X}\}$). Bezeichnen wir die abgeschlossene Hülle der Menge D' mit $\overline{D}$, so ist das auch eine konvexe Menge.

Wir betrachten die Auflösung der Variablen $x_1, \ldots, x_n$ nach den Nichtbasisvariablen x_j $(j \in \overline{N})$,

$$x_i = x_{i0} + \sum_{j \in \overline{N}} \bar{x}_{ij} (-x_j) , \qquad i = 1, \ldots, n . \tag{2.2}$$

Hier ist

$$\bar{x}_{i0} = \bar{x}_i , \qquad i = 1, \ldots, n .$$

Wir betrachten den Kegel K, der durch die Bedingung (2.2) und die Nichtnegativitätsbedingung (2.3) für die Nichtbasisvariablen gegeben ist:

$$x_j \geqq 0 \quad \text{für alle} \quad j \in \overline{N} . \tag{2.3}$$

Die Spitze des Kegels K (2.2)—(2.3) ist der Punkt $\overline{X} \notin D$, (oder, was dasselbe ist, $\overline{X} \in \overline{D}$). Die Kanten l_r $(r \in \overline{N})$ von K werden durch die Bedingungen (2.2), (23.) und die Zusatzbedingung

$$x_j = 0 \quad \text{für alle} \quad j \neq r \, (j \in \overline{N}) \tag{2.4}$$

gegeben. Wir suchen den Schnittpunkt X^r der Kante l_r mit der gemeinsamen Begrenzung G der Mengen D und $\overline{D}$. Dann ist $X^r \in \overline{D}$. Durch den Punkt X^r $(r \in \overline{N})$ legen wir die Ebene

$$\sum_{r \in \overline{N}} \frac{x_r}{x_r^r} = 1 .$$

Die Spitze des Kegels $\overline{X} \in \overline{D}$ erfüllt auch die Bedingung

$$\sum_{r \in \overline{N}} \frac{x_r}{x_r^r} = \sum_{r \in \overline{N}} \frac{0}{x_r^r} = 0 \leqq 1 .$$

Jeden Punkt X des Kegels K, der der Bedingung

$$\sum_{r \in \bar{N}} \frac{x_r}{x_r^r} \leqq 1 \tag{2.5}$$

genügt, kann man in Gestalt einer konvexen Linearkombination der Punkte X $(r \in \bar{N})$ und des Punktes $\bar{X}$ darstellen, und weil $X^r \in \bar{D}$ $(r \in \bar{N})$ und $\bar{X} \in \bar{D}$ gilt, ist auch $X \in \bar{D}$.

Somit gehören die Spitze $\bar{X}$ des Kegels K und alle seine Punkte X, die die Bedingung (2.5) erfüllen, zur Menge $\bar{D}$, wobei allePunkte X (einschließlich der Spitze $\bar{X}$) des Kegles K, die (2.5) als strenge Ungleichung erfüllen, zu $\bar{D}$ gehören, aber nicht zur gemeinsamen Begrenzung von $\bar{D}$ und D, so daß für sie

$$X \notin D$$

gilt. Folglich wurde der folgende Satz bewiesen.

Satz 8.2.1. *Sei* 1. $\bar{X}$ *eine Ecke des Polyeders* $\mathcal{L}'$ *und* $N = \{j | x_j$ *Nichtbasisvariable, die* $\bar{X}$ *entsprechen*$\}$. 2. D *eine abgeschlossene Menge.* 3. D' *das Komplement von* D *in* E_n. 4. D' *eine konvexe Menge.* 5. $\bar{X} \notin D$. 6. X^r *der Schnittpunkt der Kante* l_r *des Polyeders* $\mathcal{L}'$ *mit der gemeinsamen Begrenzung der Mengen* D *und* D' *(s. oben).*

Dann kann der Schnitt (der $\bar{X}$ *von* D *abschneidet) in der Gestalt*

$$z(X) \equiv \sum_{r \in \bar{N}} \frac{x_j}{x_j^j} - 1 \equiv \sum_{j \in \bar{N}}{}' \gamma_j x_j - \gamma_0 , \tag{2.6}$$

$$z(X) \geqq 0 \tag{2.7}$$

geschrieben werden.

Bemerkung 8.2.1. Ist die Menge D' unbeschränkt und schneidet sich eine Kante l_j nicht mit der gemeinsamen Begrenzung von D und D', dann muß man (etwa) voraussetzen:

$$x_j^j = \infty , \qquad \frac{1}{x_j^j} = 0 .$$

Eine geometrische Illustration des Schnites (unter den Bedingungen von Satz 8.2.1.) ist in Abb. 8.2.1. gegeben.

8.2.3. Die Schnitte (2.1) (für konvexes D) und (2.6)—(2.7) (für nichtkonvexes D) kann man unmittelbar benutzen, um zum Beispiel den zweiten GOMORY-Algorithmus anzuwenden. Bedient man sich jedoch bei der Lösung des Hilfsproblems $(\mathcal{L}_r^{\text{ganz}}, C)$ des ersten oder dritten Algorithmus von GOMORY, so verschleiert die unmittelbare Anwendung dieser Schnitte den Umstand, daß die Variable $z(X)$ (aus 2.1) und (2.6)—(2.7) in den Lösungen von $(\mathcal{L}_r^{\text{ganz}}, C)$ nicht unbedingt ganzzahlig sein müssen. Diese Schwierigkeit zu umgehen hilft Satz

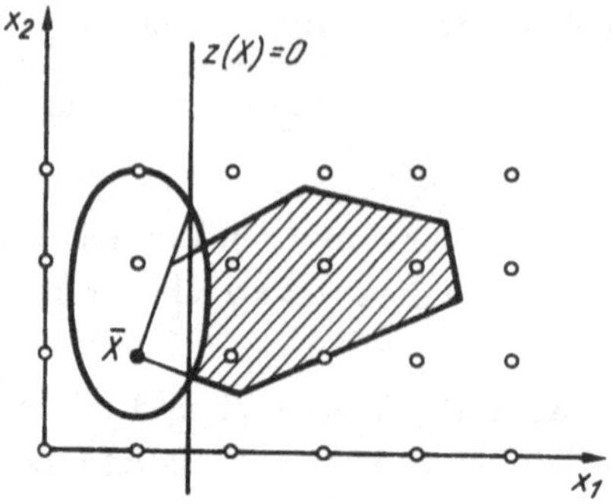

Abb. 8.2.1

7.2.1., auf dem basierend man stets über den Schnitt

$$z'(X) = \sum_{j \in \bar{N}} \gamma_j' x_j - \gamma_0' ,$$

$$z'(X) \geqq 0$$

den Schnitt

$$z(X) \equiv \sum_{j \in N} \gamma_j x_j - \gamma_0 \equiv \sum_{j \in N} \left[\frac{-\gamma_j'}{\lambda}\right] (-x_j) + \left[\frac{-\gamma_0'}{\lambda}\right], \quad (2.8)$$

$$z(X) \geqq 0 , \quad (2.9)$$

$$z(X) \text{ ganzzahlig} \quad (2.10)$$

konstruieren kann. Hier ist $\lambda > 0$.

Für den ersten GOMORY-Algorithmus reicht dies aus, d. h. zur Konstruktion kann man ein beliebiges $z(X)$ wählen. Für den dritten Algorithmus von GOMORY jedoch ist es schlecht, die Ganzzahligkeit aller Schnittkoeffizienten anzustreben denn es ist noch nötig, daß das Leitelement gleich (— 1) ist. Das wird so gemacht wie bei der gewöhnlichen Anwendung des dritten Algorithmus von GOMORY (eine genauere Darlegung wird in 8.3. gegeben).

8.3. Die Anwendung des dritten Algorithmus von Gomory

Ein universelles Anwendungsschema von Algorithmen der ganzzahligen linearen Optimierung zur Lösung ganzzahliger Probleme der Form (1.1)—(1.5) wurde in 8.1. gegeben. Hier wird dieses Schema genauer beschrieben hinsichtlich des dritten Algorithmus von GOMORY (weil nämlich für diesen Algorithmus einige zusätzliche Erläuterungen notwendig sind). Der dritte Algorithmus von GOMORY muß in modifizierter Form verwendet werden (s. 7.4.).

8.3.1. Es wird ein lineares ganzzahliges Optimierungsproblem mit Zusatzbedingungen (1.1)—(1.5) betrachtet. (Problem (1.1)—(1.4) bezeichnen wir mit $(\mathscr{L}_0^{\text{ganz}}, C)$), das in Gestalt des ganzzahligen und l-normalen Tableaus

$$T_0 = ||x_{ij}^0||_{i \in Q^n;\, j \in N_0^0}$$

geschrieben wird. Mit $\tilde{X}^0 \equiv (x_0^0, x_1^0, \ldots, x_n^0)$ bezeichnen wir die erweiterte Pseudolösung $(x_{00}^0, x_{10}^0, \ldots, x_{n0}^0)$.

r-te Iteration. Problem $(\mathscr{L}_r^{\text{ganz}}, C)$ wird in Gestalt des ganzzahligen, l-normalen Tableaus

$$T_r = ||x_{ij}^r||_{i \in Q^n;\, j \in N_r^0}$$

geschrieben. Auf das Tableau T_r wird der dritte Algorithmus von Gomory angewandt. Ist Problem $(\mathscr{L}_r^{\text{ganz}}, C)$ unlösbar, so ist auch Problem (1.1)—(1.5) unlösbar. Ist Problem $(\mathscr{L}_r^{\text{ganz}}, C)$ lösbar (und ist $X(\mathscr{L}_r^{\text{ganz}}, C)$ dessen optimale Lösung), so erhalten wir das ganzzahlige, l-normale und zulässige Tableau

$$\overline{T}_r = ||\overline{x}_{ij}^r||_{i \in Q^n;\, j \in \overline{N}_r^0}.$$

Hier ist

$$x_i(\mathscr{L}_r^{\text{ganz}}, C) = \overline{x}_{i0}^r, \qquad i = 0, 1, \ldots, n.$$

Erfüllt $X(\mathscr{L}_r^{\text{ganz}}, C)$ die Bedingung (1.5), so ist $X(\mathscr{L}_r^{\text{ganz}}, C)$ optimale Lösung von (1.1)—(1.5). Erfüllt $X(\mathscr{L}_r^{\text{ganz}}, C)$ die Bedingung (1.5) dagegen nicht, so (s. 8.1 und 8.2.) konstruieren wir nach dem angegebenen Verfahren den Ausgangsschnitt

$$z(X) \equiv \sum_{j \in \overline{N}_r} \gamma_j(-x_j) - \gamma_0,$$

$$z(X) \geqq 0.$$

Hier ist $\gamma_0 > 0$.

Gibt es unter den Zahlen γ_j keine negativen, so besitzt Problem (1.1)—(1.5) keine optimalen Lösungen. Gibt es unter den Zahlen γ_j jedoch eine negative, so kommen wir zur Konstruktion des Schlußschnittes:

$$x_{n+s_r+1} = \left[\frac{-\gamma_0}{\lambda}\right] + \sum_{j \in \overline{N}_r} \left[\frac{\gamma_j}{\lambda}\right](-x_j), \tag{3.1}$$

$$x_{n+s_r+1} \geqq 0, \tag{3.2}$$

$$x_{n+s_r+1} \text{ ganzzahlig.} \tag{3.3}$$

Hier gilt $(n + s_r) = \max \{j | j \in \overline{N}_r\}$.

Die Zahl λ wird wie folgt bestimmt. Die Zeile x_{n+s_r+1} wird als Leitzeile gewählt. Die Leitspalte $\overline{R}_l^r$ ($\overline{R}_j^r$ sind die Spalten der Matrix $\overline{T}_r$) wird nach der Regel

$$\overline{R}_l^r = \text{lex min } \{\overline{R}_j^r | j \in \overline{N}_r;\, \gamma_j < 0\}$$

ausgewählt. Nach der Wahl der Leitzeile und der Leitspalte kommen wir unmittelbar zur Bestimmung von λ (s. 7.2.) aus den Bedingungen

$$\left[\frac{\gamma_l}{\lambda}\right] = -1\,,$$

$$\bar{R}_j^r + \left[\frac{\gamma_j}{\lambda}\right]\bar{R}_l^r \succ 0\,,$$

$$\bar{R}_0^r + \left[\frac{\gamma_0}{\lambda}\right]\bar{R}_l^r \to \text{lex min}$$

und berechnen λ nach den in 7.2.6. dargestellten Regeln. Danach entfernen wir x_{n+s+1} aus der Basis (streichen die entsprechende Zeile) und führen x_l in die Basis ein. Ist $l \geqq n + 1$, so wird die x_l entsprechende Zeile nicht wieder hergestellt. Wir erhalten das Problem $(\mathscr{L}_{r+1}^{\text{ganz}}, C)$ in Gestalt eines ganzzahligen, l-normalen Simplextableaus.

8.3.2. Wir bringen ein Zahlenbeispiel.

Man maximiere

$$x_0 \equiv -x_1 - x_2 \tag{3.4}$$

unter den Restriktionen

$$x_1, x_2, \geqq 0\,, \tag{3.5}$$

$$x_1, x_2 \text{ ganzzahlig} \tag{3.6}$$

wobei mindestens eine der beiden Restriktionen

$$\left.\begin{aligned} y_1' &\equiv -5 - x_1 + 2x_2 \geqq 0\,, \\ y_2' &\equiv -6 + 4x_1 - x_2 \geqq 0 \end{aligned}\right\} \tag{3.7}$$

erfüllt sei. Bedingung (3.7) gibt das Gebiet D, dessen Komplement das konvexe Gebiet D' ist, und die abgeschlossene Hülle von D' ist das konvexe Gebiet $\bar{D}$, das durch die Bedingungen

$$\left.\begin{aligned} y_1 &\equiv -y_1' \geqq 0\,, \\ y_2 &\equiv -y_2' \geqq 0 \end{aligned}\right\} \tag{3.7'}$$

definiert ist.

Zuerst lösen wir das Problem mit der in 7.1. eingeführten verkürzten Methode. Die Berechnungen sind in den Tableaus 1—5 dargestellt. Die Tableaus 1—4 erfüllen Bedingung (3.7) nicht. Der Übergang von Tableau 1 zu Tableau 2, von Tableau 2 zu Tableau 3 und von Tableau 3 zu Tableau 4 wird mittels Sdhnitten der Gestalt (1.6) bewerkstelligt. Die Tableaus 1—3 sind l-normal und zulässig und mit T_0, T_1, T_2 bezeichnet. Tableau 4 (l-normal und nicht zulässig) wird mit $\tilde{T}_2$ bezeichnet. Der Übergang von Tableau $\tilde{T}_2$ zu Tableau 5 (T_3) wird mittels eines Schnittes gemäß dem 3-ten Algorithmus von Gomory (bei $\lambda = 3$) durchgeführt. Tableau T_3 ist l-normal und zulässig; es erfüllt Bedingung (3.7) und gibt eine optimale Lösung von (3.4)—(3.7). Die dem Tableau T_r entsprechenden l-Pseudolösungen werden durch X^r bezeichnet, die dem Tableau $\tilde{T}_2$ entsprechende l-Pseudolüsung mit $\tilde{X}^2$. Die optimale erweiterte Lösung von Problem (3.4) bis

(3.7) ist gleich $X^3 = (x_0^3, x_1^3, x_2^3) = (-2, 2, 0)$. Eine geometrische Illustration des Lösungsverfahrens für das Problem ist in Abb. 8.3.1. gegeben. Die Gesamtzahl der Simplex-Iterationen ist gleich 4.

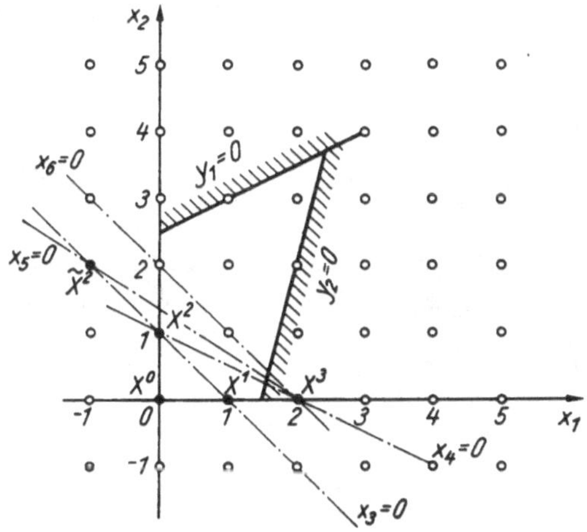

Abb. 8.3.1

Zum Vergleich wird dieselbe Aufgabe mit einem anderen Konstruktionsverfahren für Schnitte gelöst (s. 8.2.2. und 8.2.3.), das die Konvexität der Menge $\overline{D}$ (3.7′) benutzt. Die Berechnungen werden in den Tableaus 6 und 7 gegeben. Der Schnitt $z_3 \geqq 0$ wird gemäß den Angaben in 8.2.2. und 8.2.3. konstruiert. Der Übergang von $z_3 \geqq 0$ zu $x_3 \geqq 0$ wird bei einem Parameterwert λ gleich 2/3 durchgeführt. Eine geometrische Illustration des Lösungsweges wird in Abb. 8.3.2. gegeben. Die Gesamtzahl der Simplex-Iterationen ist gleich 1. Dieses einfache Beispiel zeigt anschaulich die Vorzüge, die sich bei Ausnutzung spezieller Eigenschaften der Menge D ergeben.

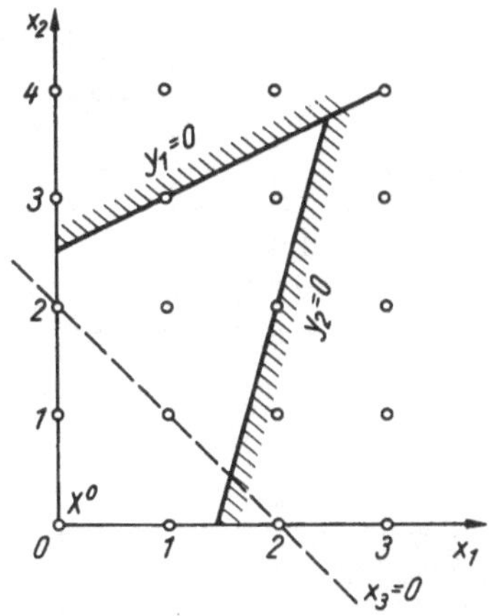

Abb. 8.3.2

	1	$-x_1$	$-x_2$
x_0	0	1	1
x_1	0	−1	0
x_2	0	0	−1
x_3	−1	−1*	−1

Tableau 1 (T_0)

y_1	5	−1	2
y_2	6	4	−1

	1	$-x_3$	$-x_2$
x_0	−1	1	0
x_1	1	−1	1
x_2	0	0	−1
x_4	−1	−1	−1*

Tableau 2 (T_1)

y_1	6	−1	3
y_2	2	4	−5

	1	$-x_3$	$-x_4$
x_0	−1	1	0
x_1	0	−2	1
x_2	1	1	−1
x_5	−1	−1	−1*

Tableau 3 (T_2)

y_1	3	−4	3
y_2	7	9	−5

	1	$-x_3$	$-x_5$
x_0	−1	1	0
x_1	−1	−3	1
x_2	2	−2	−1
x_6	−1	−1*	0

Tableau 4 ($\widetilde{T}_2$)

y_1	0	−7	3
y_2	12	14	−5

	1	$-x_6$	$-x_5$
x_0	−2	1	0
x_1	2	−3	1
x_2	0	−2	−1

Tableau 5 (T_3)

y_1	7	−7	3
y_2	−2	4	−5

	1	$-x_1$	$-x_2$
x_0	0	1	1
x_1	0	−1	0
x_2	0	0	−1
x_3	−2	−1*	−1

Tableau 6 (T_0)

y_1	5	−1	2
y_2	6	4	−1
z_3	−1	−2/3	−2/5

	1	$-x_3$	$-x_2$
x_0	−2	1	0
x_1	2	−1	1
x_2	0	0	−1

Tableau 7 (T_1)

y_1	7	−1	3
y_2	−2	4	−5

9. Die Effektivität der Algorithmen für die Schnittmethoden

Dieses Kapitel trägt in starkem Maße den Charakter einer Übersicht. Über die Effektivität der Schnitt-Algorithmen wird hier bezüglich ganzzahliger linearer Optimierungsprobleme gesprochen.

In 9.1. wird das Problem gestellt, die Effektivität zu untersuchen. In 9.2. werden kurz einige Resultate von Rechenexperimenten dargestellt und in 9.3. einige Ausblicke gegeben.

9.1. Das Effektivitätsproblem

9.1.1. Wie äußert sich die Effektivität gewisser Algorithmen für Schnittmethoden? Eine ideale Antwort auf diese Frage wäre eine Formel, die die Anzahl der arithmetischen Operationen (notwendig zur Lösung des Problems) als Funktion von den Parametern des Problems angibt und die gestattet, die Statistik des Rechenexperimentes vorauszusagen.

Leider ist so eine Formel sogar für lineare Optimierungsprobleme (LO) (ohne Ganzzahligkeitsforderung) unbekannt, die im Vergleich mit ganzzahligen linearen Optimierungsproblemen (GLO) wesentlich unkomplizierter sind. Mehr noch, alle Effektivitätsschätzungen für LO gründen sich bisher auf der Statistik von Maschinenexperimenten.

9.1.2. Wir verweilen kurz bei der Effektivität von LO-Algorithmen. Das ist dienlich zum Vergleich mit GLO. GASS (s. [50], p. 65 der russischen Übersetzung) führt die folgende experimentelle Schätzung der Anzahl S der Iterationen bei der primalen Simplexmethode an. Sei m die Anzahl der Gleichungen für ein LO-Problem in kanonischer Form (4., Problem (1.9)—(1.11)). Dann gilt für die überwältigende Mehrheit von LO-Problemen

$$m \leqq S \leqq 2\,m\,. \tag{1.1}$$

Die Schätzung (1.1) weist auf die große Effektivität der (primalen) Simplexmethode hin[1]).

Es muß bemerkt werden, daß Schätzung (1.1) keineswegs offensichtlich ist. Sie ist wesentlich besser als die strenge obere Schätzung für die Eckenzahl V der polyedrischen Lösungsmenge (die Zahl V überschreitet bekanntlich S[2])):

$$S \leqq V \leqq C_n^m\,.$$

Daß die Schätzung (1.1) nicht offenbar ist, unterstreicht die folgende interessante Episode aus der Geschichte der Begründung der primalen Simplexmethode. „Die einfache Idee eines Fortschreitens über die Kanten eines konvexen

[1]) Auch für die duale Simplexmethode sind Schätzungen diesen Typs bekannt.

[2]) Diese Aussage trifft im allgemeinen nur zu, wenn bei Anwendung der primalen Simplexmethode keine ausgearteten Ecken auftreten. Man kann nämlich zu jeder natürlichen Zahl S ein lineares Optimierungsproblem angeben, dessen zulässiger Bereich genau einen Eckpunkt besitzt, bei dem jedoch nach der primalen Simplexmethode mindestens S Iterationen benötigt werden. (Anm. d. Red. d. dt. Ausg.)

Polyeders von einer Ecke zur anderen (womit auch die primale Simplexmethode zu charakterisieren ist) wurde früher intuitiv als uneffektiv verworfen. Allein in einer anderen Geometrie zeigte sie sich als dienlich und wurde so durch einen glücklichen Zufall eingeführt und angewandt" (s. DANTZIG [29], p. 31 der russischen Übersetzung)[1]).

9.1.3. Die theoretische Begründung für die Effektivität der Simplexmethode (und anderer LO-Methoden) erwies sich als ein schwieriges Problem. Dieses Problem ist bisher noch ungelöst. Es gelang bisher auch noch nicht, einige in der Problematik naheliegende Aufgaben zu lösen, zum Beispiel das Problem von HIRSCH (s. DANTZIG [29], Problem 13, p. 168 der russischen Übersetzung)[2]). Die Arbeit von FILIPPOVIČ und KOZLOV [38] befaßt sich mit der wahrscheinlichen Schätzung für die Iterationenzahl bei einigen LO-Methoden, die auf unbewiesenen Voraussetzungen beruhen. Einige Fortschritte auf dem Wege zu einer strengen Begründung für die Effektivität der primalen Simplexmethode wurden von KLEE [88], [89] realisiert.

Somit steht eine theoretische Untersuchung über die Effektivität der primalen Simplexmethode (und anderer endlicher LO-Methoden) bisher noch aus. Allerdings geben Maschinenexperimente die Möglichkeit, die Anzahl der Iterationen abzuschätzen und zeugen von der großen Effektivität endlicher LO-Methoden. Darum werden theoretische Untersuchungen in dieser Richtung nicht übertrieben intensiv durchgeführt.

9.1.4. Die Lage gestaltete sich bei der ganzzahligen linearen Optimierung anders. Theoretische Effektivitätsuntersuchungen für die Algorithmen der Schnittmethoden fehlen sogar. Allerdings erlauben die angesammelten Rechenerfahrungen nicht, die Effektivität für die Schnittmethodenalgorithmen so optimistisch abzuschätzen, wie die Effektivität für LO-Methoden. Bei der Lösung von GLO-Problemen tritt eine Reihe von Schwierigkeiten auf. Weiter oben (1.1.3.) wurde bemerkt, daß diese Schwierigkeiten nicht nur technischen, sondern auch prinzipiellen Charakter tragen. Daher ist die theoretische Erforschung der Effektivität der Schnittmethoden ein aktuelleres (wenn auch offenbar noch schwieriges) Problem als die Effektivitätsuntersuchungen für endliche LO-Methoden. Bisher kann man jedoch über die Effektivität der Schnittmethoden nur nach den Ergebnissen von Rechenexperimenten urteilen.

9.2. Ergebnisse von Rechenexperimenten

Hier werden kurz einige Ergebnisse von Rechenexperimenten dargelegt. Die Autoren sind nicht bemüht, eine erschöpfende, sondern nur eine hinreichend vollständige Übersicht zu geben, als Grundlage für den verallgemeinernden 9.3. Das Material wird im Grunde in chronologischer Ordnung vorgelegt. Die Übersicht von BALINSKI [6] muß besonders hervorgehoben werden, weil sie interessantes Material über die Effektivität von Schnitt-Algorithmen enthält.

---

[1]) p. 29 der deutschen Ausgabe. (Anm. d. Red. d. dt. Ausg.)

[2]) p. 193 der deutschen Ausgabe.

Wir bemerken eine allgemeine Gesetzmäßigkeit, die bei einer Reihe von Untersuchungen beobachtet wurde: Die Iterationenzahl bei einem beliebigen Schnitt-Algorithmus hat (im Mittel) die Tendenz, mit einer Vergrößerung der Anzahl der Variablen und Restriktionen zu wachsen, genauso wie mit einem Wachstum der Ordnung der Koeffizienten des Problems sowie mit einer Vergrößerung des Füllungsgrades seiner Matrix.

Wir kommen jetzt zu einer Übersicht über die einzelnen Arbeiten.

GOMORY [89], 1960. Ein Maschinenexperiment zum ersten Algorithmus von GOMORY führte zu einer erfolgreichen Lösung von Problemen mit höchstens 15 Variablen.

MILLER, TUCKER, ZEMLIN [111], 1960. Es wird ein GLO-Modell für das Rundreiseproblem (und einige Verallgemeinerungen davon, s. 2.3.) vorgelegt. Zu diesem Modell wurden fünf Rechenexperimente (mit 4 und 10 Städten) durchgeführt. Der erste Algorithmus von GOMORY wurde verwendet. Als erfolgreich erwiesen sich nur zwei Experimente.

GASS [51], 1961[1]). Die Erkenntnisse aus drei Programmen zur Lösung von rein ganzzahligen LO-Problemen nach dem dritten Algorithmus von GOMORY werden mitgeteilt.

KARP [86], 1961[2]). Erfolge bei der praktischen Anwendung des GOMORYschen Algorithmus zur Lösung eines optimalen Kodierungsproblems werden mitgeteilt.

OYAHIA [113], 1962. Maschinenexperimente zum dritten Algorithmus von GOMORY werden durchgeführt. Es werden nicht nur die lexikographische Auswahlregel für die erzeugende Zeile[3]) (s. 7.2.4.), sondern auch andere Regeln verwendet. Für ein und dasselbe Problem (20 Ungleichungen, 29 Variable) ergab eine Variante des Algorithmus die optimale Lösung nach 70 Iterationen, die andere aber führte nach 30000 Iterationen zu keiner optimalen Lösung.

GENUYS [53], 1963. Es wird ein gewisses Zuschnittproblem betrachtet, bei dessen Lösung ein GLO-Problem als Hilfsproblem auftritt. Es wird ein Maschinenexperiment zur Lösung des Hilfsproblems vergleichsweise geringen Umfangs mit dem Algorithmus von GOMORY durchgeführt. Ein bedeutender Teil der Probleme wurde nach einigen zehntausend Iterationen nicht gelöst.

STORY, WAGNER [124], 1963. Man löste ein Problem aus der Theorie der Ablaufplanung mit drei Maschinen und verschiedenen Gesamtheiten von Werkstücken. Es wurde ein GLO-Modell verwendet, das früher von einem der Autoren (s. WAGNER [129]) vorgelegt wurde. Dieses Modell enthält $(n^2 + 4n - 4)$ Variable und $(4n - 3)$ Gleichungen (hier ist n die Anzahl der Werkstücke). Nach dem dritten Algorithmus von GOMORY wurden Probleme mit Werkstück-Anzahlen von 4 bis 9 Stück gelöst. Insbesondere für Probleme mit 7 Werkstük-

[1]) S. auch den Übersichtsartikel [92] von KORBUT.

[2]) S. auch BALINSKI [6].

[3]) d. h. eine Zeile, nach der ein ganzzahliger Schnitt konstruiert wird.

ken (die Anzahl der Transporte ist gleich 5040) wurden drei Probleme gelöst (nach 85, 105 und 78 Simplex-Iterationen), und drei Probleme wurden nach mehr als 1000 Simplex-Iterationen nicht gelöst.

Für Probleme mit 4 Werkstücken wurde eine Lösung nach verschiedenen Modifikationen des ersten und zweiten Algorithmus von GOMORY durchgeführt, die sich voneinander in den Auswahlregeln für die erzeugenden Zeilen unterschieden. Es zeigte sich, daß eine Änderung der Auswahlregel einen starken Einfluß auf die Dauer der Rechnung ausübt.

GIGLIO, WAGNER [55], 1964. Es wird ein ganzzahliges lineares Modell für Probleme aus der Theorie der Ablaufplanung mit drei Maschinen und sechs Werkstücken betrachtet (die Anzahl der Transporte ist gleich 720). Die Lösung wurde mit dem dritten Algorithmus von GOMORY durchgeführt. Einige der lösbaren Probleme wurden nach einer vergleichsweise geringen Anzahl von Iterationen, andere nach mehr als 720 Iterationen gelöst. Einzelne Probleme waren nach mehr als 10000 Iterationen nicht gelöst.

MARTIN [106], 1963. Es wird ein neuer Algorithmus vorgelegt, der eine Modifikation des ersten Algorithmus von GOMORY darstellt. Es wurden einige Probleme gelöst, die mit anderen Algorithmen für Schnittmethoden nicht lösbar waren, insbesondere ein Problem mit 54 Ungleichungen und 442 Variablen.

Wie BALINSKI und QUANDT [7] (1964) mitteilen, wurden mit dem Algorithmus von MARTIN neun verallgemeinerte Überdeckungsprobleme gelöst (die bei praktischen Transportproblemen auftreten, s. 3.1.5.). In diesen Problemen ist die Anzahl der Ungleichungen $m \leqq 15$, die Variablenzahl $n \leqq 305$. Ein Problem konnte nach 200 Simplex-Iterationen nicht gelöst werden.

Im Übersichtsartikel von BALINSKI [6] (1965) wird über die Lösung einer Reihe von kombinatorischen Problemen (die bei Planungsproblemen auftreten) mit dem Algorithmus von MARTIN berichtet[1]), die folgende Ausmaße haben:

$$(70, 160) \leqq (m, n) \leqq (160, 2200) .$$

Diese Probleme verfügen über Restriktionsmatrizen, die zu 85% aus Nullen bestehen, wobei unter den von Null verschiedenen Elementen ungefähr 85% Einsen sind. Es wurden sogar Probleme von der Dimension $(m, n) = (80, 2400)$ und (215, 2600) gelöst. All diese Probleme wurden durch Einführen einer vergleichsweise geringen Anzahl von Schnitten gelöst. BALINSKI nimmt an, daß dieser Erfolg nicht nur wegen der vorhandenen Vorteile des MARTINschen Algorithmus erreicht wurde, sondern auch, weil *gewisse angenehme Eigenschaften der gegebenen Problemklasse* dahinter stehen.

D'ESOPO, LEFKOWITZ [34], 1964. Es wird ein Verteilungsproblem für Frachten auf Transportschiffe zur Minimierung der Gesamtmenge der benötigten Transporte betrachtet. Man konstruiert ein GLO-Modell. Eine Reihe von Problemen wurde mit dem dritten Algorithmus von GOMORY gelöst (Anzahl der Schiffstypen $s \leqq 5$, Anzahl der Ungleichungen $n \leqq 13$). Die Iterationenzahl schwankte zwischen 94 und 447.

---

[1]) Mit Bezugnahme auf einen nicht genannten Artikel von MARTIN.

SRINIVASAN [123], 1965. Man untersuchte verschiedene Modifikationen des ersten Algorithmus von GOMORY, bei denen die Begriffe Ecke und Abstand im n-dimensionalen euklidischen Raum zur Auswahl der erzeugenden Zeile benutzt wurden. In allen Experimenten war die Variablenanzahl $n \leqq 98$, die Restriktionenanzahl $m \leqq 48$. Zum Test wurden einige GLO-Modelle gewählt, die Formalisierungen bekannter angewandter Probleme darstellen. Ein Problem der Dimension $(m, n) = (11, 98)$ wurde nach 4 von 5 Modifikationen gelöst und war bei der fünften Modifikation nach 300 Simplex-Iterationen noch nicht gelöst. Ein anderes Problem von der Dimension $(m, n) = (10, 7)$ wurde nach keiner einzigen Modifikation vor 600 Simplex-Iterationen gelöst.

HALDI, ISAACSON [71], 1965. Die Autoren stellten sich die Aufgabe, zu beweisen, daß der erste Algorithmus von GOMORY nicht weniger effektiv ist als einige andere Schnittalgorithmen (um damit auf das skeptische Verhältnis einiger Forscher gegenüber der praktischen Bedeutung des ersten GOMORYschen Algorithmus zu antworten). An einer Reihe von Testproblemen geringerer Dimension wurde die Effektivität des ersten Algorithmus von GOMORY bekräftigt. Bei den Untersuchungen wurde das lexikographische Kriterium zur Auswahl der erzeugenden Zeile verwendet (GOMORY selbst bediente sich dieses Kriteriums für den Endlichkeitsbeweis des Algorithmus, legte es aber für praktische Forschungen nicht zugrunde).

DAY [31], 1965. Das Problem der optimalen Informationsgewinnung aus parallelen Speichersystemen führt auf GLO-Modelle und wird nach dem Algorithmus von GOMORY gelöst. Der Versuch zeigte die Möglichkeit, praktische Probleme erfolgreich zu lösen.

BALINSKI [6], 1965. In dieser Übersicht wird der Effektivität von Algorithmen für Schnittmethoden viel Platz gewidmet. Wir konstatieren nur einige der interessantesten Tatsachen, die auf persönlichen Versuchen des Autors und auf Publikationen basieren, die für den sowjetischen Leser praktisch unzugänglich sind.

An der Universität von Sidney wurden (am praktischen Material) sechs Probleme der Dimension $(m, n) = (32, 39)$ mit dem zweiten Algorithmus von GOMORY erfolgreich gelöst.

Es sei auf den bedeutenden Erfolg hingewiesen, der bei der Lösung von Überdeckungsproblemen mit dem GOMORYschen Algorithmus unter Ausnutzung des MARTINschen Algorithmus erzielt wurde. Im Zusammenhang damit bemerkt BALINSKI, daß nach Meinung einer Reihe von Autoren die Schnittmethode erlaubt, Probleme effektiv zu lösen, die mit der Minimierung BOOLEscher Funktionen verbunden sind. Ferner wurden allerdings unter den verallgemeinerten Überdeckungsproblemen auch schwierigere entdeckt (d. h. sich schwerer ergebende Lösungen[1]).

---

[1]) Zu den schwierigen verallgemeinerten Überdeckungsproblemen s. a. LAWLER und BELL [100], (1966), wo die Aufmerksamkeit auf unveröffentlichtes Material gelenkt wird, das BALINSKI 1965 von den Autoren mitgeteilt wurde.

Bei den Rechenexperimenten wurde festgestellt, daß die Anzahl der Iterationen stark abhängt von

a) der Auswahl der erzeugenden Zeile,

b) der Durchnumerierung der Variablen.

Sondermann [122], 1967. Die vom Autor vorgelegte neue Variante für die Simplexmethode wurde an den zweiten Algorithmus von Gomory „angelehnt". Einige Probleme wurden nach einer beachtlichen Anzahl von Iterationen nicht gelöst (zum Beispiel ein Problem nach 1500 Iterationen). Die Dimensionen der Probleme sind nicht bekannt.

Teplickiĭ, Finkel'šteĭn [125], 1968. Es wurde eine vergleichende Untersuchung des B-Algorithmus von Finkel'šteĭn (s. 6.4.) mit zwei Algorithmen von Gomory durchgeführt: dem ersten und dem zweiten. Es wurde ein sogenanntes „kanonisches" Problem (s. [39]) folgender Gestalt gelöst.

Man maximiere

$$x_1$$

unter den Restriktionen

$$\begin{aligned}
&\sum_{j=1}^{N} a_{ij}\, x_j \leqq b_i\,, \qquad i = 1, \ldots, m\,,\\
&\sum_{j=1}^{N} c_j\, x_j \geqq t\,,\\
&\qquad x_j \geqq 0\,, \qquad j = 1, \ldots, N\,,\\
&\qquad x_j \leqq 1\,, \qquad j = 1, \ldots, n\,(n \leqq N)\,,\\
&\qquad x_j \text{ ganzzahlig}, \qquad j = 1, \ldots, n\,.
\end{aligned}$$

Bei der Auswertung der Statistik wurden die Restriktionen der Probleme mit der Angabe von Pseudozufallszahlen gebildet, deren jede einzeln und unabhängig aus $(N m + m + N + 1)$ Größen a_{ij}, b_i, c_j, t nach den unten eingeführten Regeln ausgewählt wurde.

Die Koeffizienten a_{ij} und c_j sind auf dem Intervall $[0, 9]$ gleichverteilte ganze Zahlen. Die Koeffizienten b_i und t sind über $[0{,}2 \times 4{,}5\ N,\ 0{,}8 \times 4{,}5\ N]$ gleichverteilte ganze Zahlen. Die Lösung der kanonischen Probleme wurde auf einem elektronischen Ziffernrechner vom Typ M-20 durchgeführt.

Es wurden mehr als 500 Probleme untersucht, die in zwei Serien zerlegt wurden (zu einigen Problemgruppen in jeder Serie).

I. Rein ganzzahlige Probleme $(n = N)$. Die Matrix $A = ||a_{ij}||$ hatte für verschiedene Problemgruppen die Dimensionen $(m, N) = (2{,}8)$; $(2{,}10)$; $(2{,}15)$; $(2{,}20)$; $(2{,}30)$; $(2{,}35)$; $(10{,}8)$; $(10{,}15)$; $(10{,}20)$; $(10{,}30)$.

II. Gemischt ganzzahlige Probleme $\left(n = \frac{N}{2}\right)$. Die Matrix A hatte für die verschiedenen Problemgruppen die Dimensionen $(m, N) = (10{,}20)$; $(10{,}30)$.

Für jede Problemgruppe werden folgende Daten eingeführt: z die Anzahl der zu lösenden Probleme; z_B Anzahl der mit dem B-Algorithmus nicht lösbaren Probleme; z_G Zahl der nicht nach dem Algorithmus von Gomory lösbaren Probleme; D die Gesamtzahl der Schnitte, die beim Lösungsprozeß eingeführt wurden (einzeln für jeden der beiden Algorithmen); S die gesamte Iterationenanzahl bei der dualen Simplexmethode, die zur Überführung des Simplextableaus auf zulässige und normale Form benötigt wurden (einzeln für jeden der beiden Algorithmen); L gesamte Iterationenanzahl bei der dualen Simplexmethode, die zur Überführung des Simplextableaus auf die l-Normalform benötigt wurden, P die Iterationenanzahl bei der dualen Simplexmethode, bei der das Problem als unlösbar angesehen wurde[1]).

Die für die Größen D, L, S eingeführten Variationsgrenzen sind die mathematische Erwartung M und die mittlere quadratische Abweichung (Varianz) σ.

In die Statistik wurden alle lösbaren Probleme eingeschlossen, darunter Probleme, deren Lösung a) zu Ende geführt wurde, wobei man eine richtige Antwort erhielt; b) nicht zu Ende geführt wurde; c) zu Ende geführt wurde, wobei man eine falsche Antwort erhielt[2]).

Als Resultat der Experimente zeigte sich, daß der B-Algorithmus im Vergleich mit den Algorithmen von Gomory bessere Ergebnisse in der Anzahl der Probleme ergab, deren Lösung bis zum Ende geführt wurde. Der B-Algorithmus erfordert für fast alle Problemgruppen die Einführung einer im Mittel geringeren Anzahl von Schnitten. Allerdings benötigt der B-Algorithmus für sieben Problemtypen (von 12) im Mittel zur Lösung der Probleme einige Iterationen in der dualen Simplexmethode mehr, als der Algorithmus von Gomory (im Grunde nach dem Vorhandensein eines lexikographischen Maximums).

Große Bedeutung erhielt die mittlere quadratische Abweichung σ im Vergleich mit M bei Vorhandensein folgender interessanten Erscheinung. Für jeden Algorithmus zerfielen die lösbaren Probleme im Grunde in zwei Klassen: 1. Probleme, deren Lösung nach einer vergleichsweise kleinen Iterationenzahl $I \leqq 0{,}1\ P$ vorhanden war (diese Probleme waren in der Überzahl); 2. alle übrigen Probleme.

Interessant ist die Tatsache, daß es für alle Problemgruppen Probleme gab, die nach dem B-Algorithmus sehr schnell lösbar waren und hinreichend lange nach dem Gomoryschen Algorithmus. Für andere Probleme war die Erscheinung umgekehrt. Das erklärt sich offenbar damit, daß die Bildung von Schnitten beim Algorithmus von Gomory und beim B-Algorithmus auf verschiedenen Prinzipien beruht.

Die experimentellen Resultate gestatten die Aussage, daß der B-Algorithmus bei solchen Problemen besser arbeitet, die viele ganzzahlige Lösungen besitzen.

In zwei Problemgruppen der ersten Serie ((2.8) und (10.8)) traten Probleme zutage, für die bei einer Lösung nach dem Algorithmus von Gomory die Anzahl

---

[1]) Bedingung zum Abbruch des Rechenverfahrens: a) für den B-Algorithmus. $L + S = P$; b) für den Algorithmus von Gomory: $S = P$. Für die verschiedenen Problemgruppen wurden verschiedene P ausgewählt ($P = 400 \div 1000$).

[2]) Die Gesamtzahl der mit jedem der beiden Algorithmen nicht lösbaren Probleme war gewöhnlich nicht groß, ($0 \div 4$ für Gruppen mit 50 Problemen) und lag nur für die Gruppe (10, 30) der ersten Serie bei 4 von einer Gesamtzahl von 15 Problemen. Dabei war stets ein Problem, für das der erste Algorithmus von Gomory eine falsche Antwort gab. Das war ein Problem der ersten Serie von der Dimension (10, 15). Der zweite Algorithmus von Gomory und der B-Algorithmus gaben nie eine falsche Antwort.

D der Schnitte den Umfang des Gesamtüberschusses übertraf:

$$D > 2^n\text{[1]}\,.$$

Es muß bemerkt werden, daß im aufgestellten Programm bei der Überprüfung der Ganzzahligkeit im Simplextableau die Bedingung

$$\langle a \rangle \leqq \varepsilon \tag{2.1}$$

benutzt wurde.

Hier ist $\langle a \rangle$ der Abstand von a zur nächsten ganzen Zahl.

Für den Fall, daß die Ungleichung (2.1) erfüllt ist, wird a als ganze Zahl angesehen, allerdings wird a im Simplextableau nicht durch die nächste ganze Zahl ersetzt. Dieses Verfahren erlaubte, den Einfluß von Rundungsfehlern erfolgreich zu bekämpfen. Für ε wurden die Werte $2^{-12} \div 2^{-24}$ verwendet.

Im Vortrag von Hohljuk [76] (1967) wurde die Effektivität des ersten und dritten Gomory-Algorithmus, wie auch des Algorithmus von Martin studiert. Man betrachtete Probleme dreier Typen:

1. Das Tornisterproblem mit vielen Restriktionen.
2. Das ganzzahlige Verteilungsproblem.
3. Ein Spezialproblem mit Koeffizienten für die Variablen gleich ± 1 und 2^{n-1} Ungleichungen. Hier ist n die Variablenanzahl. Alle Variablen sind Boolesch.

Wir führen einige experimentelle Resultate an.

Problem 1. a) Der erste Algorithmus von Gomory ergab schlechte Resultate bei großen (zwei- und dreistelligen) Koeffizienten. Das bekannte Problem von Land und Doig [99] ($m = 6$, $n = 21$) wurde nicht gelöst.

b) Der Algorithmus von Martin ergab keine Lösungen für das Problem von Land und Doig, weil teilweise die beim Lösungsverfahren auftretenden großen Zahlen Überlauf bei den Gleitkommaoperationen verursachten.

c) Der dritte Algorithmus von Gomory ergab gute Resultate bei einer Variablenzahl von $n \leqq 20$.

Problem 2 wurde nach dem ersten Algorithmus von Gomory gelöst. Man erhielt gute Resultate (bei ganzzahligen Koeffizienten, die den Modul 10 nicht überschritten).

Problem 3. Die Restriktionen des Problems wurden so ausgesucht, daß 2^{n-1} Ecken des n-dimensionalen Einheitswürfels (aus der Gesamtzahl 2^n) seine Lösungen darstellten.

Das Problem wurde mit dem dritten Algorithmus von Gomory für $n = 2, 3, \ldots, 8$ gelöst. In allen Fällen war die Iterationenzahl $I \geqq 2^{n-1}$.

Sei X^* eine optimale Lösung von Problem 3 und X^r eine Pseudolösung, die man nach der r-ten Iteration im dritten Algorithmus von Gomory gewonnen hat. Es zeigte sich, daß der Abstand $\varrho(X^r, X^*)$ unter den Restriktionen von Problem 3 monoton bis zur letzten Iteration nicht abnimmt; nur die letzte Iteration verwandelt $\varrho(X^r, X^*)$ in Null.

---

[1]) Für den B-Algorithmus ist das unmöglich (s. [9]).

9.3. Einige Ausblicke

Hier wird der Versuch gemacht, das Verhalten der Schnitt-Algorithmen bei der Lösung ganzzahliger linearer Optimierungsprobleme auf Grund der Resultate aus den Rechenexperimenten zu charakterisieren. Als Maß für die Rechenzeit kann man die Anzahl I der Simplex-Iterationen und die Anzahl D der Schnitte (der linearen Zusatzbeschränkungen) ansehen. Für den dritten Algorithmus von Gomory ist $I = D$.

Für den ersten Algorithmus von Gomory und verschiedene Verallgemeinerungen davon sind I und D auch eng miteinander verbunden (wie das Experiment beweist, erfordert die Lösung eines einzelnen Problems ($\mathcal{L}_r$, C) in der Mehrzahl der Fälle eine vergleichsweise geringe Menge von Simplex-Operationen).

Wir gehen zur Darlegung der einzelnen Eigenschaften über, die die Schnitt-Algorithmen aufweisen.

9.3.1. Die Zahlen I und D haben (im Mittel) die Tendenz, mit der Vergrößerung von Variablen- und Restriktionenanzahl zu wachsen, und zwar mit einem Zuwachs von der Ordnung der Problemkoeffizienten[1]) und mit einer Vergrößerung des Füllungsgrades der Matrix $||a_{ij}||$.

Diese Tendenz scheint natürlich zu sein, aber der Versuch zeigt, daß sich in der diskreten Optimierung ,,natürlich" und ,,wahrscheinlich" nicht immer als richtig erweisen. Genauer gesagt, man kann den für LO-Probleme angestellten Versuch unmöglich mechanisch auf GLO-Probleme übertragen.

9.3.2. Zuerst lenken ,,Irregularität" und ,,Nichtvorhersagbarkeit" des Verhaltens der Schnitt-Algorithmen die Aufmerksamkeit auf sich. Für eine Reihe von Problemen gelang es nicht, nach vielen Tausend Iterationen eine optimale Lösung zu erhalten, obwohl andere Probleme nach einigen Dekaden von Iterationen gelöst wurden.

Es gelang nicht, einen unmittelbaren Zusammenhang zwischen der Dimension des Problems (d. h. der Restriktionenzahl m und der Variablenzahl n) und der Iterationenzahl herzuleiten: es war sogar erfolglos, dieses für kleine Probleme zu fixieren ($m \leqq 10$, $n \leqq 10$), jedoch erfolgreich für Probleme mit hinreichend großen Dimensionen (Algorithmus von Martin: $m = 215$, $n = 2600$). Es ist übrigens möglich, daß der Versuch, einen solchen Zusammenhang festzustellen, eine unrichtige Übertragung der Ergebnisse der LO auf den Bereich der GLO darstellt (worüber oben gesprochen wurde).

Es kann sein, daß eine natürlichere Charakterisierung des Problems ($\mathcal{L}^{\text{ganz}}$, C) nicht die Zahl m (die linearen Restriktionen, die die polyedrische Menge $\mathcal{L}$ definieren), sondern die Zahl m^{ganz} der linearen Restriktionen ist, die die polyedrische Menge $V(\mathcal{L}^{\text{ganz}})$[2]) definieren. Indessen kann man leicht Beispiele anführen, wo bei kleinen m und n die Zahl m^{ganz} hinreichend groß ist.

---

[1]) Die Koeffizienten c_j, a_{ij}, b_i sehen wir als ganze Zahlen an.

[2]) Wir erinnern, daß $V(\mathcal{L}^{\text{ganz}})$ die konvexe lineare Hülle der Punkte der Menge $\mathcal{L}^{\text{ganz}}$ ist. Wir bemerken, daß m^{ganz} nicht eindeutig definiert sein kann.

Die „Irregularität" zeigt sich in der folgenden, bei einer Reihe von Untersuchungen beobachteten Tatsache: manchmal gelingt es, die Iterationenanzahl wesentlich zu verkleinern, wenn man die Variablen umnumeriert hat.

Schließlich ist eine Nichtmonotonie bei der Annäherung der Pseudolösung X^r an die optimale Lösung X^* zu verzeichnen. Bei wachsendem r verringert sich die Distanz $\varrho(X^r, X^*)$ nicht sicher, und erst bei der letzten Iteration wird sie garantiert gleich Null.

9.3.3. Die Auswahlregel für die erzeugende Zeile ist von großem Einfluß auf die Iterationenanzahl. Auch hier gibt es eine „Irregularität". Gleichzeitig damit, daß eine Regel nach zehn Iterationen zum Erfolg führt, ergibt eine andere keine Lösung nach tausend Iterationen.

Srinivasan ([123], s. oben 9.2.) versuchte, diese Erscheinung zu erforschen, indem er den Begriff Ecke und Abstand im n-dimensionalen euklidischen Raum anwandte. Aber offensichtlich eignen sich diese Begriffe ebenso schlecht zur Beschreibung von GLO-Problemen, wie die Restriktionenzahl m (s. oben).

9.3.4. Bei der Lösung von GLO-Problemen mit Schnittmethoden ergaben sich sowohl Erfolge als auch Mißerfolge. Eine Reihe von Beispielen wurde in 9.2. angegeben.

Zu den erfolgreichsten Arbeiten muß man rechnen:

1. Überdeckungsprobleme, darunter Probleme, die mit der Minimierung Booleescher Funktionen zusammenhängen (s. Balinski [6]).
2. Die Anwendung auf optimale Koordinierungsprobleme (s. Karp [86]).
3. Die Anwendung auf Probleme der optimalen Informationsauswertung von parallelen Speichersystemen (Day [31]).

Die charakteristischsten Probleme, für die sich Mißerfolge einstellen, sind:

1. Das Rundreiseproblem (Miller, Tucker, Zemlin [111]);
2. Probleme aus der Theorie der Ablaufplanung (Giglio, Wagner [55]).
3. Einige verallgemeinerte Überdeckungsprobleme (Balinski [6], Lawler und Bell [100]).

9.3.5. Zur Zeit fehlt eine erschöpfende Erklärung für das Gelingen oder Mißlingen verschiedener Rechenexperimente. Jedoch für alle Rundreiseprobleme und für alle Probleme aus der Theorie der Ablaufplanung ist die folgende Erwägung wahrscheinlich.

Die Formulierung dieser Probleme in der Sprache der GLO ist „unnatürlich". Für verhältnismäßig kleine Probleme in „natürlicher" Formulierung tritt in GLO-Modellen eine große Anzahl von Restriktionen und Variablen auf. Es ist möglich, daß kombinatorische Methoden für diese Probleme eine bessere Perspektive bieten (zum Beispiel die Methode von Branch-and-Bound für das Rundreiseproblem — s. 10.3.). Übrigens ist letztere Behauptung umstritten, weil kombinatorische Methoden gegenüber der Problemspezifik, der Einführung von Zusatzrestriktionen usw. sehr anfällig sind.

9.3.6. Offensichtlich ist der Erfolg bei der Lösung von Überdeckungsproblemen nicht nur mit den Vorzügen des Martinschen Algorithmus, sondern auch damit verbunden, daß es gelang, eine praktisch wichtige und gleichzeitig erfolgreich lösbare Problemklasse anzugreifen. Es wäre interessant, die Klasse der mit der Schnittmethode gut lösbaren Überdeckungsprobleme genau zu charakterisieren. Dies ist um so interessanter, als Beispiele für verallgemeinerte Überdeckungsprobleme gelöst wurden, für die bedeutende numerische Schwierigkeiten auftreten.

Überhaupt ist die Aussonderung einzelner Klassen von effektiv lösbaren Problemen ein wichtiges und interessantes Problem.

9.3.7. Wir fassen zusammen. Die Schnittmethode befindet sich im Stadium der Entwicklung und Vervollkommnung. Bei der Realisierung dieser Methode treten Schwierigkeiten auf, die offensichtlich nicht nur technischen, sondern auch prinzipiellen Charakter haben. Bisher kann man von einer Lösung von Problemen mit der Schnittmethode nur bei Problemen von mittleren Dimensionen sprechen (etwa 100 Variable und einige Dekaden Restriktionen).

Als am meisten perspektiv für die weitere Forschung über die Schnittmethode stellen sich folgende Richtungen dar:

1. Untersuchungen über die Konstruktion der Mengen $\mathcal{L}^{\text{ganz}}$ und $V(\mathcal{L}^{\text{ganz}})$ (s. Gomory [66]).

2. Untersuchungen über die Eigenschaften von Schnitten (s. Gomory [64], [87], Ben-Israel und Charnes [11], Glover [56]).

3. Die Aufstellung neuer Konstruktionsverfahren für Schnitte.

4. Die Entwicklung neuer Algorithmen. Klassen für Schnittmethoden (zum Beispiel primale Algorithmen, s. Young [131]).

5. Die Aussonderung einzelner Klassen von effektiv lösbaren Problemen.

TEIL III

KOMBINATORISCHE METHODEN

Dieser Teil befaßt sich mit der zweiten großen Gruppe von Methoden für die diskrete Optimierung. Wie schon weiter oben bei der Klassifikation der numerischen Methoden gezeigt wurde (1.4.), gehen die Methoden dieser Gruppe vor allem von den endlich vielen zulässigen Lösungen aus, indem sie ihren kombinatorischen Charakter ausnutzen. Die zentrale Idee der kombinatorischen Methoden besteht darin, daß die Gesamtheit aller Lösungen durch eine Teilmenge ersetzt wird. Grob gesprochen geschieht das auf dem Wege, daß einige Teilmengen von Lösungen, die bestimmt kein Optimum ergeben, verworfen werden. Das Optimum ist dann nur unter den restlichen Lösungen zu finden.

Man kann allerdings einige Besonderheiten kombinatorischer Methoden angeben, die sie von den Schnittmethoden unterscheiden. Zunächst werden kombinatorische Methoden bedeutend weniger von Rundungsfehlern beeinflußt als gewisse Varianten von Schnittmethoden. Bei vielen kombinatorischen Methoden werden Lösungen des dem betrachteten diskreten (linearen) Problem entsprechenden linearen Optimierungsproblems überhaupt nicht betrachtet.

Ein allgemeiner Vergleich der numerischen Schwierigkeiten bei kombinatorischen Methoden mit den Schnittmethoden ist relativ schwer. Man kann nur bemerken, daß für kombinatorische Methoden eine einfachere Arithmetik, aber manchmal eine kompliziertere Logik charakteristisch ist. Die numerischen Erfahrungen sagen aus, daß das Verhalten kombinatorischer Methoden im allgemeinen besser vorhersehbar ist.

Schließlich muß man bei der theoretischen Lösung bemerken, daß die Mehrheit der kombinatorischen Methoden spezielle Endlichkeitsbeweise nicht nötig hat (mit Ausnahme etwa des additiven Algorithmus von Balaş).

In ihrem Charakter sind die kombinatorischen Methoden sehr verschiedenartig. Vielleicht nehmen heute unter ihnen jene einen zentralen Platz ein, die man unter dem Namen ,,Branch-and-Bound“ vereinigen kann. Die allgemeine Idee der ,,Branch-and Bound“-Methode wird zusammen mit zwei wichtigen Realisierungen in 10. dargelegt. Ideell benachbart zu diesem Zugang ist der in 11. beschriebene additive Algorithmus von Balaş.

Es ist natürlich, auch verschiedene Algorithmen in die Gruppe der kombinatorischen Methoden einzubeziehen, die sich als Konkretisierung allgemeiner Ideen der dynamischen Optimierung bezüglich einiger gemischt diskreter Probleme darstellen lassen. Einige solche Verfahren werden in 12. gegeben. 13. befaßt sich mit der Anwendung des in der diskreten Analysis ausgearbeiteten lokalen Zugangs auf einige diskrete Optimierungsprobleme. Schließlich wird in 14. die Methode von Faure und Malgrange sowie die Methode der sukzessiven Berechnung von V. P. Čerenin zur Lösung einer Klasse von kombinatorischen Problemen im Überblick gebracht.

10. Die Branch-and-Bound-Methode

Zuerst wurde die Branch-and-Bound-Methode im Jahre 1960 in der Arbeit von LAND und DOIG [99] in Bezug auf ein ganzzahliges lineares Optimierungsproblem vorgelegt. Allein diese Arbeit hatte keinen merklichen unmittelbaren Einfluß auf die Entwicklung der diskreten Optimierung. Die „zweite Geburt“ der Branch-and-Bound-Methode ist faktisch mit der von LITTLE, MURTY, SWEENEY und KAREL [103] verbunden, die sich mit dem Rundreiseproblem befaßte. In ebendieser Arbeit wurde auch die jetzt allgemein verwendete Bezeichnung „Branch-and-Bound“-Methode erstmals gebracht. Beginnend mit diesem Moment erschien eine große Zahl von Arbeiten, die sich mit der Branch-and-Bound-Methode und verschiedenen Modifikationen befaßten. Der so große Erfolg (auch gegenüber dem „klassisch schweren“ Rundreiseproblem) erklärt sich damit, daß LITTLE, MURTY, SWEENEY und KAREL erstmals die Aufmerksamkeit auf die sehr großen Möglichkeiten der Branch-and-Bound-Methode lenkten, die Wichtigkeit bemerkten, die Spezifik des Problems auszunutzen und diese Spezifik auch ziemlich erfolgreich verwendeten.

In 10.1. wird die allgemeine Idee der Branch-and-Bound-Methode dargelegt, in 10.2. der Algorithmus von LAND und DOIG für ganzzahlige lineare Optimierungsprobleme und in 10.3. die Methode von LITTLE u. a. Autoren für Rundreiseprobleme.

10.1. Die Idee der Branch-and-Bound-Methode

10.1.1. Wir betrachten ein diskretes Optimierungsproblem in folgender allgemeiner Form.

Man minimiere

$$z = f(X) \tag{1.1}$$

unter den Restriktionen

$$X \in G\,. \tag{1.2}$$

Hier ist G irgendeine endliche Menge.

10.1.2. Der Branch-and-Bound-Methode liegt die folgende Konstruktion zugrunde, die gestattet, den Umfang der Lösungen in vielen Fällen wesentlich zu vermindern.

I. Die Berechnung von unteren Schranken (Beschränkung). Es gelingt oft, eine untere Schranke (Abschätzung) der Zielfunktion f auf der Lösungsmenge G (oder auf einer Teilmenge G') zu finden, d. h. eine Zahl $\zeta(G)$ ($\zeta(G')$), so daß für $X \in G$ gilt:

$$f(X) \geqq \zeta(G)$$

(entsprechend gilt für $X \in G'$ $f(X) \geqq \zeta(G')$).

II. Die Zerlegung in Teilmengen (Verzweigung). Die Realisierung der Methode hängt mit einer stufenweisen Zerlegung der Lösungsmenge G in einen Baum von Teilmengen zusammen (Verzweigung). Die Verzweigung wird mit dem folgenden Mehrschrittverfahren durchgeführt.

0-ter Schritt. Man hat eine Menge $G^0 \equiv G$. Durch irgendein Verfahren wird sie in eine endliche Anzahl (sich gewöhnlich nicht überlappender) Teilmengen $G_1^1, G_2^1, \ldots, G_r^1$ zerlegt.

k-ter Schritt ($k \geqq 1$). Man hat Mengen $G_1^k, G_2^1, \ldots, G_r^k$, die der Verzweigung noch nicht unterworfen wurden. Nach irgendeiner Regel (die weiter unten angegeben werden wird) wird eine Menge $G_{\nu(k)}^k$ ausgewählt und in eine endliche Anzahl von Teilmengen zerlegt:

$$G_{\nu(k),1}^k, G_{\nu(k),2}^k, \ldots, G_{\nu(k),s(k)}^k .$$

Die der Zerlegung noch nicht unterworfenen Mengen

$$G_1^k, G_2^k, \ldots, G_{\nu(k)-1}^k, G_{\nu(k)+1}^k, \ldots, G_{r_k}^k, G_{\nu(k),1}^k, G_{\nu(k),2}^k, \ldots, G_{\nu(k),s(k)}^k$$

werden wir von neuem mit $G_1^{k+1}, G_2^{k+1}, \ldots, G_{r_{k+1}}^{k+1}$ bezeichnen.

Einige Schritte dieses Verfahrens werden schematisch in Abb. 10.1.1. dargestellt.

III. Prüfung der Beschränkungen. Ist die Menge $G_1 \subset G_2$, so gilt offensichtlich

$$\min_{X \in G_1} f(X) \geqq \min_{X \in G_2} f(X) .$$

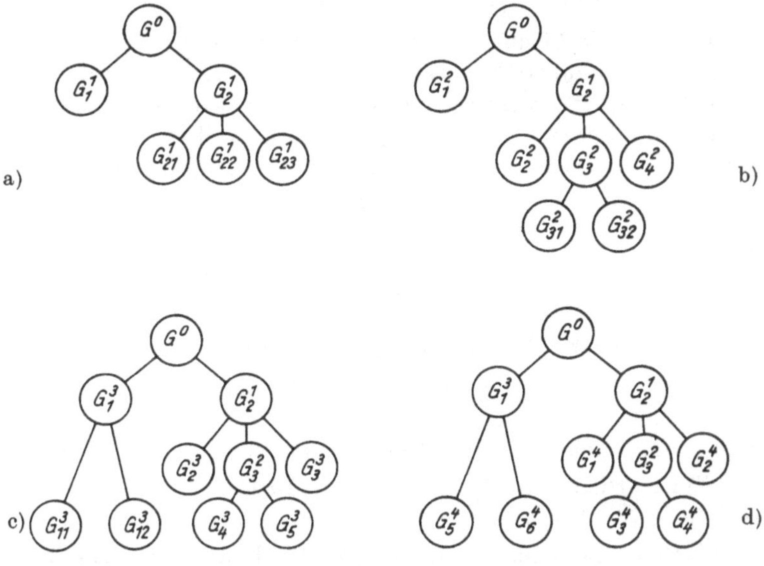

Abb. 10.1.1

Zerlegt man daher beim Lösungsverfahren irgendeine Menge G' in Teilmengen $G'_1, G'_2, \ldots, G'_s$:

$$G' = \bigcup_{i=1}^{s} G'_i ,$$

so kann man stets annehmen, daß die Schranke für eine beliebige Teilmenge G'_i nicht kleiner ist als die Schranke der Menge G':

$$\zeta(G'_i) \geqq \zeta(G') , \quad i = 1, 2, \ldots, s .$$

In konkreten Situationen erweist es sich oftmals als möglich, nach einer Verbesserung der Beschränkung zu trachten, d. h. für mindestens einige i die strenge Ungleichung

$$\zeta(G'_i) > \zeta(G')$$

zu erhalten.

IV. Berechnung der Lösungen. Für konkrete Probleme können verschiedene Verfahren zum Finden der Lösungen in sukzessiven verzweigten Teilmengen angegeben werden. Jedes solche Verfahren stützt sich wesentlich auf die Spezifik des Problems.

V. Optimalitätskriterium. Sei

$$G = \bigcup_{i=1}^{s} G_i$$

und gehöre die Lösung $\overline{X}$ zu einer gewissen Teilmenge G_v. Gilt dabei

$$f(\overline{X}) = \zeta(G_v) \leqq \zeta(G_i) , \quad i = 1, 2, \ldots, s ,$$

so ist $\overline{X}$ eine optimale Lösung von Problem (1.1)—(1.2).

Der Beweis folgt unmittelbar aus der Definition der Schranken.

Gewöhnlich wird dieses Kriterium auf jede Etappe der Verzweigung angewandt (d. h. formal gesagt bei $G_i = G_i^k$, $s = r_k$, s. Teil II).

VI. Genauigkeitsabschätzung der Näherungslösung. Sei

$$G = \bigcup_{i=1}^{s} G_i ,$$

$$\zeta = \min_{i=1, 2, \ldots, s} \zeta(G_i) .$$

Ist $\overline{X}$ irgendeine Lösung des Ausgangsproblems (d. h. $\overline{X} \in G$), so gilt

$$\zeta \leqq \min_{X \in G} f(X) \leqq f(\overline{X}) .$$

Der Beweis folgt auch hier direkt aus der Definition der Schranken.

Es ist offensichtlich, daß dann, wenn die Differenz $\Delta = f(\overline{X}) - \zeta$ klein ist (d. h. irgendeine für das gegebene Problem ausgewählte Zahl nicht überschreitet), $\overline{X}$ als Näherungslösung genommen werden kann und Δ als Genauigkeitsabschätzung für die Annäherung.

10.1.3. Wir stellen ein formales Schema für die Branch-and-Bound-Methode dar.

0-ter Schritt. Wir rechnen die Schranke $\zeta(G) = \zeta(G^0)$ aus. Gelingt es dabei, so eine Lösung $\overline{X}$ zu finden, daß

$$f(\overline{X}) = \zeta(G) , \tag{1.3-0}$$

gilt, so ist $\overline{X}$ optimale Lösung.

Wurde die optimale Lösung nicht gefunden, so zerlegen wir die Menge $G = G^0$ nach irgendeinem Verfahren in eine endliche Anzahl von Teilmengen

$$G^0 = G_1^1 \cup G_2^1 \cup \cdots \cup G_{r_1}^1 . \tag{1.4-0}$$

1-ter Schritt. Wir berechnen die Schranken $\zeta(G_i^1)$, $i = 1, 2, \ldots, r_1$. Gelingt es dabei, so eine Lösung $\overline{X}$ zu finden, daß $\overline{X} \in G_r^1$ für irgendein r $(1 \leqq r \leqq r_1)$ und

$$f(\overline{X}) = \zeta(G_r^1) \leqq \zeta(G_i^1) , \quad i = 1, 2, \ldots, r_1 , \tag{1.3-1}$$

gilt, so ist $\overline{X}$ eine optimale Lösung.

Wurde dagegen eine optimale Lösung nicht gefunden, wählen wir für die weitere Zerlegung eine Menge $G_{\nu(1)}^1$ mit den „besten Aussichten auf Optimalität" nach der folgenden Regel:

$$\zeta(G_{\nu(1)}^1) = \min_{i=1, 2, \ldots, r_1} \zeta(G_i^1) . \tag{1.5-1}$$

Wir zerlegen die Menge $G_{\nu(1)}^1$ in einige (sich gewöhnlich nicht überlappende) Teilmengen

$$G_{\nu(1)}^1 = G_{\nu(1),1}^1 \cup G_{\nu(1),2}^1 \cup \cdots \cup G_{\nu(1),s(1)}^1 . \tag{1.4-1}$$

Die der Zerlegung noch nicht unterworfenen Mengen

$$G_1^1, G_2^1, \ldots, G_{\nu(1)-1}^1, G_{\nu(1)+1}^1, \ldots, G_{r_1}^1, G_{\nu(1),1}^1, G_{\nu(1),2}^1, \ldots, G_{\nu(1),s(1)}^1 \tag{1.6-1}$$

werden mit

$$G_1^2, G_2^2, \ldots, G_{r_2}^2 \tag{1.7-1}$$

bezeichnet.

k-ter Schritt $(k \geqq 2)$. Wir berechnen die Schranken $\zeta(G_i^k)$, $i = 1, 2, \ldots, r_k$. Gelingt es dabei, so eine Lösung $\overline{X}$ zu finden, daß $\overline{X} \in G_r^k$ für ein gewisses r $(1 \leqq \leqq r \leqq r_k)$ und

$$f(\overline{X}) = \zeta(G_r^k) \leqq \zeta(G_i^k) , \quad i = 1, 2, \ldots, r_k \tag{1.3-k}$$

gilt, so ist $\overline{X}$ eine optimale Lösung.

Wurde hingegen eine optimale Lösung nicht gefunden, so wählen wir die Menge $G_{\nu(k)}^k$ mit den besten Aussichten auf Optimalität nach der Regel

$$\zeta(G_{\nu(k)}^k) = \min_{i=1, 2, \ldots, r_k} \zeta(G_i^k) . \tag{1.5-k}$$

Wir zerlegen $G_{\nu(k)}^k$ in einige disjunkte Teilmengen:

$$G_{\nu(k)}^k = G_{\nu(k),1}^k \cup G_{\nu(k),2}^k \cup \cdots \cup G_{\nu(k),s(k)}^k . \tag{1.4-k}$$

Die noch nicht der Zerlegung unterworfenen Mengen

$$\begin{gathered} G_1^k, G_2^k, \ldots, G_{\nu(k)-1}^k, G_{\nu(k)+1}^k, \ldots, G_{r_k}^k, \\ G_{\nu(1),1}^k, G_{\nu(1),2}^k, \ldots, G_{\nu(k),s(k)}^k \end{gathered} \tag{1.6-k}$$

bezeichnen wir mit

$$G_1^{k+1}, G_2^{k+1}, \ldots, G_{r_{k+1}}^{k+1} \tag{1.7-k}$$

und gehen zum $(k + 1)$-ten Schritt über.

10.1.4. Zur Realisierung des oben beschriebenen Schemas für die Branch-and-Bound-Methode auf einzelne diskrete Optimierungsprobleme ist nur nötig, ausgehend von den Besonderheiten dieser Probleme, die Verzweigungsregel zu konkretisieren, die Schranken zu berechnen und die Lösungen aufzufinden. In 10.2. und 10.3. wird das für gemischt ganzzahlige lineare Optimierungsprobleme (Methode von LAND und DOIG) und für das Rundreiseproblem (Methode von LITTLE u. a.) durchgeführt. Jedoch braucht ein allgemeines Schema für die Branch-and-Bound-Methode dabei nicht aufgestellt zu werden.

10.2. Die Methode von Land und Doig

10.2.1. Wir betrachten ein gemischt ganzzahliges lineares Optimierungsproblem.

Man minimiere

$$z = f(X) = \sum_{j=1}^{n} c_j x_j \tag{2.1}$$

unter den Restriktionen

$$\sum_{j=1}^{n} a_{ij} x_j R_i b_i, \quad i = 1, \ldots, m, \tag{2.2}$$

$$0 \leqq x_j \leqq d_j, \qquad j = 1, 2, \ldots, n, \tag{2.3}$$

$$x_i \text{ ganzzahlig}, \qquad j = 1, 2, \ldots, n_1. \tag{2.4}$$

Hier sind R_i, $i = 1, 2, \ldots, m$ beliebige Relationen $\leqq, \geqq, =$. Einige der Zahlen d_j in (2.3) können gleich $+\infty$ sein. In (2.4) ist wie stets $n_1 \leqq n$. Dabei ist selbstverständlich auch der Fall des rein ganzzahligen Problems ($n_1 = n$) nicht ausgeschlossen.

Die von den Restriktionen (2.2)—(2.3) definierte polyedrische Menge wird als beschränkt vorausgesetzt.

10.2.2. Wir geben eine Beschreibung der Idee von LAND und DOIG. Betrachtet wird das ganzzahlige (gemischt ganzzahlige) lineare Optimierungsproblem (2.1)—(2.4). Wie schon bei den Schnittmethoden beginnt das Verfahren mit der Lösung des ihm zugeordneten linearen Optimierungsproblems (2.1)—(2.3). Erfüllt die dabei gewonnene optimale Lösung $X^0 = (x_1^0, x_2^0, \ldots, x_n^0)$ die Ganzzahligkeitsbedingung (2.4) nicht, so ergibt der Zielfunktionswert $z_0 = \zeta^0$ für diese Lösung eine untere Schranke für das gesuchte Optimum, d. h. $\min z \geqq \zeta^0$. Angenommen, eine gewisse Variable x_{i_0} mit $1 \leqq i_0 \leqq n_1$ erhält in der Lösung X^0 keine ganzzahligen Werte. In der optimalen ganzzahligen Lösung muß der Wert von x_{i_0} entweder mindestens bis[1] $[x_{i_0}]$ verkleinert oder mindestens bis $[x_{i_0}] + 1$ vergrößert werden. Sind die Variationsgrenzen für x_{i_0} nicht vorgegeben, so kann man sie ausrechnen, wenn man dafür zwei Hilfsprobleme aus der linearen Optimierung löst, die in einer Maximierung und Minimierung von x_{i_0} unter den Restriktionen (2.2)—(2.3) bestehen. Nun kann man für jeden festen ganzzahligen Wert x_{i_0} des gefundenen Intervalls $\min z$ auf dem Wege der Lösung eines linearen Optimierungsproblems mit den Restriktionen (2.2) und der Zusatzbeschränkung $x_{i_0} = k_{i_0}$ suchen.

Sämtliche aufgezeigten Möglichkeiten kann man in Gestalt eines gewissen Problembaumes darstellen, in dem die Ecke 0 der Ausgangslösung X^0 entspricht, und jeder der mit ihr durch Verzweigung verbundenen Ecke entspricht die optimale Lösung eines Problems der Gestalt: Man minimiere z unter den Restriktionen (2.2)—(2.3) und der Zusatzbedingung, daß für die Variable x_{i_0} ein konkreter Wert $x_{i_0} = k_{i_0}$ vorgegeben ist. Jeder Ecke wird eine Schranke $\zeta^k = \zeta(i_0, k)$ vorgeschrieben, die gleich dem minimalen Wert von z für das entsprechende Problem ist. Es ist klar, daß $\zeta^0 \leqq \zeta(i_0, k)$ für alle k gilt.

Erfüllen die optimalen Lösungen der angegebenen Probleme die Ganzzahligkeitsbedingung, so wird die Lösung mit minimaler Schranke gleichzeitig optimale Lösung des Ausgangsproblems sein. Im entgegengesetzten Falle entsteht die Notwendigkeit, den Baum von einigen Ecken aus, die die Ganzzahligkeitsbedingung nicht erfüllen, weiterzuverzweigen. Das geschieht in analoger Weise. Selbstverständlich muß für die Verzweigung jedesmal die Ecke mit minimaler Schranke gewählt werden. Ein beliebiger Weg im Baum von der Ecke 0 zu irgendeiner Ecke definiert eine zulässige Auswahlfolge ganzzahliger Werte für die Variablen. Das Verfahren wird so lange fortgesetzt, bis eine weitere Verzweigung unmöglich ist. Im Zuge der Verzweigung wird jeder Ecke r mit minimalem z, die noch keine Schranke erhalten hat, die Schranke $\zeta^{k+1} = z^r$ zugeschrieben. Jede endliche Ecke entspricht irgendeiner zulässigen ganzzahligen Lösung. Die optimale Lösung ergibt die Ecke mit minimalem z.

10.2.3. Wir kommen nun zur formalen Beschreibung der Methode von LAND und DOIG, indem wir an denjenigen Stellen im allgemeinen Schema der Branch-and-Bound-Methode verweilen, die hier konkretisiert werden müssen.

1°. *Vorgabe der Menge G^0.* Die Menge $G_0 = G$ wird durch die Bedingungen (2.2)—(2.4) vorgegeben.

2°. *Vorgabe der Mengen G_ν^k.* Die Menge G_ν^k ($\nu = 1, 2, \ldots, r_k$; $k = 1, 2, \ldots$) wird durch die Bedingungen (2.2), (2.4) und die Zusatzbedingung

$$h_j\binom{k}{\nu} \leqq x_j \leqq d_j\binom{k}{\nu}, \; j = 1, 2, \ldots, n \tag{2.3$_\nu^k$}$$

definiert.

[1]) Wir erinnern, daß mit $[x]$ der ganzzahlige Teil von x bezeichnet wird (s. p. 79, Fußnote 1).

3°. Berechnung der Schranken. Für die Menge G^0 ist $\zeta(G^0) = f(X^0)$, wo X^0 optimale Lösung des linearen Optimierungsproblems (2.1)—(2.3) ist.

Für die Menge G_ν^k ist die Schranke $\zeta(G_\nu^k) = f\left(X\binom{k}{\nu}\right)$, wo $X\binom{k}{\nu}$ optimale Lösung für das lineare Optimierungsproblem (2.1), (2.2), (2.3_ν^k) ist.

Ist die Menge G_ν^k leer (d. h. das entsprechende Problem unlösbar), so wird ihr die Schranke $\zeta(G_\nu^k) = +\infty$ zugeschrieben.

4°. Berechnung der Lösungen. Erfüllt X^0 die Ganzzahligkeitsbedingung (2.4), so ist X^0 optimale Lösung von (2.1)—(2.4).

Erfüllt $X\binom{k}{\nu}$ die Ganzzahligkeitsbedingung (2.4), so ist $X\binom{k}{\nu}$ optimale Lösung von (2.1), (2.2), (2.3_ν^k), (2.4) und ist Lösung des Ausgangsproblems (2.1)—(2.4).

5°. Verzweigung. Die Notwendigkeit einer Verzweigung tritt in dem Falle auf, wenn die Lösung $X\binom{k}{\nu(k)}$ die Ganzzahligkeitsbedingung (2.4) nicht erfüllt. Sei $x_r\binom{k}{\nu(k)}$ eine nicht ganzzahlige Komponente dieser Lösung (mit $1 \leqq r \leqq n_1$). Dann wird die Menge $G_\nu\binom{k}{(k)}$ in zwei Mengen zerlegt:

$$G_{\nu(k)} = G_{\nu(k)2} \cup G_{\nu(k)1} \tag{2.5}$$

mit

$$G_{\nu(k),1}^k = \left\{X \mid X \in G_{\nu(k)}^k,\ x_r \leqq \left[x_r\binom{k}{\nu(k)}\right]\right\}, \tag{2.6}$$

$$G_{\nu(k),2}^k = \left\{X \mid X \in G_{\nu(k)}^k,\ x_r \geqq \left[x_r\binom{k}{\nu(k)}\right] + 1\right\}. \tag{2.7}$$

Bemerkung. Sind sämtliche Komponenten c_j in (2.1) ganzzahlig bei $j \leqq n_1$ und gleich Null bei $j > n_1$, so kann man $\zeta(G_\nu^k)$ durch die stärkere Schranke

$$\zeta'(G_\nu^k) =]f\left(X\binom{k}{\nu}\right)[$$

ersetzen. Hier wird durch das Symbol $]a[$ die kleinste ganze Zahl bezeichnet, die nicht kleiner als a ist.

Somit führt dieser Algorithmus in rein numerischer Beziehung zur Lösung einer Reihe von linearen Optimierungsproblemen. Die Endlichkeit des Algorithmus von Land und Doig folgt unmittelbar aus der oben vorausgesetzten Beschränktheit der Menge (2.2)—(2.3).

10.2.4. Wir kommen zu einem kleinen Zahlenbeispiel, das in 5.2.6. mit dem ersten Gomory-Algorithmus gelöst wurde.

Man minimiere

$$-x_1 - x_2 \tag{2.8}$$

unter den Restriktionen

$$2x_1 + 11x_2 \leqq 38, \qquad x_1 + x_2 \leqq 7, \qquad 4x_1 - 5x_2 \leqq 5, \tag{2.9}$$

$$x_1, x_2 \geqq 0, \tag{2.10}$$

$$x_1, x_2 \text{ ganzzahlig.} \tag{2.11}$$

0-ter Schritt. Optimale Lösung des linearen Optimierungsproblems (2.8) bis (2.10) ist

$$X^0 = \left(4\frac{4}{9}, 2\frac{5}{9}\right).$$

Wir haben $\zeta'(G^0) =]f(X^0)[=]-7[= -7$. Die Lösung X^0 erfüllt die Ganzzahligkeitsbedingung (2.11) nicht. Wir nehmen ihre nicht ganzzahlige Komponente x_1^0 und zerlegen die Menge G^0 in zwei Mengen:

$$G^0 = G_1^1 \cup G_2^1$$

mit

$$G_1^1 = \{X | X \in G^0, x_1 \leqq 4\},$$
$$G_2^1 = \{X | X \in G^0, x_1 \geqq 5\}.$$

1. Schritt. Wir lösen zwei lineare Optimierungsprobleme, die in der Minimierung von (2.8) gegenüber den Mengen G_1^1 und G_2^1 bestehen.

Im ersten Falle wird das Minimum bei $x_1 = 4$, $x_2 = 2\frac{8}{11}$ und $\zeta'(G_1^1) = \left]-6\frac{8}{11}\right[= -6$. angenommen. Die Menge G_2^1 jedoch erweist sich als leer, so daß wir dafür $\zeta(G_2^1) = +\infty$ haben.

Wir bilden eine Verzweigung aus G_1^1:

$$G_1^1 = G_{1,1}^1 \cup G_{1,2}^1$$

mit

$$G_{1,1}^1 = \{X | X \in G_1^1, x_2 \leqq 2\},$$
$$G_{1,2}^1 = \{X | X \in G_1^1, x_2 \geqq 3\}$$

und bezeichnen neu: $G_{1,1}^1 \equiv G_1^2$, $G_{1,2}^1 = G_2^2$, $G_2^1 = G_3^2$.

2. Schritt. Wir lösen zwei lineare Optimierungsprobleme, die in der Minimierung von (2.8) gegenüber den Mengen G_1^2, G_2^2 bestehen und erhalten

1. $X\binom{2}{1} = \left(3\frac{3}{4}, 2\right)$ und $\zeta'(G_1^2) = \left]-5\frac{3}{4}\right[= -5$,

2. $X\binom{2}{2} = \left(2\frac{1}{2}, 3\right)$ und $\zeta'(G_2^2) = \left]-5\frac{1}{2}\right[= -5$,

3. $G_3^2 \equiv G_2^1 = \emptyset$, $\zeta'(G_3^2) = \infty$.

Wir bilden eine Verzweigung aus der Menge G_1^2:

$$G_1^2 = G_{1,1}^2 \cup G_{1,2}^2$$

mit

$$G_{1,1}^2 = \{X | X \in G_1^2, x_1 \leqq 3\},$$
$$G_{1,2}^2 = \{X | X \in G_1^2, x_1 \geqq 4\}.$$

Wir bezeichnen neu: $G^2_{1,1} \equiv G^3_1$, $G^2_{1,2} \equiv G^3_2$, $G^2_2 \equiv G^3_3$, $G^2_3 \equiv G^3_4$.

3. Schritt. Wir lösen zwei lineare Optimierungsprobleme, die in der Minimierung von (2.8) über den Mengen G^3_1 und G^3_2 bestehen.

Wir erhalten

1. $X\binom{3}{1} = (3, 2)$ und $\zeta'(G^3_1) =]-5[= -5$,
2. $G^3_2 = \emptyset$ und $\zeta'(G^3_2) = \infty$,
3. $X\binom{3}{3} = X\binom{2}{2} = \left(2\frac{1}{2}, 3\right)$ und $\zeta'(G^3_3) = \left]-5\frac{1}{2}\right[= -5$,
4. $G^3_4 = G^2_3 = \emptyset$ und $\zeta'(G^3_4) = \infty$.

Wir erhalten die ganzzahlige Lösung $\overline{X} = X\binom{3}{1} = (3, 2)$ mit

$$\zeta' = \min\{\zeta'(G^3_1), \zeta'(G^3_2), \zeta'(G^3_3), \zeta'(G^3_4)\} =$$
$$= \min\{-5, \infty, -5, \infty\} = -5 \leqq f(\overline{X}) = -5\,.$$

Daher ist die Lösung $\overline{X} = (3, 2)$ optimale.

10.2.5. Verfolgt man die im Zuge der Berechnung ausgeführten Operationen, so kann man sich leicht eine geometrische Interpretation der Methode von Land und Doig herstellen. Grob gesprochen (hier ist es bequemer, von einem Maximumproblem zu sprechen) besteht sie in einem Einschieben von Hyperebenen, die durch die Niveaufläche der Zielfunktion $f(X) = \text{const.}$ definiert sind, in das Lösungspolyeder des zugeordneten linearen Optimierungsproblems bis zu einer Berührung mit dem nächsten Punkt dieses Polyeders, der der Ganzzahligkeitsbedingung genügt.

Nach der Beschreibung der Methode von Land und Doig ist klar, daß für rein ganzzahlige und gemischt ganzzahlige Probleme in ihrer Realisierung kein Unterschied besteht. Eine Zusammenfassung über numerische Realisierungen dieser Methode wurde bisher noch nicht publiziert. Es ist nur bekannt, daß sie 1965 programmiert wurde. Aus allgemeinsten Erwägungen ist klar, daß diese Methode für gemischt ganzzahlige Probleme mit relativ kleiner Anzahl von ganzzahligen Variablen und auch für Probleme mit spezieller Struktur ziemlich effektiv sein muß. Die letzte Erwägung unterstreicht eindringlich den Erfolg bei der Anwendung der allgemeinen Idee von Branch-and-Bound auf das Rundreiseproblem (die Methode von Little, Murty, Sweeney und Karel). Diese Methode wird in 10.3. beschrieben.

10.3. Der Algorithmus von Little, Murty, Sweeney und Karel für das Rundreiseproblem

10.3.1. Wie auch bei der Darstellung der Methode von Land und Doig werden wir das allgemeine Schema der Branch-and-Bound-Methode nicht wiedergeben, sondern nur die Besonderheiten des gegebenen Algorithmus darlegen.

Das Rundreiseproblem wurde weiter oben beschrieben (2.3.). Wir erinnern daran. Man hat n Städte $i = 1, 2, \ldots, n$. Gegeben ist die Matrix $\|c_{ij}\|$, $i, j =$

$= 1, 2, \ldots, n$ der Entfernungen zwischen ihnen (wir nehmen an, daß alle $c_{ii} = = +\infty$ sind). Selbstverständlich ist $c_{ij} \geqq 0$. Die Entfernungsmatrix wird nicht als symmetrisch vorausgesetzt, m. a. W. der Fall $c_{ji} \neq c_{ij}$ ist möglich.

Gesucht wird die kürzeste geschlossene Marschroute $(i_1, i_2, \ldots, i_n)$ (der Zyklus), die von jeder Stadt genau einmal ausgeht und die zurückgelegte Gesamtentfernung

$$c_{i_1 i_2} + c_{i_2 i_3} + \cdots + c_{i_{n-1} i_n} + c_{i_n i_1} \tag{3.1}$$

minimiert.

Die Idee der Branch-and-Bound-Methode bezüglich des Rundreiseproblems ist relativ durchsichtig. Die Verzweigung beruht auf der folgenden elementaren Erwägung: der Übergang von einer gegebenen Stadt i in eine andere Stadt j kann entweder auf dem optimalen Zyklus des Reisenden liegen oder nicht. Bei der Schrankenberechnung wird jedoch die Tatsache ausgenutzt, daß eine Längenänderung für alle in eine gegebene Stadt führenden Wege um ein und dieselbe Größe auf ein neues Problem führt, dessen optimale Lösungen mit den optimalen Lösungen des Ausgangsproblems zusammenfallen.

10.3.2. Wir konkretisieren nun die einzelnen Etappen für das allgemeine Schema der Branch-and-Bound-Methode.

1°. Vorgabe der Menge G^0. Die Menge $G^0 = G$ besteht aus allen Zyklen.

2°. Vorgabe der Mengen G_ν^k. Jede Menge $G_\nu^k, \nu = 1, 2, \ldots, r_k$; $k = = 1, 2, \ldots$ besteht aus allen Zyklen, die einer Zusatzbedingung der folgenden beiden Typen genügen:

1. Aus i muß man unmittelbar nach j übergehen für alle geordneten Paare (i, j), die sich in einer gewissen Menge P_ν^k befinden;

2. von i aus ist es verboten, unmittelbar nach j zu gehen für alle geordneten Paare (i, j), die sich in einer gewissen Menge $\bar{P}_\nu^k$ befinden.

3°. Berechnung der Schranke für G^0. Zuordnung. Wir betrachten einen gewissen Zyklus $(i_1, i_2, \ldots, i_n)$. Die von ihm zurückgelegte Entfernung sei gleich

$$l(i_1, i_2, \ldots, i_n) = c_{i_1 i_2} + c_{i_2 i_3} + \cdots + c_{i_{n-1}} + c_{i_n i_1}.$$

Sei

$$\min_j c_{ij} = c_{ij(i)}.$$

Dann gilt

$$c'_{ij} = c_{ij} - c_{ij(i)} \geqq 0 \tag{3.2}$$

und

$$l(i_1, i_2, \ldots, i_n) = \sum_{i=1}^{n} c_{i\,j(i)} + (c'_{i_1 i_2} + c'_{i_2 i_3} + \cdots + c'_{i_{n-1} i_n} + c'_{i_n i_1}).$$

Sei weiterhin

$$\min_i c'_{ij} = c'_{i(j)j}.$$

Dann gilt

$$c''_{ij} = c'_{ij} - c'_{i(j)j} \geqq 0 \tag{3.3}$$

und

$$l(i_1, i_2, \ldots, i_n) = \sum_{i=1}^{n} c_{ij(i)} + \sum_{j=1}^{n} c'_{i(j)j} + (c''_{i_1i_2} + c''_{i_2i_3} + \cdots + c''_{i_{n-1}i_n} + c'_{ni_1}) . \tag{3.4}$$

Aus (3.2), (3.3) und (3.4) erhalten wir

$$l(i_1, i_2, \ldots, i_n) \geqq \sum_{i=1}^{n} c_{ij(i)} + \sum_{j=1}^{n} c'_{i(j)j}$$

und setzen

$$\zeta(G^0) = \sum_{i=1}^{n} c_{ij(i)} + \sum_{j=1}^{n} c'_{i(j)j} . \tag{3.5}$$

Wir bemerken, daß $\zeta(G^0) \geqq 0$ ist.

Die oben beschriebene Transformation, die gestattet, aus der nichtnegativen Ausgangsmatrix $C = ||c_{ij}||$ eine neue nichtnegative Matrix $C'' = ||c''_{ij}||$ zu gewinnen, heiße *Zuordnung* und die Summe

$$h = \sum_{i=1}^{n} c_{ij(i)} + \sum_{j=1}^{n} c'_{i(j)j}$$

die *Zuordnungssumme*.

Wir bemerken, daß die Matrix C'' und die Schranke $\zeta(G^0)$ der Matrix C eindeutig zugeordnet sind. Dabei gilt der folgende einfache Satz.

Satz 10.1.1. *Eine optimale Lösung des Rundreiseproblems mit der Matrix C'' ist ebenfalls optimale Lösung für das Rundreiseproblem mit der Matrix C. Die Länge des Weges $l(i_1, i_2, \ldots, i_n)$, der der Matrix C entspricht und die Länge des Weges $l''(i_1, i_2, \ldots, i_n)$, der die Matrix C'' entspricht, sind über die Beziehung*

$$l(i_1, i_2, \ldots, i_n) = \zeta(G^0) + l''(i_1, i_2, \ldots, i_n) \tag{3.6}$$

miteinander verbunden.

Der Beweis folgt unmittelbar aus (3.4) und (3.5). Wir bemerken, daß in jeder Zeile und in jeder Spalte der Matrix C'' mindestens eine Null enthalten ist. Eine beliebige nichtnegative quadratische Matrix, die die angegebene Eigenschaft besitzt, werden wir *zugeordnet* nennen. Man sieht leicht, daß der Zuordnungsprozeß, angewendet auf eine zugeordnete Matrix, dieselbe Matrix ergibt. Die Zuordnungssumme wird dabei gleich Null.

Jeder Ecke G_ν^k des Baumes, der beim Lösungsprozeß gebildet wird, wird ihre Schranke $\zeta(G_\nu^k)$ und ihre zugeordnete Matrix C_ν^k zugeordnet.

4°. Die Zerlegung in Teilmengen (Verzweigung). Die Menge $G_{\gamma(k)}^k$ wird bei der Verzweigung in genau zwei Teilmengen zerlegt. Nach einem (unten anzugebenden) Verfahren wird ein Städtepaar (r, l) ausgewählt, das sich nicht in den Mengen $P_{\nu(k)}^k$ und $\bar{P}_{\nu(k)}^k$ befindet. Danach wird die Verzweigung

$$G_{\nu(k)}^k = G_{\nu(k),1}^k \cup G_{\nu(k),2}^k$$

durchgeführt. Hier erhält man $G_{\nu(k),1}^k$ aus $G_{\nu(k)}^k$ durch Hinzufügen der Bedingung: „von r gehe man unbedingt unmittelbar nach l über", und $G_{\nu(k),2}^k$ erhält man aus $G^k_{\nu(k)}$ durch Hinzufügen der Bedingung: „es ist verboten, von r unmittelbar nach l überzugehen." Formaler heißt das:

$$P^k_{\nu(k),1} = P^k_{\nu(k)} \cup \{(r, l)\}, \quad \overline{P}^k_{\nu(k),1} = \overline{P}^k_{\nu(k)} ,$$
$$P^k_{\nu(k),2} = P^k_{\nu(k)}, \quad \overline{P}^k_{\nu(k),2} = \overline{P}^k_{\nu(k)} \cup \{(r, l)\} .$$

Die Auswahl des Paares (r, l) beruht bei der Verzweigung auf folgenden Erwägungen. Man bemüht sich, so zu verfahren, daß $G^k_{\nu(k),1}$ „mit größter Wahrscheinlichkeit" den optimalen Zyklus enthält und $G^k_{\nu(k),2}$ ihn nicht enthält. Natürlich muß man dafür (r, l) so wählen, daß $C^k_{\nu(k)}(r, l) = 0$ ist. Hier wird mit $C^k_{\nu(k)}(r, l)$ das Element der zugeordneten Matrix (die der Menge $G^k_{\nu(k)}$ entspricht) bezeichnet, das in Zeile r und Spalte l steht. Dann besteht Grund, zu erwarten, daß einem in $G^k_{\nu(k),1}$ enthaltenen Zyklus eine kleine Weglänge zugeordnet ist.

Nun werden wir versuchen, (r, l) so auszusuchen (wobei die vorige Bedingung $C^k_{\nu(k)}(r, l) = 0$ eingehalten wird), daß Zyklen, die sich in $G^k_{\nu(k),2}$ befinden, nach Möglichkeit längere Wege zugeordnet werden. Wir betrachten irgendeinen Zyklus aus $G^k_{\nu(k),2}$. Nach Definition der Menge $G^k_{\nu(k),2}$ führt der Weg auf diesem Zyklus aus der Stadt r unmittelbar nach irgendeine Stadt $j \neq l$, und nach der Stadt l gelangt man unmittelbar aus irgendeiner Stadt $i \neq r$. Es ist klar, daß die Länge dieses Zyklus nicht kleiner wird als

$$\theta(r, l) = \min_{j \neq l} C^k_{\nu(k)}(r, j) + \min_{i \neq r} C^k_{\nu(k)}(i, l) .$$

Es bleibt, (r, l) so zu wählen, daß $\theta(r, l)$ größtmöglich wird, d. h.

$$\theta(r, l) = \max \theta(p, q) = \max \left\{ \min_{j \neq q} C^k_{\nu(k)}(p, j) + \min_{i \neq p} C^k_{\nu(k)}(i, q) \right\},$$

wo das Maximum über alle Paare p, q genommen wird, für die $C^k_{\nu(k)}(p, q) = 0$ ist.

5°. Die Berechnung der Lösungen (Zyklen). Besteht die Menge P^k_ν aus genau $n - 1$ Elementen, so wird damit schon ein Zyklus gegeben, dessen n-tes Element eindeutig bestimmt ist. In diesem Fall fällt die Schranke $\zeta(G^k_\nu)$ mit der Länge des zu G^k_ν gehörenden einzigen Zyklus zusammen.

6°. Die Transformation der Entfernungsmatrix bei der Verzweigung. Berechnung der Schranken. Wir betrachten die in 4° beschriebene Verzweigung

$$G^k_{\nu(k)} = G^k_{\nu(k),1} \cup G^k_{\nu(k),2} .$$

a) Wir betrachten zu Beginn die Menge $G^k_{\nu(k),2}$ und weisen auf die Übergangsregel von der Matrix $C^k_{\nu(k)}$ zur Matrix $C^k_{\nu(k),2}$ hin. Die Matrix $C^k_{\nu(k),2}$ enthält dieselben Zeilen und Spalten wie auch $C^k_{\nu(k)}$. Wir setzen

$$\overline{C}^k_{\nu(k),2}(i, j) = \begin{cases} C^k_{\nu(k)}(i, j), & (i, j) \neq (r, l) , \\ \infty, & (i, j) = (r, l) . \end{cases}$$

Wenden wir auf die Matrix $||\overline{C}^k_{\nu(k),2}(i, j)||$ das oben beschriebene Zuordnungsverfahren an, erhalten wir die Matrix $C^k_{\nu(k),2}$.

Dabei ist die Zuordnungssumme gleich $\theta(r, l)$, so daß die Schranke für $G^k_{\nu(k),2}$ zu

$$\zeta(G^k_{\nu(k),2}) = \zeta(G^k_{\nu(k)}) + \theta(r, l)$$

wird.

b) Wir wenden uns nun der Menge $G^k_{\nu(k),1}$ zu und erklären die Übergangsregel von der Matrix $C^k_{\nu(k)}$ zur Matrix $C^k_{\nu(k),1}$. Nach Definition enthält $C^k_{\nu(k),1}$ bekanntlich den unmittelbaren Übergang von r nach l (formaler gesprochen $(r, l) \in P^k_{\nu(k)}$). Daher kann man beim Übergang von der Matrix $C^k_{\nu(k)}$ zur Matrix $C^k_{\nu(k),1}$ ohne irgendeine Verbesserung der Schranke einzubringen die Zeile r und die Spalte l streichen. Als Ergebnis erhalten wir die Matrix $\overline{C}^k_{\nu(k),1}$.

Weiter muß geprüft werden, ob $G^k_{\nu(k),1}$ etwa aus genau einem Zyklus besteht. Ist das so, muß man auf die Matrix das Zuordnungsverfahren anwenden und, indem man die Zuordnungssumme k erhält, die Schätzung

$$\zeta(G^k_{\nu(k),1}) = \zeta(G^k_{\nu(k)}) + h$$

berechnen. Dabei zeigt sich, daß $\zeta(G^k_{\nu(k),1})$ exakt gleich der Länge dieses einzigen Zyklus ist. Besteht $G^k_{\nu(k),1}$ jedoch nicht aus genau einem Zyklus, so muß man die Möglichkeit verbieten, daß Teilzyklen auftreten (d. h. geschlossene Marschrouten, die weniger als n Städte enthalten). Diese Möglichkeit tritt jetzt wegen des Hinzufügens eines unmittelbaren Überganges (r, l) auf. Dafür muß man alle Marschrouten finden, die das Glied (r, l) und möglichst andere Elemente der Menge $P^k_{\nu(k),1}$ enthalten. Wir bezeichnen die Menge solcher Marschrouten mit $S^k_{\nu(k),1}$.

Das Verbotsverfahren für die erwähnten Marschrouten (Teilzyklen) ist mit dem Übergang von der Matrix $\overline{C}^k_{\nu(k),1}$ zur Matrix $\widetilde{C}^k_{\nu(k),1}$ (die dieselben Zeilen und Spalten enthält) verbunden. Vor allem geht in $S^k_{\nu(k),1}$ die Marschroute (r, l, r) ein. Wir verbieten sie, indem wir $\widetilde{C}^k_{\nu(k),1}(l, r) = \infty$ setzen. Kann man ferner aus den Elementen von $P^k_{\nu(k)}$ die Marschroute $(i_1, i_2, \ldots, i_p, r)$ bilden, so gehen in $S^k_{\nu(k),1}$ Marschrouten der Gestalt $(i_q, i_{q+1}, \ldots i_p, r, l, , i_q)$, $1 \leqq q \leqq p$. ein Wir verbieten alle diese Marschrouten, indem wir $\widetilde{C}^k_{\nu(k),1}(l, i_q) = \infty$, $q = 1, 2, \ldots, p$ setzen. Kann man aus den Elementen von $P^k_{\nu(k)}$ die Marschroute $(l, i_1, i_2, \ldots, i_p)$ bilden, so gehen in $S^k_{\nu(k),1}$ die Marschrouten der Gestalt $(r, l, i_1, i_2, \ldots, i_q, r)$, $1 \leqq q \leqq p$ ein. Wir verbieten all diese Marschrouten, indem wir $\widetilde{C}^k_{\nu(k),1}(i_q, r) = = \infty$, $q = 1, 2, \ldots, p$ setzen. Für alle restlichen Elemente (i, j) der Matrix $\widetilde{C}^k_{\nu(k),1}$ setzen wir

$$\widetilde{C}^k_{\nu(k),1}(i, j) = \overline{C}^k_{\nu(k),1}(i, j) .$$

Nun muß man auf die Matrix $\widetilde{C}^k_{\nu(k),1}$ das Zuordnungsverfahren anwenden und, indem man die Zuordnungssumme h findet, die Schranke nach der früheren Regel

$$\zeta(G^k_{\nu(k),1}) = \zeta(G^k_{\nu(k)}) + h$$

berechnen.

10.3.3. Die Endlichkeit des Algorithmus von LITTLE, MURTY, SWEENEY und KAREL folgt unmittelbar aus der Endlichkeit der Anzahl aller Zyklen in dem betrachteten Problem.

10.3.4. Den beschriebenen Algorithmus kann man sogar auch zum Auffinden einer Näherungslösung modifizieren. Eine Genauigkeitsschranke für die Näherung kann dabei nach einem allgemeinen Verfahren erhalten werden, das für die Branch-and-Bound-Methode charakteristisch ist (s. 10.1.). Als Näherungslösung kann man einen Zyklus aus einer beliebigen Menge G_ν^k wählen, die aus genau einem Zyklus besteht.

10.3.5. Die Autoren beleuchten im Artikel [103] auch die von ihnen gesammelten numerischen Erfahrungen. Es wurde auf der Maschine IBM 7090 experimentiert. Dabei wurden Probleme mit unsymmetrischer Matrix und einer Anzahl von bis zu 20 Städten nach einigen Sekunden gelöst. Bei einer Vergrößerung der Städtezahl wuchs die Rechenzeit relativ schnell (grob gesprochen vergrößerte ein Hinzufügen von 10 Städten die Rechenzeit etwa um das Zehnfache). Die mittlere Rechenzeit (auf 100 gelöste Probleme) für unsymmetrische Probleme mit 30 Städten betrug ungefähr 1 min.

Probleme mit symmetrischen Matrizen wurden gewöhnlich bedeutend länger im Vergleich mit unsymmetrischen Problemen desselben Ausmaßes gerechnet. Zum Beispiel erforderte die Lösung eines Problems mit 25 Städten 4,7 min Maschinenzeit.

11. Der additive Algorithmus

Hier wird der von E. BALAŞ ausgearbeitete „additive Algorithmus" zur Lösung ganzzahliger linearer Optimierungsprobleme mit BOOLEschen Variablen beschrieben. Die Darstellung folgt prinzipiell dem Artikel von BALAŞ [3].

11.1. Problemstellung und Idee der Methode

11.1.1. Wir betrachten ein ganzzahliges lineares Optimierungsproblem.
Man maximiere (minimiere)

$$c_1 t_1 + c_2 t_2 + \cdots + c_n t_n \tag{1.1}$$

unter den Restriktionen

$$\left.\begin{array}{l} a_{11} t_1 + a_{12} t_2 + \cdots + a_{1n} t_n \, R_1 \, b_1 \,, \\ a_{21} t_1 + a_{22} t_2 + \cdots + a_{2n} t_n \, R_2 \, b_2 \,, \\ \dots\dots\dots\dots\dots\dots \\ a_{p1} t_1 + a_{p2} t_2 + \cdots + a_{pn} t_n \, R_p \, b_p \,, \end{array}\right\} \tag{1.2}$$

$$t_j = \begin{cases} 0, \\ 1, \end{cases} \quad j = 1, 2, \ldots, n \,. \tag{1.3}$$

Hier sind R_i, $i = 1, 2, \ldots, p$ beliebige Relationen aus $\{\leqq, \geqq, =\}$.

Auf dem Wege elementarer Transformationen kann man ein Problem in der Gestalt (1.1)—(1.3) in ein Problem überführen, bei dem die Zielfunktion in der Gestalt (1.1), aber schon mit nichtnegativen Koeffizienten c_j unter Bedingungen minimiert wird, die Ungleichungsform mit dem Ungleichheitszeichen haben. Diese Transformationen sind offenbar:

1. jede Gleichung in (12.) durch zwei entgegengesetzte Ungleichungen ersetzen;
2. jede Ungleichung mit dem Zeichen $\geqq$ mit -1 multiplizieren;
3. im Falle eines Maximumproblems

$$x_j = \begin{cases} t_j & \text{für} \quad c_j \leqq 0\,, \\ 1 - t_j & \text{für} \quad c_j > 0\,, \end{cases} \tag{1.4a}$$

und im Fall eines Minimumproblems

$$x_j = \begin{cases} t_j & \text{für} \quad c_j \geqq 0\,, \\ 1 - t_j & \text{für} \quad c_j < 0 \end{cases} \tag{1.4b}$$

setzen.

Sei m die Zeilenanzahl in der so transformierten Matrix (1.2). Auf der rechten Seite der transformierten Restriktionen (1.2) belassen wir der Einfachheit halber die Bezeichnung b_i (hier ist schon $i = 1, 2, \ldots, m$). Wir bezeichnen $\{1, 2, \ldots, m\} = M$, $\{1, 2, \ldots, n\} = N$.

Somit kann Problem (1.1)—(1.3) in folgender Form geschrieben werden.

Man minimiere

$$c_1 x_1 + c_2 x_2 + \cdots + c_n x_n \tag{1.5}$$

unter den Restriktionen

$$a_{i1} x_1 + a_{i2} x_2 + \cdots + a_{in} x_n \leqq b_i\,, \qquad i \in M\,, \tag{1.6}$$

$$x_j = \begin{cases} 0, \\ 1, \end{cases} \quad j \in N\,, \tag{1.7}$$

mit $c_j \geqq 0\,,\ j \in N$.

Führt man auf gewöhnliche Weise einen m-dimensionalen Vektor Y von freien Variablen ein, so kann man Problem (1.5)—(1.7) in folgende kanonische Matrixform umschreiben.

Man manimiere

$$z = C\,X \tag{1.8}$$

unter den Restriktionen

$$A\,X + Y = B\,, \tag{1.9}$$

$$x_j = \begin{cases} 0, \\ 1, \end{cases} \quad j \in N\,, \tag{1.10}$$

$$Y \geqq 0\,. \tag{1.11}$$

Problem (1.8)—(1.11) wird im folgenden Problem $\mathcal{P}$ genannt werden. *Verheftete Lösung* von Problem $\mathcal{P}$ wird ein beliebiger $(n + m)$-dimensionaler Vektor $U = (X, Y)$ genannt, der (1.9) und (1.10) erfüllt. Eine verheftete Lösung heißt *Lösung*, wenn sie (1.11) erfüllt. Eine Lösung heißt *optimal*, wenn sie (1.8) erfüllt (d. h. z minimiert).

Die j-te Spalte der Restriktionenmatrix A in (1.9) wird weiter mit A_j bezeichnet.

11.1.2.. Wir geben eine nichtformale Beschreibung der Idee des additiven Algorithmus. Es ist klar, daß das oben formulierte Problem $\mathcal{P}$ 2^n verheftete Lösungen besitzt. Der Grundzug des additiven Algorithmus besteht darin, daß die optimale Lösung (oder die erklärte Nichtexistenz von Lösungen) gewonnen wird, indem nur eine Teilmenge aller 2^n verhefteten Lösungen untersucht wird. Dies wird im Rahmen des dem Leser schon bekannten allgemeinen Verzweigungsschemas durchgeführt.

Wir führen einige Begriffe ein. Einen aus q fixierten zulässigen Variablenwerten (0 oder 1) bestehenden Satz nennen wir *partielle Lösung*. Unter der *Ergänzung* einer partiellen q-Lösung werden wir einen Satz von zulässigen[1]) Werten für die restlichen $n - q$ Variablen verstehen. Zeigt es sich, daß irgendeine konkrete q-Lösung entweder keine Ergänzung besitzt oder gelingt es nicht, eine Ergänzung aufzufinden, die zu einem kleineren Wert für die Zielfunktion z führt, so kann man 2^{n-q} zulässige Lösungen aus der Betrachtung ausschließen, indem man die Suche nach der optimalen unter den restlichen fortsetzt.

Grob gesprochen besteht der additive Algorithmus in der Konstruktion einer Folge von partiellen Lösungen und im Ausschluß gewisser Teilmengen unter ihren Ergänzungen. So ein Ausschluß wird in den Fällen durchgeführt, wenn die gegebene Teilmenge entweder keine Ergänzung besitzt oder wenn eine beliebige Ergänzung davon einen Wert von z ergibt, der nicht besser ist als der vorher erreichte.

Es ist natürlich, den Begriff *Sondierung* einer gegebenen partiellen q-Lösung einzuführen. Die Sondierung besteht: a) im Auffinden der besten Ergänzung, die einen kleineren Wert z als die früher erreichte ergibt oder b) in der Klärung dessen, ob solche Ergänzungen nicht existieren. Wegen der Nichtnegativität aller Zielfunktionskoeffizienten wäre diejenige eine bessere Ergänzung einer partiellen q-Lösung, bei der alle restlichen $n - q$ Variablen gleich Null gesetzt werden[2]). Wurde als Ergebnis einer Sondierung eine bessere Ergänzung gefunden (ist Fall a) realisiert), so ist es nicht mehr nötig, andere Ergänzungen der gegebenen partiellen q-Lösung zu betrachten. Existiert jedoch keine Ergänzung und wird Fall b) realisiert, so wird der Übergang zu einer neuen partiellen $(q + 1)$-Lösung nach gewissen Regeln durchgeführ . So einen Übergang nennen wir in natürlicher Weise eine *Erweiterung* der partiellen q-Lösung.

---

[1]) M. a. W. ein aus einer partiellen q-Lösung und ihrer Ergänzung bestehender Vektor muß eine Lösung des Ausgangsproblems sein.

[2]) Unter der Bedingung, daß ein Satz aus $n - q$ Nullen überhaupt eine Ergänzung darstellt.

Sämtliche partiellen Lösungen werden entweder einer Sondierung oder einer Erweiterung unterzogen. Vom numerischen Standpunkt aus muß man versuchen, eine Sondierung bei kleinstmöglicher Erweiterung durchzuführen. Geschieht nämlich eine Sondierung schon bei $q = 0$, so zeigt es sich, daß alle $2^{n-0} = 2^n$ Lösungen indirekt betrachtet wurden.

11.2. Das allgemeine Schema der Methode

11.2.1. Wir beschreiben zuerst ein Verfahren zur Formulierung einer Lösung und werden von Problem $\mathcal{P}$ ausgehen, das durch die Bedingungen (1.8)–(1.11) definiert wird. Wir betrachten irgendeine Teilmenge J_s der Indexmenge N und bezeichnen das durch die Bedingungen (1.8), (1.9), (1.11) und

$$x_j \geqq 0\,, \qquad j \in N\,, \tag{1.10'}$$

$$x_j = 1\,, \qquad j \in J_s \tag{1.10''-s}$$

definierte Problem als $\mathcal{P}^s$-Problem. Wir werden annehmen, daß dem Wert $s = 0$ die leere Menge ($J_s = \emptyset$) entspricht. Somit stellt $\mathcal{P}^0$ das gewöhnliche lineare Optimierungsproblem (1.8), (1.9), (1.10'), (1.11) dar.

Wir betrachten dieses Problem $\mathcal{P}^0$. Es ist offensichtlich daß der Vektor $U^0 = (X^0, Y^0) = (\mathbf{0}, B)$ eine Pseudolösung von Problem $\mathcal{P}^0$ darstellt (wegen der Nichtnegativität aller c_j). Die ihr zugeordnete Basis wird durch die Einheitsmatrix I_m beschrieben. Wir wählen irgendein i, für das $y_i^0 < 0$ ist und finden nach bestimmten Regeln eine Spalte A_{j_1} mit $a_{ij_1} < 0$. Diese Spalte müßte in der Basis durch den i-ten Einheitsvektor e_i ersetzt werden. Aber statt dessen wird zum Problem $\mathcal{P}^0$ die Restriktion $x_{j_1} = 1$ in der äußerlich etwas veränderten Form $-x_{j_1} + y_{m+1} = -1$ mit y_{m+1} als künstliche Variable hinzugefügt. Damit ist der Übergang zum Problem $\mathcal{P}^1$ durchgeführt, das durch die Bedingungen (1.8), (1.9), (1.10'), (1.11) und die Zusatzrestriktion

$$x_{j_1} = 1 \tag{1.10''-1}$$

definiert wird.

Es ist klar, daß der Satz $x_j = 0\,(j \in N)$, $y_i = b_i$, $i \in M$, $y_{m+1} = -1$ eine Pseudolösung von Problem $\mathcal{P}^1$ darstellt. Der $(m+1)$-te Einheitsvektor e_{m+1} in der Basis I_{m+1} des erweiterten Problems entspricht der Variablen y_{m+1}. Anstelle von e_{m+1} wird A_{j_1} in die Basis eingeführt, so daß x_{j_1} den Wert 1 annimmt. Die Variable y_{m+1}, die dabei in Null verwandelt wird, spielt schon keine Rolle mehr und kann daher bei der weiteren Beschreibung weggelassen werden.

Dank der Einfachheit der Zusatzrestriktion führt ein Schritt in der Simplexmethode hier zur Ausführung einer algebraischen Vektoraddition[1]): $B - A_{j_1}$

[1]) Hiermit erklärt sich der Name des Algorithmus. Bei jeder Iteration werden nur Additions- und Subtraktionsoperationen durchgeführt.

(das Leitelement ist gleich -1). Daher kann man die Probelösung $U^1 = (X^1, Y^1)$ von Problem $\mathcal{P}^1$ in der Gestalt

$$x_j^1 = \begin{cases} 1, & j = j_1, \\ 0, & j \in N \setminus \{j_1\}, \end{cases}$$

$$y_i^1 = b_i - a_{ij_1}, \quad i \in M$$

schreiben.

Enthält der Vektor U^1 negative Komponenten, so findet sich in Übereinstimmung mit der weiter oben angemerkten Regel ein anderer Vektor A_{j_2}, und zu $\mathcal{P}^1$ wird eine neue Restriktion $x_{j_2} = 1$ hinzugefügt. Das ergibt das durch die Bedingungen (1.8), (1.9), (1.10′), (1.11) und die Bedingung

$$x_{j_1} = 1\,, \qquad x_{j_2} = 1 \tag{1.10″-2}$$

definierte Problem $\mathcal{P}^2$. Wie schon oben kommen wir durch Einführen einer künstlichen Variablen y_{m+2} und ihren gleichzeitigen Ausschluß aus der Betrachtung zur Probelösung $U^2 = (X^2, Y^2)$ zu Problem $\mathcal{P}^2$:

$$x_j^2 = \begin{cases} 1, j = j_1, j_2, \\ 0, j \in N \setminus \{j_1, j_2\}, \end{cases}$$

$$y_i^2 = y_i^1 - a_{ij_1} \qquad i \in M\,.$$

Wir wiederholen das, bis wir einen nichtnegativen Vektor U^s erhalten haben.

11.2.2. Offenbar ist der nichtnegative Vektor $U^s = (X^s, Y^s)$ eine optimale Lösung von Problem $\mathcal{P}^s$. Selbstverständlich braucht er nicht notwendig die optimale Lösung von Problem $\mathcal{P}$ zu sein, jedoch ist er stets Lösung dieses Problems.

Sei z_s der Zielfunktionswert bei der Lösung U^s, d. h.

$$z_s = C\,X_s\,.$$

Hat man einen nichtnegativen Vektor U^s gewonnen, so wählt man nach einer gewissen Regel („Wiederholungsregel") irgendeine Lösung U^p, $p < s$ und wiederholt das Verfahren, beginnend mit U^p, aber mit abgeänderter Spaltenauswahlregel. Dieses Verfahren wird bis zur Gewinnung einer anderen Lösung U^t fortgesetzt, für die $z_t < z_s$ ist (oder solange, bis man sich vom Fehlen einer solchen Lösung U^t überzeugt hat).

Die auf diese Weise erhaltene Folge U^k, $k = 1, 2, \ldots,$ von Lösungen führt nach endlich vielen Schritten zur optimalen Lösung von (1.8)—(1.11).

11.3. Die Beschreibung des Algorithmus

11.3.1. Wir führen einige Definitionen und Bezeichnungen ein. Wir betrachten Problem $\mathcal{P}$ und erinnern an die oben gegebene Definition der Menge J_s:

$$J_s = \{j | j \in N; \qquad x_j^s = 1\}\,. \tag{3.1}$$

Wir bemerken, daß deshalb, weil jede Beschränkung (1.9) genau eine Variable y_i enthält, die Lösung $U^s = (X^s, Y^s)$ vollständig durch die Menge J_s bestimmt ist. Ist nämlich

$$x_i^s = \begin{cases} 1, & j \in J_s, \\ 0, & j \in N \backslash J_s, \end{cases} \tag{3.2}$$

so gilt

$$y_i^s = b_i - \sum_{j \in J_s} a_{ij}, \qquad i \in M. \tag{3.3}$$

Nimmt man an, daß $J_s = \{j_1, j_2, \ldots, j_r\}$ gilt, so bezeichnet man manchmal die Lösung $U^s = (X^s, Y^s)$ mit $U(j_1, j_2, \ldots, j_r)$.

Der zugeordnete Zielfunktionswert z wird mit z_s bezeichnet. Somit ist $z_s = C X^s$ oder

$$z_s = \sum_{j \in J_s} c_j. \tag{3.4}$$

Den Satz von Werten, die die Zielfunktion für die Lösungen bis zur Iteration s annimmt (wir erinnern, daß für diese $U^s \geqq \mathbf{0}$ gilt) bezeichnen wir mit Z_s:

$$Z_s = \{z_p | U^p \geqq \mathbf{0}, \ p \leqq s\}. \tag{3.5}$$

Ist die Menge Z_s nicht leer, so nennen wir den kleinsten in ihr enthaltenen Wert den *Rekord*[1]) für U^s. Ist Z_s leer, so wird $+\infty$ als Rekord gewählt. Somit wird der Rekord ζ^s als

$$\zeta^s = \begin{cases} \infty, & Z_s = \varnothing, \\ \min\limits_{z_p \in Z_s} z_p, & Z_s \neq \varnothing \end{cases} \tag{3.6}$$

definiert.

Beim Übergang zur Iteration $s + 1$ wird der Vektor A_j, der zur ,,Einführung in die Basis" vorgesehen wird, aus einer gewissen Menge N_s gewählt, die man *Menge der verbessernden Vektoren* für die Lösung U^s nennt. Eine exakte Definition von N_s wird weiter unten gegeben.

Wir führen die Mengen

$$M_j^s = \{i | y_i^s - a_{ij} < 0\} \tag{3.7}$$

ein und definieren nun Größen v_i^s, die als Auswahlkriterium für die ,,einzuführende" Spalte dienen werden. Wir setzen für eine Lösung U^s

$$v_j^s = \begin{cases} \sum\limits_{j \in M_j^s} (y_i^s - a_{ij}), & M_j^s \neq \varnothing, \\ & \qquad j \in N_s. \\ 0, & M_j^s = \varnothing, \end{cases} \tag{3.8}$$

Im Zuge des Algorithmus werden die Werte v_j^k, die einer bestimmten Lösung U^k zugeordnet sind, sukzessive gestrichen. Wir bezeichnen mit C_k^s $(k \leqq s)$ die Menge derjenigen j, für die die der Lösung U^k zugeordneten v_j^k bis zur Gewinnung der Lösung U^s gestrichen wurden. Die Menge C_k^k wird als leer angesehen.

---

[1]) Die Bezeichnung stammt von I. V. Romanovskiĭ.

Weiter definieren wir die Menge

$$C^s = \bigcup_p C_p^s \,, \tag{3.9}$$

wo die Vereinigung über alle p gewählt wird, für die $J_p \subset J_s$ gilt. Somit ist C^s die Menge aller jener j, für die die einer beliebigen Lösung zugeordneten v_j^p bis zur Gewinnung der Lösung U^s gestrichen wurden, falls $p < s$ und $J_p \subset J_s$ gilt.

Wir definieren für die Lösung U^s die Menge aller solchen $j \in N \backslash C^s$, so daß beim Übergang von J_s nach $J_{s+1} = J_s \cup \{j\}$ die erhaltenen Zielfunktionswerte nicht kleiner werden als der Rekord für U^s:

$$D_s = \{j | j \in N \backslash C^s, \; c_j + z_s \geqq \zeta^s\} \,. \tag{3.10}$$

Schließlich definieren wir die Menge E_s derjenigen $j \in N \backslash (C^s \cup D_s)$, so daß beim Übergang von J_s nach $J_{s+1} = J_s \cup \{j\}$ sich kein einziges negatives y_i^s vergrößert:

$$E_s = \{j | j \in N \backslash (C^s \cup D_s); \quad y_i^s < 0 \text{ zieht } a_{ij} \geqq 0 \text{ nach sich}\} \,. \tag{3.11}$$

Nun kann man die Menge der verbessernden Vektoren A_j für eine Probelösung U^s definieren:

$$N_s = N \backslash (C^s \cup D_s \cup E_s) \,. \tag{3.12}$$

Es ist klar, daß sich für die Lösung U^s die Beziehung $N_s = \emptyset$ ergibt.

Wir betrachten zwei Lösungen U^k und U^s $(k < s)$ und definieren die zu (3.10) analoge Menge derjenigen $j \in N_k \backslash C_k^s$, so daß beim Übergang von J_s zu $J_{s+1} = J_k \cup \{j\}$ der Zielfunktionswert z_{s+1} nicht kleiner wird als der Rekord von U^s:

$$D_k^s = \{j | j \in N_k \backslash C_k^s, \quad c_j + z_k > \zeta^s\} \,. \tag{3.13}$$

Schließlich setzen wir

$$N_k^s = N_k \backslash \, (C_k^s \cup D_k^s) \,. \tag{3.14}$$

Wir werden sie Menge der verbessernden Vektoren für die Lösung U^k nennen, die nach der Iteration s übrig bleibt.

Die soeben definierten Mengen (3.12) und (3.14) spielen im Algorithmus eine recht große Rolle. Für eine beliebige Lösung U^s sind nur die Spalten mit Indices aus N_s Kandidaten zur Einführung in die Basis. Ist $N_s = \emptyset$, so weist das auf das Fehlen von Lösungen U^t hin, für die $J_s \subset J_t$ und $z_t < \zeta^s$ gilt. In diesem Fall wird das Verfahren mit irgendeiner früheren Lösung U^k erneut begonnen (wie man diese findet, wird später gezeigt), wobei nur die verbessernden Vektoren mit Indices aus N_k^s betrachtet werden.

11.3.2. Wir kommen zur schrittweisen Beschreibung einer Iteration des additiven Algorithmus. Wie schon bemerkt wurde, wird als Anfangslösung ein Vektor U^0 gewählt, für den

$$X^0 = \mathbf{0} \,, \qquad Y^0 = B; \qquad z_0 = 0$$

gilt. Habe man nach s Iterationen die Lösung $U^s = U(j_1, j_2, \ldots, j_r)$ erhalten, für die die Relationen (3.1)—(3.4) erfüllt sind.

S c h r i t t 1. Wir sehen uns y_i^s, $i \in M$ an.

1'. Ist $y_i^s \geqq 0$, $i \in M$, so setzen wir $z_s = \zeta^s$. Wir bilden gemäß (3.13) die Menge D_k^s, streichen alle v_j^k, $j \in D_k^s$, $k < s$ und gehen zum Schritt 5 über.

Es ist klar, daß dann, wenn 1'. schon für U^0 erfüllt ist, U^0 optimale Lösung und das Verfahren beendet ist.

1''. Gibt es ein i_1, für das $y_{i_1}^s < 0$ ist, gehen wir zu Schritt 2 über.

Schritt 2. Man sucht die Menge der verbessernden Vektoren für die Lösung U^s, indem man gemäß (3.12) die Menge N_s bildet.

2'. Ist $N_s = \emptyset$, Übergang zu Schritt 5.

2''. Ist $N_s \neq \emptyset$, Übergang zu Schritt 3.

Schritt 3. Für alle i, für die $y_i^s < 0$ gilt, verifiziert man die Ungleichung

$$\sum_{j \in N_s} a_{ij}^- \leqq y_i^s , \tag{3.15}$$

wo mit a_{ij}^- die negativen Elemente der Matrix A bezeichnet werden.

3'. Existiert ein i_1, für das (3.15) nicht erfüllt ist, Übergang zu Schritt 5.

3''. Sind alle Ungleichungen in (3.15) streng erfüllt, suche man gemäß (3.8) alle y_j^s für $j \in N_s$ und wähle j_{s+1} so, daß

$$v_{j_{s+1}}^s = \max_{j \in N_s} v_j^s \tag{3.16}$$

gilt. Streichen von $v_{j_{s+1}}^s$ und Übergang zu Schritt 8.

3'''. Sind sämtliche Ungleichungen (3.15) erfüllt und existiert ein $M^s \subset M$, so daß für $i \in M^s$ in (3.15) Gleichungen auftreten, so definiere man die Menge F_s derjenigen $j \in N_s$, für die $a_{ij} < 0$ für mindestens ein $i \in M^s$ gilt.

Schritt 4. Prüfen der Beziehung

$$z_s + \sum_{j \in F_s} c_j < \zeta^s . \tag{3.17}$$

4'. Ist (3.17) erfüllt, Streichen von v_j^s für $j \in F_s$ (ohne es auszurechnen). Man setze $J_{s+1} = J_s \cup F_s$, berechne den neuen Wert der Zielfunktion

$$z_{s+1} = z_s + \sum_{j \in F_s} c_j , \tag{3.18}$$

die Werte der freien Variablen

$$y_i^{s+1} = y_i^s - \sum_{j \in F_s} a_{ij} , \qquad i \in M , \tag{3.19}$$

und gehe zu Schritt 1 zurück (d. h. Beginn einer neuen Iteration).

4''. Ist (3.17) nicht erfüllt, Streichen von v_j^s für $j \in N_s$ (ohne es zu berechnen) und Übergang zu Schritt 5.

Schritt 5. Für alle k, für die $J_k \subset J_s$ ist, suche man gemäß (3.14) die Mengen N_k^s. Man betrachte sie in der Ordnung abnehmender Indices k solange, bis man entweder ein solches k_1 findet, daß $J_{k_1} \subset J_s$ und $N_k^s \neq 0$ ist oder bis sich klärt, daß alle N_k^s leer sind.

5'. Ist $N_k^s = \emptyset$ für alle k, bei denen $J_k \subset J_s$ ist, ist das Verfahren beendet. Ist dabei $Z_s = \emptyset$, so besitzt Problem $\mathscr{P}$ keine Lösungen. Ist dagegen $Z_s \neq \emptyset$, so erweist sich die Lösung U^q, für die $z_q = \zeta^s$ gilt als optimal.

5''. Ist $N_k^s \neq \emptyset$, Übergang zu Schritt 6.

Schritt 6. Für solche i, für die $y_i^s < 0$ ist, prüfe man die Ungleichungen

$$\sum_{j \in N_k^s} a_{ij} \leqq y_i^k \tag{3.20}$$

für $k = k_1$.

6'. Ist unter den Ungleichungen (3.20) keine einzige erfüllt, Streichen von v_j^k für alle $j \in N_k^s$ und Schritt 5 für $k < k_1$ wiederholen, indem in den Schritten 5 und 6 der Index k_1 durch k_2 ersetzt wird. Jedes Mal, wenn Schritt 5 für $k < k_\mu$ wiederholt wird, wird bei den Schritten 5 und 6 der Index k_μ durch $k_{\mu+1}$ ersetzt.

Ist (3.20) für kein k erfüllt, für das $N_k^s \neq \emptyset$ ist, ist das Verfahren beendet (vgl. 5'.).

6''. Werden alle Ungleichungen in (3.20) bei $k = k_\nu$ streng erfüllt, wähle man j_{s+1} so, daß

$$v_{j_{s+1}}^{k_\nu} = \max_{j \in N_{k_\nu}^s} v_j^{k_\nu}, \tag{3.21}$$

erfüllt ist, streiche $v_{j_{s+1}}^{k_\nu}$ und gehe über zu Schritt 8.

6'''. Sind für $k = k_\nu$ alle Ungleichungen in (3.20) erfüllt, existiert ferner so eine Teilmengen $M_{k_\nu}^s \subset M$, daß für $i \in M_{k_\nu}^s$ sämtliche Ungleichungen aus (3.20) als Gleichungen erfüllt sind, Übergang zu Schritt 7.

Schritt 7. Prüfen der Beziehung

$$z_{k_\nu} + \sum_{j \in F_{k_\nu}^s} c_j < \zeta^s, \tag{3.22}$$

wo durch $F_{k_\nu}^s$ die Menge derjenigen $j \in N_{k_\nu}^s$ bezeichnet wird, für die $a_{ij} < 0$ bei mindestens einem $i \in M_{k_\nu}^s$ ist.

7'. Ist Ungleichung (3.22) erfüllt, Streichen von $v_j^{k_\nu}$ für alle $j \in F_{k_\nu}^s$. Man setze $J_{s+1} = J_{k_\nu} \cup F_{k_\nu}^s$, berechne für eine neue Lösung U^{s+1} den Zielfunktionswert

$$z_{s+1} = z_{k_\nu} + \sum_{j \in F_{k_\nu}^s} c_j, \tag{3.23}$$

die freien Variablen

$$y_i^{s+1} = y_i^{k_\nu} - \sum_{j \in F_{k_\nu}^s} a_{ij}, \quad j \in M, \tag{3.24}$$

und gehe zurück zu Schritt 1 (Beginn der folgenden Iteration).

7''. Ist (3.22) nicht erfüllt, Streichen von $v_j^{k_\nu}$ für alle $j \in N_{k_\nu}^s$ und Wiederholen von Schritt 5 für $k < k_\nu$. Ist $k_\nu = 0$ (d. h. $k < k_\nu$ existiert nicht), so ist das Verfahren beendet (vgl. 5'.).

Schritt 8. Man setze $J_{s+1} = J_p \cup \{j_{s+1}\}$ und berechne für eine neue Lösung U^{s+1} den Zielfunktionswerte und die freien Variablen:

$$z_{s+1} = z_p + c_{j_{s+1}} = \sum_{j \in J_{s+1}} c_j, \tag{3.25}$$

$$y_j^{s+1} = y_i^p - a_{ij_{s+1}} = b_i - \sum_{j \in J_{s+1}} a_{ij}, \quad i \in M. \tag{3.26}$$

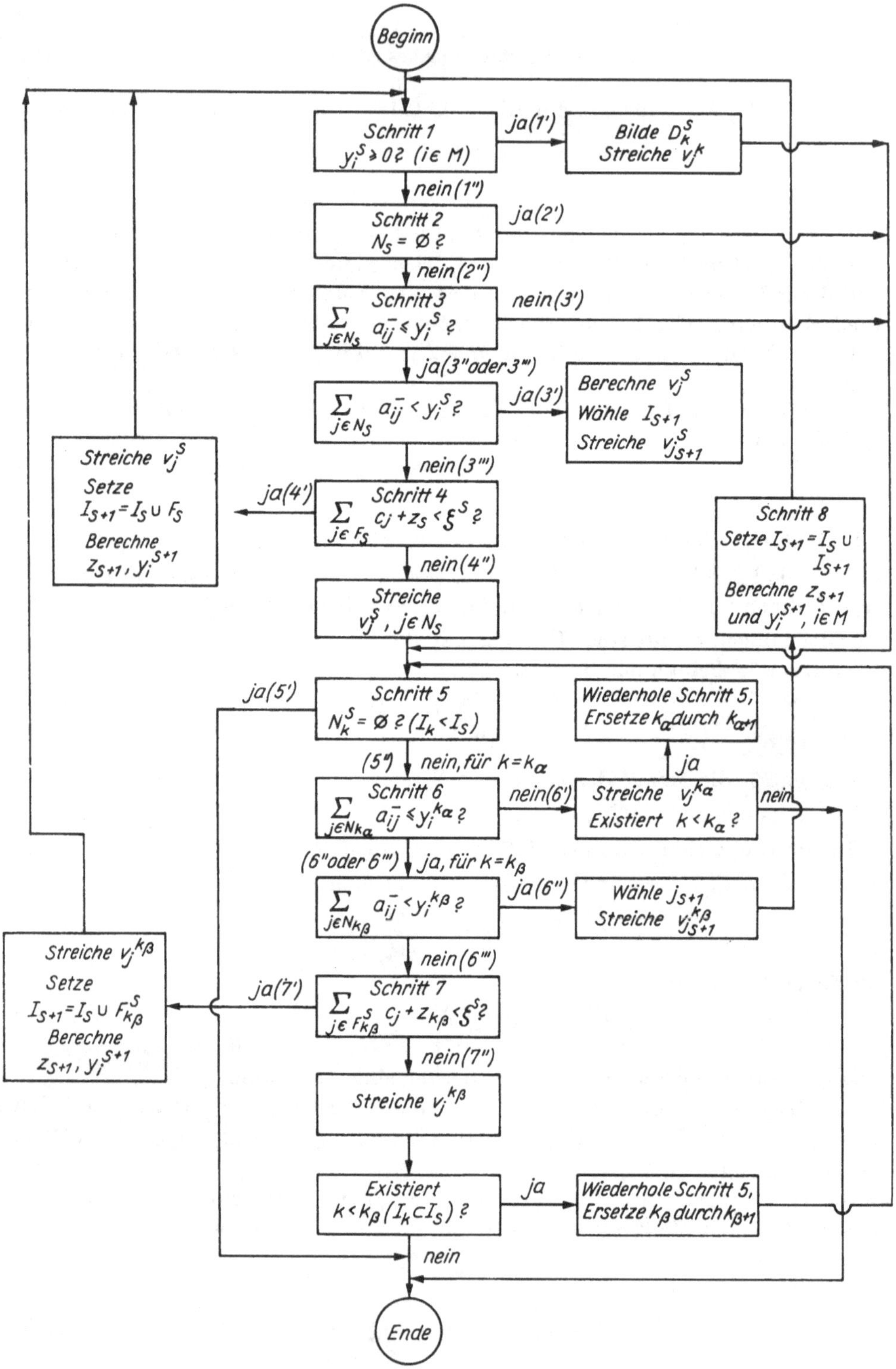

Abb. 11.3.1. Block-Schema für den additiven Algorithmus

Hier wird p als Index des letzten gestrichenen $v^p_{j_s+1}$ definiert. Übergang zu Schritt 1 (Beginn einer neuen Iteration).

Das Verfahren endet bei Erreichen einer Lösung U^t, für die 5'. oder 6'. gilt, wobei (3.20) für kein einziges solches k erfüllt ist, für das $N^s_k \neq \varnothing$ ist oder jedoch 7''. und $k_v = 0$.

Ein Blockschema für den additiven Algorithmus wird in Abb. 11.3.1. gegeben.

11.3.3. Das beschriebene Verfahren führt nach endlich vielen Schritten entweder zu einer optimalen Lösung oder gestattet festzustellen, daß keine zulässigen Lösungen für das Ausgangsproblem existieren. Beim Beweis dieser Tatsache werden wir uns wegen seines Umfangs nicht aufhalten.

Den additiven Algorithmus kann man unmittelbar auf das diskrete Ausgangsproblem anwenden, ohne, im Unterschied zur Anfangsvariante der Branch- and-Bound-Methode, eine Lösung des zugeordneten linearen Optimierungsproblems zu verwenden. Das Rechenverfahren ist außerordentlich einfach, denn bei ihm werden nur Additions- und Subtraktionsoperationen verwendet. Dadurch wird das Rundungsfehlerproblem vermieden. Es ist auch wichtig, daß die Ausgangsmatrix beim Algorithmus keiner Umnumerierung unterworfen wird.

11.4. Beispiel und abschließende Bemerkungen

11.4.1. Wir illustrieren den Rechengang im beschriebenen Algorithmus am folgenden kleinen Beispiel.

Man manimiere

$$4\,t_1 + 2\,t_2 - t_3 - 3\,t_4 + t_5 \tag{4.1}$$

unter den Restriktionen

$$\left.\begin{aligned} t_1 + t_2 + 2\,t_3 - 4\,t_4 + 6\,t_5 &\geqq 6\,,\\ -\,t_1 + 2\,t_2 - 5\,t_3 + t_4 + t_5 &\leqq 2\,,\\ t_2 - 2\,t_3 + 3\,t_4 - t_5 &\leqq 1\,,\end{aligned}\right\} \tag{4.2}$$

$$t_j = \begin{cases}0,\\ 1,\end{cases} \quad j = 1, 2, 3, 4, 5\,. \tag{4.3}$$

Wir führen den Ersatz der Variablen

$$x_j = \begin{cases} t_j\,, & j = 1, 2, 5\,,\\ 1 - t_j\,, & j = 3, 4\end{cases}$$

durch. Wir multiplizieren die erste Ungleichung aus (4.2) mit -1 und führen freie Variable y_1, y_2, y_3 ein. Problem (4.1)–(4.3) bekommt dabei folgende Gestalt.

Man minimiere

$$z = 4\,x_1 + 2\,x_2 + x_3 + 3\,x_4 + x_5 \tag{4.4}$$

unter den Restriktionen

$$\left.\begin{aligned} -x_1 - x_2 + 2\,x_3 - 4\,x_4 - 6\,x_5 + y_1 &= -8\,, \\ -x_1 + 2\,x_2 + 5\,x_3 - x_4 + x_5 + y_2 &= 6\,, \\ x_2 + 2\,x_3 - 3\,x_4 - x_5 + y_3 &= 0\,, \end{aligned}\right\} \tag{4.5}$$

$$x_j = \begin{cases} 0, \\ 1, \end{cases} \quad j = 1, 2, 3, 4, 5\,, \tag{4.6}$$

Das Verfahren beginnt mit einer Lösung $U^0 = (0, B)$. Alle Berechnungen kann man bequem folgender Tabelle entnehmen:

Tableau

$$A = \begin{pmatrix} -1 & -1 & 2 & -4 & -6 \\ -1 & 2 & 5 & -1 & 1 \\ 0 & 1 & 2 & -3 & -1 \end{pmatrix}$$

Zeilen-index	s	J_s	z_s	N_s		i = 1	2	3	v_j^s	C^s	D_s	E_s	F_s
1	0	$\varnothing$	0		y_i^0	-8	6	0		$\varnothing$	$\varnothing$	3	
2					$\sum_{j\in N_0} a_{ij}^-$	-12							
3				1	$y_i^0 - a_{i1}$	-7			-7^4				
4				2	$y_i^0 - a_{i2}$	-7		-1	-8^6				
5				4	$y_i^0 - a_{i4}$	-4			-4^7				
6				5	$y_i^0 - a_{i5}$	-2			-2^1				
7	1	5	1		y_i^1	-2	5	1		5	$\varnothing$	3	
8					$\sum_{j\in N_1} a_{ij}^-$	-6							
9				1	$y_i^1 - a_{i1}$	-1			-1^3				
10				2	$y_i^1 - a_{i2}$	-1			-1^5				
11				4	$y_i^1 - a_{i4}$	0			0^2				
12	2	5,4	4*			2	6	4					
13					$\sum_{j\in N_1^2} a_{ij}^-$	-1							
14					$\sum_{j\in N_0^2} a_{ij}^-$	-5							

Bemerkung: Die oberen Indices bei den Größen v_j^s entsprechen der Ordnung, in der sie gestrichen werden.

Für die Lösung U^0 haben wir $J_0 = \varnothing$, $z_0 = 0$ und

$$y_1^0 = b_1 = -8\,, \quad y_2^0 = b_2 = 6\,, \quad y_3^0 = b_3 = 0\,.$$

Iteration 1

Schritt 1. Wir betrachten y_1^0, $i = 1, 2, 3$. Wir haben $y_1^0 < 0$ (1″.).

Schritt 2. Wir bilden die Menge N_0 gemäß (3.12). Wir haben (s. 1. Zeile des Tableaus:

$$C^0 = \varnothing\,, \quad D_0 = \varnothing\,, \quad E_0\,\{3\}\,,$$

$$N_0 = \{1, 2, 3, 4, 5\} \setminus \{3\} = \{1, 2, 4, 5\}\,.$$

Hier ist $N_0 \neq \varnothing$ (2″.).

Schritt 3. Für $i = 1$ verifizieren wir die Ungleichungen (3.15):

$$\sum_{j \in N_0} a_{ij}^- \leqq y_i^0\,.$$

Wir haben $\sum_{j \in N_0} a_{ij}^- = -12 < -8 = y_1^0$ (Zeile 2). Es wurde eine strenge Ungleichung gewonnen (3″.). Gemäß (3.8) finden wir v_j^0 für $j \in N_0$:

$$v_1^0 = \sum_{i \in M_1^0} (y_i^0 - a_{i1}) = -8 + 1 = -7\,, \qquad \text{(Zeile 3)}$$

$$v_2^0 = \sum_{i \in M_2^0} (y_i^0 - a_{i2}) = (-8 + 1) + (0 - 1) = -8\,, \qquad \text{(Zeile 4)}$$

$$v_4^0 = \sum_{i \in M_4^0} (y_i^0 - a_{i4}) = -8 + 4 = -4\,, \qquad \text{(Zeile 5)}$$

$$v_5^0 = \sum_{i \in M_5^0} (y_i^0 - a_{i5}) = -8 + 6 = -2\,. \qquad \text{(Zeile 6)}$$

(Wir erinnern, daß die Mengen M_1^s gemäß (3.7) gefunden werden.)

Wir haben $v_{j_1}^0 = \max_{j \in N_0} v_j^0 = v_5^0 = -2$. Wir „streichen" v_5^0 und gehen über zu Schritt 8.

Schritt 8. Wir setzen $J_1 = J_0 \cup \{5\} = \{5\}$ und haben

$$\left.\begin{aligned} z_1 + z_0 + c_5 &= 0 + 1 = 1\,,\\ y_1^1 = y_1^0 - a_{15} &= -2\,,\\ y_2^1 = y_2^0 - a_{25} &= 5\,,\\ y_3^1 = y_3^0 - a_{35} &= 1\,. \end{aligned}\right\} \qquad \text{(Zeile 7)}$$

Iteration 2.

Schritt 1. Wir betrachten y_i^1, $i = 1, 2, 3$ und sehen, daß $y_1^1 < 0$ ist (1″.).

Schritt 2. Wir bilden die Menge N_1 und haben $C^1 = \{5\}$, $D_1 = \varnothing$, $E_1 = \{3\}$. Somit gilt

$$N_1 = \{1, 2, 3, 4, 5\} \setminus (\{3\} \cup \{5\} = \{1, 2, 4\}\,,$$

so daß $N_1 \neq \varnothing$ (2″.).

Schritt 3. Wir verifizieren die Ungleichungen (3.15) für $i = 1$ (Zeile 8) und erhalten

$$\sum_{j \in N_1} a_{\overline{ij}} = -6 < -2 = y_1^1 ,$$

also eine strenge Ungleichung (3''.). Wir finden v_j^1 für $j \in N_1$:

$$\left.\begin{aligned} v_1^1 &= -2 + 1 = -1 , \\ v_2^1 &= -2 + 1 = -1 , \\ v_4^1 &= 0 . \end{aligned}\right\} \qquad \text{(Zeilen 9–11)}$$

Wir haben $v_{j_1}^1 = \max_{j \in N^1} v_j^1 = v_4^1 = 0$, streichen v_4^1 und gehen über zu Schritt 8.

Schritt 8. Wir setzen $J_2 = J_1 \cup \{4\} = \{4, 5\}$. Wir haben

$$\left.\begin{aligned} z_2 &= z_1 + c_4 = 1 + 3 = 4 , \\ y_1^2 &= y_1^1 - a_{14} = -2 + 4 = 2 , \\ y_2^2 &= y_2^1 - a_{24} = 5 + 1 = 6 , \\ y_3^2 &= y_3^1 - a_{34} = 1 + 3 = 4 . \end{aligned}\right| \qquad \text{(Zeile 12)}$$

Iteration 3.

Schritt 1. Wir betrachten y_i^2 für $i = 1, 2, 3$ und sehen, daß alle $y_i^2 > 0$ sind (1'.). Wir setzen $\zeta^2 = z_2 = 4$ und bilden gemäß (3.13) die Mengen D_k^2 für $k = 1, 0$. Nach Definition gilt

$$D_1^2 = \{j | j \in N_1 \setminus C_1^2, c_j + z_1 > \zeta^2\} ,$$

wo $N_1 = \{1, 2, 4\}$, $C_1^2 = \{4\}$, $N_1 \setminus C_1^2 = \{1, 2\}$ ist. Weiterhin gilt

$$c_1 + z_1 = 4 + 1 = 5 > \zeta^2 = 4 ,$$

$$c_2 + z_1 = 2 + 1 = 3 < \zeta^2 = 4 ,$$

so daß man $D_1^2 = \{1\}$ bekommt. Analog dazu ergibt sich $N_0 = \{1, 2, 4, 5\}$, $C_0^2 = \{5\}$, $N_0 \setminus C_0^2 = \{1, 2, 4\}$ und $D_0^2 = \{1\}$. Wir streichen v_j^k für $j \in D_k^2$, $k = 0, 1$, d. h. v_1^0 und v_1^1 und gehen über zu Schritt 5.

Schritt 5. Wir bilden gemäß (3.14) die Menge

$$N_1^2 = N_1 \setminus (C_1^2 \cup D_1^2) = \{1, 2, 4\} \setminus (\{4\} \cup \{1\}) = \{2\} .$$

Hier ist $N_1^2 \neq \emptyset$ (5''.). Wir gehen über zu Schritt 6.

Schritt 6. Wir prüfen die Ungleichungen (3.20) für $k = 1$ und $i = 1$:

$$\sum_{j \in N_1^2} a_{\overline{1j}} = -1 > y_1^1 = -2 .$$

Da (3.20) nicht erfüllt ist (6'.), streichen wir v_j^1 für $j \in N_1^2$, d. h. v_2^1 und kehren zurück zu Schritt 5.

Schritt 5. Wir betrachten die Menge

$$N_0^2 = N_0 \setminus (C_0^2 \cup D_0^2) = \{1, 2, 4, 5\} \setminus (\{5\} \cup \{1\}) = \{2, 4\} .$$

Von neuem haben wir $N_0^2 \neq \emptyset$ (5''.). Wir wenden uns Schritt 6 zu.

Schritt 6. Wir prüfen die Ungleichungen (3.20) für $k = 0$, $i = 1$:

$$\sum_{j \in N_0^2} a_{1j}^- = -5 > y_1^0 = -8 .$$

(3.20) ist nicht erfüllt (6'.). Wir streichen v_j^0 für $j \in N_0^2$, d. h. v_2^0 und v_4^0.

Die Ungleichungen (3.20) sind für kein k erfüllt, für das $N_k^s \neq \emptyset$ ist. Daher ist das Verfahren beendet. Die optimale Lösung wurde gewonnen: $U^2 = U(5, 4)$, d. h.

$$x_1 = x_2 = x_3 = 0 , \qquad x_4 = x_5 = 1 , \qquad z = 4 .$$

Wenden wir uns nun der Variablen t_j zu, erhalten wir die optimale Lösung für das Ausgangsproblem:

$$t_1 = t_2 = t_3 = t_4 = 0 , \qquad t_5 = 1 , \qquad z = 1 .$$

11.4.2. Beim betrachteten Beispiel existieren 2^5 Lösungen. Einen Überblick kann man wie stets graphisch bequem in Gestalt eines Baumes darstellen, dessen Spitze der Null-Anfangslösung entspricht. Die Ecken des Baumes liegen auf fünf „Niveaus". In der Ecke j müssen der Variablen x_j folglich die Werte 0 und 1 zugeordnet werden. Sämtliche Ecken, die auf Zweigen liegen, die nach links unten gehen, bilden ein und dieselbe Lösung. Die Ecken jedoch, die auf Zweigen liegen, die nach rechts unten gehen, entsprechen verschiedenen anderen Lösungen (Abb. 11.4.1.).

Einer vollkommenen Übersicht über alle Lösungen entspricht die Durchsicht aller Zweige dieses Baumes. Der additive Algorithmus ergibt die Möglichkeit, eine optimale Lösung nach der Betrachtung nur einiger Zweige davon zu erhalten. Gewisse Zweige davon wird man nicht durchsehen, wenn sich im Zuge des Algorithmus klärt, daß deren Verfolgung nicht zu einem verbesserten Rekordwert führt.

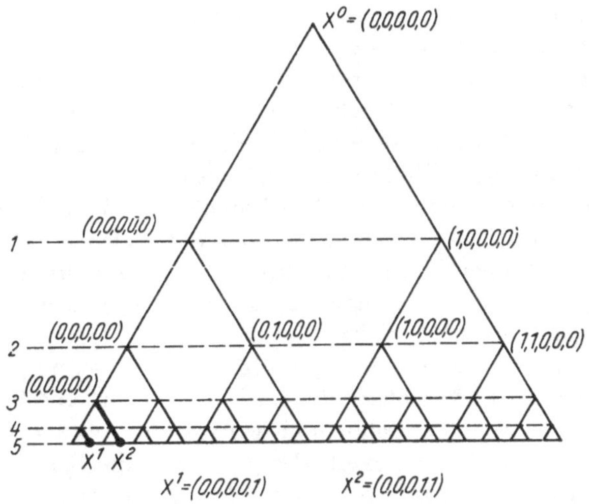

Abb. 11.4.1

Abb. 11.4.1. entspricht dem oben untersuchten Beispiel. Darin wurden nur die Zweige durchgesehen, die mit fetten Linien gezeichnet sind. Es wurden nämlich nur folgende drei Lösungen geprüft:

$$X^0 = (0, 0, 0, 0, 0)\,,$$
$$X^1 = (0, 0, 0, 0, 1)\,,$$
$$X^2 = (0, 0, 0, 1, 1)\,,$$

deren letzte erwies sich als optimal.

11.4.3. Numerische Versuche, die die Effektivität des additiven Algorithmus bekräftigen, sind bisher vergleichsweise unergiebig. Balaş selbst führte Berechnungen von Hand für einige Beispiele durch, deren größtes eine Dimension 12×15 hatte. Es wurde nach 22 Iterationen gelöst (s. Balaş [3]). Eine erste Mitteilung über eine maschinelle Realisierung des additiven Algorithmus wird Freeman [47] zugeschrieben. Die Experimente wurden bei der RAND-Corporation auf einer IBM-7044 durchgeführt. Ein Problem vom Umfang 6×20 erforderte 2 min. Maschinenzeit, ein Problem 50×15 2.5 min. Für ein Problem der Dimension 31×31 wurde nach 10 Minuten eine Lösung mit dem Rekord 19 erhalten (der exakte Wert des Optimums war gleich 18).

Ein Rechenschaftsbericht über numerische Versuche mit dem Algorithmus von Balaş ist auch in der Notiz von Fleischmann [45] enthalten. Die Experimente wurden im Rechenzentrum der Bundesrepublik Deutschland (Darmstadt) auf einer IBM-7094 durchgeführt. Die maximale Dimension der gelösten Probleme war 37×159. Das Problem wurde nach 2,45 Minuten gelöst und benötigte 1622 Iterationen. Die maximale Rechenzeit (30,65 min) und die maximale Iterationenzahl (80417) wurde für ein Problem von der Dimension 11×80 festgestellt. Ein Problem von der Dimension 46×90 wurde nach 110000 Iterationen (Rechenzeit 90 min) nicht gelöst.

Die Rechenexperimente mit dem additiven Algorithmus erlauben, gewisse Folgerungen auf die Qualität zu ziehen. Der Algorithmus arbeitet schnell und zuverlässig für Probleme mittlerer Dimension (bis 30 Variable). Danach zu urteilen reagiert er auf ein Anwachsen der Variablenzahl empfindlicher als auf ein Anwachsen der Restriktionenanzahl. Ferner führt der Algorithmus relativ schnell zu einer Lösung mit hinreichend gutem Rekord. Darüber hinaus gibt er manchmal recht schnell eine optimale Lösung, setzt aber die Rechnung damit fort, bis er sich von ihrer Optimalität überzeugt. Im Zusammenhang damit kann die Vorgabe einiger Schranken a priori für die Zielfunktionswerte und die Unterbrechung der Rechnung nach Erreichen dieser Grenzen zu wesentlich ökonomischeren Rechenzeiten führen.

11.4.4. Unlängst wurde in dem Artikel [54] von Geoffrion eine Methode der „ungefähren Übersicht“ vorgelegt, der im wesentlichen eine Variante des additiven Algorithmus darstellt. Schließlich wird in der letzten Arbeit von Balaş [4] eine „Filtermethode“ entwickelt, die gestattet, die Konvergenz des additiven Algorithmus zu beschleunigen. Der beschränkte Umfang des Buches erlaubt es nicht, bei diesen interessanten Fragen zu verweilen.

12. Die Anwendung der dynamischen Optimierung

In diesem Kapitel werden die Möglichkeiten einer Anwendung von Ideen und Methoden der dynamischen Optimierung auf gewisse diskrete Probleme dargestellt. Als Beispiel wird ein diskretes Problem von relativ allgemeiner Struktur untersucht, das man als Verallgemeinerung des bekannten Tornisterproblems ansehen kann, sowie des oben schon angemerkten Rundreiseproblems und eines Problems aus der Theorie der Ablaufplanung (für den Fall zweier Maschinen).

12.1. Das verallgemeinerte Tornisterproblem

12.1.1. Das folgende Problem ist eine natürliche Verallgemeinerung des in 2.2. formulierten Tornisterproblems.

Man maximiere

$$\sum_{j=1}^{n} f_j(x_j) \tag{1.1}$$

unter den Restriktionen

$$\sum_{j=1}^{n} g_j(x_j) \in \mathfrak{A}\,, \tag{1.2}$$

$$x_j \in B_j\,, \qquad j = 1, 2, \ldots, n\,. \tag{1.3}$$

Es werden folgende Voraussetzungen gegeben:

1°. $B_j, j = 1, 2, \ldots, n$ seien endliche Mengen.

2°. $f_j(\xi)$ seien beliebige Funktionen einer Variablen (es werden keinerlei Beschränkungen wie Konvexität, Differenzierbarkeit usw. auferlegt).

3°. $g_j(\xi)$ seien Funktionen einer Variablen, die für beliebige $\xi \in B_j$ ganzzahlige Werte annehmen.

4°. $|g_j(x_j)| \leqq c_j$ für alle $x_j \in B_j$ (hier sind die c_j bekannte positive ganze Zahlen).

Aus Bedingung 4° folgt direkt, daß für beliebiges $k = 1, 2, \ldots, n$

$$\left|\sum_{j=1}^{k} g_j(x_j)\right| \leqq \sum_{j=1}^{k} c_j \tag{1.4}$$

gilt.

Die Beschränkung (1.2) kann beliebigen Charakter haben, zum Beispiel „$\sum_{j=1}^{n} g_j(x_j) > 0$ und $\sum_{j=1}^{n} g_j(x_j) \equiv 0 \pmod 6$“ oder auch „die zweigliedrige Zerlegung $\left|\sum_{j=1}^{n} g_j(x_j)\right| + 1$ enthält genau 10 Einheiten“.

12.1.2. Das zu beschreibende Lösungsverfahren für Problem (1.1)–(1.3) vereinigt im wesentlichen die Idee der dynamischen Optimierung und einen lokalen Zugang zu einigen diskreten Problemen (s. **13**). Ihm liegt vor allem das Abschneiden „dominierender“ Werte für die Variablen x_j zugrunde, die natürlich nicht in die optimale Lösung eingehen können. Eine Abtrennungsregel wird durch den folgenden Satz gegeben:

Satz 12.1.1. *Es sei für ein* r

$$\text{a)}\ x_r' \in B_r, \quad x_r'' \in B_r,$$
$$\text{b)}\ g_r(x_r') = g_r(x_r''),$$
$$\text{c)}\ f_r(x_r') > f_r(x_r'') .$$

Dann kann der Wert x_r'' *der Variablen* x_r *nicht in die optimale Lösung von* (1.1) *bis* (1.3) *eingehen.*

Beweis. Gehe $x_r = x_r''$ in irgendeine optimale Lösung

$$X'' = (x_1'', x_2'', \ldots, x_{r-1}'', x_r'', x_{r+1}'', \ldots, x_n'')$$

ein. Wir betrachten den Vektor

$$X' = (x_1', x_2', \ldots, x_{r-1}', x_r', x_{r+1}', \ldots, x_n') = (x_1'', x_2'', \ldots, x_{r-1}'', x_r', x_{r+1}'', \ldots, x_n'') .$$

Der Vektor X' ist ebenfalls eine Lösung. Bedienen wir uns nämlich der Bedingung b), so erhalten wir

$$\sum_{j=1}^{n} g_j(x_j') = \sum_{i \neq r} g_j(x_j'') + g_r(x_r') = \sum_{j=1}^{n} g_j(x_j'') \in \mathfrak{A},$$

so daß die Beschränkung (1.2) erfüllt ist. Weiter haben wir für alle $j \neq r$ die Beziehung $x_j' = x_j'' \in B_j$. Außerdem gilt $x_r' \in B_r$. Damit ist auch die Beschränkung (1.3) erfüllt. Schließlich gilt unter Berufung auf Bedingung c)

$$\sum_{j=1}^{n} f_j(x_j') = \sum_{i \neq 1} f_j(x_j'') + f_r(x_r') > \sum_{j=1}^{n} f_j(x_j'') .$$

Somit ist die Lösung X'' nicht optimal.

Basierend auf Satz 12.1.1. führen wir die „Abtrennung" des anerkanntermaßen nicht optimalen Wertes der Variablen x_j durch. Sei G_j die Menge derjenigen Werte, die $g_j(x_j)$ annimmt, wenn x_j den Bereich B_j durchläuft. Wir betrachten ein beliebiges $\xi \in G_j$ und definieren

$$f_j(x_j(\xi)) = \max_{\substack{x_j \in B_j \\ g_j(x_j) = \xi}} f_j(x_j) .$$

Es ist klar, daß es für jedes $\xi \in G_j$ genügt, nur einen möglichen Wert von x_j beizubehalten, und zwar $x_j(\xi)$. Wir bezeichnen nun $g_j(x_j(\xi))$ mit y_j, $f_j(x_j(\xi))$ mit $F_j(y_j)$ und erhalten das folgende, dem Problem (1.1)—(1.3) äquivalente Problem:

Man maximiere

$$\sum_{j=1}^{n} F_j(y_j) \tag{1.5}$$

unter den Restriktionen

$$\sum_{j=1}^{n} y_j \in \mathfrak{A} , \tag{1.6}$$

$$y_j \in G_j , \qquad j = 1, 2, \ldots, n . \tag{1.7}$$

Wir bemerken, daß aus den oben bezüglich Problem (1.1)—(1.3) gemachten Voraussetzungen 1°—4° und aus der Ungleichung (1.4) direkt folgt, daß gilt:

α) y_j ganze Zahlen, $j = 1, 2, \ldots, n$;

β) $|y_j| \leqq c_j, j = 1, 2, \ldots, n$;

γ) $\left|\sum_{j=1}^{k} y_j\right| \leqq \sum_{j=1}^{k} c_j, k = 1, 2, \ldots, n$;

δ) G_j sind endliche Mengen, wobei[1] $|G_j| \leqq |B_j|$ gilt.

12.1.3. Wir kommen nun zur Darlegung des Algorithmus.

Schritt 1. Wir betrachten ein Problem, das wir Problem $\mathcal{L}_2(t)$ nennen werden. Man maximiere

$$F_1(y_1) + F_2(y_2) \tag{1.8}$$

unter den Restriktionen

$$y_1 + y_2 = t\,, \tag{1.9}$$

$$y_j \in G_j\,, \qquad j = 1, 2\,. \tag{1.10}$$

Hier ist t eine ganze Zahl, $|t| \leqq c_1 + c_2$.

Alle Probleme $\mathcal{L}_2(t)$ kann man gleichzeitig lösen, wenn man sich eine vollständige Übersicht über alle Sätze (y_1, y_2) herstellt, die den Bedingungen (1.10) genügen. Als Resultat muß man sich merken: 1. die Menge T_2 aller t, für die Problem $\mathcal{L}_2(t)$ lösbar ist und 2. für jedes $t \in T_2$ die entsprechende optimale Lösung $(y_1^2(t), y_2^2(t))$ und den optimalen Wert der Zielfunktion

$$\Phi_2(t) = F_1(y_1^2(t)) + F_2(y_2^2(t))\,.$$

Die Mengen G_1 und G_2 werden danach aus dem Speicher gestrichen. Wir gehen über zu Schritt 2.

Für den Umfang P_2 der Übersicht und den Umfang Q_2 des Speichers haben wir Abschätzungen:

$$P_2 \leqq |B_1|\,|B_2|\,, \tag{1.11}$$

$$Q_2 \leqq \sum_{j=1}^{n} |B_j| + 2 \sum_{j=1}^{2} c_j + 1 \tag{1.12}$$

(hier ist $2 \sum_{j=1}^{2} c_j + 1$ die obere Schranke für $|T_2|$).

Schritt k $(3 \leqq k + 1 < n)$. Aus dem vorangehenden Schritt ergeben sich folgende Informationen:

1. die Menge T_k aller t, für die Problem $\mathcal{L}_k(t)$ lösbar ist:

Man maximiere

$$\sum_{j=1}^{k} F_j(y_j)$$

[1]) Wir erinnern, daß mit $|G|$ die Anzahl der Elemente einer gegebenen endlichen Menge G bezeichnet wird.

unter den Restriktionen

$$\sum_{j=1}^{k} y_j = t ,$$

$$y_j \in G_j , \qquad j = 1, 2, \ldots, k ;$$

2. für jedes $t \in T_k$ die entsprechende optimale Lösung $(y_1^k(t), y_2^k(t), \ldots, y_k^k(t))$ und der optimale Wert der Zielfunktion

$$\Phi_k(t) = \sum_{j=1}^{k} F_j(y_j^k(t)) .$$

Für den Umfang Q'_k, der aus dem vorhergehenden Schritt gemerkt wurde, gilt die Abschätzung

$$Q'_k \leqq 2 \sum_{j=1}^{k} c_j + 1 . \tag{1.1}$$

Wir betrachten ein Problem, das wir Problem $\mathcal{L}_{k+1}(t)$ nennen wollen.

Man maximiere

$$\Phi_k(t') + F_{k+1}(y_{k+1}) \tag{1.14}$$

unter den Restriktionen

$$t' + y_{k+1} = t , \tag{1.15}$$

$$y_{k+1} \in G_{k+1} , \tag{1.16}$$

$$t' \in T_k , \tag{1.17}$$

$$y_j = y_j^k(t') , \qquad j = 1, 2, \ldots, k . \tag{1.18}$$

Alle Probleme $\mathcal{L}_{k+1}(t)$ kann man gleichzeitig lösen, wenn man eine Übersicht über alle Sätze (t', y_{k+1}) herstellt, die den Bedingungen (1.16)–(1.17) genügen. Dabei muß gespeichert werden: 1. die Menge T_{k+1} aller t, für die Problem $\mathcal{L}_{k+1}(t)$ lösbar ist; 2. für alle $t \in T_{k+1}$ die entsprechende optimale Lösung $(y_1^{k+1}(t), y_2^{k+1}(t), \ldots, y_{k+1}^{k+1}(t))$ und der optimale Wert der Zielfunktion

$$\Phi_{k+1}(t) = \sum_{j=1}^{k+1} F_j(y_j^{k+1}(t)) .$$

Danach werden aus dem Speicher die restlichen Informationen aus Schritt $(k-1)$ und die Menge G_{k+1} gestrichen. Wir gehen über zum Schritt $(k+1)$.

Für den Umfang P_{k+1} der Übersicht gilt folgende Abschätzung:

$$P_{k+1} \leqq \left(2 \sum_{j=1}^{k} c_j + 1\right) |B_{k+1}| , \tag{1.19}$$

und für den Umfang Q'_{k+1} der neu zu speichernden Informationen

$$Q'_{k+1} \leqq 2 \sum_{j=1}^{k+1} c_j + 1 , \tag{1.20}$$

was zusammen mit den Informationen Q'_k, die vom vorangehenden Schritt gespeichert waren und den Informationen über die Mengen G_j folgende Abschätzung für den maximalen Umfang Q_{k+1} der zu speichernden Informationen gibt:

$$Q_{k+1} \leqq \sum_{j=k+1}^{n} |B_j| + Q'_k + Q'_{k+1} \leqq \sum_{j=k+1}^{n} |B_j| + \left(2 \sum_{j=1}^{k} c_j + 1\right) + \left(2 \sum_{j=1}^{k+1} c_j + 1\right). \tag{1.21}$$

Schritt $(n - 1)$. Vom vorangegangenen Schritt besitzen wir folgende Informationen: 1. die Menge T_{n-1} aller t, für die Problem $\mathscr{L}_{n-1}(t)$ lösbar ist; 2. für jedes $t \in T_{n-1}$ die entsprechende optimale Lösung $(y_1^{n-1}(t), y_2^{n-1}(t), \ldots, y_{n-1}^{n-1}(t))$ und den optimalen Wert der Zielfunktion

$$\Phi_{n-1}(t) = \sum_{j=1}^{n-1} F_j(y_j^{n-1}(t)) .$$

Für den Umfang Q'_{n-1} der vom vorangehenden Schritt gespeicherten Informationen gilt die Abschätzung

$$Q'_{n-1} \leqq 2 \sum_{j=1}^{n-1} c_j + 1 . \tag{1.22}$$

Wir betrachten nun das folgende, dem Problem (1.5)—(1.7) äquivalente Problem $\mathscr{L}_n$.

Man maximiere

$$\Phi_{n-1}(t') + F_n(y_n) \tag{1.23}$$

unter den Restriktionen

$$t' + y_n \in \mathfrak{A} , \tag{1.24}$$

$$y_n \in G_n , \tag{1.25}$$

$$t' \in T_{n-1} , \tag{1.26}$$

$$y_i = y_j^{n-1}(t') , \qquad j = 1, 2, \ldots, n-1 . \tag{1.27}$$

Problem $\mathscr{L}_n$ wird durch eine vollständige Durchsicht aller Paare (t', y_n) gelöst, die den Bedingungen (1.25), (1.26) genügen. Die optimale Lösung $(y_1^n, y_2^n, \ldots, y_n^n)$ für dieses Problem wird sogar zur optimalen Lösung von Problem (1.5)—(1.7).

Für den Umfang P_n der Durchsicht gilt die Abschätzung

$$P_n \leqq \left(2 \sum_{j=1}^{n-1} c_j + 1\right) |B_n| \tag{1.28}$$

und für den nötigen Speicherumfang

$$Q_n = Q'_{n-1} + |B_n| \leqq 2 \sum_{j=1}^{n} c_j + 1 + |B_n| . \tag{1.29}$$

12.1.4. Wir geben zum Abschluß Abschätzungen für den Gesamtumfang P der notwendigen Übersicht und den Maximalumfang Q der gleichzeitig zu speichernden Informationen:

$$P = P_2 + \sum_{k=3}^{n-1} P_k + P_n \leqq |B_1|\,|B_2| + \sum_{k=3}^{n} \left(2 \sum_{j=1}^{k-1} c_j + 1\right) |B| ,$$

$$Q = \max_{2 \leqq k \leqq n} Q_k = \max \left\{ \left[\sum_{j=1}^{n} |B_j| + 2 \sum_{j=1}^{2} c_j + 1 \right], \right.$$

$$\max_{3 \leqq k \leqq n-1} \left[\sum_{j=k}^{n} |B_j| + \left(2 \sum_{j=1}^{k-1} c_j + 1\right) + \left(2 \sum_{j=1}^{k} c_j + 1\right) \right],$$

$$\left. \left[2 \sum_{j=1}^{n-1} c_j + |B_n| \right] \right\} = \max \left\{ \left[\sum_{j=1}^{n} |B_j| + 2 \sum_{j=1}^{2} c_j + 1 \right], \right.$$

$$\left. \max_{3 \leqq k \leqq n-1} \left[\sum_{j=k}^{n} |B_j| + \left(2 \sum_{j=1}^{k-1} c_j + 1\right) + \left(2 \sum_{j=1}^{k} c_j + 1\right) \right] \right\} =$$

$$= \max \left\{ \left[\sum_{j=1}^{n} |B_j| + 2 \sum_{j=1}^{2} c_j + 1 \right], \right.$$

$$\left. \max_{3 \leqq k \leqq n-1} \left[\sum_{j=k}^{n} |B_j| + 4 \sum_{j=1}^{k-1} c_j + 2 + 2\,c_k \right] \right\}.$$

12.2. Das Rundreiseproblem

12.2.1. Die Beschreibung des Rundreiseproblems und seine Formulierung in Gestalt eines ganzzahligen linearen Optimierungsproblems wurde in 2.3. gegeben. In 10.3. wurde die Branch-and-Bound-Methode zu seiner Lösung dargelegt. Hier werden wir einen anderen Algorithmus bringen, der auf den Ideen der dynamischen Optimierung beruht und gleichzeitig von Bellman [10] und Held und Karp [72] vorgelegt wurde.

Wir erinnern an die Problemstellung (in einer hier angenehmen Form). Es soll die kürzeste geschlossene Marschroute (der kürzeste Zyklus) gefunden werden, der durch jede gegebene Stadt 0, 1, 2, ..., n genau einmal geht. Formal gesprochen, gegeben ist die Matrix $||c_{ij}||$, $i, j = 0, 1, 2, \ldots, n$ $(i \neq j)$, und man soll eine Permutation

$$\pi = (i_1, i_2, \ldots, i_n) \tag{2.1}$$

der Zahlen 1, 2, ..., n finden, die den zu durchlaufenden Gesamtweg

$$c_{0 i_1} + c_{i_1 i_2} + c_{i_2 i_3} + \cdots + c_{i_{n-1} i_n} + c_{i_n 0} \tag{2.1'}$$

minimiert. (Es ist klar, daß es wegen der Geschlossenheit des gesuchten Zyklus gleichgültig ist, welche Stadt man als Ausgang nimmt. Daher legen wir als Ausgang die Stadt 0 fest.)

12.2.2. Für den weiteren Apparat ist es notwendig, folgendes einzuführen: Seien $(i_1, i_2, \ldots, i_{k-1})$ paarweise verschiedene Städte, die auch vom Ausgang verschieden sein mögen. $(i_s \neq i_r$ für $s \neq r$, $i_s \neq 0$ für alle $s = 1, 2, \ldots, k-1)$.

Sei i_k eine weitere Stadt, die von $i_1, i_2, \ldots, i_{k-1}$ verschieden ist. Die Stadt i_k kann mit dem Ausgangsort nur für $k = n$ zusammenfallen.

Wir bezeichnen mit

$$f_{k-1}(0; i_1, i_2, \ldots, i_{k-1}; i_k) \tag{2.2}$$

die Länge des kürzesten Weges, der die Stadt 0 mit der Stadt i_k verbindet und in beliebiger Reihenfolge durch die Städte $i_1, i_2, \ldots, i_{k-1}$ geht. Wir bemerken, daß die Funktion (2.2) symmetrisch in den Argumenten $i_1, i_2, \ldots, i_{k-1}$ ist, d. h. daß sie sich bei keiner Permutation ändert.

Die Permutation $(i'_1, i'_2, \ldots, i'_{k-1})$ der Städte $(i_1, i_2, \ldots, i_{k-1})$, bei der der in Definition (2.2) auftretende kürzeste Weg realisiert wird, bezeichnen wir mit

$$\pi_{k-1}(0; i_1, i_2, \ldots, i_{k-1}; i_k) . \tag{2.3}$$

Der weiter unten darzulegende Algorithmus beruht auf dem folgenden einfachen Satz.

Satz 12.2.1. *Sei*

$$(i'_1, i'_2, \ldots, i'_{k-1}) = \pi_{k-1}(0; i_1, i_2, \ldots, i_{k-1}; i_k)$$

und $1 \leqq r \leqq k - 1$. *Dann gilt*

$$(i'_1, i'_2, \ldots, i'_r) = \pi_r(0; i'_1, i'_2, \ldots, i'_r; i'_{r+1}) .$$

Der Beweis folgt unmittelbar aus den Definitionen (2.2) und (2.3).

12.2.3. Wir kommen sofort zur Aufstellung des Algorithmus.

Schritt 0. Wir berechnen die Funktion

$$f_0(0; i) = c_{0i}, \qquad i = 1, 2, \ldots, n. \tag{2.4}$$

Die Gesamtheit P_0 der Funktionswerte von $f_0(0; i)$, die der Berechnung unterworfen sind, ist

$$P_0 = n . \tag{2.5}$$

Dabei ist für einen Funktionswert eine Operation erforderlich (Auswahl aus dem Tableau). Die Gesamtheit Q_0 der Funktionswerte von $f_0(0; i)$, die gespeichert werden, ist

$$Q_0 = n . \tag{2.6}$$

Schritt 1. Wir berechnen die Funktion $f_1(0; i; j)$:

$$f_1(0; i; j) = f_0(0; i) + c_{ij} , \qquad i, j = 1, 2, \ldots, n; i \neq j . \tag{2.7}$$

Zum Schluß streichen wir aus dem Speicher das Tableau für die Werte von $f_0(0; i)$.

Die Anzahl P_1 der Funktionswerte von $f_1(0; i; j)$, die berechnet werden, ist gleich

$$P_1 = n (n - 1) = n\, C^1_{n-1} . \tag{2.8}$$

Für einen Funktionswert werden drei Operationen benötigt (zwei zur Auswahl aus dem Tableau, eine zur Addition). Der nötige Speicherumfang (bis zum

Streichen des Tableaus für $f_0(0; i)$ aus dem Speicher) ist

$$Q_1 = n + n(n-1) . \tag{2.9}$$

Schritt k $(2 \leqq k \leqq n-1)$. Wir berechnen die Funktion

$$f_k(0; i_1, i_2, \ldots, i_k; i_{k+1})$$

für alle Werte $i_1, i_2, \ldots, i_{k+1}$ ($i_r \neq i_s$ für $r \neq s$; $i_r = 1, 2, \ldots, n$; $r = 1, 2, \ldots, k+1$):

$$f_k(0; i_1, i_2, \ldots, i_k; i_{k+1}) = \min \{[f_{k-1}(0; i_2, \ldots, i_k; i_1) + c_{i_1 i_{k+1}}], [f_{k-1}(0; i_1, i_3, \ldots, i_k; i_2) + c_{i_2 i_{k+1}}], \ldots, [f_{k-1}(0; i_1, i_2, \ldots, i_{k-1}; i_k) + c_{i_k i_{k+1}}]\} \tag{2.10}$$

Für jeden Funktionswert von $f_k(0; i_1, i_2, \ldots, i_k; i_{k+1})$ speichern wir die optimale Permutation $\pi_k(0; i_1, i_2, \ldots, i_k; i_{k+1})$. Am Schluß streichen wir das Tableau für die Werte von $f_{k-1}(0; i_1, i_2, \ldots, i_{k-1}; i_k)$ aus dem Speicher (und für $k \geqq 0$ auch den Weg $\pi_{k-1}(0; i_1, i_2, \ldots, i_{k-1}; i_k)$).

Die Anzahl P_k der Funktionswerte für $f_k(\ldots)$, die berechnet werden, ist gleich

$$P_k = n\, C_{n-1}^k . \tag{2.11}$$

Für einen Funktionswert werden $4k - 1$ Operationen benötigt ($2k$ zur Auswahl aus dem Tableau, k Additionen, $k - 1$ Vergleiche). Der benötigte Speicherumfang Q_k (bis zum Streichen des Tableaus für $f_{k-1}(\ldots)$ und für $\pi_{k-1}(\ldots)$ aus dem Speicher) beträgt

$$Q_k = n\, C_{n-1}^{k-1} + n\, C_{n-1}^k . \tag{2.12}$$

Schritt n. Wir berechnen die Funktion

$$f_n(0; 1, 2, \ldots, n; 0) = \min \{[f_{n-1}(0; 2, \ldots, n; 1) + c_{10}], [f_{n-1}(0; 1, 3, \ldots, n; 2) + c_{20}], \ldots, [f_{n-1}(0; 1, 2, \ldots, n-1; n) + c_{n0}]\} . \tag{2.13}$$

Die Permutation $\pi_n(0; 1, \ldots, n; 0)$, bei der das Minimum angenommen wird, wird auch optimale Lösung für das Ausgangs-Problem.

Die Anzahl P_n der Funktionswerte von $f_n(\ldots)$, die berechnet werden, ist hier gleich

$$P_n = 1 . \tag{2.14}$$

Für einen Funktionswert werden $4n - 1$ Operationen benötigt ($2n$ zur Auswahl aus dem Tableau, n Additionen, $n - 1$ Vergleiche). Der benötigte Speicherumfang ist

$$Q_n = n\, C_{n-1}^{n-1} + 1 = n + 1 . \tag{2.15}$$

12.2.4. Wir erhalten nun einen Ausdruck für den Gesamtumfang P der nötigen Rechnungen. Zunächst gilt

$$P = P'_0 + P'_1 + \sum_{k=2}^{n-1} P'_k + P'_n ,$$

wo $P'_r = P_r\, d_r$ ist, P_r die Anzahl der Funktionswerte von $f_r(0; i_1, i_2, \ldots, i_r; i_{r+1})$, die berechnet werden und d_r die Operationenanzahl, die für einen Wert ausgeführt werden. Wir finden:

$$P'_0 = P_0\, d_0 = n \cdot 1 = n\,,$$
$$P'_1 = P_1\, d_1 = n\, C^1_{n-1} \cdot 3\,,$$
$$P'_n = P_n\, d_n = 1 \cdot (4\,n - 1)\,.$$

Für alle $k = 2, 3, \ldots, n - 1$ haben wir

$$P'_k = P_k\, d_k = n\, C^k_{n-1}\,(4\,k - 1)\,.$$

Somit gilt

$$\begin{aligned} P &= n + 3\,n\, C^1_{n-1} + \sum_{k=2}^{n-1} (4\,k - 1)\, n\, C^k_{n-1} + 1 \cdot (4\,n - 1) = \\ &= (5\,n - 1) + \sum_{k=1}^{n-1} (4\,k - 1)\, n\, C^k_{n-1} + \\ &\qquad + (4 \cdot 0 - 1)\, n\, C^0_{n-1} - (4 \cdot 0 - 1)\, n\, C^0_{n-1} = \\ &= (5\,n - 1) + n + n \sum_{k=0}^{n-1} (4\,k - 1)\, C^k_{n-1} = \\ &= (6\,n - 1) + n \sum_{k=0}^{n-1} (4\,k - 1)\, C^k_{n-1} = \\ &= (6\,n - 1) - n \sum_{k=0}^{n-1} C^k_{n-1} + 4\,n \sum_{k=0}^{n-1} k\, C^k_{n-1} = \\ &\qquad = (6\,n - 1) - n\, 2^{n-1} + 4\,n \sum_{k=0}^{n-1} k\, C^k_{n-1}\,. \end{aligned}$$

Wir formen nun die letzte Summe in einen Ausdruck für P um. Wir bezeichnen

$$S = \sum_{k=0}^{n-1} k\, C^k_{n-1}\,.$$

Dann ist

$$S = \sum_{k=0}^{n-1} k\, C^k_{n-1} = \sum_{k=0}^{n-1} k\, C^{n-1-k}_{n-1} = \sum_{\nu=0}^{n-1} (n - 1 - \nu)\, C^\nu_{n-1} = \sum_{k=0}^{n-1} (n - 1 - k)\, C^k_{n-1}\,,$$

$$S + S = \sum_{k=0}^{n-1} k\, C^k_{n-1} + \sum_{k=0}^{n-1} (n - 1 - k)\, C^k_{n-1}\,,$$

$$2\,S = \sum_{k=0}^{n-1} (n - 1)\, C^k_{n-1} = (n - 1)\, 2^{n-1}\,,$$

woraus sich

$$S = (n - 1)\, 2^{n-2}\,.$$

ergibt. Schließlich haben wir

$$P = (6n - 1) - n\,2^{n-1} + 4n(n-1)\,2^{n-2}\,.^{1)} \tag{2.16}$$

Wir bemerken, daß eine vollständige Übersicht[2]) $n! \sim n^n e^{-n}\sqrt{2\pi n}$, d. h. wesentlich mehr als P benötigt.

12.2.5. Wir erhalten einen Ausdruck für den maximal erforderlichen Speicherumfang Q. Wir haben

$$\begin{aligned}
Q &= \max_{0\leqq k\leqq n} Q_k = \max\left\{Q_0, Q_1, Q_n, \max_{2\leqq k\leqq n-1} Q_k\right\} = \\
&= \max\left\{n, n + n(n-1), n+1, \max_{2\leqq k\leqq n-1}\left(n\,C_{n-1}^{k-1} + n\,C_{n-1}^{k}\right)\right\} = \\
&= n \max_{2\leqq k\leqq n-1}\left(n\,C_{n-1}^{k-1} + n\,C_{n-1}^{k}\right).
\end{aligned}$$

Aber es ist

$$\begin{aligned}
C_{n-1}^{k-1} + C_{n-1}^{k} &= \frac{(n-1)!}{(k-1)!\,(n-k)!} + \frac{(n-1)!}{k!\,(n-k-1)!} = \\
&= \frac{(n-1)!\,(k + (n-k))}{k!\,(n-k)!} = \frac{n!}{k!\,(n-k)!} = C_n^k\,,
\end{aligned}$$

so daß

$$Q = n \max_{2\leqq k\leqq n-1} C_n^k = n\,C_n^{[n/2]}\,,$$

gilt, wo $\left[\frac{n}{2}\right]$ der ganzzahlige Teil von $\frac{n}{2}$ ist.

Wir betrachten zwei Fälle gesondert.

I. Fall. $n = 2n_1$.

$$\begin{aligned}
C_n^{[2/n]} = C_{2n_1}^{n_1} &= \frac{(2n_1)!}{(n_1!)^2} \sim \frac{(2n_1)^{2n_1} e^{-2n_1}\sqrt{2\pi\cdot 2n_1}}{n_1^{2n_1} e^{-2n_1}\cdot 2\pi n_1} = \\
&= 2^{2n_1}\sqrt{\frac{4\pi n_1}{4\pi^2 n_1^2}} = 2^{2n_1}\sqrt{\frac{1}{\pi n_1}} = \frac{2^n}{\sqrt{\frac{\pi n}{2}}}\,,
\end{aligned}$$

$$Q \sim n\frac{2^n}{\sqrt{\frac{\pi n}{2}}} = 2^n\sqrt{\frac{2n}{\pi}}\,.$$

II. Fall. $n = 2n_1 + 1$.

$$C_n^{[n/2]} = C_{2n_1+1}^{n_1} = \frac{(2n_1+1)!}{n_1!\,(n_1+1)!} = \frac{(2n_1)!}{(n_1!)^2}\,\frac{2n_1+1}{n_1+1} \sim 2\,C_{2n_1}^{n_1}\,.$$

---

[1]) Eine Rechenanlage mit 10^6 Operationen pro Sekunde würde somit zur Lösung eines Rundreiseproblems mit 50 Städten über 300 Jahre benötigen, während ein lineares Optimierungsproblem mit 100 Variablen in unter 1 min gelöst wird. (Anm. d. Red. d. dt. Ausg.)

[2]) Nach der Stirlingschen Formel (s. [37]). Eben diese Formel wird zur Abschätzung für den Speicherumfang Q verwendet.

Aber es ist (s. Fall I)

$$C_{2n_1}^{n_1} \sim 2^{2n_1} \sqrt{\frac{1}{\pi n_1}},$$

so daß

$$C_n^{[2/n]} \sim 2^{2n_1+1} \sqrt{\frac{1}{\pi n_1}} \sim 2^n \sqrt{\frac{2}{\pi n}},$$

$$Q \sim n\, 2^n \sqrt{\frac{2}{\pi n}} = 2^n \sqrt{\frac{2n}{\pi}}$$

gilt.

Somit haben wir in beiden Fällen

$$Q \sim 2^n \sqrt{\frac{2n}{\pi}}.^{1)} \tag{2.17}$$

Am Ende der Rechnung gelang es (durch Vergleich mit der vollständigen Übersicht, für die $P' = n! \sim n^n e^{-n}\sqrt{2\pi n}$, $Q' = 2$) gilt), eine wesentliche Verkleinerung des Rechenumfangs auf Kosten einer merklichen Vergrößerung des Speicherumfangs zu erreichen.

12.3. Ein Problem aus der Ablaufplanung für zwei Maschinen (Algorithmus von Johnson)

12.3.1. Eine Formulierung für das allgemeine Problem aus der Theorie der Ablaufplanung wurde weiter oben gegeben (3.4.) Wir betrachten den folgenden Spezialfall davon. Gegeben sind zwei Maschinen und n Werkstücke. Jedes davon muß zur Bearbeitung zuerst auf die erste und danach zur zweiten Maschine gebracht werden. Die Bearbeitungszeit für das i-te Werkstück ($i = 1, 2, \ldots, n$) auf der ersten Maschine bezeichnen wir mit a_i, die auf der zweiten Maschine mit b_i. Es soll ein Ablaufplan gefunden werden (eine Bearbeitungsreihenfolge für die Werkstücke) die die Gesamtbearbeitungszeit für alle Werkstücke minimiert. Wir werden annehmen, daß die Reihenfolge für die Bearbeitung der Werkstücke auf der ersten Maschine mit der Bearbeitungsfolge auf der zweiten Maschine zusammenfällt[2]). Daher stellt, formal gesprochen, der gesuchte Ablaufplan eine Permutation $(i_1, i_2, \ldots, i_n)$ der Zahlen $1, 2, \ldots, n$ dar, die die Zeit vom Beginn der Bearbeitung des Werkstückes i_1 auf der ersten Maschine bis zum Ende der Bearbeitung des Werkstückes i_n auf der zweiten Maschine minimiert.

12.3.2. Wir beschreiben den bekannten Algorithmus von JOHNSON (s. [77], 2.) zur Gewinnung eines optimalen Aufbauplanes. Seine Idee besteht darin, daß

---

[1]) Bei 50 Städten wäre der Speicherumfang also über 10^{15} und würde somit etwa $2 \cdot 10^9$ Magnetbänder beanspruchen. (Anm. d. Red. d. dt. Ausg.)

[2]) Den allgemeinen Fall kann man von diesem ableiten (s. [77], 2.)

man nach einer maximalen Verkürzung der Stillstandszeit für die zweite Maschine strebt.

Schritt 1. Unter den Zahlen $(a_1, a_2, \ldots, a_n; b_1, b_2, \ldots, b_n)$ finden wir die kleinste, t_1 (gibt es mehrere, wählen wir eine beliebige davon). Ist $t_1 = a_i$, so setzen wir $i = i_1$, d. h. bringen Werkstück i auf den ersten Platz im Ablaufplan unter. Ist dagegen $t_1 = b_i$, setzen wir $i = i_n$, d. h. bringen Werkstück i auf dem letzten (n-ten) Platz im Ablaufplan unter.

Danach streichen wir Werkstück i (d. h. die Zahlen a_i und b_i) aus der Liste und gehen zum zweiten Schritt über.

Schritt k $(1 < k < n)$. Unter den Zahlen $(a_1, a_2, \ldots, a_n; b_1, b_2, \ldots, b_n)$, die im vorangegangenen Schritt noch nicht gestrichen wurden, finden wir die kleinste, t_k (falls es deren mehrere gibt, wird eine beliebige davon gewählt). Ist $t_k = a_i$, so bringen wir das Werkstück i in dem Ablaufplan auf dem ersten noch nicht in vorangegangenen Schritten besetzten Platz unter. Ist dagegen $t_k = b_i$, so bringen wir Werkstück i im Ablaufplan auf dem letzten unbesetzten Platz unter.

Danach streichen wir Werkstück i (d. h. die Zahlen a_i und b_i) aus der Liste und gehen zum $(k + 1)$-ten Schritt über.

Schritt n. Das einzige in der Liste übrig bleibende Werkstück i bringen wir auf dem einzigen noch unbesetzten Platz im Ablaufplan unter.

12.3.3. Wir erklären seine Arbeitsweise an einem Beispiel von 6 Werkstücken. Längs dem Tableau sind neben den Bearbeitungszeiten noch zwei Spalten untergebracht. In der ersten wird mit römischen Zahlen die Schrittnummer des Algorithmus angegeben, in dem das Werkstück in den Ablaufplan untergebracht wurde, (in jeder Zeile wird die entsprechende Zahl t_k mit einem Stern bezeichnet). In der zweiten Spalte wird gezeigt, welchen Platz das gegebene Werkstück im Ablaufplan einnimmt.

i	a_j	b_j	Schritt-nummer	Platz des Werkstücks im Ablaufplan
1	8*	9	V	$1 = i_3$
2	3*	5	I	$2 = i_1$
3	4*	6	III	$3 = i_2$
4	10	9	VI	$4 = i_4$
5	7	4*	II	$5 = i_6$
6	7	5*	IV	$6 = i_5$

Somit ist

$$(i_1, i_2, \ldots, i_6) = (2, 3, 1, 4, 6, 5)$$

der optimale Ablaufplan. Wir erinnern, daß eine direkte Übersicht im Vergleich dazu $6! = 720$ Permutationen erforderte.

12.3.4. Wir kommen zur Angabe des Algorithmus von JOHNSON. Dabei wird es bequem sein, ein allgemeineres Problem zu betrachten, bei dem zu den oben dargelegten Bedingungen noch eine weitere hinzugefügt wird: wählt man als Anfangszeit für die Arbeit der ersten Maschine 0, so kann die zweite Maschine nicht eher als im Moment Δ beginnen (Δ eine vorgegebene nichtnegative Zahl). Für dieses allgemeinere Problem wird der Algorithmus von JOHNSON eingerichtet.

Wir bezeichnen mit

$$\varphi(\Delta; i_1, i_2, \ldots, i_n)$$

die Gesamtbearbeitungszeit bei vorgegebener „Verzögerung“ Δ und gegebenem Ablaufplan $(i_1, i_2, \ldots, i_n)$. Wir bemerken, daß die Funktion $\varphi(\Delta; i_1, i_2, \ldots, i_n)$ mit Δ monoton wächst.

Ein Problem mit vorgegebenem Δ und den Werkstücken $i_1, i_2, \ldots, i_n$ werden wir mit $E(\Delta; i_1, i_2, \ldots, i_n)$ bezeichnen.

Für die Funktion $\varphi(\Delta; i_1, i_2, \ldots, i_n)$ gilt die folgende Formel

$$\varphi(\Delta; j_1, j_2, \ldots, j_n) = \sum_{s=1}^{k} a_{j_s} + \varphi\left(\varphi(\Delta; j_1, j_2, \ldots, j_k) - \sum_{s=1}^{k} a_{j_s}; j_{k+1}, \ldots, j_n\right). \tag{3.1}$$

Tatsächlich wird nach der Zeit $\sum_{s=1}^{k} a_{j_s}$ auf der ersten Maschine die Bearbeitung der Werkstücke $j_1, j_2, \ldots, j_k$ beendet und die Bearbeitung der Werkstücke $j_{k+1}, \ldots, j_n$ begonnen. Nach der Zeit $\varphi(\Delta; j_1, j_2, \ldots, j_k)$ endet die Bearbeitung der Werkstücke $j_1, j_2, \ldots, j_k$ auf der zweiten Maschine, und diese Maschine ist für die Bearbeitung der Werkstücke $j_{k+1}, \ldots, j_n$ bereit. Hieraus folgt die Formel (3.1).

12.3.5. Bei der Einrichtung des Algorithmus von JOHNSON spielt eine grundlegende Rolle das

Lemma 12.3.1. *Der Algorithmus von* JOHNSON *ergibt einen optimalen Ablaufplan (für beliebiges Δ) für Probleme mit zwei Werkstücken ($n = 2$).*

Bevor wir das Lemma beweisen, zeigen wir, wie man daraus den folgenden Satz ableiten kann.

Satz 12.3.1. *Der Algorithmus von* JOHNSON *ergibt einen optimalen Ablaufplan (für beliebiges Δ) für Probleme mit einer beliebigen Anzahl n von Werkstücken.*

Den Beweis führen wir durch Induktion nach der Anzahl der Werkstücke. Für $n = 2$ fällt der Satz mit dem Lemma zusammen.

Sei $n \geqq 3$. Wir nehmen an, daß der Satz für eine Anzahl $n - 1$ von Werkstücken gilt und zeigen seine Gültigkeit für eine Anzahl n von Werkstücken. Sei $i_1, i_2, \ldots, i_n$ der optimale Ablaufplan. Wir betrachten vier Fälle.

I. Fall

$$\min\{a_1, a_2, \ldots, a_n; b_1, b_2, \ldots, b_n\} = a_{i_1}.$$

In der Formel (3.1) setzen wir $k = 1$, $(j_1, j_2, \ldots, j_n) = (i_1, i_2, \ldots, i_n)$ und erhalten

$$\varphi(\Delta; i_1, i_2, \ldots, i_n) = a_{i_1} + \varphi(\varphi(\Delta; i_1) - a_{i_1}; i_2, \ldots, i_n). \tag{3.2}$$

Aus (3.2) folgt, daß der Ablaufplan $(i_2, \ldots, i_n)$ optimaler Ablaufplan für das Problem $E(\Delta'; i_2, \ldots, i_n)$ mit $\Delta' = \varphi(\Delta; i_1) - a_{i_1}$ ist. Nach der Induktionsvoraussetzung wird der nach dem Algorithmus von JOHNSON erhaltene Ablaufplan $(i_2', \ldots, i_n')$ von Problem $E(\Delta'; i_2, \ldots, i_n)$ ebenfalls optimal, und folglich gilt

$$\begin{aligned}\varphi(\Delta; i_1, i_2, \ldots, i_n) &= a_{i_1} + \varphi(\varphi(\Delta; i_1) - a_{i_1} i_2, \ldots, i_n) = \\ &= a_{i_1} + \varphi(\varphi(\Delta; i_1) - a_{i_1}; i_2', \ldots, i_n') = \varphi(\Delta; i_1, i_2', \ldots, i_n').\end{aligned} \tag{3.3}$$

Aus (3.3) folgt, daß der Ablaufplan $(i_1, i'_2, \ldots, i'_n)$ ebenfalls optimal für Problem $E(\Delta; i_1, i_2, \ldots, i_n)$ ist. Da man den Ablaufplan $(i_1, i'_2, \ldots, i'_n)$ nach dem Algorithmus von JOHNSON erhalten kann, ist der Satz für diesen Fall bewiesen.

II. Fall

$$\min \{a_1, a_2, \ldots, a_n; b_1, b_2, \ldots, b_n\} = b_{i_n}.$$

In der Formel (3.1) setzen wir $k = n - 1$, $(j_1, j_2, \ldots, j_n) = (i_1, i_2, \ldots, i_n)$ und erhalten

$$\varphi(\Delta; i_1, i_2, \ldots, i)_n = \sum_{s=1}^{n-1} a_{i_s} + \varphi\left(\varphi(\Delta; i_1, i_2, \ldots, i_{n-1}) - \sum_{s=1}^{n-1} a_{i_s}; i_n\right). \tag{3.4}$$

Aus der weiter oben bemerkten Monotonie der Funktion $\varphi(\Delta; j_1, j_2, \ldots j_r)$ bezüglich Δ folgt, daß dann, wenn $(i'_1, i'_2, \ldots i'_{n-1})$ ein optimaler Ablaufplan für Problem $E(\Delta; i_1, i_2, \ldots, i_{n-1})$ ist, $(i'_1, i'_2, \ldots, i'_{n-1}, i_n)$ ein optimaler Ablaufplan für das Problem $E(\Delta; i_1, i_2, \ldots, i_n)$ ist. Wir nehmen als $(i'_1, i'_2, \ldots, i'_{n-1})$ einen nach dem Algorithmus von JOHNSON gefundenen optimalen Ablaufplan von Problem $E(\Delta; i_1, i_2, \ldots, i_{n-1})$. Dann kann auch der Ablaufplan $(i'_1, i'_2, \ldots, i'_{n-1}, i_n)$ nach dem Algorithmus von JOHNSON gewonnen werden und der Satz ist bewiesen.

III. Fall

$$\min \{a_1, a_2, \ldots, a_n; b_1, b_2, \ldots, b_n\} = a_r \pm a_{i_1}. \tag{3.5}$$

Indem wir genauso erwägen, wie schon im Falle I, erhalten wir, daß so ein optimaler Ablaufplan $(i_1, i'_2, \ldots i'_n)$ des Problems $E(\Delta; i_1, i_2, \ldots, i_n)$ existiert, daß der Ablaufplan $(i'_2, \ldots, i'_n)$ des Problems $E(\Delta; i_2, \ldots, i_n)$ nach dem Algorithmus von JOHNSON gewonnen werden kann. Insbesondere kann man annehmen, daß $a_r = a_{i'_2}$ ist.

Nun erhalten wir aus Formel (3.1) (wir setzen zunächst $k = 2, (j_1, j_2, \ldots, j_n) = (i_1, i'_2 \ldots, i'_n)$ und danach $k = 2, (j_1, j_2, \ldots, j_n) = (i'_2, i_1, i'_3, \ldots, i'_n)$)

$$\varphi(\Delta; i_1, i'_2, \ldots, i'_n) = a_{i_1} + a_{i'_2} + \varphi(\varphi(\Delta; i_1, i'_2) - (a_{i_1} + a_{i'_2}); i'_3, \ldots, i'_n) \tag{3.6}$$

und

$$\varphi(\Delta; i'_2, i_1, i'_3, \ldots, i'_n) = a_{i_1} + a_{i'_2} + \varphi(\varphi(\Delta; i'_2, i_1) - (a_{i_1} + a_{i'_2}); i'_3, \ldots, i'_n). \tag{3.7}$$

Aus dem Lemma und Formel (3.5) folgt, daß

$$\varphi(\Delta; i'_2, i_1) \leqq \varphi(\Delta; i_1, i'_2)$$

gilt, folglich ist

$$\varphi(\Delta; i'_2, i_1) - (a_{i_1} + a_{i'_2}) \leqq \varphi(\Delta; i_1, i'_2) - (a_{i_1} + a_{i'_2})$$

und (unter Berücksichtigung von (3.6) und (3.7))

$$\varphi(\Delta; i'_2, i_1, i'_3, \ldots, i'_n) \leqq \varphi(\Delta; i_1, i'_2, \ldots, i'_n). \tag{3.8}$$

Aus (3.8) und der Optimalität des Ablaufplanes $(i_1, i'_2, \ldots, i'_n)$ folgt, daß der Ablaufplan $(i'_2, i_1, i'_3, \ldots, i'_n)$ ebenfalls optimal ist. Aber wegen (3.5) erhalten wir Fall I, für den der Satz schon bewiesen ist.

IV. Fall

$$\min \{a_1, a_2, \ldots, a_n; b_1, b_2, \ldots, b_n\} = b_r \neq b_{i_n}. \tag{3.9}$$

Unter denselben Erwägungen wie im Fall II erhalten wir, daß so ein optimaler Ablaufplan $(i'_1, i'_2, \ldots, i'_{n-n}, i_n)$ von Problem $E(\Delta; i_1, i_2, \ldots, i_n)$ existiert, daß der Ablaufplan $(i'_1, i'_2, \ldots, i'_{n-1})$ ein optimaler Ablaufplan für das Problem $E(\Delta; i'_1, i'_2, \ldots, i'_{n-1})$ ist, der nach dem Algorithmus von JOHNSON konstruiert wurde, wobei $b_{i'_{n-1}} = b_r$ ist. Nun erhalten wir aus Formel (3.1)

$$\varphi(\Delta; i'_1, i'_2, \ldots, i'_{n-1}, i_n) = \sum_{s=1}^{n-2} a'_{i_s} + \varphi\left(\varphi(\Delta; i'_1, i'_2, \ldots, i'_{n-2}) - \sum_{s=1}^{n-2} a_{i'_s}; i'_{n-1}, i_n\right), \tag{3.10}$$

$$\varphi(\Delta; i'_1, i'_2, \ldots, i'_{n-2}, i'_n) = \sum_{s=1}^{n-2} a_{i'_s} + \varphi\left(\varphi(\Delta; i'_1, i'_2, \ldots, i'_{n-2}) - \sum_{s=1}^{n-2} a'_{i_s}; i_n, i'_{n-1}\right). \tag{3.11}$$

Aus dem Lemma folgt, daß

$$\varphi\left(\varphi(\Delta; i'_1, i'_2, \ldots, i'_{n-2}) - \sum_{s=1}^{n-2} a'_{i_s}; i_n, i'_{n-1}\right) \leqq \varphi\left(\varphi(\Delta; i'_1, i'_2, \ldots, i'_{n-2}) - \sum_{s=1}^{n-2} a'_{i_s}; i'_{n-1}, i_n\right) \tag{3.12}$$

gilt. Aus (3.10), (3.11), (3.12) und der Monotonie von $\varphi(\Delta; j_1, j_2, \ldots, j_r)$ gegenüber Δ erhalten wir

$$\varphi(\Delta; i'_1, i'_2, \ldots, i'_{n-2}, i_n, i'_{n-1}) \leqq \varphi(\Delta; i'_1, i'_2, \ldots, i'_{n-1}, i_n)\,. \tag{3.13}$$

Aus (3.13) und aus der Optimalität des Ablaufplanes $(i'_1, i'_2, \ldots, i'_{n-1}, i_n)$ folgt, daß der Ablaufplan $(i'_1, i'_2, \ldots, i'_{n-2}, i_n, i'_{n-1})$ ebenfalls optimal ist. Wegen (3.9) ergibt sich Fall II, der weiter oben untersucht wurde.

Somit wurden alle vier Fälle betrachtet. Der Satz ist vollständig bewiesen.

12.3.6. Wir kommen zum Beiweis des Lemmas. Es genügt, folgende beiden Behauptungen zu beweisen.

a) Ist $a_1 = \min\{a_1, a_2; b_1, b_2\}$, so ist der Ablaufplan (1, 2) optimal, d. h. $\varphi(\Delta; 1, 2) \leqq \varphi(\Delta; 2, 1)$.

b) Ist $b_2 = \min\{a_1, a_2; b_1, b_2\}$, so ist der Ablaufplan (1, 2) optimal, d. h. $\varphi(\Delta; 1, 2) \leqq \varphi(\Delta; 2, 1)$.

Zunächst rechnen wir den Ausdruck für $\varphi(\Delta; i, j)$ aus. Nach (3.1) gilt

$$\varphi(\Delta; i, j) = a_i + \varphi(\varphi(\Delta; i) - a_i; j)\,. \tag{3.14}$$

Es bleibt übrig, einen Ausdruck für $\varphi(\Delta; k)$ zu gewinnen und diesen zu verwenden. Die Bearbeitung von Werkstück k auf der ersten Maschine endet im Zeitpunkt a_k. Von diesem Zeitpunkt an ist die zweite Maschine erforderlich. Die zweite Maschine kann man nicht vor dem Zeitpunkt Δ verwenden. Folglich ist

$$\varphi(\Delta; k) = \max\{a_k, \Delta\} + b_k\,. \tag{3.15}$$

Aus (3.15) und (3.14) erhalten wir

$$\begin{aligned}\varphi(\Delta; i, j) &= a_i + \max\{a_j, \varphi(\Delta; i) - a_i\} + b_j = \\ &= \max\{\varphi(\Delta; i), a_i + a_j\} + b_j = \max\{\max\{a_i, \Delta\} + b_i, a_i + a_j\} + b_j\,.\end{aligned} \tag{3.16}$$

Aus (3.16) ergibt sich

$$\varphi(\Delta; 1, 2) = \max\{\max\{a_1, \Delta\} + b_1, a_1 + a_2\} + b_2\,, \tag{3.17}$$

$$\varphi(\Delta; 2, 1) = \max\{\max\{a_1, \Delta\} + b_2, a_1 + a_2\} + b_1\,. \tag{3.18}$$

Beim Beweis des Satzes betrachten wir einzeln zwei Fälle:

1°. $$a_1 = \min\{a_1, a_2; b_1, b_2\}\,, \tag{3.19}$$

2°. $$b_2 = \min\{a_1, a_2; b_1, b_2\}\,. \tag{3.20}$$

Jeden dieser Fälle zerlegen wir in vier Teilfälle:

1. $$\max\{a_1, \Delta\} + b_1 \geqq a_1 + a_2\,, \tag{3.21}$$
$$\max\{a_2, \Delta\} + b_2 \geqq a_1 + a_2\,; \tag{3.22}$$

2. $$\max\{a_1, \Delta\} + b_1 \geqq a_1 + a_2\,, \tag{3.23}$$
$$a_1 + a_2 \geqq \max\{a_2, \Delta\} + b_2\,. \tag{3.24}$$

3. $$\max\{a_2, \Delta\} + b_2 \geqq a_1 + a_2, \tag{3.25}$$
$$a_1 + a_2 \geqq \max\{a_1, \Delta\} + b_1\,. \tag{3.26}$$

4. $$a_1 + a_2 \geqq \max\{a_1, \Delta\} + b_1\,, \tag{3.27}$$
$$a_1 + a_2 \geqq \max\{a_2, \Delta\} + b_2\,. \tag{3.28}$$

Fall 1°—1.

$$\varphi(\Delta; 1, 2) = b_1 + b_2 + \max\{a_1, \Delta\},$$
$$\varphi(\Delta; 2, 1) = b_1 + b_2 + \max\{a_2, \Delta\}.$$

Aus (3.19) folgt, daß

$$\max\{a_1, \Delta\} \leqq \max\{a_1, \Delta\}$$

gilt und folglich

$$\varphi(\Delta; 1, 2) \leqq \varphi(\Delta; 2, 1),$$

und der Ablaufplan (1, 2) ist optimal.

Fall 1°—2.

$$\varphi(\Delta; 1, 2) = b_1 + b_2 + \max\{a_1, \Delta\}, \tag{3.29}$$
$$\varphi(\Delta; 2, 1) = a_1 + a_2 + b_1. \tag{3.30}$$

Aus (3.24) erhalten wir

$$b_2 \leqq a_1 + (a_2 - \max\{a_2, \Delta\}) \leqq a_1,$$

woraus (unter Berücksichtigung von (3.19)) folgt, daß

$$b_2 = a_1 \tag{3.31}$$

gilt. Aus (3.31) und (3.24) erhalten wir weiter

$$a_2 \geqq \max\{a_2, \Delta\},$$

woraus folgt, daß

$$\max\{a_2, \Delta\} = a_2 \geqq \Delta$$

und (unter Berücksichtigung von (3.19))

$$a_2 \geqq \max\{a_1, \Delta\}. \tag{3.32}$$

gilt. Aus (3.29)—(3.32) erhalten wir

$$\varphi(\Delta; 1, 2) - \varphi(\Delta; 2, 1) = \max\{a_1, \Delta\} - a_2 \leqq 0.$$

Der Ablaufplan (1, 2) ist optimal.

Fall 1°—3.

$$\varphi(\Delta; 1, 2) = a_1 + a_2 + b_2,$$
$$\varphi(\Delta; 2, 1) = b_1 + b_2 + \max\{a_2, \Delta\}.$$

Wir haben

$$\varphi(\Delta; 1, 2) - \varphi(\Delta; 2, 1) = (a_1 - b_2) + (a_2 - \max\{a_2, \Delta\}). \tag{3.33}$$

Offensichtlich ist

$$a_2 - \max\{a_2, \Delta\} \leqq 0. \tag{3.34}$$

Aus (3.19) folgt, daß

$$a_1 \leqq b_2 \tag{3.35}$$

gilt. Aus (3.33)—(3.35) erhalten wir

$$\varphi(\Delta; 1, 2) - \varphi(\Delta; 2, 1) \leqq 0.$$

Der Ablaufplan (1, 2) ist optimal.

Fall 1°—4.

$$\varphi(\Delta; 1, 2) = b_2 + a_1 + a_2, \tag{3.36}$$
$$\varphi(\Delta; 2, 1) = b_1 + a_1 + a_2. \tag{3.37}$$

Aus (3.28) folgt, daß

$$b_2 \leqq a_1 + (a_2 - \max\{a_2, \Delta\}) \leqq a_1 \tag{3.38}$$

gilt. Aus (3.38) und (3.19) erhalten wir

$$b_2 = a_1 . \tag{3.39}$$

Aus (3.39), (3.36), (3.37) und (3.19) ergibt sich die Ungleichung

$$\varphi(\Delta; 1, 2) - \varphi(\Delta; 2, 1) = a_1 - b_1 \leqq 0 .$$

Der Ablaufplan (1, 2) ist optimal.

Fall 2°—1.

$$\varphi(\Delta; 1, 2) = b_1 + b_2 + \max\{a_1, \Delta\},$$
$$\varphi(\Delta; 2, 1) = b_1 + b_2 + \max\{a_2, \Delta\} .$$

Wir nehmen an, daß

$$\varphi(\Delta; 1, 2) > \varphi(\Delta; 2, 1) \tag{3.40}$$

gilt, d. h. daß man

$$\max\{a_1, \Delta\} > \max\{a_2, \Delta\}$$

hat. Hieraus erhalten wir

$$a_1 > \Delta, \qquad a_1 > a_2$$

und

$$a_1 > \max\{a_2, \Delta\} . \tag{3.41}$$

Aus (3.20) folgt, daß

$$a_2 \geqq b_2 \tag{3.42}$$

gilt. Addieren wir (3.41) und (3.42), so haben wir

$$a_1 + a_2 > b_2 + \max\{a_2, \Delta\} ,$$

was (3.22) widerspricht. Folglich ist (3.40) nicht erfüllt, und es gilt

$$\varphi(\Delta; 1, 2) \leqq \varphi(\Delta; 2, 1) .$$

Der Ablaufplan (1, 2) ist optimal.

Fall 2°—2.

$$\varphi(\Delta; 1, 2) = b_1 + b_2 + \max\{a_1, \Delta\} ,$$
$$\varphi(\Delta; 2, 1) = a_1 + a_2 + b_1 .$$

Wir nehmen an, daß

$$\varphi(\Delta; 2, 1) < \varphi(\Delta; 1, 2) \tag{3.43}$$

gilt, d. h. daß man

$$a_1 + a_2 < b_2 + \max\{a_1, \Delta\} \tag{3.44}$$

hat. Aus (3.44) und (3.24) erhalten wir

$$b_2 + \max\{a_1, \Delta\} > \max\{a_2, \Delta\} + b_2 ,$$
$$\max\{a_1, \Delta\} > \max(a_2, \Delta) ,$$

d. h.

$$a_1 > \Delta , \qquad a_1 > a_2$$

und

$$\max\{a_1, \Delta\} = a_1 > \max\{a_2, \Delta\}. \tag{3.45}$$

Aus (3.45) und (3.44) erhalten wir

$$a_2 < b_2 ,$$

was (3.20) widerspricht. Folglich ist (3.43) nicht erfüllt. Der Ablaufplan (1, 2) ist optimal.

Fall 2°—3.

$$\varphi(\Delta; 1, 2) = a_1 + a_2 + b_2 ,$$

$$\varphi(\Delta; 2, 1) = b_1 + b_2 + \max \{a_2, \Delta\} .$$

Wir nehmen an, daß

$$\varphi(\Delta; 2, 1) < \varphi(\Delta; 1, 2) \tag{3.46}$$

gilt, d. h. es ist

$$b_1 + \max \{a_2, \Delta\} < a_1 + a_2 . \tag{3.47}$$

Aus (3.47) und (3.25) erhalten wir

$$b_1 + \max \{a_2, \Delta\} < b_2 + \max \{a_2, \Delta\} ,$$

d. h.

$$b_1 < b_2 ,$$

was (3.20) widerspricht. Folglich ist (3.46) nicht erfüllt. Der Ablaufplan (1.2) ist optimal.

Fall 2°—4.

$$\varphi(\Delta; 1, 2) = b_2 + a_1 + a_2 ,$$

$$\varphi(\Delta; 2, 1) = b_1 + a_1 + a_2 .$$

Hieraus und aus (3.20) erhalten wir

$$\varphi(\Delta; 1, 2) - \varphi(\Delta; 2, 1) = b_2 - b_1 \leqq 0 .$$

Der Ablaufplan (1, 2) ist optimal.

Sämtliche Fälle sind untersucht. Das Lemma ist bewiesen und der Algorithmus von Johnson begründet.

12.3.7. Der oben beschriebene Algorithmus ist, insofern einfach, weil man mit seiner Hilfe (sogar mit der Hand) Probleme von praktisch beliebiger Dimension lösen kann. Leider stößt eine Erweiterung dieses Verfahrens auf den Fall dreier oder mehrerer Maschinen auf relativ ernste Schwierigkeiten.

13. Ein lokaler Zugang zu diskreten Optimierungsproblemen

Der in der diskreten Analysis entwickelte lokale Zugang (Žuravlev [133—135]) wurde zuerst von Žuravlev und Finkel'šteĭn [136] auf ganzzahlige lineare Optimierungsprobleme übertragen. Das Wesen des lokalen Zugangs bei den diskreten Optimierungsproblemen besteht grob gesprochen im Aussondern und Formalisieren einer Klasse von Problemen, die einer Zerlegung in eine Folge von „Blöcken" unterwerfbar sind und in gewissem Sinne schwach untereinander zusammenhängen. Dabei gelingt es, die vollständige Übersicht über alle Variablen bei dem ganzen Problem wesentlich zu verkleinern, indem man sie durch die Gesamtübersicht pro Block mit etwas höherem Speicherbedarf ersetzt.

Danach wurde der lokale Zugang auf eine breitere Problemklasse in den Arbeiten [42], [43] von Finkel'šteĭn ausgedehnt. Dieser allgemeine Zugang wird auch in diesem Kapitel dargelegt.

13.1. Vorbereitende Betrachtungen

13.1.1. Man habe das folgende diskrete Optimierungsproblem mit separabler Zielfunktion.

Problem Z.

Man maximiere

$$\sum_{j=1}^{n} f_j(x_j) \tag{1.1}$$

unter den Restriktionen

$$g_i(x_{j_{i1}}, \ldots, x_{j_{ip_i}}) = 0\,, \qquad i = 1, 2, \ldots, m\,, \tag{1.2}$$

$$x_j \in B_j \equiv \{b_{j1}, \ldots, b_{jq_j}\}\,, \qquad j = 1, 2, \ldots, n\,. \tag{1.3}$$

Wir unterstreichen, daß den Funktionen f_j und g_i hier keinerlei Beschränkungen (etwa Linearität, Konvexität usw.) auferlegt werden.

Wir führen die Inzidenzmatrix $||h_{ij}||$ für die Gleichungen und Variablen des Problems Z ein, indem wir sie wie folgt definieren:

$$h_{ij} = \begin{cases} 1, & \text{falls } j \in \{j_{i1}, \ldots, j_{ip_i}\}\,, \\ 0 & \text{im entgegengesetzten Fall.} \end{cases} \tag{1.4}$$

Der in [34] vorgelegte Algorithmus ist zur Lösung von *Quasiblockproblemen* vorgesehen, d. h. von Problemen, bei denen man die Indexmengen $M = \{1, 2, \ldots, m\}$ und $N = \{1, 2, \ldots, n\}$ in disjunkte Teilmengen zerlegen kann, die bestimmten Eigenschaften genügen:

$$M = \bigcup_{r=1}^{k} U_r\,, \tag{1.5}$$

$$N = S_1 \cup S_{12} \cup S_2 \cup S_{23} \cup \cdots \cup S_{k-1} \cup S_{k-1,k} \cup S_k\,. \tag{1.6}$$

Hier ist S_r die Menge der Variablen, die nur in Gleichungen aus U_r, $r = 1, 2, \ldots, k$ vorkommen, und $S_{r,r+1}$ die Menge der Variablen, die nur in Gleichungen aus U_r und U_{r+1}, $r = 1, 2, \ldots, k-1$ vorkommen.

Wir führen die Bezeichnung

$$\bar{S}_r = \begin{cases} S_1 \cup S_{12}\,, & r = 1\,, \\ S_{r-1,r} \cup S_r \cup S_{r,r+1}\,, & 1 < r < k\,, \\ S_{k-1,k} \cup S_k\,, & r = k \end{cases}$$

ein. Die dem Quasiblockproblem (1.1)–(1.3) zugeordnete Inzidenzmatrix $||h_{ij}||$ wurde in Abb. 13.1.1. dargestellt (womöglich nach einer gewissen Permutation von Zeilen und Spalten). Die Blöcke sind in Abb. 13.1.1. die schraffierten Rechtecke, wobei sich der r-te Block im Durchschnitt der Zeilen aus U_r und der Spalten aus $\bar{S}_r$ $(r = 1, \ldots, k)$ befindet. Die von Null verschiedenen Elemente der Inzidenzmatrix können sich nur in einem der schraffierten Kästchen befinden (d. h. in einem Block).

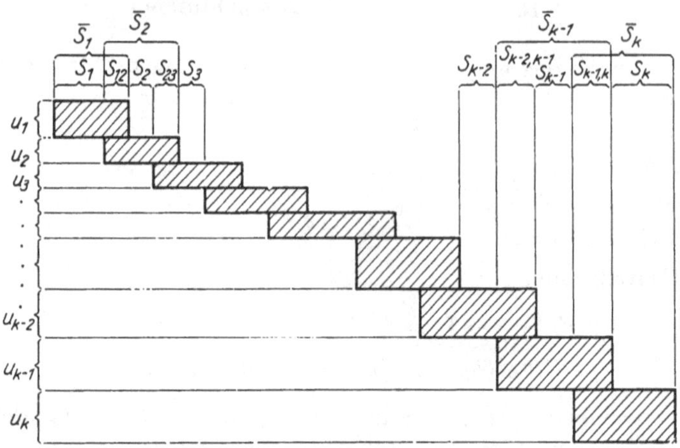

Abb. 13.1.1. Inzidenzmatrix $||h_{ij}||$

Die Blöcke in Abb. 13.1.1. hängen schwach untereinander zusammen, m. a. W. fixiert man sämtliche Variable aus $S_{r,r+1}$ für ein gewisses r ($1 \leqq r \leqq k-1$), indem man

$$x_j = \bar{x}_j \in B_j\,, \qquad j \in S_{r,r+1}, \tag{1.7}$$

setzt und betrachtet man das Problem (1.1)—(1.3) unter der Zusatzbedingung (1.7), so zerfällt das Problem in zwei unabhängige Probleme Z_1 und Z_2. Problem Z_1 enthält die *nichtfixierten* Variablen aus der Menge $S_1 \cup S_{12} \cup S_2 \cup \cdots \cup_{r-1} \cup S_{r-1,kr} \cup \cup S_r$ und die Restriktionen aus der Menge $U_1 \cup U_2 \cup \cdots \cup U_r$. Problem Z_2 enthält die *nichtfixierten* Variablen aus der Menge $S_{r+1} \cup S_{r+1,r+2} \cup S_{r+2} \cup \cdots \cup \cup S_{k-1,k} \cup S_k$ und die Restriktionen aus der Menge $U_{r+1} \cup U_{r+2} \cup \cdots \cup U_k$.

Der in [42] vorgelegte Algorithmus ist für Quasiblockprobleme mit *nicht übermäßig großen Blöcken* effektiv, d. h. für solche Probleme, in denen die vollständige Übersicht

$$\prod_{j=1}^{n} q_j$$

unmöglich herzuleiten ist, aber man die Übersicht

$$\sum_{r=1}^{k} \left(\prod_{j \in \bar{S}_r} q_j \right)$$

bei einem Umfang von gleichzeitig zu speichernden Informationen herstellen kann, die

$$\max_{2 \leqq r \leqq k-1} \left[\left(\prod_{j \in S_{r-1,r}} q_j \right) + \left(\prod_{j \in S_{r,r+1}} q_j \right) \right]$$

nicht überschreitet.

13.1.2. Nun setzen wir, der Arbeit [43] von FINKEL'ŠTEĬN folgend, voraus, daß den Bedingungen (1.1)—(1.3) noch folgende „separable" Beschränkungen hinzugefügt werden, die sämtliche Variablen

$$g_{m+l}(X) \equiv \sum_{j=1}^{n} g_{m+l}^{j}(x_j) = 0 \,, \qquad l = 1, 2, \ldots, d \tag{1.8}$$

enthalten.

Das durch die Bedingungen (1.1)—(1.3), (1.8) definierte Problem werden wir mit Problem Z' bezeichnen.

Wir führen einige Zusatzbedingungen ein. Den Vektor der Variablen x_1, $x_2, \ldots, x_n$ werden wir mit X bezeichnen:

$$X \equiv (x_1, x_2, \ldots, x_n) \,.$$

Weiter bezeichnen wir

$$\sigma_{r-1} = S_1 \cup S_{12} \cup S_2 \cup \cdots S_{r-2,r-1} \cup S_{r-1} \,. \tag{1.9}$$

Unter X_S werden wir den „Untervektor" vom Vektor X verstehen, mit Komponenten, deren Indices durch die Menge S bestimmt werden. Formaler, gilt $j_1 < j_2 < \cdots < j_q$ und $S = \{j_1, \ldots, j_q\} \subset N$, so gilt auch

$$X_S \equiv (x_{j_1}, x_{j_2}, \ldots, x_{j_q}) \,. \tag{1.10}$$

Den fixierten Wert des Vektors X_S werden wir mit $\overline{X}_S$ bezeichnen. Das Symbol $X_S(X_R)$ wird die Vektorfunktion mit dem Argument X_R bezeichnen. Außerdem vereinbaren wir

$$X_S \in B \,, \tag{1.11}$$

zu schreiben, falls $x_j \in B_j$ für alle $j \in S$ ist. Wir führen noch eine natürliche Bezeichnung ein:

$$f(X_S) \equiv \sum_{j \in S} f_j(x_j) \,. \tag{1.12}$$

13.1.3. Wir erklären die Idee des Lösungsalgorithmus für Problem Z'. Wir nehmen an, daß die Menge M der Gleichungen in zwei Teilmengen U_1 und U_2 zerlegt ist, und S_1 die Menge derjenigen Variablen ist, die sich nur in den Gleichungen aus U_1, S_2 die Menge der Variablen, die sich nur in U_2 befinden. S_{12} sei die Menge der Variablen, die sich sowohl in Gleichungen von U_1, als auch in Gleichungen von U_2 befinden. Sei $\overline{S}_1 = S_1 \cup S_{12}$.

Wir betrachten zwei Vektoren: den Vektor $X^1_{\overline{S}_1} \in B$ und den Vektor $X^2_{\overline{S}_1} \in B$. Wir setzen voraus, daß gilt:

$$x_j^1 = x_j^2 \quad \text{für alle} \quad j \in S_{12} \,, \tag{1.13}$$

$$\sum_{j \in S_1} g_{m+l}^{j}(x_j^1) = \sum_{j \in S_1} g_{m+l}^{j}(x_j^2) \,, \qquad l = 1, 2, \ldots, d \,, \tag{1.14}$$

$$\left.\begin{array}{l}\text{die Vektoren } X^k_{\overline{S}_1} \,, \ k = 1, 2 \text{ erfüllen} \\ \text{alle Gleichungen aus } U_1\end{array}\right\} \tag{1.15}$$

$$f(X^2_{S_1}) < f(X^1_{S_1}) \,. \tag{1.16}$$

Wir nehmen nun an, daß für einen gewissen Vektor $\overline{X}_N$ die Beziehung

$$\overline{x}_j = x_j^2 \quad \text{für alle} \quad j \in \overline{S}_1. \tag{1.17}$$

gilt.

I. Sind die Bedingungen (1.13)—(1.17) erfüllt, so kann der Vektor $\overline{X}_N$ keine optimale Lösung des Problems Z' sein. Nimmt man jedoch an, daß anstelle der Beziehung (1.16) die Beziehung

$$f(X_{S_1}^2) = f(X_{S_1}^1) \tag{1.16'}$$

gilt, so erhalten wir folgende Aussage:

II. Sind die Bedingungen (1.13)—(1.15), (1.16′), (1.17) erfüllt und ist $\overline{X}_N$ eine optimale Lösung des Problems Z', so ist auch der Vektor $\overline{Y}_N$, dessen Komponenten durch die Formel

$$\overline{y}_j = \begin{cases} x_j^1, & \text{falls} \quad j \in \overline{S}_1\,, \\ \overline{x}_j, & \text{falls} \quad j \in S_2 \end{cases} \tag{1.18}$$

definiert werden, eine optimale Lösung des Problems Z'.

Der weiter unten darzustellende Algorithmus stellt eine unmittelbare Verallgemeinerung des Algorithmus für Problem Z (s. [42]) dar und unterscheidet sich von ihm nur in der Struktur der Regeln I und II, die gestatten, die Menge der zu betrachtenden Varianten einzuschränken. In den Regeln I, II wird das Vorhandensein der Bedingung (1.18) beachtet, deren Hinzufügen Problem Z in Problem Z' verwandelt.

13.2. Der Algorithmus

13.2.1. Wir kommen sofort zur Beschreibung des Algorithmus.

1. Schritt. Wir betrachten das folgende Problem, das wir Problem $Z^1(\overline{X}_{S_{12}}, \overline{\theta}_1^1, \ldots, \overline{\theta}_d^1)$ nennen werden.

Man finde einen Vektor $X_{S_1} = X_{\sigma_1}$, der

$$f(X_{\sigma_1}) \tag{2.1}$$

maximiert und den Restriktionen

$$g_i(x_{j_{i1}}, \ldots, x_{j_{ip_i}}) = 0\,, \qquad i \in U_1\,, \tag{2.2}$$

$$X_{\sigma_1} \in B\,, \tag{2.3}$$

$$X_{S_{12}} = \overline{X}_{S_{12}} \in B\,, \tag{2.4}$$

$$\sum_{j \in \sigma_1} g_{m+l}^j(x_j) = \overline{\theta}_l^1\,, \qquad l = 1, 2, \ldots, d \tag{2.5}$$

genügt. Problem $Z^1(\overline{X}_{S_{12}}, \overline{\theta}_1^1, \ldots, \overline{\theta}_d^1)$ lösen[1]) wir für alle möglichen $\overline{X}_{S_{12}} \in B$ und alle möglichen $\theta_1^1, \ldots, \theta_d^1$ [2]). Ist für gegebene

$$(\overline{X}_{S_{12}}, \overline{\theta}_1^1, \ldots, \overline{\theta}_d^1)$$

das Problem

$$Z^1(\overline{X}_{S_{12}}, \overline{\theta}_1^1, \ldots, \overline{\theta}_d^1)$$

lösbar und

$$X(\overline{X}_{S_{12}}, \overline{\theta}_1^1, \ldots, \overline{\theta}_d^1)$$

eine optimale Lösung, so wählen wir einen Vektor [3])

$$(\overline{X}_{S_{12}}, \overline{\theta}_1^1, \ldots, \overline{\theta}_d^1)$$

in der Menge N_{12}[4]) und speichern für diesen Vektor

$$X_{\sigma_1}(\overline{X}_{S_{12}}, \overline{\theta}_1^1, \ldots, \overline{\theta}_d^1)\,.$$

r-ter Schritt. $(1 < r < k)$. Im vorangegangenen Schritt wurde die Menge $N_{r-1,r}$ konstruiert, die aus gewissen Vektoren

$$(\overline{X}_{S_{r-1,r}}, \overline{\theta}_1^{r-1}, \ldots, \overline{\theta}_d^{r-1})$$

besteht, wobei für jeden Vektor

$$(\overline{X}_{S_{r-1,r}}, \overline{\theta}_1^{r-1}, \ldots, \overline{\theta}_d^{r-1})$$

der Vektor

$$X_{\sigma_{r-1}}(\overline{X}_{S_{r-1,r}}, \overline{\theta}_1^{r-1}, \ldots, \overline{\theta}_d^{r-1})$$

gespeichert wird.

Wir betrachten folgendes Problem, das wir Problem

$$Z^r(\overline{X}_{S_{r,r+1}}, \overline{\theta}_1^r, \ldots, \overline{\theta}_d^r)$$

nennen werden.

Man finde den Vektor $f(X_{\sigma_r})$, der

$$f(X_{S_r}) + f(X_{S_{r-1,r}}) + f\big(X_{\sigma_{r-1}}(X_{S_{r-1,r}}, \theta_1^{r-1}, \ldots, \theta_d^{r-1})\big) \tag{2.6}$$

---

[1]) Mit Hilfe einer vollständigen Übersicht.

[2]) Hier sind $\theta_1^1, \ldots, \theta_d^1$ irgendwelche fixierte Zahlen, die in (2.5) eingehen können, wenn Bedingung (1.3) beachtet wird.

[3]) Das ist ein Vektor, in dem zu den Komponenten des Vektors $X_{S_{12}}$ sukzessive die Komponenten $\theta_1^1, \ldots, \theta_d^1$ zugeschrieben werden.

[4]) Ist die Menge N_{12} leer, so ist das Ausgangsproblem unlösbar.

unter den Restriktionen

$$g_i(x_{j_{i1}}, \ldots, x_{j_{ip_i}}) = 0\,, \qquad i \in U_r\,, \tag{2.7}$$

$$X_{S_r} \in B\,, \tag{2.8}$$

$$X_{S_{r,r+1}} = \bar{X}_{S_{r,r+1}} \in B\,, \tag{2.9}$$

$$\sum_{j \in \sigma_r} g^j_{m+l}(x_j) = \bar{\theta}^r_l\,, \qquad l = 1, 2, \ldots, d\,, \tag{2.10}$$

$$(X_{S_{r-1,r}}, \theta^{r-1}_1, \ldots, \theta^{r-1}_d) \in N_{r-1,r}\,, \tag{2.11}$$

$$\sum_{j \in \sigma_{r-1}} g^j_{m+l}(x_j) = \theta^{r-1}_l, l = 1, 2, \ldots, d\,, \tag{2.12}$$

$$X_{\sigma_{r-1}} = X_{\sigma_{r-1}}(X_{S_{r-1,r}}, \theta^{r-1}_1, \ldots, \theta^{r-1}_d) \tag{2.13}$$

maximiert. Das Problem

$$Z^r(\bar{X}_{S_{r,r+1}}, \bar{\theta}^r_1, \ldots, \bar{\theta}^r_d)$$

lösen wir über eine vollständige Durchsicht aller möglichen

$$\bar{X}_{S_{r,r+1}} \in B$$

und aller möglichen

$$\bar{\theta}^r_1, \ldots, \bar{\theta}^r_d\,.$$

Ist für gegebene

$$(\bar{X}_{S_{r,r+1}}, \bar{\theta}^r_1, \ldots, \bar{\theta}^r_d)$$

das Problem

$$Z^r(\bar{X}_{S_{r,r+1}}, \bar{\theta}^r_1, \ldots, \bar{\theta}^r_d)$$

lösbar und eine optimale Lösung davon gleich

$$X_{\sigma_r}(\bar{X}_{S_{r,r+1}}, \bar{\theta}^r_1, \ldots, \bar{\theta}^r_d)\,,$$

so wählen wir den Vektor

$$(\bar{X}_{S_{r,r+1}}, \bar{\theta}^r_1, \ldots, \bar{\theta}^r_d)$$

in der Menge $N_{r,r+1}$[1]) und speichern dafür den Vektor

$$X_{\sigma_r}(\bar{X}_{S_{r,r+1}}, \bar{\theta}^r_1, \ldots, \bar{\theta}^r_d)\,.$$

Nachdem Problem

$$Z^r(\bar{X}_{S_{r,r+1}}, \bar{\theta}^r_1, \ldots, \bar{\theta}^r_d)$$

für alle

$$(\bar{X}_{S_{r,r+1}}, \bar{\theta}^r_1, \ldots, \bar{\theta}^r_d)\,,$$

[1]) Ist die Menge $N_{r,r+1}$ leer, so ist das Ausgangsproblem unlösbar.

gelöst wurde, streichen wir die Menge $N_{r-1,r}$ und die Vektoren

$$X_{\sigma_{r-1}}(\bar{X}_{S_{r-1,r}}, \bar{\theta}_1^{r-1}, \ldots, \bar{\theta}_d^{r-1})$$

aus dem Speicher.

k-ter Schritt. Im vorangegangenen Schritt wurde die Menge $N_{k-1,k}$ konstruiert, die aus gewissen Vektoren

$$(\bar{X}_{S_{k-1,k}}, \bar{\theta}_1^{k-1}, \ldots, \bar{\theta}_d^{k-1})$$

besteht, wobei für jeden Vektor

$$(\bar{X}_{S_{k-1,k}}, \bar{\theta}_1^{k-1}, \ldots, \bar{\theta}_d^{k-1})$$

der Vektor

$$X_{\sigma_{k-1}}(\bar{X}_{S_{k-1,k}}, \bar{\theta}_1^{k-1}, \ldots, \bar{\theta}_d^{k-1})$$

gespeichert wird.

Wir betrachten das folgende Problem, das wir Problem Z^k nennen werden.

Man finde einen Vektor X, der

$$f(X) \tag{2.14}$$

unter den Restriktionen

$$g_i(x_{j_{i1}}, \ldots, x_{j_{ip_i}}) = 0\,, \qquad i \in U_k\,, \tag{2.15}$$

$$g_{m+l}(X) = 0\,, \qquad l = 1, 2, \ldots, d\,, \tag{2.16}$$

$$X_{S_k} \in B\,, \tag{2.17}$$

$$(X_{S_{k-1,k}}, \theta_1^{k-1}, \ldots, \theta_d^{k-1}) \in N_{k-1,k}\,, \tag{2.18}$$

$$\sum_{j \in \sigma_{k-1}} g_{m+l}^j(x_j) = \theta_l^{k-1}, \qquad l = 1, 2, \ldots, d\,, \tag{2.19}$$

$$X_{\sigma_{k-1}} = X_{\sigma_{k-1}}(X_{S_{k-1,k}}, \theta_1^{k-1}, \ldots, \theta_d^{k-1}) \tag{2.20}$$

maximiert. Eine optimale Lösung von Problem Z^k stellt eine optimale Lösung des Problems Z' dar, das durch die Bedingungen (1.1)—(1.3), (1.8) definiert wird.

13.2.2. Für den Umfang P der Übersicht und den erforderlichen Speicherumfang Q gelten die Abschätzungen

$$P \leqq \prod_{j \in \bar{S}_1} q_j + \sum_{r=2}^{k} \left[\left(\prod_{j \in \bar{S}_r} q_j\right)\left(\prod_{l=1}^{d} C_l^{r-1}\right)\right], \tag{2.21}$$

$$Q \leqq \begin{cases} 2, & k = 1\,, \\ \left(\prod_{j \in S_{12}} q_j\right)\left(\prod_{l=1}^{d} C_l^1\right), & k = 2\,, \\ \max\limits_{2 \leqq r \leqq k-1} \left[\left(\prod_{j \in S_{r-1,r}} q_j\right)\left(\prod_{l=1}^{d} C_l^{r-1}\right) + \left(\prod_{j \in S_{r,r+1}} q_j\right)\left(\prod_{l=1}^{d} C_l^r\right)\right], & \\ & k \geq 3\,. \end{cases} \tag{2.22}$$

Hier ist C_l^r die Gesamtheit der Werte, die die Funktion $\sum_{j \in \sigma_r} g_{m+l}^j(x_j)$ unter Beachtung der Bedingung (1.3) annehmen kann.

14. Einige andere Methoden

Dieses Kapitel ist von reinem Übersichtscharakter. Es wird eine kurze Beschreibung von zwei weiteren Methoden gegeben, die vom kombinatorischen Typus sind: die Methode von FAURE und MALGRANGE zur Lösung ganzzahliger linearer Optimierungsprobleme und die Methode der sukzessiven Berechnung von V. P. ČERENIN zur Lösung einer Klasse kombinatorischer Probleme.

14.1. Die Methode von Faure und Malgrange

14.1.1. Im Jahre 1963 wurde in einer Bemerkung von FAURE und MALGRANGE [35] eine Methode zur Lösung linearer Optimierungsprobleme mit BOOLEschen Variablen (an einem Zahlenbeispiel) angekündigt. Sie nannten ihr Herangehen „BOOLEsche Methode". Danach bauten LE GARFF und MALGRANGE [49] BOOLEsche Methoden für das allgemeine ganzzahlige lineare Optimierungsproblem auf. Später gaben FAURE und MALGRANGE [36] noch eine Methode zur Lösung ganzzahliger linearer Optimierungsprobleme an, die im allgemeinen Verfahren der Methode von LE GARFF und MALGRANGE ähnlich ist, sich aber davon in einigen charakteristischen Zusatzeigenschaften unterscheidet. Dazu muß jedoch bemerkt werden, daß all diese Methoden im wesentlichen heuristisch sind.

Leider gestattet der Stil der Darlegungen in den zitierten Artikeln nicht, hier eine vollwertige Beschreibung der entsprechenden Rechenverfahren in allen Einzelheiten zu geben; wir beschränken uns daher auf die charakteristischen, diesen Methoden zugrunde liegenden Ideen.

14.1.2. Wir verweilen zunächst bei der anfänglichen „BOOLEschen Methode" von FAURE und MALGRANGE [35]. Wir betrachten ein lineares Optimierungsproblem mit BOOLEschen Variablen (alle Koeffizienten c_j sind ganze Zahlen).

Man maximiere

$$f(X) = \sum_{j=1}^{n} c_j x_j \tag{1.1}$$

unter den Restriktionen

$$\sum_{j=1}^{n} a_{ij} x_j \leqq b_i , \qquad i = 1, 2, \ldots, m , \tag{1.2}$$

$$x_j = \begin{cases} 0, \\ 1, \end{cases} \qquad j = 1, 2, \ldots, n . \tag{1.3}$$

Man kann alle Koeffizienten c_j, ohne die Allgemeinheit einzuschränken, als nichtnegativ ansehen. Weiter oben haben wir schon gesehen, daß man das stets herbeiführen kann, wenn man für die negativen c_j den Variablenersatz $x_j' = 1 - x_j$ durchführt (s. zum Beispiel 11.1.).

Das Verfahren besteht aus zwei Etappen: dem Finden einer Ausgangslösung und deren Verbesserung. In der ersten Etappe wird eine beliebige Lösung gesucht, die (1.2)—(1.3) erfüllt. Dafür verwandeln sich sogar sämtliche Koeffizienten a_{ij} in nichtnegative: ist irgendein $a_{ij} < 0$, so wird anstelle von x_j in der i-ten Restriktion die Variable $x_j' = 1 - x_j$ eingeführt. Weiter werden die Zielfunktionskoeffizienten in der Ordnung wachsender Größe vorausgesetzt. Es wird der maximale Koeffizient c_{j_1} betrachtet und der Variablen x_{j_1} der Wert 1 gegeben (oder, was äquivalent ist, der Variablen x_{j_1}' der Wert 0 gegeben). Danach wird x_{j_1} aus den Restriktionen (1.2) ausgeschlossen, und deren rechter Teil b_i durch $b_i - a_{ij_1}$ ersetzt. Eine analoge Operation wird für das der Größe nach folgende c_{j_2} usw. durchgeführt. Ist die Bedingung (1.2) beim k-ten Schritt sowohl für $x_k = 1$ als auch für $x_k' = 1$ verletzt, so wird die vorangehende Auswahl überprüft. Nach endlicher Rechnung erhalten wir irgendeine Lösung X^0 (oder stellen fest, daß das Problem unlösbar ist).

In der zweiten Etappe wird versucht, den Wert von $f(X)$ zu verbessern, indem man den Ausgangsrestriktionen des Problems die neue Beschränkung

$$f(X) \geqq f(X^0) + 1 \tag{1.4}$$

hinzufügt. Somit führt die Suche nach einer verbesserten Lösung des Ausgangsproblems auf die Suche einer beliebigen Lösung, die die Restriktionen (1.2) bis (1.4) erfüllt. Dafür „verfolgen" wir die früher gegebenen Auswahlen $x_j = 1$, indem wir mit der letzten beginnen und versuchen, eine verbesserte Lösung zu finden, indem wir konsequent $x_j' = 1$ setzen. Wenn es nicht gelingt, eine Verbesserung der Lösung X^0 zu erreichen, so ist sie optimal. Findet sich dagegen eine verbesserte Lösung X^1, so wird zu den Ausgangsrestriktionen die Bedingung

$$f(X) \geqq f(X^1) + 1 \tag{1.5}$$

hinzugefügt und das Verbesserungsverfahren von neuem wiederholt.

14.1.3. Die im Artikel von FAURE und MALGRANGE [35] skizzierte Verallgemeinerung der „BOOLEschen Methode" auf allgemeine ganzzahlige lineare Optimierungsprobleme wurde danach exakter und formaler von LE GARFF und MALGRANGE [49] beschrieben. Betrachtet wird die Aufgabe, (1.1) unter den Restriktionen (1.2) und

$$x_j \text{ ganzzahlig}, \qquad j = 1, 2, \ldots, n \tag{1.3'}$$

zu maximieren. Außerdem wird angenommen, daß die Variablen x_j nach oben beschränkt sind:

$$0 \leqq x_j \leqq d_j\,, \qquad j = 1, 2, \ldots, n\,, \tag{1.6}$$

wo d_j ganze Zahlen sind. Sie können entweder vorgegeben sein oder aus dem ökonomischen Inhalt des Problems zu bestimmen sein. Wie stets kann man sie auch berechnen, indem man n lineare Optimierungsprobleme löst: man maximiere x_j unter den Restriktionen (1.2), und wählt dann als d_j den ganzen Teil von $\max x_j$.

Für jedes j kann man leicht so ein $k = k(j)$ finden, für das $d_j \leqq 2^k + 2^{k-1} + \cdots + 1 = 2^{k+1} - 1$ gilt. Somit kann jede Variable x_j in Gestalt einer dualen Zerlegung

$$x_j = 2^k \xi_k + 2^{k-1} \xi_{k-1} + \cdots + \xi_0 \tag{1.7}$$

darstellen, wo $k = k(j)$ ist, und die ξ_l können die Werte 0 und 1 annehmen. Somit wird $\xi_l = 1$ das Vorhandensein des „Gewichtes" 2_l beim Wert x_j und $\xi'_l = 1 - \xi_l = 1$ sein Fehlen bedeuten.

Das allgemeine Schema für die Methode unterscheidet sich nicht vom Schema der oben beschriebenen „BOOLEschen Methode": in der ersten Etappe sucht man die Ausgangslösung, und in der zweiten versucht man, sie zu verbessern.

Ohne Beschränkung der Allgemeinheit kann man annehmen, daß 1. $c_j \geqq 0$, $j = 1, 2, \ldots, n$; 2. $\min_j \max_i a_{ij} > 0$ gilt.

Die Reihenfolge, in der den Variablen positive Werte beigegeben werden, bestimmt wie bei der „BOOLEschen Methode" deren „Investitionen" in der Zielfunktion. Wir werden versuchen, den (in dieser Reihenfolge gewählten) Variablen Zweierpotenzen zuzuordnen, indem wir mit der größten beginnen und das solange fortführen, bis Bedingung (1.2) nicht verletzt wird. Dieses wird zu einer Umwandlung der rechten Seiten führen und zu einer entsprechenden Verkleinerung der oberen Schranken für die Variablen d_j. Das Suchverfahren für eine Anfangslösung endet, wenn alle oberen Schranken zu Null werden. Das Verfahren zur Lösungsverbesserung wurde schon oben charakterisiert.

Formaler gesprochen muß man in der ersten Etappe die Produkte $c_j d_j$ berechnen. Danach wird der Variablen x_{j_1}; die dem maximalen Produkt entspricht, ein Wert zugeordnet, der gleich der für ihn größtmöglichen Zweierpotenz ist, d. h. 2^k, mit $k = k(j_1)$. M. a. W., es wird $\xi_k = 1, \xi_{k-1} = \cdots = \xi_1 = 0$ gewählt. Erfülle dieser Wert $x_{j_1} = 2^k$ die für x_{j_1} „am meisten beschränkte" Relation, die sich aus (1.2) ergibt, d. h. die Ungleichung

$$a_{i_1 j_1} x_{j_1} \leqq \bar{b}_{i_1} \equiv b_{i_1} - \sum_{\substack{j \neq j_1 \\ a_{i_1 j} < 0}} a_{i_1 j} d_j , \tag{1.8}$$

wo i_1 aus der Bedingung

$$\frac{\bar{b}_{i_1}}{a_{i_1 j_1}} = \min_{i | a_{i j_1} > 0} \frac{\bar{b}_i}{a_{i j_1}}$$

bestimmt wird. Dann wird die obere Grenze d_{j_1} ersetzt durch

$$d'_{j_1} = d_{j_1} - 2^k . \tag{1.9}$$

Diese Operation heißt in natürlicher Weise „Auswahl", und die entsprechende Zahl $k = k(j_1)$ „Auswahlniveau". Die rechten Seiten der Restriktionen werden transformiert: für alle i setzen wir

$$b'_i = b_j - a_{i j_1} 2^k. \tag{1.10}$$

Erfüllt der schon angegebene Wert $x_{j_1} = 2^k$ die Bedingung (1.8) nicht, so wird d_{j_1} gemäß (1.9) ersetzt (weil der Wert 2^k unmöglich ist), und die Transformation der rechten Seiten wird diesmal überhaupt nicht durchgeführt. Danach wird der Übergang zur nächsten Variablen x_{j_2} vollzogen, die durch das der Größe nachfolgende Produkt $c_j\, d_j$ definiert wird. Folglich gelangen wir, indem wir so alle Variablen und alle weiteren Auswahlniveaux durchlaufen, zu dem Moment, wo sämtliche gemäß (1.9) transformierten oberen Schranken gleich Null werden. Das heißt, daß man die Ausgangslösung erhalten hat.

Die zweite Etappe, die Verbesserung der erhaltenen Lösung X^0 wird wie schon bei der BOOLEschen Methode auf dem Wege des Hinzufügens einer Zusatzforderung vom Typ (1.5) zu den Ausgangsrestriktionen durchgeführt. Indem man auf diesem Wege das Restriktionensystem erweitert, versucht man, es zu erfüllen, indem man zum folgenden Auswahlniveau q gelangt und $\xi_q' = 1 - \xi_q = 1$ anstelle des früher geltenden $\xi_q = 1$ voraussetzt.

Eine Lösung X^*, deren Verbesserung sich als unmöglich erweist, wird auch optimal sein. Im Falle einer nicht eindeutigen optimalen Lösung ergibt die Methode die Möglichkeit, sämtliche äquivalenten Lösungen zu erhalten. Das geschieht dadurch, daß dem Abschlußtableau die Restriktionen

$$f(X) \geq f(X^*)$$

hinzugefügt werden und die zweite Etappe wiederholt wird.

Die beschriebene Methode besitzt bestimmte anziehende Züge. Es tritt darin nicht das Problem auf, Ausartungen oder Rundungsfehler usw. zu bekämpfen. Auch wird die Matrix des Problems im Verlaufe der Rechnungen nicht transformiert.

LE GARFF und MALGRANGE [49] berichten auch über anfängliche Rechenexperimente mit dieser Methode. Zum Beispiel wurde ein Problem von der Dimension 14×12 nach 20 sek gelöst. Die Rechenzeit für dasselbe Problem mit der Methode von GOMORY betrug ungefähr 30 sek (der Maschinentyp ist nicht angegeben). Allerdings nimmt die Effektivität der Methode schnell mit dem Anwachsen von Variablenzahl und der Vergrößerung ihrer oberen Grenzen d_j ab. So gelang es nicht, ein Problem der Dimension 10×20 in annehmbarer Zeit zu lösen.

14.1.4. In der letzten Arbeit von FAURE und MALGRANGE [36] wurde noch eine Methode zur Lösung allgemeiner ganzzahliger linearer Optimierungsprobleme vorgelegt. Aufgebaut nach dem oben beschriebenen Zwei-Etappenschema besitzt sie eine Reihe von Besonderheiten, die sie zum Beispiel in die Nähe der Methode von LAND und DOIG bringen (s. 10.2.). Die Hauptbesonderheit besteht darin, daß bei dieser Methode die Lösung eines linearen Optimierungsproblems $(\mathcal{L}, C)$ benutzt wird, das dem Ausgangsproblem (1.1), (1.2), (1.3′) entspricht. Hauptverfahren ist hier ebenfalls die Umwandlung der oberen Schranken für die Variablen in Null (oder die Annäherung der oberen und unteren Schranken). Dabei wird zur Transformation der Schranken für die Variablen die Information benutzt, die in dem vollständigen Simplextableau (s. 4.5.) von Problem $(\mathcal{L}, C)$ enthalten ist.

Betrachtungen über Maschinenexperimente mit dieser Methode fehlen.

14.2. Die Methode der sukzessiven Berechnung

Im Verein mit der Entwicklung allgemeiner Verfahren für die diskrete Optimierung ist es überaus wichtig, Lösungsmethoden für konkrete Problemklassen aufzustellen. Einen der originellsten und interessantesten Schritte stellen in dieser Richtung die Arbeiten [16], [17] von Čerenin dar, in denen die ,,Methode der sukzessiven Berechnungen'' entwickelt wird, die zum Finden des Extremums für eine Funktion dient, die auf allen Teilmengen einer gegebenen endlichen Menge definiert ist. Es ist interessant, zu bemerken, daß die erstmalige Ausarbeitung dieser Methode und ihre Anwendung auf einen Typ von angewandten Problemen (die Aufstellung von Zugzusammenstellungsplänen) schon 1948 durchgeführt wurde.

14.2.1. Wir beschreiben die allgemeine Problemstellung formal. Gegeben sei eine gewisse endliche Menge Ω. Man kann sie sich zum Beispiel als Indexmenge gewisser Optimierungsparameter denken, die (zur Definition) nur zwei mögliche Werte annehmen können: 0 oder 1. Jede Untermenge $\omega \subset \Omega$ kann man in natürlicher Weise als Menge derjenigen Parameter interpretieren, die einen dieser Werte annehmen (sagen wir 1), zur gleichen Zeit, wo die Parameter aus $\Omega \backslash \omega$ den anderen möglichen Wert (d. h. 0) annahmen.

Für eine beliebige Untermenge $\omega \subset \Omega$ ist eine Funktion $f(\omega)$ gegeben, die die ,,Eigenschaft'' der Lösung charakterisiert, die die Menge ω definiert. Es soll die Menge $\omega^* \subset \Omega$ gefunden werden, auf der das globale Maximum von f angenommen wird, d. h. so ein ω^*, daß $f(\omega^*) \geqq f(\omega)$ für alle $\omega \subset \Omega$ gilt.

Gilt[1]) $|\Omega| = n$, so ist die Anzahl aller Teilmengen der Menge Ω (einschließlich der leeren Menge und Ω selbst) gleich 2^n. Daher ist die Nachforschung nach dem Maximum von $f(\omega)$ auf dem Wege einer direkten Übersicht über alle ω bei hinreichend großem n praktisch unmöglich. Die vollständige Durchsicht der Varianten wird hier durch eine gerichtete teilweise Durchsicht ersetzt, die gestattet, große Gruppen von Varianten zu entfernen, die das Optimum bestimmt nicht ergeben.

In der Methode der sukzessiven Berechnung wird vorausgesetzt, daß die Funktion f folgende Bedingung erfüllt (die in einem bestimmten Sinne der Konvexitätsbedingung analog ist). Für beliebige $\omega_1, \omega_2 \subset \Omega$ gelte

$$f(\omega_1) + f(\omega_2) \geqq f(\omega_1 \cup \omega_2) + f(\omega_1 \cap \omega_2) . \tag{2.1}$$

14.2.2. Die theoretischen Grundlagen der Methode der sukzessiven Berechnung werden durch den folgenden Satz gegeben.

Satz 14.2.1. *Erfülle die Funktion f die Bedingung* (2.1) *und sei ω^* ihr globaler Maximumpunkt. Dann wächst die Funktion f für eine beliebige endliche Folge $\{\omega_i\}$, die ω^* enthält und für die $\omega_i \subset \omega_{i+1}$ gilt, monoton bis ω^* und fällt monoton hinter ω^*.*

---

[1]) Wir erinnern, daß mit $|\Omega|$ die Anzahl der Elemente der gegebenen endlichen Menge Ω bezeichnet wird.

Die durch diesen Satz feststellbare originelle ,,Unimodalität“ der Funktion f gestattet, eine Masse von Varianten auszuscheiden. Habe man nämlich für gewisse ω_1 und ω_2 mit $\omega_1 \subset \omega_2 \subset \Omega$ die Werte $f(\omega_1)$ und $f(\omega_2)$ gefunden. Dann kann man für $f(\omega_1) < f(\omega_2)$ alle $2^{|\omega_1|}$ Varianten $\omega \subset \omega_1$ aus der Betrachtung ausschließen. Ist dagegen $f(\omega_1) > f(\omega_2)$, so kann man alle $2^{n-|\omega_2|}$ Varianten $\omega \supset \omega_2$ unterdrücken.

Habe man zum Beispiel gewisse ω_1 und ω_2 gewählt, für die $|\omega_1| = 0$, $|\omega_2| = 1$ und $f(\omega_1) > f(\omega_2)$ gilt. Dann werden mit einem Male 2^{n-1} Varianten ausgeschieden (d. h. die Hälfte ihrer Gesamtzahl). Das sind Varianten, die von Null verschiedenen Werten der Otimierungsparameter mit Indices aus ω_2 entsprechen.

14.2.3. Die Berechnungen beginnen mit der leeren Menge $\omega = \emptyset$, für die $|\omega| = 0$ gilt (oder aber mit $\omega = \Omega$; man kann sie auch gleichzeitig von beiden Enden her beginnen). Danach werden alle n Varianten mit $|\omega| = 1$ durchgegangen und daraus nur die jenige gespeichert, für die $f(\omega) > f(\emptyset)$ ist. Ferner werden aus den restlichen Varianten alle möglichen Varianten mit $|\omega| = 2$ kombiniert und daraus nur jene gespeichert, für die $f(\omega)$ nicht kleiner ist als jede der beiden erzeugenden Varianten usw. Dieses Verfahren endet schnell, weil eine weitere Variantenkombination unmöglich ist; alle restlichen Varianten erwiesen sich als unterdrückt. Die Varianten mit dem maximalen $f(\omega)$ aus allen untersuchten wird auch optimal sein.

Gewöhnlich übersteigt die Ordnung des Umfangs bei der Durchsicht nach diesem Verfahren n^3 nicht, was wesenltich niedriger ist als der Umfang 2^n der vollständigen Durchsicht.

14.2.4. In den Arbeiten [16], [17] von Čerenin und [18], [19] von Čerenin und Hačaturov wurde die Formulierung für eine Reihe angewandter Probleme gegeben, die erfolgreich mit der Methode der sukzessiven Berechnung gelöst werden können. Das wichtigste unter diesen Problemen stellt das Modell für die Planung von Betrieben mit Abschreibung der Kapitalinvestitionen für den Aufbau sowie der Transportkosten dar. Einige Ergebnisse von Maschinenexperimenten bei Problemen mittlerer Dimension sind in [16], [19], [69] angegeben worden.

TEIL IV

Näherungsmethoden

Die oben mehrfach bemerkten Schwierigkeiten einer numerischen Realisierung allgemeiner Verfahren in der diskreten Optimierung machen den Aufbau verschiedener Arten von Näherungsmethoden äußerst aktuell. Insbesondere ist das für angewandte Probleme wichtig, die oft große Dimensionen bei einer spezifischen Struktur der Restriktionenmatrix haben, was eine Anwendung universeller Methoden unökonomisch macht und häufig auch unrealisierbar. In vielen analogen Situationen, besonders wenn die Problemlösung einen fließenden, operativen Charakter trägt, ist die schnelle und garantierte Gewinnung wenigstens einer Näherungslösung bei weitem wertvoller als die Erzielung einer exakten Lösung nach beachtlicher Zeit und dabei ohne vollkommene Erfolgsgewißheit. Außerdem erweist sich häufig eine Verschärfung der Näherungslösung bis zum exakten Optimum als nicht überprüfbar wegen der ungenügenden Zuverlässigkeit der Ausgangsinformationen.

Näherungsmethoden können in der diskreten Optimierung auf zwei prinzipiell verschiedenen Wegen konstruiert werden. Der erste ist mit der Verwendung der Ideen des stochastischen Suchens verbunden. Solche Methoden werden in 15. beschrieben. In reinster Form ist die Idee des stochastischen Suchens in der von PJATECKIĬ-ŠAPIRO, VOLKONSKIĬ, LEVINA und POMANSKIĬ [115] vorgelegten Methode verkörpert. Diese Methode wird in 15.1. gebracht. Die Vereinigung des stochastischen Suchens mit der lokalen Optimierung wurde von REITER und SHERMAN [118] hergestellt; ihre Arbeit wird in 15.2. vorgelegt.

Der andere Weg einer Bildung von Näherungsmethoden ist im Gegensatz dazu rein deterministisch und besteht im Ausarbeiten heuristischer Methoden, die die Spezifik des Problems maximal ausnutzen. Einige solche Verfahren für Probleme mit Fixkosten werden in 16. beschrieben.

15. Stochastische Suchverfahren

In diesem Kapitel werden Näherungsmethoden zur Lösung ganzzahliger linearer Optimierungsprobleme dargelegt. Die erste davon basiert ganz auf der Benutzung des stochastischen Suchens, die zweite verbindet das stochastische Suchen von Ausgangslösungen mit nachfolgender lokalen Optimierung. In ihrem eigentlichen Charakter sind diese Methoden rein maschinell.

15.1. Das stochastische Suchen

15.1.1. Im Artikel von PJATECKIĬ-ŠAPIRO, VOLKONSKIĬ, LEVIN und POMANSKIĬ [115] wurde eine iterative Methode zur Lösung linearer Optimierungsprobleme mit BOOLEschen Variablen angegeben. Wie die Autoren bemerken, ist diese Methode von der Theorie der Automatenspiele [52] angeregt worden.

Das Problem wird wie gewöhnlich formuliert:

Man maximiere

$$\sum_{j=1}^{n} c_j x_j \tag{1.1}$$

unter den Restriktionen

$$\sum_{j=1}^{n} a_{ij} x_j \leqq b_i, \qquad i = 1, 2, \ldots, m\,, \tag{1.2}$$

$$x_j = \begin{cases} 0, \\ 1, \end{cases} \quad j = 1, 2, \ldots, n\,. \tag{1.3}$$

Sämtliche Koeffizienten a_{ij}, b_i, c_j werden nichtnegativ vorausgesetzt.

15.1.2. Das iterative Verfahren beruht darauf, daß das Optimierungsproblem durch die Lösung eines Ungleichungssystems ersetzt wird. Es wird wie folgt konstruiert. Aus gewissen Erwägungen wird die Zahl $b_0 > 0$ fixiert und ein System aus $m + 1$ Ungleichungen mit n Booleschen Variablen gelöst. Dieses System besteht aus den Restriktionen (1.2), (1.3) und der Zusatzbeschränkung

$$\sum_{j=1}^{n} c_j x_j \geqq b_0\,. \tag{1.4}$$

Das System (1.2)—(1.4) wird mit Iterationsmethoden gelöst, die unten beschrieben werden. Indem man seine Lösung findet, vergrößert man b_0 und indem man ein neues, analoges System löst, versucht man eine verbesserte Lösung zu finden. Das Verfahren endet, wenn es nicht mehr gelingt, die Lösung eines Systems der Gestalt (1.2)—(1.4) nach einer fixierten Anzahl von Iterationen zu erhalten.

Wir beschreiben das Iterationsverfahren zur Lösung von System (1.2)—(1.4). Der Ausgangssatz $X^0 = (x_1^0, x_2^0, \ldots, x_n^0)$ wird beliebig ausgewählt. Man habe im k-ten Schritt des Verfahrens einen Vektor $X^k = (x_1^k, x_2^k, \ldots, x_n^k)$ erhalten. Wir berechnen die Größen

$$\Delta_0 = \max\left\{\frac{b_0 - \sum_{j=1}^{n} c_j x_j^k}{b_0}\,,\ 0\right\},$$

$$\Delta_i = \max\left\{\frac{\sum_{j=1}^{n} a_{ij}\, x_j^k - b_i}{b_i}\,,\ 0\right\}, \qquad i = 1, 2, \ldots, m\,. \tag{1.5}$$

Danach verändern wir unabhängig voneinander die Komponenten des Vektors X^k mit gleicher Wahrscheinlichkeit p,

$$p = \min\left\{\tau,\ \max_{i=0,1,\ldots,m} \Delta_i\right\} \tag{1.6}$$

mit $0 < \tau < 1$, indem wir eine zufällige Auswahl treffen. Das führt zu einem neuen Vektor X^{k+1}, für den die nächste Iteration durchgeführt wird. Haben sich alle Δ_i in 0 verwandelt, ist das Verfahren beendet und die optimale Lösung des Systems gefunden.

15.1.3. Die angegebene Methode kann man als zufällige Irrfahrt interpretieren, die einer gewissen MARKOVschen Kette entspricht. Die Glieder dieser Kette sind alle möglichen Vektoren $X = (x_1, x_2, \ldots, x_n)$. Den Lösungen des Systems entsprechen stationäre Glieder. Aber bekanntlich ist die Wahrscheinlichkeit dafür, daß eine endliche stetige MARKOVkette aus einem beliebigen Anfangszustand nach einer endlichen Schrittzahl in einen stationären Zustand kommt, gleich Eins. Damit wurde die theoretische Konvergenz der verwendeten Iterationsmethode bewiesen.

15.1.4. Bei numerischen Experimenten mit der beschriebenen Methode wurden insbesondere einige Beispiele gerechnet, in denen man die Näherungslösungen mit der exakten vergleichen konnte. So wurde bei einem Beispiel der Dimension 3×17 bei exaktem Wert des Maximums gleich 14,91 der Wert $b_0 = 13{,}88$ nach 14 Iterationen erreicht, der Wert 14,76 nach 166 Iterationen. Bei einem Beispiel 2×30 wurde bei exaktem Maximalwert gleich 20 der Wert $b_0 = 16$ nach 253 Iterationen, der Wert $b_0 = 19$ nach 2317 Iterationen erreicht (Maschinentyp und Maschinenzeit wurden nicht angegeben). In diesen Rechnungen wurde die Größe τ in (1.6) gleich 1/2 gewählt.

15.1.5. In der Arbeit von PJATECKIĬ-ŠAPIRO, VOLKONSKIĬ, KAZAKEVIČ und LEVINA [114] wurde eine Vervollkommnung der beschriebenen Methode angemerkt, die gestattet, die Anwendungsmöglichkeiten auf reale angewandte Probleme großer Dimensionen zu erweitern. Sie basiert auf folgenden einfachen Erwägungen. Bei der Lösung realer Probleme ist es zweckmäßig, nicht eine bestimmte Lösung zu suchen, sondern eine Reihe zur optimalen benachbarten Lösungen, von denen eine bei der schließlichen Problemanalyse herausgegriffen wird. Ferner kann man ein großes Problem (in mehr oder weniger beliebiger Weise) in gewisse Unterprobleme zerlegen und für jedes davon eine Reihe zur optimalen Lösung benachbarten finden. Danach werden alle möglichen Kombinationen der erhaltenen Lösungen untersucht, und mittels einer vollständigen Durchsicht findet man darunter die für das Gesamtproblem beste. Außerdem ist es manchmal zweckmäßig, zur Abkürzung der Lösung des Ungleichungssystems (1.2) bis (1.4) zuerst Lösungen eines „vergröberten" Systems zu suchen, d. h. zu fordern, daß (1.2), sagen wir mit einer Exaktheit von q % und (1.4) mit einer Genauigkeit von r % erfüllt ist. Die weitere Analyse wird schon unter Reihen „vergröberter" Lösungen durchgeführt.

15.2. Stochastisches Suchen mit lokaler Optimierung

15.2.1. Hier wird ein Zugang zu diskreten Optimierungsproblemen beschrieben, der auf einer Verbindung des stochastischen Suchens mit der lokalen Optimierung beruht. Die Idee dieses Zugangs ist relativ einfach. Man erzeugt eine zufällige Auswahl für die Ausgangslösung. Ferner definiert man in einer bestimmten natürlichen Weise eine „Umgebung" dieser Lösung und sucht das „lokale" Optimum der Zielfunktion in den Umgebungspunkten. Die Suche dieses Optimums führt meistens zu einer direkten Durchsicht, weil die Umgebung infolge ihrer Konstruktion aus verhältnismäßig wenigen Punkten besteht. Danach wird durch zufällige Auswahl eine neue Lösung erzeugt und von neuem das lokal Optimum in der Umgebung dieser Lösung gesucht. Dieses Verfahren wird oftmals wiederholt, und aus den gewonnenen lokalen Optima wird das beste im Sinne des Zielfunktionswertes ausgewählt. Es wird auch als Näherungslösung für das Problem verwendet.

Ein ähnlicher Zugang zu diskreten Problemen wurde im Artikel von REITER und SHERMAN [118] vorgelegt. Unsere Darlegung wird im Grunde dieser Arbeit folgen.

Wir kommen nun zur formalen Beschreibung dieses Zugangs.

15.2.2. Betrachtet wird das Problem, die Funktion

$$f(X) \tag{2.1}$$

auf der endlichen Menge G zu maximieren. Es wird vorausgesetzt, daß für beliebiges $X \in G$ die Funktion (2.1) ganzzahlige Werte annimmt, die wir mit z_i, $i = 1, 2, \ldots, r$ bezeichnen werden.

Sei auf G eine Abbildung $X \to G_x$ definiert, die jedem $X \in G$ seine *Umgebung* G_x zuordnet. Diese Abbildung genüge zwei Forderungen:

1°. Für jedes $X \in G$ gibt es genau ein G_x.
2°. $X \in G_x$ für alle $X \in G$.

Damit ist für X die Umgebungsfamilie

$$\mathfrak{G} = \{G_x | X \in G\} \tag{2.2}$$

definiert.

Wir setzen weiterhin voraus, daß auf G ein Operator M gegeben ist, der die folgenden Bedingungen erfüllt:

3°. $M(X) \in G_x$.
4°. $f(M(X)) \geqq f(X)$.
5°. Ist $f(M(X)) = f(X)$, so $M(X) = X$.
6°. Ist $M(X) = X$, so $f(X) \geqq f(Y)$ für alle $Y \in G_x$.

Es ist offensichtlich, daß der Operator M jedem Punkt der Umgebung einen anderen Punkt zuordnet, in dem der Zielfunktionswert nicht kleiner ist.

Das Paar $\langle \mathfrak{G}, M \rangle$ nennt man in natürlicher Weise *lokale maximierende Struktur der Umgebung* auf der Menge G.

Wir führen noch einige einfache Begriffe ein. Den Punkt $X \in G$ nennt man *lokal optimal* bezüglich der Struktur $\langle \mathfrak{G}, M \rangle$, falls $M(X) = X$ ist. Den Punkt $X^* \in G$ nennt man *optimal*, falls $f(X^*) \geqq f(X)$ für beliebiges $X \in G$ gilt. Mit M^k werden wir die k-te Potenz des Operators M bezeichnen, d. h.

$$M^k(X) = M(M^{k-1}(X)), \qquad k = 2, 3, \ldots$$

Aus den angeführten Definitionen und aus der Endlichkeit der Menge G ergibt sich folgender einfache Satz.

Satz 15.2.1. *Für eine beliebige Struktur* $\langle \mathfrak{G}, M \rangle$ *auf* G *gilt:*

1. *in G existieren lokal optimale Punkte; jeder optimale Punkt ist auch lokal optimal;*

2. *für beliebiges $X \in G$ existiert so ein $n = n(X)$, daß $M^{n+1}(X) = M^n(X)$ gilt.*

Wir betrachten einen beliebigen Punkt $X \in G$. Den Punkt $\widehat{X}$ nennen wir *Dominante* des Punktes X, falls so ein n existiert, daß für alle ganzzahligen $p \geqq 0$

$$M^{n+p}(X) = \widehat{X} \tag{2.3}$$

gilt. Aus Behauptung 2. von Satz 15.2.1. folgt direkt, daß ein beliebiger Punkt $X \in G$ eine eindeutige Dominante besitzt. Außerdem überzeugt man sich leicht davon, daß die folgende Tatsache gilt.

Satz 15.2.2. *Seien $\langle \mathfrak{G}, M \rangle$ und $\langle \mathfrak{G}', M' \rangle$ zwei maximierende Umgebungsstrukturen auf G und $\mathcal{L}$ sowie $\mathcal{L}'$ die ihnen zugeordneten Mengen lokal optimaler Punkte. Dann ergibt sich aus $\mathfrak{G} = \mathfrak{G}'$ die Gleichung $\mathcal{L} = \mathcal{L}'$.*

M. a. W., die Menge der lokal optimalen Punkte wird unabhängig von M definiert.

Für die Einfachheit der Darlegungen setzen wir voraus, daß verschiedene lokal optimale Punkte verschiedene Zielfunktionswerte ergeben. Wir definieren die Mengen

$$\mathfrak{T}_i = \{X | X \in G, f(\widehat{X}) = z_i\}, \qquad i = 1, 2, \ldots, r. \tag{2.4}$$

Dann gilt, daß $\mathfrak{T}_i$ aus allen denjenigen Punkten besteht, deren Dominanten zum gleichen Zielfunktionswert z_i führen.

15.2.3. Wir erinnern auch kurz an die wahrscheinlichkeitstheoretische Seite der Frage. Die Auswahl der Punkte $X \in G$ geschieht in Übereinstimmung mit einer gewissen Wahrscheinlichkeitsverteilung $\Phi(X)$. Bezüglich dieser Verteilung beschränken wir uns hier auf allgemeine Bemerkungen, weil ihre Konkretisierung mit Rücksicht auf die Besonderheiten des betrachteten Problems durchgeführt werden muß. Wir bemerken nur, daß es gewöhnlich (besonders bei einem vollkommenen Fehlen einer a-priori-Information über die mögliche Lage des gesuchten Maximums) am Platze ist, als Φ eine Gleichverteilung zu wählen. In anderen Fällen kann man der Verteilung Φ Bedingungen auferlegen, die vom Ausgang vorangehender Versuche abhängen.

Die Verteilung Φ gibt die Möglichkeit, noch eine Wahrscheinlichkeitscharakteristik zu erhalten.

Setzen wir also

$$\xi_i = \sum_{X \in \mathfrak{T}_i} \Phi(X), \qquad i = 1, 2, \ldots, r. \tag{2.5}$$

Erinnert man sich der Definition von $\mathfrak{T}_i$ (2.4), so kann man leicht eine Interpretation von ξ_i geben: es ist die Wahrscheinlichkeit dafür, daß die Verteilung von Φ uns so einen Punkt von G gibt, dessen Dominante auf einen Zielfunktionswert z_i führt.

Wird insbesondere als Φ eine Gleichverteilung auf G gewählt, so ist

$$\xi_i = \frac{|\mathfrak{T}_i|}{|G|}, \qquad i = 1, 2, \ldots, r.$$

Wir bemerken, daß für einen beliebigen exakten Algorithmus die Struktur $\langle \mathfrak{G}, M \rangle$ ein eindeutiges lokales Maximum definiert, das auch das gesuchte Optimum darstellt. In diesem Fall schreibt die Verteilung (2.5) dem Optimumpunkt das Gewicht $\xi_{i_0} = 1$ zu, und alle restlichen ξ_i werden gleich Null.

15.2.4. Die beschriebene Konstruktion stellt eine abstrakte Umformulierung der zu Anfang dieses Paragraphen ausgesprochenen Idee aus. Selbstverständlich ist beim Überführen dieses Schemas auf einen Rechenalgorithmus seine detaillierte Konkretisierung nötig, die die Besonderheiten des Problems berücksichtigt.

Die oben gebrachte Definition der Umgebung eines gegebenen Punktes (einer gegebenen Lösung) ist relativ allgemein. Selbstverständlich liegt in der Praxis viel daran, daß die Umgebungen leicht überschaubar sind, d. h. eine vergleichsweise geringe Anzahl von Punkten enthalten.

Wir bringen ein Beispiel. Stellt X eine Permutation $(i_1, i_2, \ldots, i_n)$ der Zahlen $(1, 2, \ldots, n)$ dar, so kann man beispielsweise als Umgebung

$$G_X = \{(i_1, i_2, \ldots, i_n), (i_2, i_1, i_3, \ldots, i_n), \ldots, (i_2, i_3, \ldots, i_n, i_1)\}$$

wählen (hier besetzt i_1 hintereinander den ersten, zweiten, ..., n-ten Platz) oder aber

$$G_X = \{(i_1, i_2, \ldots, i_n), (i_3, i_1, i_2, i_4, \ldots, i_n), \ldots, (i_3, i_4, \ldots, i_n, i_1, i_2)\}$$

(hier wird analog das Paar i_1, i_2 permutiert).

Die Unterschiede zwischen den beschriebenen Zugängen und Methoden des stochastischen Suchens in ihrer reinen Form kann man sogar bequem in der Umgebungsterminologie erklären: bei der stochastischen Suchmethode besteht die Umgebung jedes Probepunktes nur aus diesem Punkt selbst (somit ist jeder Punkt lokal optimal).

Der durch seine Eigenschaften $3° - 6°$ definierte Operator M stellt eine abstrakte Beschreibung des Algorithmus zur lokalen Optimierung der Funktion (2.1) in der Umgebung G_x dar. Wir haben schon bemerkt, daß dieser Algorithmus sehr häufig einfach auf rationelle beschränkte vollständige Durchsicht der Umgebungspunkte führt.

Die Allgemeinheit der beschriebenen Struktur gewährt sogar breite Möglichkeiten für ihre mannigfaltigen Modifikationen. So kann man in die Betrachtungen „Kosten" (oder eine andere analoge Charakterisierung) für den Rechenumfang einführen daß keine kaum merkliche Lösungsverbesserungen zu übertrieben hohen „Preisen" eingeführt werden. Wie bei den deterministischen Algorithmen kann das lokale Optimum in einer Reihe von Fällen sich durch zweckentsprechende Betrachtung gewisser Zufallsprozesse zur Maximumsuche usw. ergeben.

Als Ausgangsproblem wurde hier ein Maximumproblem betrachtet. Die Übertragung des Schemas auf den Fall eines Minimumproblems ist trivial.

15.2.5. Als Illustration beschreiben wir einige von REITER und SHERMAN [118] vorgelegte Lösungsalgorithmen für das Rundreiseproblem. Dieses Problem wurde weiter oben mehrfach dargelegt (s. zum Beispiel 10.3., 12.2.). Daher wird die mathematische Formulierung hier nicht wiedergegeben. Wir bemerken nur, daß als G diesmal die Menge aller Permutationen $X = (i_1, i_2, \ldots, i_n)$ der Zahlen $(1, 2, \ldots, n)$ fungiert. Die Funktion $f(X)$ stellt sich als Gesamtlänge des bei der Permutation X zu durchlaufenden Weges dar, und die Aufgabe besteht darin, diese zu minimieren.

Algorithmus I. Die Lösung $X = (i_1, i_2, \ldots, i_n)$ wird zufällig gewählt. Die Lösung X' erhält man daraus durch Vertauschen von i_1 und i_2. Es werden $f(X')$ und $f(X)$ berechnet. Ist $f(X') < f(X)$, so wird X durch X' ersetzt und $f(X)$ durch $f(X')$. In der erhaltenen Lösung tauschen zweites und drittes Element ihre Plätze, wonach ein Vergleich der Zielfunktionswert für X' und die neue Permutation X'' durchgeführt wird. Der als Ergebnis von n aufeinander folgenden Transpositionen gefundene Weg $\hat{X}$ (und seine Länge $f(\hat{X})$ werden gespeichert. Eine zufällige Wahl einer neuen Ausgangslösung findet statt, und das gesamte Verfahren wird wiederholt.

Der Algorithmus II ist analog zum Algorithmus I, aber in jeder Etappe wird nicht der Vergleich zweier Lösungen, sondern von sechs Lösungen durchgeführt. In der ersten Etappe erhält man diese sechs Lösungen aus dem Ausgangsweg durch alle möglichen Permutationen des Tripels i_1, i_2, i_3. Ferner werden für die gewählte Lösung alle möglichen Permutationen des Tripels i_2, i_3, i_4, danach des Tripels i_3, i_4, i_5 usw. durchgeführt.

Algorithmus III. Die Lösung $X^1 = (i_1, i_2, \ldots, i_n)$ wird zufällig gewählt. Über die Permutation von i_1 und i_2 daraus erhält man die Lösung X^2. Durch Permutation von i_2 und i_3 erhält man aus Lösung X^2 die Lösung X^3. Durch Permutation von i_3 und i_4 erhält man aus Lösung X^3 die Lösung X^4 usw. Man berechnet und vergleicht $f(X^1), f(X^2), \ldots, f(X^n)$. Die Lösung, für die f minimal ist, wird Ausgangsort für eine neue Serie von Vergleichen. Dabei beginnt man die entsprechenden Permutationen bereits mit dem zweiten Glied. Insgesamt werden n Auswahlsätze mit $(n - 1)$ Lösungen in jedem verglichen.

Algorithmus IV(q) stellt im wesentlichen eine Reihe von Algorithmen dar, die von einem natürlichen Parameter $q = 1, 2, \ldots, n - 1$ abhängen. Algorithmus IV(1) fällt mit Algorithmus III zusammen. Wurde damit eine minimale lokale Lösung X gefunden, werden zwei benachbarte Elemente i_1, i_2 dieser Lösung gewählt, und es wird längs diesen permutiert. Dabei wird ihre Lage in der Lösung und ihre Orientierung gesucht (i_1, i_2 oder i_2, i_1), die das Minimum von f ergibt. Dieses Verfahren bildet dann den Algorithmus IV(2). In der dabei erhaltenen lokal minimalen Lösung werden alle möglichen Permutationen dreier Indices usw. durchgeführt. Algorithmus IV(q) beginnt seine Arbeit nach einer lokal minimalen Lösung, die mit dem Algorithmus IV($q - 1$) gewonnen wurde.

15.2.6. Mit den beschriebenen Algorithmen wurden große Serien von Rechenexperimenten auf der IBM-1620 durchgeführt. Gibt man eine allgemeine Einschätzung, kann man vor allem sagen, daß Algorithmus IV(q) besondere Perspektiven besitzt. Das war auch zu erwarten, weil der Algorithmus IV(q) mit relativ großen Umgebungen arbeitet (so ist die Menge der Punkte in einer Umgebung beim Algorithmus IV(1) $n^2 - 3n + 1$ und beim Algorithmus IV(q) gleich $3n^2 + 3n + 1$).

Die Experimente wurden mit einer Reihe von Problemen verschieder Dimensionen durchgeführt. Die Mehrheit dieser Probleme wurde aus der vorhandenen Literatur entnommen, und dafür waren schon optimale Lösungen (oder der Optimalität ,,verdächtige") bekannt. Im folgenden wird eine gewisse Auswahl unter den experimentellen Ergebnissen getroffen.

Für eine Reihe von Problemen mit 9 Städten waren die Lösungen nicht schlechter als bis dahin bekannt. In einem dieser Probleme wurde die optimale Lösung mit dem Algorithmus III erhalten in 48% aller Ansätze. Für dasselbe Problem führte Algorithmus IV(2) zum Optimum bei 91% aller Ansätze, und die Algorithmen IV(3) und IV(4) ließen die optimale Lösung in 100% aller Ansätze erkennen. Für ein ,,schwierigeres" Problem dieser Reihe ergab der Algorithmus III das Optimum nur bei 1,3% aller Ansätze, der Algorithmus IV(2) bei 25%, der Algorithmus IV(3) bei 44% und der Algorithmus IV(4) bei 59% aller Ansätze. Die Anzahl der Ansätze schwankte bei jedem der 10 zu lösenden Probleme zwischen 65 und 285.

Bei einem Problem mit 15 Städten wurde eine bessere Lösung, als bisher bekannt, gefunden. Mit dem Algorithmus III wurde sie in 11% aller Ansätze erhalten. Die besten Resultate ergab hier der Algorithmus IV(5): er wies die beste Lösung in 34,5% aller Ansätze aus und ihnen folgend in 59,6% aller Ansätze. Die maximale mittlere Zeit für einen Ansatz (für den Algorithmus IV(7)) betrug 20 sek.

Die bei einem Problem mit 25 Städten von HELD und KARP [72] gefundene optimale Lösung wurde mit dem Algorithmus III bei 1,7% aller Ansätze erhalten, mit dem Algorithmus IV(5) in 28% aller Ansätze und mit dem Algorithmus IV(12) in 44% aller Ansätze. Die mittlere Zeit eines Ansatzes für den letzten Algorithmus war 1 min. 45 sek.

Bei einem Problem mit 33 Städten wurde die beste Lösung mit dem Algorithmus IV(5) in 23% der Ansätze gefunden, mit dem Algorithmus IV(15) in 33% der Ansätze.

Auf das früher von vielen Autoren betrachtete Problem mit 42 Städten wurden alle vier Algorithmen angewendet. Algorithmus I gab als bestes Resultat 1204, Algorithmus II 605, Algorithmus III 204. Den genauen Optimalwert 167,5 erhielt man nur mit Algorithmen der Serie IV (Algorithmus IV(3) bei 3,5% Ansätzen, Algorithmus IV(10) bei 22% und Algorithmus IV(15) bei 28,6% Ansätzen).

Ein Problem mit 57 Städten lag fast schon an der Grenze der Möglichkeiten der vorhandenen Maschine. Das beste der hier gefundenen Ergebnisse würde mittels des Algorithmus IV(22) in 4% aller Ansätze gefunden (mittlere Zeit für einen Ansatz ungefähr 21 min). Der Algorithmus IV(28) erwies sich für dieses Problem als bedeutend schlechter.

Die hier vorgestellten Ergebnisse aus numerischen Experimenten besagen, daß der beschriebene Zugang durchaus annehmbar ist.

16. Deterministische Methoden

Hier werden einige Näherungsmethoden zur Lösung einer speziellen Klasse diskreter Probleme (Probleme mit Fixkosten) dargelegt. Die Spezifik dieser Klasse gestattetes, eine Reihe von Verfahren auszuarbeiten, die auf in der Praxis durchaus annehmbare Lösungen führen. In 16.1. werden diese Verfahren in Bezug auf das Transportproblem mit Fixkosten dargestellt. In 16.2. werden Erweiterungsmöglichkeiten auf allgemeinere Fälle angezeigt.

16.1. Näherungsmethoden für das Transportproblem mit Fixkosten

16.1.1. Wir erinnern, daß das auch inhomogenes Transportproblem genannte (s. 2.5.) Transportproblem mit Fixkosten in der Minimierung von

$$\sum_{i=1}^{m} \sum_{j=1}^{n} c_{ij}(x_{ij}) \tag{1.1}$$

unter den gewöhnlichen Transportrestriktionen in der Gestalt

$$x_{ij} \geqq 0\,, \qquad i = 1, 2, \ldots, m; \qquad j = 1, 2, \ldots, n\,, \tag{1.2}$$

$$\sum_{j=1}^{n} x_{ij} = a_i\,, \qquad i = 1, 2, \ldots, m\,, \tag{1.3}$$

$$\sum_{i=1}^{m} x_{ij} = b_j\,, \qquad j = 1, 2, \ldots, n \tag{1.4}$$

besteht. Die in (1.1) auftretenden Funktionen $c_{ij}(x_{ij})$ sind gleich

$$c_{ij}(x_{ij}) = \begin{cases} 0\,, & x_{ij} = 0\,, \\ c_{ij}\,x_{ij} + d_{ij}\,, & x_{ij} > 0\,. \end{cases} \tag{1.5}$$

Hier sind alle c_{ij}, $d_{ij} \geqq 0$. Es ist selbstverständlich, daß sich Problem (1.1)—(1.4) in das gewöhnliche Transportproblem verwandelt, wenn alle $d_{ij} = 0$ sind.

16.1.2. Wir erörtern zuerst einige direkten Zugänge zu diesem Problem, die durch den „Transport"-Charakter seiner Restriktionen angeregt werden. Man kann leicht die folgenden einfachen Sätze aufstellen, die schon 1954 erstmals von Dantzig in einem nicht veröffentlichten Bericht der RAND-Corporation (s. [96]) bewiesen wurden.

Satz 16.1.1. *Sind in einem Transportproblem mit Fixkosten alle $d_{ij} = d$, und ist das ihnen zugeordnete gewöhnliche Transportproblem (ohne Fixkosten) mit der Matrix $C = ||c_{ij}||$ nicht degeneriert, so fallen die optimalen Lösungen für das Problem mit und ohne Fixkosten zusammen.*

Tatsächlich unterscheiden sich die Zielfunktionen in diesem Falle um $(m + n - 1)\,d$, und diese Zahl kann unmöglich verkleinert werden.[1])

Satz 16.2.1. *Sind im Problem mit Fixkosten die d_{ij} verschieden, so muß man seine optimale Lösung unter den Basislösungen des ihm zugeordnete Transportproblems (ohne Fixkosten) mit der Matrix C suchen.*

Diese Behauptung wird klar, wenn man berücksichtigt, daß die Zielfunktion (1.1) als Summe konkaver Funktionen (Abb. 16.1.1,a) selbst konkav ist und ihr Extremum folglich in Randpunkten der konvexen polyedrischen Menge (1.2) bis (1.4) angenommen wird (s. [92]).

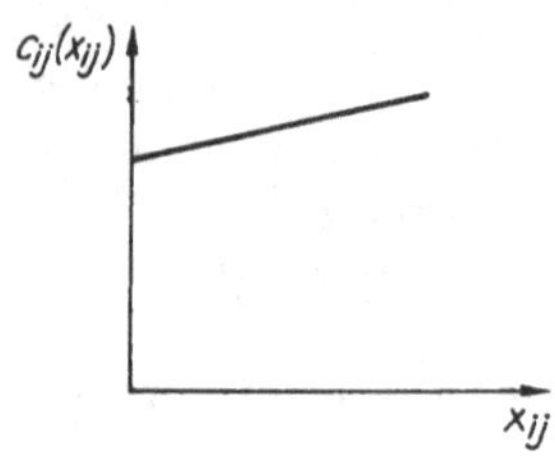

Abb. 16.1.1a

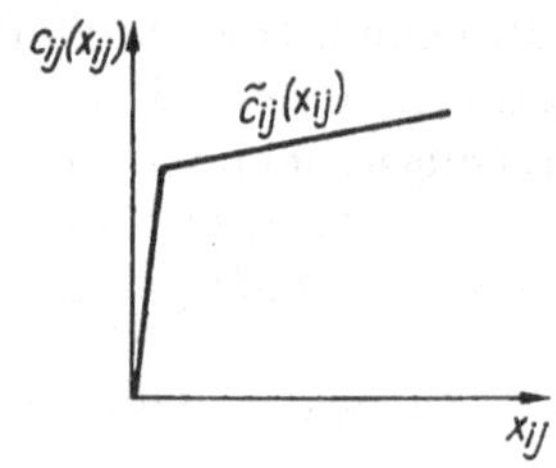

Abb. 16.1.1b

Aber weil es um die Minimierung einer konkaven Funktion geht, gibt uns eine beliebige Standardmethode (zum Beispiel die in entsprechender Weise abgeänderte primale Simplexmethode) im allgemeinen nur ein lokales und kein globales Minimum[2]). Aus ebendemselben Grunde kann man dieses Problem unmöglich durch lineares Ausgleichen von Sprungstellen (Abb. 16.1.1.b) mit folgendem „Grenzübergang" lösen. Die approximierenden stückweise linearen Funktionen sind auch konkav.

Wir werden uns bemühen, daraus Nutzen zu ziehen, daß die Restriktionen (1.2)–(1.4) vom Transporttyp sind und auch aus der optimalen Lösung des entsprechenden Transportproblems mit der Matrix C einige Informationen ziehen. Es ist unmittelbar klar, daß eine Lösung des Transportproblems mit Fixkosten zu einer umso kleineren Größe an Gesamtkosten führt, je stärker die entsprechende Lösung des Problems ohne Fixkosten degeneriert (in der Summe (1.1) tritt eine kleinere Anzahl von Gliedern d_{ij} auf). Von diesem Gesichtspunkt

---

[1]) Die Zahl $(m + n - 1)\,d$ ergibt sich, wenn man bedenkt, daß jede Basislösung des nichtdegenerierten Problems genau $(m + n - 1)$ positive Komponenten besitzt. (Anm. d. Red. d. dt. Ausg.)

[2]) Diese Feststellunghaben die Autoren des Artikels [24] nicht berücksichtigt, als sie die „verallgemeinerte Lagrangesche Funktion" (d. h. im wesentlichen das Prinzip der dualen linearen Optimierung) auf Problem (1.1)–(1.4) anwendeten. Daher führt die von ihnen vorgelegte Methode auch nur höchstens auf ein lokales Minimum. Hilfsmittel, um lokale Optima zu erhalten, wurden auch früher [116], [94] beschrieben.

Offensichtlich kann das im vorangegangenem Kapitel (die Kombination des stochastischen Suchens mit der lokalen Optimierung) beschriebene Verfahren gute Ergebnisse für Problem (1.1)–(1.4) geben. Für das verwandte Planungsproblem wurde das in [2] getan.

aus sind die degenerierten Lösungen vorteilhafter. Daher ist es bei angenäherter Lösung des Transportproblems zweckmäßig, das entsprechende Transportproblem durch Einführen kleiner Änderungen von a_i und b_i künstlich möglichst stärker degenerieren zu lassen.

Ein elementarer Algorithmus zur künstlichen Degenerationserzeugung beim Transportproblem wurde in [96] vorgelegt. Er basiert auf der bekannten Tatsache, daß das Transportproblem dann und nur dann degeneriert, wenn so eine Teilindexmenge

$$R \subset M = \{1, 2, \ldots, m\}, \qquad S \subset N = \{1, 2, \ldots, n\},$$

existiert, daß

$$\sum_{i \in R} a_i = \sum_{j \in S} b_j$$

gilt.

Der angegebene Algorithmus besteht im folgenden.

1. Finden von $c_{i_0 j_0} = \min_{i,j} c_{ij}$.

2. Bei Vorgabe eines gewissen $\Delta > 0$, Vergleich von $|a_{i_0} - b_{i_0}|$ und Δ. Ist $|a_{i_0} - b_{i_0}| \leqq \Delta$, so wird $x_{i_0 j_0} = \max \{a_{i_0}, b_{j_0}\}$ gesetzt, die Zeile i_0 und die Spalte j_0 werden gestrichen, und man geht zu Schritt 1 zurück. Ist $|a_{i_0} - b_{i_0}| > \Delta$, Übergang zu Schritt 3.

3. Man setze $x_{i_0 j_0} = \min \{a_{i_0}, b_{j_0}\}$.

4. Ist dieses Minimum gleich a_{i_0}, Streichen der Zeile i_0 aus der Matrix und Setzen von $a'_{i_0} = 0$, $b'_{j_0} = b_{j_0} - x_{i_0 j_0}$. Ist das Minimum gleich b_{i_0}, so Streichen der Spalte j_0 und Setzen von $a'_{i_0} = a_{i_0} - x_{i_0 j_0}$, $b'_{j_0} = 0$.

5. Wiederholen von Schritt 1—4 über der verjüngten Matrix, bis alle a_i und b_j Null sind.

Man sieht leicht, daß dieses Verfahren die bekannte Methode des minimalen Elements zum Finden einer Basislösung beim Transportproblem darstellt (s. 2.1.), ergänzt durch Schritt 2. Die so erhaltene Lösung wird auch zur Anwendung als Näherungslösung für das Problem mit Fixkosten vorgesehen.

Der „Degenerationsschritt" stellt hier die maximale Größe dar, um die man die Werte a_i und b_j verändern kann, um eine Degeneration zu erzeugen. Im Zuge der Berechnung dieser Größe variiert man zweckmäßigerweise. Bezüglich der Wahl von Δ kann man nur allgemeinste Empfehlungen geben (direkte Proportionalität bei vorhandenem Vorrat $\sum_{i=1}^{m} a_i$, umgekehrte Proportionalität zum Wert der Frachteinheit).

16.1.3. Die Überführung des Transportproblems mit Fixkosten auf ein ganzzahliges wurde in 2.5. schon vorgeführt. Wir erinnern hier an die entsprechende Formulierung.

Man manimiere

$$\sum_{i=1}^{m} \sum_{j=1}^{n} (c_{ij} x_{ij} + d_{ij} y_{ij}) \tag{1.6}$$

unter den Restriktionen (1.2), (1.3), (1.4) und

$$y_{ij} = \begin{cases} 0, \\ 1, \end{cases} \quad i = 1, 2, \ldots, m; \quad j = 1, 2, \ldots, n, \tag{1.7}$$

$$x_{ij} \leqq M_{ij} y_{ij}, \qquad i = 1, 2, \ldots, m; \qquad j = 1, 2, \ldots, n, \tag{1.8}$$

mit

$$M_{ij} = \min \{a_i, b_j\}. \tag{1.9}$$

Selbstverständlich kann man auf das gewonnene ganzzahlige Problem beliebige allgemeine ganzzahlige Optimierungsmethoden anwenden. Allein die großen Dimensionen (die Restriktionenmatrix hat bei der Überführung eines gegebenen Problems auf ein allgemeines lineares Optimierungsproblem die Dimensionen $(m\,n + m + n) \times 2\,m\,n$) machen es heute schwer realisierbar für Probleme praxisnaher Dimensionen. Die spezifische Struktur der Restriktionenmatrix bringt in diesem Falle offensichtlich keine ernsthaften Erleichterungen.

Daher ist es natürlich, zu versuchen, die Spezifik des Problems hier in einer anderen Richtung auszunutzen, und zwar in Richtung der Bildung spezialisierter Näherungsmethoden. Eine einfache Näherungsmethode wurde 1961 von Balinski [5] vorgelegt. Die Idee dieser Methode basiert auf der Betrachtung von Problemen mit unterdrückter Ganzzahligkeitsbedingung (1.7). Sie wird durch den folgenden einfachen Satz gegeben.

Satz 16.3.1. *Sei* $X' = \|x'_{ij}\|$, $Y' = \|y'_{ij}\|$ *eine optimale Lösung des Problems* (1.6), (1.2)—(1.4), (1.7). Dann gilt

$$x'_{ij} = M_{ij}\, y'_{ij}. \tag{1.10}$$

Beweis. Ist $y'_{ij} = 0$, so ist wegen (1.8) auch $x'_{ij} = 0$, d. h. (1.10) ist erfüllt. Sei $y'_{ij} > 0$, aber anstelle von (1.10) habe man die Ungleichung $x'_{ij} < M_{ij}\, y'_{ij}$. Dann kann man y'_{ij} so lange verkleinern, bis (1.10) erfüllt ist. Die Restriktionen des Problems werden dabei nicht verletzt, und der Wert der Linearform (1.6) verkleinert sich[1]). Folglich ist die Lösung X', Y' nicht optimal. Dieser Widerspruch beweist auch den Satz.

Aus diesem Satz folgt, daß man bei der Suche nach einer optimalen Lösung des Problems (1.6), (1.2)—(1.4), (1.8) ohne Berücksichtigung der Ganzzahligkeitsforderung für y_{ij} aus (1.10) y_{ij} durch x_{ij} ausdrücken kann:

$$y_{ij} = \frac{x_{ij}}{M_{ij}},$$

und man kommt damit zum Problem, die Linearform

$$\sum_{i=1}^{m} \sum_{j=1}^{n} \left(c_{ij}\, x_{ij} + d_{ij} \frac{x_{ij}}{M_{ij}}\right) = \sum_{i=1}^{m} \sum_{j=1}^{n} \left(c_{ij} + \frac{d_{ij}}{M_{ij}}\right) x_{ij} \tag{1.11}$$

[1]) Unter der Voraussetzung, daß alle $d_{ij} > 0$ sind. Sind jedoch einige $d_{ij} = 0$, so findet man unter den optimalen Lösungen des betrachteten Problems mindestens eine Lösung, die (1.10) erfüllt.

unter den Restriktionen (1.2)—(1.4) zu minimieren. Somit wurde das Transportproblem mit Fixkosten durch das gewöhnliche Transportproblem (1.11), (1.2)—(1.4) approximiert, dessen numerische Lösung hinreichend gut möglich ist und keinerlei Schwierigkeiten bietet.

Nach der optimalen Lösung $X^* = ||x^*_{ij}||$ von Problem (1.11), (1.2)—(1.4) beschreibt man in natürlicher Weise die Näherungslösung $X^0 = ||x^0_{ij}||$, $Y^0 = ||y^0_{ij}||$ des Problems mit Fixkosten:

$$\begin{aligned} x^0_{ij} &= y^0_{ij} = 0 \,, && \text{falls} \quad x^*_{ij} = 0 \,, \\ x^0_{ij} &= x^*_{ij} \,, \quad y^0_{ij} = 1 \,, && \text{falls} \quad x^*_{ij} > 0 \,. \end{aligned} \tag{1.12}$$

Die vorhandene Abschätzung der Abweichung der Näherungslösung (1.12) vom Optimum ist trivial und deshalb praktisch schlecht verwendbar. Jedoch dank der Einfachheit des beschriebenen Verfahrens (oft ,,Methode von BALINSKI“ genannt), kann man sie weitgehend für die näherungsweise Lösung realer Probleme anwenden.

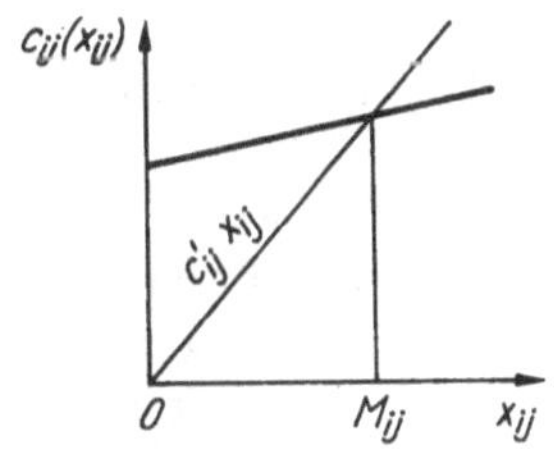

Abb. 16.1.1. c

Die Idee dieser Methode wird noch durchsichtiger, wenn man die Aufmerksamkeit auf die geometrische Interpretation lenkt (Abb. 16.1.1.c). Wir versuchen, auf jeder Magistrale (i, j) die inhomogene Kostenfunktion $c_{ij}(x_{ij})$ durch eine homogene Funktion $c'_{ij}(x_{ij})$ zu ersetzen, deren Werte die Werte $c_{ij}(x_{ij})$ für $x_{ij} \leqq M_{ij}$ nicht überschreiten. Wird gefordert, daß sich die Geraden $c'_{ij}(x_{ij})$ und $c_{ij}\,x_{ij} + d_{ij}$ im Punkte $x_{ij} = M_{ij}$ schneiden, so erhalten wir

$$c'_{ij}\,M_{ij} = c_{ij}\,M_{ij} + d_{ij} \,,$$

woraus wir direkt die Koeffizienten der linearen Funktion finden:

$$c'_{ij} = c_{ij} + \frac{d_{ij}}{M_{ij}} \,. \tag{1.13}$$

Somit ist das homogene Transportproblem mit den Koeffizienten (1.13) für die Linearform auch das Problem (1.11), (1.2)—(1.4).

16.1.4. Wir verweilen nun bei einer Modifikation der Methode von BALINSKI, die in vielen Fällen gestattet, die mit ihrer Hilfe erhaltene Näherungslösung zu verbessern (s. [91], [92], [94]). Die Idee dieses Zugangs besteht im folgenden. In einer beliebigen optimalen Lösung $X^* = ||x^*_{ij}||$ eines approximierenden Transportproblems mit der Matrix $||c'_{ij}||$ findet man stets mindestens zwei solche i, j, daß $x_{ij}^* = M_{ij}$ gilt. Für diejenigen Paare (i, j), für die $x_{ij}^* = M_{ij}$ gilt, fallen die Kosten in den Problemen (1.1)—(1.4) und (1.11), (1.2)—(1.4) zusammen und sind gleich $c_{ij}\, x_{ij}^* + d_{ij}$. Für die restlichen Paare gilt jedoch

$$c_{ij}\, x_{ij}^* + d_{ij} \frac{x_{ij}^*}{M_{ij}} < c_{ij}(x_{ij}^*) ,$$

weil man für sie $x_{ij}^*/M_{ij} < 1$ hat. Weil die Kosten sich in diesen Paaren nicht entsprechen, werden die optimalen Lösungen beider Probleme im allgemeinen nicht zusammenfallen. Daher ist es relativ natürlich, vorausszusetzen, daß in den Feldern (i, j) für die $x_{ij}^* = M_{ij}$ gilt, die Kosten für das Ausgangsproblem richtig ausgedrückt wurden und die Verbesserung dieser Lösung durch Umverteilung nur bei den Paaren gesucht werden muß, für die $x_{ij}^* < M_{ij}$ gilt. Weil die Kosten für diese Paare im approximierenden Problem gegenüber den realen zu niedrig angesetzt werden, muß man sie nochmals nachrechnen.

Das wird wie folgt realisiert. Als erste Näherung an die optimale Lösung von Problem (1.1)—(1.4) wird ein Transportproblem mit der Zielfunktion (1.11) gebildet und gelöst (d. h. die Methode von Balinski wird durchgeführt). In der optimalen Lösung $||x_{ij}^*||$ dieses Problems werden diejenigen x_{ij}^* gemerkt, für die $x_{ij}^* = M_{ij}$ gilt, d. h. $x_{ij}^* = a_i$ oder $x_{ij}^* = b_j$. Solche Zeilen i und Spalten j nennen wir *hängende Reihen*. Danach wird der Reihe nach das Streichen der hängenden Reihen und eine nochmalige Berechnung von a_i und b_i durchgeführt (analoge Operationen werden in der bekannten Methode des minimalen Elements durchgeführt, an die wir in 16.1.2. erinnert hatten). Ist nämlich $x_{ij}^* = a_i$, so streichen wir die Zeile i und setzen $b_j' = b_j - x_{ij}^*$; ist dagegen $x_{ij}^* = b_j$, streichen wir die Spalte j und setzen $a_i' = a_{ij} - x_{ij}^*$. Für die restlichen i, j wählen wir $a_i' = a_i$, $b_j' = b_j$. Danach finden wir

$$M_{ij}' = \min \{a_i', b_j'\} , \tag{1.9'}$$

berechnen

$$c_{ij}'' = c_{ij} + \frac{d_{ij}}{M_{ij}'} \tag{1.13'}$$

und lösen ein Transportproblem (kleinerer Dimension!) mit den Ausgangsdaten a_i', b_j', $||c_{ij}''||$.

Offensichtlich ist $c_{ij}'' > c_{ij}'$, da $M_{ij}' \leqq M_{ij}$ gilt (wir erinnern, daß die Anfangsnäherung c_{ij}' verringerte Kosten gegenüber den realen für diejenigen (i, j) ergab, für die $x_{ij}^* < M_{ij}$ galt). Für die optimale Lösung des neuen Problems wiederholen wir von neuem den Prozeß, bei dem hängende Reihen gestrichen werden, berechnen a_i', b_j', c_{ij}'' von neuem usw.

Somit geht die beschriebene Näherungsmethode in „Zyklen" vor sich. Bei jedem Zyklus wird die Methode von Balinski mit entsprechend umgerechneten Daten auf ein Hilfsproblem angewendet (das kleinere Dimension im Vergleich mit dem vorangegangenen Zyklus hat). Dieses Verfahren ist selbstverständlich endlich, da die Dimension der Probleme jedesmal verkleinert wird.

In jedem Zyklus werden diejenigen x_{ij}^* in die Endlösung übertragen, die in hängenden Reihen erschienen.

Wir verweilen noch bei einigen Einzelheiten, die mit der Realisierung dieser Methode zusammenhängen. Beim Übergang zu jedem folgenden Zyklus kann es sich als zweckmäßig erweisen, nicht sämtliche hängenden Reihen zu streichen, sondern etwa eine oder einige davon. So ein verfeinerterer „Zugang" vergrößert den Rechenumfang wesentlich, führt aber in der Regel zu einem besseren Endergebnis. Ein mögliches Auswahlverfahren für die zu streichende Reihe wird in 16.1.5. bei einer formalen Beschreibung des Algorithmus angegeben.

Es kann vorkommen, daß das Verfahren beim Streichen einer hängenden Reihe im Sinne des Zielfunktionswertes nicht monoton ist. Im Zusammenhang damit treten im Algorithmus einige unkomplizierte Verzweigungen auf, die auch in 16.1.5. beschrieben werden.

16.1.5. Wir beschreiben die oben angemerkte Näherungsmethode genauer. Wie sich schon zeigte, wird in ihr über das gegebene Problem mit Fixkosten eine Folge von Transportproblemen konstruiert, wobei das Problem 0 mit dem Problem (1.11), (1.2)—(1.4) zusammenfällt.

Problem 0. Gegegeben sei eine Menge $M^0 = \{1, 2, \ldots, m\}$ von Produktionszentren mit Produktionsumfängen a_i^0, $i \in M^0$ und eine Menge $N^0 = \{1, 2, \ldots n\}$ von Verbraucherzentren mit Bedarfsumfängen $b_j^0, j \in N^0$. (Hier ist $a_i^0 = a_i$, $b_j^0 = b_j$). Gefordert ist die Minimierung von

$$\sum_{i=1}^{m} \sum_{j=1}^{n} c_{ij}^0 x_{ij} \tag{1.11-0}$$

mit

$$c_{ij}^0 = c_{ij} + \frac{d_{ij}}{M_{ij}^0}, \tag{1.13-0}$$

$$M_{ij}^0 = \min \{a_i^0, b_j^0\}, \tag{1.9-0}$$

unter den Restriktionen

$$x_{ij} \geqq 0, \qquad i \in M^0, \qquad j \in N^0, \tag{1.2-0}$$

$$\sum_{j \in N^0} x_{ij} = a_i^0, \qquad i \in M^0, \tag{1.3-0}$$

$$\sum_{j \in M^0} x_{ij} = b_j^0, \qquad j \in N^0, \tag{1.4-0}$$

Sei $X^0 = ||x_{ij}^0||$ eine optimale Lösung von Problem 0. Wie bekannt existiert für sie ein Potentialsystem, d. h. solche Zahlen $u_i^0, i \in M^0$, $v_j^0, j \in N^0$, daß $c_{ij}^0 \geqq$ $\geqq v_j^0 - u_i^0$ für alle i, j und $c_{ij}^0 = v_j^0 - u_i^0$ für diejenigen i, j für die $x_{ij}^0 > 0$ ist [1]).

Wir suchen die Menge der hängenden Zeilen und Spalten:

$$R^0 = \{i | i \in M^0, \; x_{ij}^0 = a_i^0\}, \qquad S^0 = \{j | j \in N^0, \; x_{ij}^0 = b_j^0\}.$$

Wie bekannt, ist mindestens eine dieser Mengen nicht leer. Wir betrachten $i \in R^0$. Dafür suchen wir so einen Index $j(i) \in N^0$, daß $x_{ij(i)}^0 = a_i^0$ ist und finden

$$\min_{j \neq j(i)} (c_{ij}^0 - v_j^0 + u_i^0) = \delta_i^0. \tag{1.14-0}$$

[1]) Unter Potentialsystem wird hier eine optimale Lösung des Dualproblems von (1.11—0), (1.2—0)—(1.4—0) verstanden. (Anm. d. Red. d. dt. Ausg.)

Analog findet man für ein beliebiges $j \in S^0$ ein $i(j) \in M^0$, für das $x^0_{i(j)j} = b^0_j$ ist und

$$\min_{i \neq i(j)} (c^0_{ij} - v^0_j + u^0_i) = \Delta^0_j . \tag{1.15-0}$$

Wir definieren

$$\max \left\{ \max_{i \in M^0} \delta^0_i , \max_{j \in N^0} \Delta^0_j \right\} = \lambda^0 \tag{1.11-0}$$

und bezeichnen

$$R^0_* = \{i | i \in R^0, \delta^0_i = \lambda^0\} , \qquad S^0_* = \{j | j \in S^0, \Delta^0_j = \lambda^0\} .$$

Die Lösung X^0 von Problem 0 entspricht im Problem (1.1)–(1.4) dem Zielfunktionswert

$$\sum_{i \in M^0} \sum_{j \in N^0} c_{ij}(x^0_{ij}) = \zeta^0 .$$

Wir berechnen außerdem

$$\sum_{i \in M^0 \setminus R^0_*} \sum_{j \in N^0 \setminus S^0_*} c_{ij}(x^0_{ij}) = \eta^0 .$$

Problem 1. Gegeben sei eine Menge $M^1 = M^0 \setminus R^0_*$ von Produktionszentren mit Produktionsumfängen a^1_i, $i \in M^1$ mit

$$a^1_i = a^0_i , \quad i \notin \{i | x^0_{ij} = b^0_j , \ j \in S^0_*\} ,$$
$$a^1_i = a^0_i - \sum_{j \in S^0_*} x^0_{ij} , \quad i \in \{i | x^0_{ij} = b^0_j , \ j \in S^0_*\} .$$

Gegeben sei die Menge $N^1 = N^0 \setminus S^0_*$ von Verbraucherzentren mit Bedarfsumfängen b^1_j, $j \in N^1$ mit

$$b^1_j = b^0_j , \quad i \notin \{j | x^0_{ij} = a^0_i , \ i \in R^0_*\} ,$$
$$b^1_j = b^0_j - \sum_{i \in R^0_*} x^0_{ij} , \quad j \in \{j | x^0_{ij} = a^0_i , \ i \in R^0_*\} .$$

Gefordert wird die Minimierung von

$$\sum_{i \in M^1} \sum_{j \in N^1} c^1_{ij} x_{ij} \tag{1.11-1}$$

mit

$$c^1_{ij} = c_{ij} + \frac{d_{ij}}{M^1_{ij}} , \tag{1.13-1}$$

$$M^1_{ij} = \min \{a^1_i, b^1_j\} \tag{1.9-1}$$

unter den Restriktionen

$$x_{ij} \geqq 0 , \quad i \in M^1, \quad j \in N^1 , \tag{1.2-1}$$

$$\sum_{j \in N^1} x_{ij} = a^1_i , \quad i \in M^1 , \tag{1.3-1}$$

$$\sum_{i \in M^1} x_{ij} = b^1_j , \quad j \in N^1 . \tag{1.4-1}$$

Sei $X^1 = ||x_{ij}^1||$ eine optimale Lösung von Problem 1. Wir berechnen

$$\sum_{i \in M^1} \sum_{j \in N^1} c_{ij}(x_{ij}^1) = \zeta^1 .$$

Ist $\zeta^1 < \eta^0$, so gehen wir zum Problem 2 über, indem wir die Lösung $X^1 = ||x_{ij}^1||$, $i \in M^1, j \in N^1$ verwenden. Ist dagegen $\zeta^1 > \eta^0$, so gehen wir zum Problem 2 über, indem wir die Lösung $X^0 = ||x_{ij}^0||$, $i \in M^1, j \in N^1$ verwenden.

Wir beschreiben nun den Übergang von Problem k zu Problem $k + 1$.

Sei $X^k = ||x_{ij}^k||$, $i \in M^k, j \in N^k$ eine optimale Lösung von Problem k und sei u_i^k, v_j^k das mit ihr zusammenhängende Potentialsystem.

Wir berechnen

$$\sum_{i \in M^k} \sum_{j \in N^k} c_{ij}(x_{ij}^1) = \zeta^k .$$

Ist $\zeta^k \leqq \eta^{k-1}$, so suchen wir die Menge

$$R^k = \{i | i \in M^k, x_{ij}^k = a_i^k\} , \qquad S^k = \{j | j \in N^k, x_{ij}^k = b_j^k\}$$

der hängenden Reihen. Für jedes $i \in R^k$ finden wir

$$\min_{j \neq j(i)} (c_{ij}^k - v_j^k + u_i^k) = \delta_i^k , \tag{1.14-k}$$

und für jedes $j \in S^k$

$$\min_{i \neq i(j)} (c_{ij}^k - v_j^k + u_i^k) = \Delta_j^k . \tag{1.15-k}$$

Wir berechnen

$$\max \left\{ \max_{i \in M^k} \delta_i^k, \max_{j \in N^k} \Delta_j^k \right\} = \lambda^k . \tag{1.16-k}$$

Wir bezeichnen

$$R_*^k = \{i | i \in R^k, \delta_i^k = \lambda^k\} , \qquad S_*^k = \{j | j \in S^k, \Delta_j^k = \lambda^k\} ,$$

berechnen

$$\sum_{i \in M^k \setminus R_*^k} \sum_{j \in N^k \setminus S_*^k} c_{ij}(x_{ij}^k) = \zeta^k$$

und gehen über zu Problem $k + 1$.

Problem $k + 1$. Gegeben sei die Menge $M^{k+1} = M^k \setminus R_*^k$ von Produktionszentren mit den Produktionsumfängen

$$a_i^{k+1} = a_i^k , \qquad i \notin \{i | x_{ij}^k = b_j^k, j \in S_*^k\} ,$$
$$a_i^{k+1} = a_i^k - \sum_{j \in S_*^k} x_{ij}^k , \quad i \in \{i | x_{ij}^k = b_j^k, j \in S_*^k\} .$$

Gegeben sei die Menge $N^{k+1} = N^k \setminus S_*^k$ von Verbraucherzentren mit den Bedarfsumfängen

$$b_j^{k+1} = b_j^k , \qquad j \notin \{j | x_{ij}^k = a_i^k, i \in R_*^k\} ,$$
$$b_j^{k+1} = b_j^k - \sum_{i \in R_*^k} x_{ij}^k , \quad j \in \{j | x_{ij}^k = a_i^k, i \in R_*^k\} .$$

Gefordert ist die Minimierung von

$$\sum_{i \in M^{k+1}} \sum_{j \in N^{k+1}} c_{ij}^{k+1} x_{ij} \tag{1.11-(k+1)}$$

mit

$$c_{ij}^{k+1} = c_{ij} + \frac{d_{ij}}{M_{ij}^{k+1}}, \tag{1.13-(k+1)}$$

$$M_{ij}^{k+1} = \min \{a_i^{k+1}, b_j^{k+1}\} \tag{1.9-(k+1)}$$

unter den Restriktionen

$$x_{ij} \geqq 0, \qquad i \in M^{k+1}, \quad j \in N^{k+1}, \tag{1.2-(k+1)}$$

$$\sum_{j \in N^{k+1}} x_{ij} = a_i^{k+1}, \qquad j \in M^{k+1}, \tag{1.3-(k+1)}$$

$$\sum_{i \in M^{k+1}} x_{ij} = b_j^{k+1}, \qquad j \in N^{k+1}. \tag{1.4-(k+1)}$$

Wir erinnern, daß der beschriebene Übergang zum Problem $k + 1$ im Falle $\zeta^k \leqq^{k-1} \eta$ vollzogen wird. Ist dagegen $\zeta^k > \eta^{k-1}$, so wird der Übergang zum Problem $k + 1$ auf Grundlage der Lösung

$$X^{k-1} = ||x_{ij}^{k-1}||, \qquad i \in M^k, \qquad j \in N^k$$

realisiert.

Als Näherungslösung von (1.1)—(1.4) wird die Lösung $\hat{X} = ||\hat{x}_{ij}||$ mit

$$\hat{x}_{ij} = \begin{cases} x_{ij}^0, & \text{falls} \quad i \in R_*^0 \quad \text{oder} \quad j \in S_*^0, \\ x_{ij}^1, & \text{falls} \quad i \in R_*^1 \quad \text{oder} \quad j \in S_*^1, \\ \cdots\cdots\cdots\cdots\cdots & \\ x_{ij}^k, & \text{falls} \quad i \in R_*^k \quad \text{oder} \quad j \in S_*^k, \\ \cdots\cdots\cdots\cdots\cdots & \end{cases}$$

verwendet.

16.1.6. Eine maschinelle Erprobung des soeben beschriebenen Algorithmus wurde bisher noch nicht durchgeführt. Die Berechnung für Probleme kleiner Dimension von Hand zeigte, daß dieser Algorithmus eine Erniedrigung der Gesamtkosten gegenüber dem Wert geben kann, den man nach der Methode von Balinski erhielt, und zwar in der Größenordnung von 3—5%.

Wie die Grundvariante der Methode von Balinski wurde auch die hier beschriebene Modifikation davon ursprünglich zur Lösung von ausgeglichenen Problemen vorgesehen, d. h. für Probleme, bei denen

$$\sum_{i=1}^{m} a_i = \sum_{j=1}^{n} b_j$$

gilt.

Dagegen ist für viele angewandte Probleme dieses Typs (insbesondere für Produktionsplanungsprobleme s. 3.2.) eine beachtliche Unausgeglichenheit

(Offenheit) charakteristisch:

$$\sum_{i=1}^{m} a_i \gg \sum_{j=1}^{n} b_j .$$

Es ist klar, daß dieser Fall noch viel vorteilhafter für die Anwendung der beschriebenen Verfahren ist, weil mit wachsender Differenz $\sum_{i=1}^{m} a_i - \sum_{j=1}^{n} b_j$ in der Lösung des approximierenden Problems die Menge der hängenden Zeilen wächst und nur eine sehr geringe Anzahl solcher Korrekturen nötig sein kann. Dabei wird die Lösung des approximierenden Problems in jedem Zyklus zweckmäßig durch die in 16.1.2. beschriebene Methode zur Degenerationserzeugung durchgeführt. Das kann die Anzahl der Glieder d_{ij}, die in die Endlösung eingehen, zusätzlich verkleinern.

16.2. Einige Verallgemeinerungen

16.2.1. Die in 16.1. beschriebene Methode von Balinski zur angenäherten Lösung des Transportproblems mit Fixkosten gestattet auch eine Ausdehnung auf eine breitere Problemklasse. Wir betrachten zuerst das in **3.1.3.** beschriebene Verteilungsproblem mit Fixkosten. Wir erinnern, daß dieses Problem in der Minimierung von

$$\sum_{i=1}^{m} \sum_{j=1}^{n} c_{ij}(x_{ij}) \tag{2.1}$$

unter den Restriktionen

$$x_{ij} \geqq 0\,, \quad x_{ij} \text{ ganzzahlig}, \qquad i = 1, 2, \ldots, m; j = 1, 2, \ldots, n\,, \tag{2.2}$$

$$\sum_{i=1}^{m} x_{ij} = b_j\,, \qquad j = 1, 2, \ldots, n\,, \tag{2.3}$$

$$\sum_{j=1}^{n} t_{ij}(x_{ij}) \leqq a_i\,, \qquad i = 1,2, \ldots, m \tag{2.4}$$

besteht. Hier sind $c_{ij}(x_{ij})$ und $t_{ij}(x_{ij})$ stückweise stetige Funktionen

$$c_{ij}(x_{ij}) = \begin{cases} 0, & x_{ij} = 0\,, \\ c_{ij}\, x_{ij} + d_{ij}\,, & x_{ij} > 0\,, \end{cases} \tag{2.5}$$

$$t_{ij}(x_{ij}) = \begin{cases} 0\,, & x_{ij} = 0\,, \\ t_{ij}\, x_{ij} + \tau_{ij}\,, & x_{ij} > 0\,. \end{cases} \tag{2.6}$$

Durch das Aufsuchen oberer Schranken M_{ij} für die Variablen und Einführen zusätzlicher ganzzahliger Variabler

$$y_{ij} = \begin{cases} 0\,, \\ 1\,, \end{cases} \quad i = 1, 2, \ldots, m; \quad j = 1, 2, \ldots, n \tag{2.7}$$

führt dieses Problem auf das folgende ganzzahlige Problem.

Man minimiere

$$\sum_{i=1}^{m} \sum_{j=1}^{n} (c_{ij} x_{ij} + d_{ij} y_{ij}) \tag{2.8}$$

unter den Restriktionen (2.2), (2.3), (2.7) und

$$\sum_{j=i}^{n} t_{ij} x_{ij} + \tau_{ij} y_{ij} \leqq a_i, \qquad i = 1, 2, \ldots, m, \tag{2.9}$$

$$x_{ij} \leqq M_{ij} y_{ij}, \qquad i = 1, 2, \ldots, m; \quad j = 1, 2, \ldots, n. \tag{2.10}$$

Ein Hindernis bei der Lösung des erhaltenen ganzzahligen Problems durch allgemeine Methoden stellt seine beachtliche Dimension dar (2 mn Variable und $m\,n + m + n$ Beschränkungen). Die später zu beschreibende Näherungsmethode hat vor allem Verkleinerung dieser Dimension zum Ziel.

Das Schema für diese Methode unterscheidet sich grundsätzlich nicht vom Schema für die Methode von BALINSKI (16.1.3.). Wir ersetzen nämlich zunächst die Bedingung (2.7) im ganzzahligen Problem durch die Nichtnegativitätsbedingung für y_{ij}. Dann gilt für das gewonnene gemischt ganzzahlige Problem der

Satz 16.2.1. *Sei* $X' = ||x'_{ij}||$, $Y' = ||y'_{ij}||$ *ein optimale Lösung des Problems* (2.8), (2.2), (2.3), (2.9), (2.10). *Dann gilt*

$$x'_{ij} = M_{ij} y'_{ij}. \tag{2.11}$$

Der Beweis dieses Satzes unterscheidet sich nicht vom Beweis des Satzes 16.1.1. in 16.1.

Da es genügt, sich auf die Betrachtung optimaler Lösungen zu beschränken, gestattet uns der Satz, y_{ij} aus (2.11) durch x_{ij} auszudrücken:

$$y_{ij} = \frac{x_{ij}}{M_{ij}}.$$

Setzen wir diesen Ausdruck in (2.8) und (2.9) ein, so gelangen wir zum Minimierungsproblem für

$$\sum_{i=1}^{m} \sum_{j=1}^{n} \left(c_{ij} + \frac{d_{ij}}{M_{ij}}\right) x_{ij} \tag{2.12}$$

unter den Restriktionen (2.2), (2.3) und

$$\sum_{j=1}^{n} \left(t_{ij} + \frac{\tau_{ij}}{M_{ij}}\right) x_{ij} \leqq a_i, \qquad i = 1, 2, \ldots, m. \tag{2.13}$$

Die optimale Lösung dieses Problems erzeugt auf natürliche Weise eine Näherungslösung des Ausgangsproblems (2.1)–(2.4).

Das rein ganzzahlig bleibende Problem (2.12), (2.2), (2.3), (2.13) hat schon kleinere Ausmaße (bei seiner Überführung auf ein allgemeines ganzzahliges Optimierungsproblem erhalten wir $m\,n$ Variable und $m + n$ Restriktionen).

Leider kann die in 16.1. beschriebene Modifikation der Methode von BALINSKI nicht unmittelbar auf das Verteilungsproblem mit Fixkosten übertragen werden.

16.2.2. Die Idee der Methode von Balinski kann auch zur Näherungslösung des allgemeinen linearen Optimierungsproblems mit Fixkosten in der Zielfunktion benutzt werden. Dieses Problem (s. 2.5.) besteht in der Minimierung von

$$\sum_{j=1}^{n} c_j(x_j) \tag{2.14}$$

unter den Restriktionen

$$x_j \geqq 0\,, \qquad j = 1, 2, \ldots, n\,, \tag{2.15}$$

$$\sum_{j=1}^{n} a_{ij}\, x_j = b_i\,, \qquad i = 1, 2, \ldots, m\,, \tag{2.16}$$

mit

$$c_j(x_j) = \begin{cases} 0\,, & x_j = 0\,, \\ c_j\, x_j + d_j\,, & x_j > 0\,. \end{cases} \tag{2.17}$$

Eine Ganzzahligkeitsbeschränkung wird den x_j hier nicht auferlegt; alle $d_j \geqq 0$.

Wurden für alle Variablen x_j obere Grenzen k_j gegeben oder gefunden:

$$x_j \leqq k_j\,, \qquad j = 1, 2, \ldots, n\,, \tag{2.18}$$

so führt dieses Problem auf dem Wege der Einführung ganzzahliger Hilfsvariabler

$$y_j = \begin{cases} 0\,, \\ 1\,, \end{cases} \qquad j = 1, 2, \ldots, n \tag{2.19}$$

auf das folgende gemischt ganzzahlige Problem.

Man minimiere

$$\sum_{j=1}^{n} (c_j\, x_j + d_j\, y_j) \tag{2.20}$$

unter den Restriktionen (2.15), (2.16), (2.19) und

$$x_j \leqq k_j\, y_j\,, \qquad j = 1, 2, \ldots, n\,. \tag{2.21}$$

Wendet man darauf das oben ausgebeutete Verfahren an (offensichtliche Einzelheiten können hier schon weggelassen werden), so erhält man das folgende lineare Optimierungsproblem.

Man minimiere

$$\sum_{j=1}^{n} \left(c_j + \frac{d_j}{k_j}\right) x_j \tag{2.22}$$

unter den Restriktionen (2.15) und (2.16). Seine optimale Lösung wird in natürlicher Weise eine Näherungslösung des Ausgangsproblems (2.14)—(2.16) erzeugen.

16.2.3. Unlängst wurde in einer Arbeit von Cooper und Drebes [20] eine ausführlicher ausgearbeitete heuristische Lösungsmethode für Problem (2.14) bis (2.16) vorgelegt. Die Autoren bedienen sich nicht der Überführung dieses

Problems auf ein gemischt ganzzahliges, sondern betrachten es in leicht veränderter Form.

Man minimiere

$$z = \sum_{j=1}^{n} (c_j x_j + d_j y_j) \tag{2.23}$$

unter den Restriktionen (2.15), (2.16) mit

$$y_j = \begin{cases} 0, & x_j = 0, \\ 1, & x_j > 0. \end{cases}$$

Wir kommen zu einer kurzen Beschreibung dieser Methode. Ihre Idee besteht in einer sukzessiven Anwendung der primalen Simplexmethode mit Berechnung der Zielfunktionskoeffizienten. Dabei ändern sich die Regeln zur Einführung von Vektoren in die Basis und zu deren Austritt aus der Basis (s. 4) in einer Reihe von Fällen: in die Basis führt man den Vektor mit minimalen Kosten ein und läßt den Vektor mit maximalen Kosten (unter den Basisvektoren) aus der Basis verschwinden.

Zuerst stellt sich die Zielfunktion (2.23) in Gestalt zweier Glieder dar:

$$z_1 = \sum_{j=1}^{n} c_j x_j \tag{2.24}$$

und

$$z_2 = \sum_{j=1}^{n} d_j y_j, \tag{2.25}$$

so daß

$$z = z_1 + z_2$$

gilt. Weiterhin wird ein lineares Optimierungsproblem betrachtet: man minimiere z_1 unter den Restriktionen (2.15), (2.16).

Das Verfahren wird in einige Etappen zerlegt. In der I.-ten Etappe wird das Problem (2.24), (2.15), (2.16) mit der primalen Simplexmethode gelöst. Man betrachtet ihre optimale Lösung und berechnet für die in die Basis eintretenden Vektoren die Zielfunktionskoeffizienten:

$$c_j' = c_j + \frac{d_j}{x_j} \quad \text{für alle} \quad x_j > 0. \tag{2.26}$$

Über diese neuberechneten Koeffizienten werden neue Werte für die bei der primalen Simplexmethode [84] auftretenden Optimalitätsindikatoren $z_j - c_j$ berechnet. Wie bekannt, gilt

$$z_j - c_j = C_X A_X^{-1} A_j - c_j,$$

wo C_X der Koeffizientenvektor der Linearform ist, der den Basisvariablen entspricht, A_X^{-1} die der Basislösung X entsprechende inverse Matrix und A_j der j-te Spaltenvektor ist. Die neu berechneten Differenzen $z_j' - c_j$ werden in natürlicher Weise als

$$z_j' - c_j = C_X' A_X^{-1} A_j - c_j \qquad (2.27)$$

definiert, wo C_X' der Vektor der gemäß (2.27) neu berechneten Koeffizienten ist.

In der optimalen Ausgangslösung X gilt bekanntlich $z_j - c_j \leqq 0$ für alle j. Ferner werden alle neu gemäß (2.27) zu berechnenden Differenzen $z_j' - c_j$ nichtpositiv gemacht (auf dem Wege gewöhnlicher Elementartransformationen: Ersetzen der Basisvektoren für diejenigen j, für die sich $z_j' - c_j > 0$ erweist).

Resultat der Etappe I ist eine bestimmte, in gewissem Sinne bezüglich der Werte z_1 und z_2 beste Lösung. In der II.-ten Etappe wird der Basisvektor mit größten Kosten d_j aus der Basis entfernt. Kann man in die Basis einige Vektoren einführen, so wird derjenige darunter gewählt, für den die Größe $c_j \theta_j + d_j$ minimal ist (hier ist θ_j der Wert der Variablen j, die sie bei Einführung in die Basis annehmen würde).

In der III-ten Etappe wird auf das Tableau aus der vorangegangenen Etappe eine andere Austauschregel angewendet. Aus der Basis wird der Vektor nach dem gewöhnlichen Kriterium entfernt. In die Basis eingeführt wird der Vektor mit (unter den Nichtbasisvektoren) kleinsten Kosten d_j.

Ferner wird eine leicht veränderte II-te Etappe wiederholt (aus der Basis wird der Vektor mit maximalem $c_j \xi + d_j$ entfernt, wo ξ der mittlere Wert für die Basisvariablen ist), danach von neuem die III-te Etappe. In der besten der nach derartigen Wiederholungen gewonnenen Lösungen werden die Punkte geprüft, die dem optimalen benachbart sind, und führt eine davon zu einem besseren Resultat, so wird das Verfahren von neuem mit der I.-ten Etappe begonnen. Im entgegengesetzten Fall wird die letztere Lösung als endgültig angenommen.

Eine Reihe von den Autoren durchgeführter Rechenexperimente gestattet, relativ schnell über die Effektivität dieses Algorithmus zu entscheiden. Es wurden einige hundert Probleme vergleichsweise kleiner Dimension gelöst (von 5×10 bis 15×30). Dabei wurden die optimalen Lösungen im Mittel bei 95% der Fälle erhalten. In den übrigen Fällen waren die prozentualen Abweichungen vom Optimum nicht groß, wobei bei wachsender Dimension der Probleme Vergrößerungen dieser Abweichungen nicht beobachtet wurden. Die mittlere Zeit für die Lösungen auf der IBM 7072 für 5×10-Probleme betrug 20 sek, für 15×20-Probleme ungefähr 15 min.

TEIL V

Einige theoretische Fragen

In diesem Teil des Buches werden einige Fragen aus der diskreten Optimierung dargelegt, die von theoretischem Interesse sind und nicht unmittelbar mit numerischen Methoden zusammenhängen.

Kapitel 17. befaßt sich mit ganzzahligen polyedrischen Mengen. In Kapitel 18. wird die Frage dualer Schätzungen bei ganzzahligen linearen Optimierungsproblemen untersucht.

17. Ganzzahlige polyedrische Mengen

Hier werden ganzzahlige polyedrische Mengen studiert, d. h. polyedrische Mengen, deren sämtliche Basislösungen (Ecken) ganzzahlig sind. Diese Frage ist relativ wichtig, weil die primale Simplexmethode, wie auch andere endliche Methoden in der linearen Optimierung eben eine optimale Basislösung bestimmen (falls das Problem eine Lösung besitzt). Sind daher alle Basislösungen irgendeines linearen Optimierungsproblems ganzzahlig, so erlaubt es der gewöhnliche Apparat der linearen Optimierung, eine optimale (Basis-)Lösung zu finden, die auch der Ganzzahligkeitsforderung entspricht und die folglich auch optimale Lösung des zugeordneten ganzzahligen linearen Optimierungsproblem ist.

In 17.1. werden einige notwendige und hinreichende Bedingungen für die Ganzzahligkeit von Polyedern vorgelegt, die von HOFFMAN und KRUSKAL [75] gegeben wurden. 17.2. befaßt sich mit Problemen vom Transporttyp (s. HELLER und TOMPKINS [73] und auch HOFFMAN und KRUSKAL [75]). Insbesondere wird hier gezeigt, daß sämtliche Basislösungen eines gewöhnlichen Transportproblems ganzzahlig sind (was gestattet, zu verstehen, warum die gewöhnlichen Lösungsmethoden für das Transportproblem bei ganzzahligen Koeffizienten stets ganzzahlige optimale Lösungen liefern (s. 2.1.).

17.1. Eine Bedingung für die Ganzzahligkeit polyedrischer Mengen

17.1.1. Wir erinnern, daß eine polyedrische Menge *ganzzahlig* heißt, falls alle ihre Ecken (Basislösungen) ganzzahlig sind (d. h. alle ihre Komponenten sind ganze Zahlen).

Wir betrachten die polyedrische Menge

$$\sum_{j=1}^{n} a_{ij} x_j = b_i , \qquad i = 1, \ldots, m , \tag{1.1}$$

$$x_j \geqq 0 , \qquad j = 1, \ldots, n . \tag{1.2}$$

Es wäre natürlich, die folgende Frage zu stellen: welchen Bedingungen müssen die Matrix

$$A = ||a_{ij}||_{i=1,\ldots,m;\ j=1,\ldots,n}$$

und der Vektor $b = (b_1, \ldots, b_m)^T$ der rechten Seiten genügen, damit die polyedrische Menge $\mathcal{L}$ $\big((1.1)-(1.2)\big)$ ganzzahlig ist? Allein in dieser Formulierung erweist sich die Fragestellung als recht schwierig, und es ist bisher noch nicht gelungen, eine inhaltliche Beschreibung ganzzahliger Polyeder $\mathcal{L}$ in dieser Terminologie zu geben.

17.1.2. Hoffman und Kruskal [75] studierten das Problem in einer etwas abgeschwächten Formulierung (die aber sogar recht interessant ist). Gegeben sei eine fixierte Matrix $A = ||a_{ji}||_{i=1,\ldots,m;\ j=1,\ldots,n}$, deren sämtliche Elemente ganze Zahlen sind und deren Rang gleich m ist. Welchen Bedingungen muß die Matrix A genügen, daß für einen beliebigen ganzzahligen Vektor $b = (b_1, \ldots, b_m)^T$ für die rechten Seiten die polyedrische Menge $\mathcal{L}(b)$ $\big((1.1)-(1.2)\big)$ ganzzahlig ist?

Die Antwort auf diese Frage gibt der folgende

Satz 17.1.1. *Sei* $A = ||a_{ij}||_{i=1,\ldots,m;\ j=1,\ldots,n}$ *eine fixierte Matrix vom Range* m, *deren sämtliche Elemente ganze Zahlen sind. Dafür, daß die polyedrische Menge* $\mathcal{L}(b)$ $\big((1.1)-(1.2)\big)$ *ganzzahlig ist, ist notwendig, und hinreichend, daß jeder Minor der Ordnung* m *von* A *entweder gleich* 0 *oder gleich* $\pm$ 1 *ist.*

Wir kommen zum Beweis von Satz 17.1.1.

17.1.3. Wir beweisen die Hinlänglichkeit. Jede Basislösung (Ecke) $X \equiv \equiv (x_1, \ldots, x_n)$ der polyedrischen Menge $\mathcal{L}(b)$ wird durch Vorgabe von Indices $j_1, \ldots, j_m$ für Basisvariable eindeutig bestimmt. Dabei müssen die Bedingungsvektoren $A_{j_1}, \ldots, A_{j_m}$ linear unabhängig, der Minor $|a_{ij}|_{i=1,\ldots,m;\ j=j_1,\ldots,j_m} \equiv \equiv M(A_{j_1}, \ldots, A_{j_m}) \neq 0$ und folglich nach dem Satz $M(A_{j_1}, \ldots, A_{j_m}) = \pm 1$ sein. Die Nichtbasisvariablen sind gleich Null, und die Basisvariablen werden eindeutig aus dem linearen Gleichungssystem

$$\sum_{j \in \{j_1,\ldots,j_m\}} a_{ij}\, x_j = b_i\,, \qquad i = 1, \ldots, m \tag{1.3}$$

bestimmt, dessen Determinante $M(A_{j_1}, \ldots, A_{j_m}) = \pm 1$ ist. Berechnet man die $x_j\, (j \in \{j_1, \ldots, j_m\})$ aus (1.3), so erhält man nach der Kramerschen Regel

$$x_{j_s} = \frac{M(A_{j_1}, \ldots, A_{j_{s-1}}, b, A_{j_{s+1}}, \ldots, A_{j_m})}{M(A_{j_1}, \ldots, A_{j_m})} =$$

$$= \pm M\big(A_{j_1}, \ldots, A_{j_{s-1}}, b, A_{j_{s+1}}, \ldots, A_{j_m}\big) \qquad s = 1, \ldots, m\,.$$

Hier sind $A_{j_1}, \ldots, A_{j_{s-1}}, b, A_{j_{s+1}}, \ldots, A_{j_m}$ die Spalten der Matrix $||A_{j_1}, \ldots, A_{j_{s-1}}, b, A_{j_{s+1}}, \ldots, A_{j_m}||$. Nach der Voraussetzung des Satzes sind alle Elemente dieser Matrix ganze Zahlen, woraus auch die Ganzzahligkeit von x_{j_s} $s, = 1, \ldots, m$ folgt. Die Hinlänglichkeit ist bewiesen.

17.1.4. Wir beweisen die Notwendigkeit. Es soll gezeigt werden, daß, falls $A_{j_1}, \ldots, A_{j_m}$ linear unabhängig sind,

$$M(A_{j_1}, \ldots, A_{j_m}) = \pm 1 \tag{1.4}$$

gilt.

Durch Umnumerieren der Spalten der Matrix A (und der Variablen $x_1, \ldots, x_n$) kann man A_{j_s} durch A_s $(s = 1, \ldots, m)$ ersetzen, so daß es genügt (o. B. d. A.) zu beweisen, daß dann, wenn die $A_1, \ldots, A_m$ linear unabhängig sind,

$$M(A_1, \ldots, A_m) \equiv \begin{vmatrix} a_{11}, \ldots, a_{1m} \\ \ldots\ldots \\ a_{m1}, \ldots, a_{mm} \end{vmatrix} = \pm 1 \tag{1.4'}$$

gilt. Seien also $A_1, \ldots, A_m$ linear unabhängig.

Wir betrachten das lineare Gleichungssystem

$$\sum_{j=1}^{m} a_{ij}\, x_j = \delta_{ki} + t \sum_{j=1}^{m} a_{ij}\,, \qquad i = 1, \ldots, m\,. \tag{1.5}$$

Hier ist $k \in \{1, \ldots, m\}$, t eine hinreichend große natürliche Zahl und δ_{ki} das KRONECKERsche Symbol, d. h.

$$\delta_{ki} = \begin{cases} 1\,, & \text{falls } i = k\,, \\ 0\,, & \text{falls } i \neq k\,. \end{cases} \tag{1.6}$$

Wir führen die Bezeichnung

$$b^k = \underbrace{(\overbrace{0, 0, \ldots, 0, 1}^{k}, 0, \ldots, 0)}_{m}{}^T \equiv (\delta_{k1}, \delta_{k2}, \ldots, \delta_{km})^T \tag{1.7}$$

ein.

Infolge der vorausgesetzten linearen Unabhängigkeit von $A_1, \ldots, A_m$ hat das System (1.5) eine eindeutige Lösung $X(b^k) \equiv (x_1(b^k), \ldots, x_m(b^k))$ der folgenden Gestalt:

$$x_j(b^k) \equiv \frac{M(A_1, \ldots, A_{j-1}, b^k, A_{j+1}, \ldots, A_m)}{M(A_1, \ldots, A_m)} + t\,, \qquad j = 1, \ldots, m\,. \tag{1.8}$$

Da t hinreichend groß ist, gilt

$$x_j(b^k) \geqq 0\,, \qquad j = 1, \ldots, m\,.$$

Hieraus erhalten wir, daß das Polyeder $\mathcal{L}(b^k)$ die Ecke $X(b^k)$ mit den Basisvariablen $x_1(b^k), \ldots, x_m(b^k)$ besitzt, die nach Formel (1.8) zu berechnen sind.

Entwickelt man die Determinante $M(A_1, \ldots, A_{j-1}, b^k, A_{j+1}, \ldots, A_m)$ nach der j-ten Spalte und wendet man (1.8), (1.7), (1.6) an, erhält man

$$x_j(b^k) = \frac{A_{kj}(A_1, \ldots, A_m)}{M(A_1, \ldots, A_m)} + t\,, \qquad j = 1, \ldots, m\,. \tag{1.9}$$

Hier ist $A_{kj}(A_1, \ldots, A_m)$ das algebraische Komplement des Elements a_{kj} in der Matrix $A_* \equiv \|a_{ij}\|_{i=1,\ldots,m;\; j=1,\ldots,m}$.

Nach Voraussetzung folgt aus der Ganzzahligkeit von b^k die Ganzzahligkeit von $x_j(b^k)$, $k = 1, \ldots, m; j = 1, \ldots, m$, und weil t ganzzahlig ist, gilt in Übereinstimmung mit (1.9)

$$\frac{A_{kj}(A_1, \ldots, A_m)}{M(A_1, \ldots, A_m)} \text{ ganzzahlig}, \quad k = 1, \ldots, m; \quad j = 1, \ldots, m. \tag{1.10}$$

Es ist bekannt, daß für die Matrix A_*^{-1}, die Inverse der Matrix A_* die Formel

$$A_*^{-1} \equiv C \equiv \|c_{kj}\|_{j=1,\ldots,m;\ k=1,\ldots,m} = \left\| \frac{A_{jk}(A_1, \ldots, A_m)}{M(A_1, \ldots, A_m)} \right\|. \tag{1.11}$$

gilt. Aus (1.10) und (1.11) erhalten wir, daß alle Elemente der Matrix A_*^{-1} ganze Zahlen sind.

Da alle Elemente der Matrix A_* ganze Zahlen sind, gilt

$$\det A_* \equiv M(A_1, \ldots, A_m) \text{ eine ganze Zahl}.$$

Da sämtliche Elemente der Matrix A_*^{-1} ganze Zahlen sind, gilt:

$$\det A_*^{-1} \text{ ist eine ganze Zahl}.$$

Andererseits ist bekannt, daß

$$\det (A_*^{-1}) = (\det A_*)^{-1} \tag{1.12}$$

gilt. Folglich gilt

$$\det A_* \equiv M(A_1, \ldots, A_m) = \pm 1 .$$

Die Notwendigkeit ist bewiesen.

17.1.5. Aus Satz 17.1.1. folgt unmittelbar eine Ganzzahligkeitsbedingung für die polyedrische Menge $\mathcal{L}(b)$, ursprünglich gegeben für das Ungleichungssystem

$$\sum_{j=1}^{n} a_{ij}\, x_j\, R_i\, b_i , \qquad i = 1, \ldots, m , \tag{1.13}$$

$$x_j \geqq 0 , \qquad j = 1, \ldots, n . \tag{1.14}$$

Hier ist R_i eine beliebige Relation unter $\geqq$, $\leqq$, und a_{ij}, b_j sind ganze Zahlen.

Wir schreiben die Bedingungen (1.13)–(1.14) in kanonische Form um:

$$\sum_{j=1}^{n} a_{ij}\, x_j\, R_i'\, x_{n+i} = b_i , \qquad i = 1, \ldots, m , \tag{1.13'}$$

$$x_j \geqq 0 , \qquad j = 1, \ldots, n + m . \tag{1.14'}$$

Hier ist R_i' das Vorzeichen $+$, falls R_i die Relation $\leqq$ und das Vorzeichen $-$, falls R_i die Relation $\geqq$ ist.

Wir wenden Satz 17.1.1. auf das Polyeder $\mathcal{L}(b)$ $\big((1.13)-(1.14)\big)$ an. Das ist möglich, weil der Rang der Matrix

$$A' \equiv \|A|E'\| \equiv \left\| \begin{matrix} a_{11}, \ldots, a_{1n} & \pm 1 & & 0 \\ \cdot & \cdot \; \cdot \; \cdot & \cdot & \ddots \\ a_{m1}, \ldots, a_{mn} & 0 & & \pm 1 \end{matrix} \right\| \tag{1.15}$$

gleich m ist. Es gilt der

Satz 17.1.2. *Sei* $A = ||a_{ij}||_{i=1,\ldots,m;\ j=1,\ldots,n}$ *eine fixierte Matrix, deren sämtliche Elemente ganze Zahlen sind. Dafür, daß die polyedrische Menge* $\mathscr{L}(b)$ ((1.13) *bis* (1.14)) *für beliebiges ganzzahliges* $b = (b_1, \ldots, b_m)^T$ *ganzzahlig ist, ist notwendig und hinreichend, daß jeder Minor der Matrix* A *entweder gleich* 0 *oder* $\pm$ 1 *ist.*

Definition 17.1.1. Eine Matrix A, deren sämtliche Minoren gleich 0 oder $\pm$ 1 sind, nennen wir *unimodulare* Matrix[1]).

17.1.6. Wir beweisen den Satz 17.1.2. Nach Satz 17.1.1. ist die Ganzzahligkeit von $\mathscr{L}'(b)$ $\big((1.13')-(1.14')\big)$ $\big($und folglich auch von $\mathscr{L}(b)\big((1.13)-(1.14)\big)\big)$ bei beliebigem ganzzahligem b äquivalent dazu, daß jeder Minor der Ordnung m der Matrix A' (1.15) gleich 0 oder $\pm$ 1 ist.

Wir betrachten so einen Minor $M(j_1, \ldots, j_r; i_{r+1}, \ldots, i_m)$. Er enthält die Spalten $A_{j_1}, \ldots, A_{j_r}$ der Matrix A und die Spalten der Matrix E' (s. (1.15)), die $\pm$ 1 bzw. in den Zeilen $i_{r+1}, \ldots, i_m$ enthalten $\big($die übrigen Zeilen A' haben die Indices $(i_1, \ldots, i_r)\big)$. Entwickelt man $M(j_1, \ldots, j_r; i_{r+1}, \ldots, i_m)$ sukzessiv nach den Spalten von E', erhält man

$$M(j_1, \ldots, j_r; i_{r+1}, \ldots, i_m) = \pm \det ||a_{ij}||_{i=i_1,\ldots,i_r;\ j=j_1,\ldots,j_r} .$$

Folglich ist die Tatsache, daß ein beliebiger Minor r-ter Ordnung der Matrix A' gleich 0 oder $\pm$ 1 ist, äquivalent dazu, daß ein beliebiger Minor der Matrix A gleich 0 oder $\pm$ 1 ist, woraus auch Satz 17.1.2. folgt.

17.1.7. Wir erklären den Sinn von Satz 17.1.2. an zwei Beispielen.

Beispiel 17.1.1.

$$\left.\begin{aligned} x_1 + x_2 &\leqq b_1 , \\ x_1 \quad\; &\leqq b_2 , \end{aligned}\right\} \tag{1.16}$$

$$x_1 \geqq 0 , \qquad x_2 \geqq 0 . \tag{1.17}$$

Hier sei $b = (b_1, b_2)^T$ ein ganzzahliger Vektor. Durch unmittelbare Prüfung überzeugen wir uns, daß die Matrix $\begin{Vmatrix} 1 & 1 \\ 1 & 0 \end{Vmatrix}$ unimodular ist. Folglich ist das Polyeder $\mathscr{L}_1(b)$ ((1.16)—(1.17)) für beliebiges (ganzzahliges) b ganzzahlig, was man hier auch leicht unmittelbar feststellt, wenn man die folgenden Fälle betrachtet.

a) Mindestens eine der Zahlen b_1, b_2 sei negativ. Das Polyeder $\mathscr{L}_1(b)$ ist leer.

b) $b_1 = 0$, $b_2 \geqq 0$. $\mathscr{L}_1(b)$ besteht aus der einen Ecke (0, 0),

c) $b_1 > 0$, $b_2 = 0$. $\mathscr{L}_1(b)$ enthält die beiden Ecken (0, 0) und $(0, b_1)$.

d) $b_2 \geqq b_1 > 0$. $\mathscr{L}_1(b)$ enthält die drei Ecken (0, 0), $(0, b_1)$ und $(b_1, 0)$.

e) $0 < b_2 < b_1$. $\mathscr{L}_1(b)$ enthält die vier Ecken (0, 0), $(b_2, 0)$ $(0, b_1)$ und $(b_2, b_1 - b_2)$.

---

1) Dieser Gebrauch des Terminus „unimodulare Matrix" unterscheidet sich etwas von der Verwendung in der linearen Algebra. Übrigens gibt das keinerlei Anlaß für irgendein Mißverständnis.

Beispiel 17.1.2.

$$\left.\begin{aligned} x_1 + x_2 &\leqq b_1\,, \\ -x_1 + x_2 &\leqq b_2\,, \end{aligned}\right\} \tag{1.18}$$

$$x_1 \geqq 0\,, \qquad x_2 \geqq 0\,. \tag{1.19}$$

Hier sei $b = (b_1, b_2)^T$ ein ganzzahliger Vektor.

Da $\left\|\begin{matrix} 1 & 1 \\ -1 & 1 \end{matrix}\right\| = 2$ gilt, ist die Matrix $\left\|\begin{matrix} 1 & 1 \\ -1 & 1 \end{matrix}\right\|$ nicht unimodular. Nach Satz 17.1.2. existiert so ein (ganzzahliger) Vektor b, daß das Polyeder $\mathcal{L}_2(b)$ ((1.18) bis (1.19)) nicht ganzzahlig ist. Tatsächlich enthält das Polyeder $\mathcal{L}_2(b)$ für $b_1 = 0$, $b_2 = 0$ die drei Ecken (0, 0) (1, 0) und (1/2, 1/2) (eine geometrische Interpretation dieses Beispiels wird in Abb. 17.1.1. gebracht).

Allerdings (und das widerspricht dem Satz 17.1.2. nicht) kann man auch so einen (ganzzahligen) Vektor b wählen, daß das Polyeder $\mathcal{L}_2(b)$ bei gegebenem b ganzzahlig ist (obgleich die Matrix $\left\|\begin{matrix} 1 & 1 \\ -1 & 1 \end{matrix}\right\|$ nicht unimodular ist). Für $b_1 = 2$, $b_2 = 0$ enthält nämlich das Polyeder $\mathcal{L}_2(b)$ die drei Ecken (0, 0), (2, 0) und (1, 1) (eine geometrische Illustration dieses Beispiels wird in Abb. 17.1.2. gegeben).

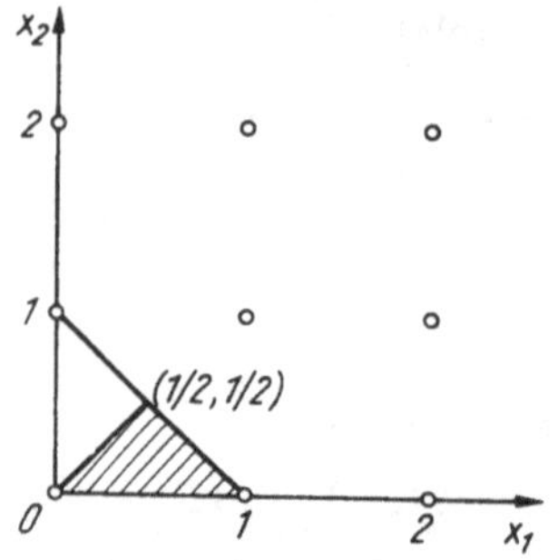

Abb. 17.1.1

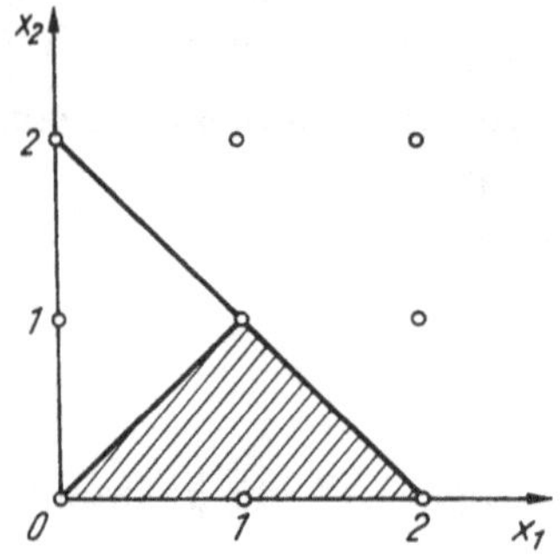

Abb. 17.1.2

17.2. Aufgaben vom Typus des Transportproblems

Die Sätze 17.1.1. und 17.1.2. aus 17.1. geben notwendige und hinreichende Bedingungen für die Ganzzahligkeit einer gewissen Klasse polyedrischer Mengen. Leider sind diese Bedingungen im allgemeinen Fall relativ schwer verifizierbar, weil eine Matrix der Dimension $(m \times n)$ (hier sei $m < n$) $\binom{m}{n}$ Minoren r-ter Ordnung enthält, (eine recht große Zahl bei m in der Nähe von $\frac{n}{2}$ und hinreichend großem n). Noch größer ist die Anzahl der Minoren beliebiger Ordnung einer gegebenen Matrix, nämlich

$$\sum_{\nu=1}^{m} \binom{\nu}{m} \binom{\nu}{n} = \binom{m}{n+m} - 1 .$$

Hier wird eine relativ enge (aber praktisch recht wichtige) Problemklasse beschrieben, nämlich Aufgaben vom Typus des Transportproblems. Für diese Probleme gestatten die Sätze aus 17.1., leicht verifizierbare notwendige und hinreichende Ganzzahligkeitsbedingungen für die entsprechenden Klassen der polyedrischen Mengen zu erhalten.

17.2.1. Wir betrachten das (ein wenig verallgemeinerte) Restriktionensystem für ein Transportproblem

$$\sum_{j=1}^{n} y_{ij} R_i a_i , \qquad i = 1, \ldots , m , \tag{2.1}$$

$$\sum_{i=1}^{m} y_{ij} Q_j b_j , \qquad j = 1, \ldots , n , \tag{2.2}$$

$$y_{ij} \geqq 0 , \qquad i = 1, \ldots , m, \quad j = 1, \ldots , n . \tag{2.3}$$

Hier können R_i und Q_i jede der Relationen $=$, $\geqq$, $\leqq$ bedeuten. Diese Probleme unterscheiden sich vom gewöhnlichen Transportproblem nur im Vorhandensein der Relationen R_i und Q_i anstelle des Gleichheitszeichens in (2.1)—(2.2).

Geht man von der Doppelindizierung zur gewöhnlichen Durchnumerierung der Variablen über $(x_1, \ldots , x_N,\ N = m\,n)$, und numeriert man in geeigneter Weise die Restriktionen (2.1) und (2.2) $\big($deren werden $(m + n)\big)$, so erhält man eine Beschreibung der Bedingungen (2.1)—(2.3) in einer standardmäßigen Gestalt, was lineare Optimierungsprobleme betrifft:

$$\sum_{j=1}^{N} a_{ij} x_j R_i'' d_i , \qquad i = 1, \ldots , m + n , \tag{2.4}$$

$$x_j \geqq 0 , \qquad j = 1, \ldots , N . \tag{2.5}$$

Hier sind R_i'' beliebige unter den Relationen $=$, $\geqq$, $\leqq$.

Bemerkung 17.2.1. Bei beliebiger Numerierung der Variablen und Restriktionen (2.1)—(2.2) besitzt die Restriktionenmatrix $A = ||a_{ij}||_{i=1,\ldots,m+n;\, j=1,\ldots,n}$ des Transportproblems folgende Eigenschaften:

1. a_{ij} gleich 0 oder 1, $i = 1, \ldots , m; j = 1, \ldots , N$.
2. In jeder Spalte der Matrix A sind genau zwei Einsen enthalten.

17.2.2. Wir betrachten nun eine größere Problemklasse, für die die Transportprobleme einen Sonderfall darstellen.

Definition 17.2.1. Die Matrix

$$A = ||a_{ij}||_{i=1,\ldots,m;\, j=1,\ldots,n}$$

nennen wir *T-Matrix*, falls:

1. $a_{ij} = 0$ oder $\pm$ 1,
2. in jeder Spalte der Matrix A befinden sich nicht mehr als zwei von Null verschiedene Elemente.

Ein lineares Optimierungsproblem mit Restriktionen $AXRb$, $X \geqq 0$ nennen wir *Aufgabe vom Typus des Transportproblems*, falls die Matrix A eine T-Matrix ist. Hier ist $R = (R_1, \ldots, R_m)^T$, und R_i sind beliebige unter den Relationen $=, \geqq, \leqq, i = 1, \ldots, m$.

17.2.3. Um unmittelbar zur Untersuchung der Polyeder für Aufgaben vom Typus des Transportproblems überzugehen, bringen wir noch einige Definitionen.

Definition 17.2.2. Zwei Zeilen (i und k) einer T-Matrix A nennen wir *koordiniert*, falls für jede Spalte j mit $a_{ij} \neq 0$ und $a_{kj} \neq 0$ gilt: $a_{ij} = -a_{kj}$.

Definition 17.2.3. Eine T-Matrix nennen wir *koordiniert*, falls je zwei beliebige Zeilen davon koordiniert sind.

Definition 17.2.4. Zwei Matrizen (A und A') mit gleicher Anzahl von Zeilen und Spalten heißen *äquivalent*, falls entweder A' gleich A ist, oder A' aus A erhalten werden kann, wenn man das Vorzeichen einiger Zeilen ändert (Bezeichnung $A \sim A'$).

Bemerkung 17.2.2. Aus den eingeführten Definitionen folgt, daß dann, wenn zwei Matrizen A und A' äquivalent sind,

1. sie beide gleichzeitig T-Matrizen sind oder nicht,
2. sie beide gleichzeitig unimodular sind oder nicht.

17.2.4. In 17.1. (Satz 17.1.2.) wurde gezeigt, daß die Ganzzahligkeit eines Polyeders $\mathcal{L}(b)$ ((1.13)–(1.14)) zur Unimodularität der Matrix A äquivalent ist. Zu Beginn von 17.2. wurde bemerkt, daß die Prüfung auf Unimodularität im allgemeinen Falle recht schwierig ist. Allein für T-Matrizen kann die Prüfung auf Unimodularität stark erleichtert werden, wie folgender Satz zeigt.

Satz 17.2.1. *Dafür, daß eine T-Matrix* $A = \|a_{ij}\|_{i=1,\ldots,m;\, j=1,\ldots,n}$ *unimodular ist, ist notwendig und hinreichend, daß man eine koordinierte Matrix A' findet, die zur Matrix A äquivalent ist.*

Wir kommen zum Beweis von Satz 17.2.1.

17.2.5. Wir beweisen die Hinlänglichkeit. Es existiere eine koordinierte Matrix $A' = \|a'_{ij}\|$, die zur Matrix A äquivalent ist. Wir betrachten den Minor der Matrix A', der den Zeilen $i_1, \ldots, i_k$ und den Spalten $j_1, \ldots, j_k$ entspricht, bezeichnen ihn mit $M \equiv M\begin{pmatrix} A'; & i_1, \ldots, i_k \\ & j_1, \ldots, j_k \end{pmatrix}$ und die entsprechende Matrix mit M^*. Besteht irgendeine Spalte der Matrix M^* nur aus Nullen, so ist $M = 0$. Ist dies nicht so, sondern enthält irgendeine Spalte von M^* genau ein von Null verschiedenes Element, so entwickeln wir M nach dieser Spalte und erhalten $M = \pm M_1$ wo M_1 ein Minor von der Dimension $(k-1)\times(k-1)$ ist.

Für M_1 führen wir genau dieselben Untersuchungen durch, usw. Nach endlich vielen Rechnungen können drei Fälle auftreten:

1. $M = 0$,
2. $M = \pm 1$,
3. $M = \pm M\begin{pmatrix} A'; & i'_1, \ldots, i'_r \\ & j'_1, \ldots, j'_r \end{pmatrix}$, wo

a) $\{i'_1, \ldots, i'_r\} \subseteq \{i_1, \ldots, i_k\}$,

b) $\{j'_1, \ldots, j'_r\} \subseteq \{j_1, \ldots, j_k\}$,

c) in jeder Spalte der Matrix

$$\|a'_{ij}\|_{i \in \{i'_1, \ldots, i'_r\} = I';\ j \in \{j'_1, \ldots, j'_r\} = J'}$$

stecken genau zwei von Null verschiedene Elemente,

d) die Matrix $\|a'_{ij}\|_{i \in I'; j \in J'}$ ist Teilmatrix der Matrix A' und folglich eine koordinierte T-Matrix. In den Fällen 1. und 2. ist der Satz wahr. Es bleibt, den Fall 3. zu untersuchen. Wir führen die Bezeichnung

$$B = \|b_{pq}\|_{p=1,\ldots,r;\ q=1,\ldots,r}, \quad b_{pq} = a'_{i'_p j'_q}$$

ein. Es ist klar, daß B eine koordinierte T-Matrix ist, die in jeder Spalte genau zwei von Null verschiedene Elemente hat. Es ist offenbar, daß

$$M = \pm \det B = \pm \det \begin{Vmatrix} b_{11} & \ldots b_{1j} & \ldots b_{1r} \\ \cdot & \cdot & \cdot \\ b_{i1} & \ldots b_{ij} & \ldots b_{ir} \\ \cdot & \cdot & \cdot \\ b_{r-1,1} & \ldots b_{r-1,j} & \ldots b_{r-1,r} \\ b_{r1} & \ldots b_{rj} & \ldots b_{rr} \end{Vmatrix} =$$

$$= \pm \det \begin{Vmatrix} b_{11} & \ldots b_{1j} & \ldots b_{1r} \\ \cdot & \cdot & \cdot \\ b_{i1} & \ldots b_{ij} & \ldots b_{ir} \\ \cdot & \cdot & \cdot \\ b_{r-1,1} & \ldots b_{r-1,j} & \ldots b_{r-1,r} \\ \sum_{p=1}^{r} b_{p1} & \ldots \sum_{p=1}^{r} b_{pj} & \ldots \sum_{p=1}^{r} b_{pr} \end{Vmatrix}. \tag{2.6}$$

gilt. Da B eine koordinierte T-Matrix ist, sind in jeder Spalte genau zwei von Null verschiedene Elemente vorhanden, so daß für beliebiges j ($j = 1, \ldots, r$)

$$\sum_{p=1}^{r} b_{pj} = 0 + 1 - 1 = 0 \tag{2.7}$$

gilt. Aus (2.6) und (2.7) erhalten wir

$$M = \pm \det \begin{Vmatrix} b_{11} & \ldots b_{1r} \\ \cdot & \cdot \\ b_{r-1,1} & \ldots b_{r-1,r} \\ 0 & \ldots 0 \end{Vmatrix} = 0\,. \tag{2.8}$$

Die Hinlänglichkeit ist bewiesen.

17.2.6. Wir beweisen die Notwendigkeit. Sei A eine unimodulare T-Matrix. Wir nehmen an, daß keine koordinierte Matrix A' existiert, die zu A äquivalent ist. Das bedeutet, daß, wie auch eine Matrix $A' \sim A$ aussieht, man eine solche

Folge von Indexpaaren

$$(i_1, j_1), (i_2, j_1), (i_2, j_2), \ldots, (i_k, j_k), (i_r, j_k),$$

findet, daß

1. $k \geqq 2$,
2. $\{i_1, \ldots, i_k\} \subseteq \{1, \ldots, m\}$,
3. $\{j_1, \ldots, j_k\} \subseteq \{1, \ldots, n\}$,
4. $r \in \{1, \ldots, (k-1)\}$,
5. $i_p \neq i_q$ für $p \neq q$; $j_p \neq j_q$ für $p \neq q$,
6. $a'_{i_s j_s} = -a'_{i_{s+1} j_s} \neq 0$, $s = 1, \ldots, k-1$,
7. $a'_{i_k j_k} = a'_{i_r j_k} \neq 0$

gilt.

Wir betrachten die Matrix $||a'_{ij}||_{i \in \{i_r, \ldots, i_k\} \equiv I;\, j \in \{j_r, \ldots, j_k\} \equiv J}$. Da es eine (quadratische) Untermatrix einer T-Matrix ist, ist sie selbst eine T-Matrix, wobei in jeder Spalte genau zwei von Null verschiedene Elemente stehen und in jeder Zeile mindestens zwei von Null verschiedene Elemente, folglich genau zwei von Null verschiedene Elemente.

Somit wird die Matrix $||a'_{ij}||_{i \in I;\, j \in J}$ nach einer gewissen Durchnumerierung der Zeilen und Spalten die Gestalt

$$B = \left\| \begin{array}{cccc:c} b_1 & & & & b_t \\ -b_1 & b_2 & & 0 & 0 \\ & -b_2 & & & 0 \\ & & \cdot & & \cdot \\ & 0 & & \cdot & \cdot \\ & & & \cdot & \cdot \\ & & -b_{t-2} & b_{t-1} & 0 \\ \hdashline 0 & 0 \ldots 0 & & -b_{t-1} & b_t \end{array} \right\|,$$

wo $|b_q| = 1$, $q = 1, \ldots, t$; $t = k - r + 1$ ist, haben.

Folglich gilt

$$\det ||a'_{ij}||_{i \in I;\, j \in J} = \pm \det B =$$

$$= \pm \det \left\| \begin{array}{cccc:c} b_1 & & & & b_t \\ -b_1 & b_2 & & 0 & 0 \\ & -b_2 & & & 0 \\ & & \cdot & & \cdot \\ & 0 & & \cdot & \cdot \\ & & & \cdot & \cdot \\ & & -b_{t-2} & b_{t-1} & 0 \\ \hdashline 0 & 0 \ldots 0 & & -b_{t-1} & b_t \end{array} \right\| =$$

$$
= \pm \det \left\| \begin{array}{cccccc|c}
1 & & & & & & 1 \\
-1 & 1 & & 0 & & & 0 \\
 & -1 & & & & & 0 \\
 & & \cdot & & & & \cdot \\
 & 0 & & \cdot & & & \cdot \\
 & & & & \cdot & & \cdot \\
 & & & & -1 & 1 & 0 \\
\hline
\cdot & \cdot & \cdot & \cdot & \cdot & \cdot\ 1 & -1\ \ 1
\end{array} \right\| =
$$

$$
= \pm \det \left\| \begin{array}{ccccc|c}
1 & & & & & 1 \\
-1 & 1 & & 0 & & 0 \\
 & -1 & & & & 0 \\
 & & \cdot & & & \cdot \\
 & 0 & & \cdot & & \cdot \\
 & & & & \cdot & \cdot \\
 & & & -1 & 1 & 0 \\
\hline
(1-1) & (1-1) & \ldots & (1-1) & (1-1) & (1+1)
\end{array} \right\| =
$$

$$
= \pm \det \left\| \begin{array}{ccccc|c}
1 & & & & & 1 \\
-1 & 1 & & & & 0 \\
 & -1 & & & & 0 \\
 & & \cdot & & & \cdot \\
 & & & \cdot & & \cdot \\
 & & & & \cdot & \cdot \\
 & & & -1 & 1 & 0 \\
\hline
0 & 0 & \ldots & 0 & 0 & 2
\end{array} \right\| = \pm 2 ,
$$

d. h.

$$
\det \|a'_{ij}\|_{i \in I;\, j \in I} = \pm 2 . \tag{2.9}
$$

Aus (2.9) ergibt sich, daß die Matrix A' nicht unimodular ist. Folglich ist auch die Matrix A nicht unimodular, was der Voraussetzung widerspricht. Die Notwendigkeit ist bewiesen.

17.2.7. Gewöhnlich wird die Unimodularitätsbedingung für eine T-Matrix wie folgt formuliert.

Satz 17.2.1′. *Dafür, daß die T-Matrix $A = \|a_{ij}\|_{i=1,\ldots,m;\,j=1,\ldots,n}$ unimodular ist, ist notwendig und hinreichend, daß die Zeilen der Matrix A in zwei Klassen K_1 und K_2 zerlegt werden können, die folgende Eigenschaften besitzen:*

a) *Gehören die Zeilen i und k zu ein und derselben Klasse, und haben wir für irgendein j $a_{ij} \neq 0$, $a_{kj} \neq 0$, so ist $a_{ij} = -a_{kj}$.*

b) *Gehören die Zeilen i und k verschiedenen Klassen an und haben wir $a_{ij} \neq 0$, $a_{kj} \neq 0$ für irgendein j, so gilt $a_{ij} = a_{kj}$.*

Wir zeigen, daß die Bedingungen der Sätze 17.2.1. und 17.2.1'. äquivalent sind (da Satz 17.2.1. bewiesen ist, folgt hieraus der Satz 17.2.1'.). Zunächst leiten wir die Bedingungen von Satz 17.2.1'. aus den Bedingungen von Satz 17.2.1. ab. Existiere eine koordinierte Matrix A', die zur Matrix A äquivalent ist. Wir bilden die Klasse K_1 aus den Zeilen der Matrix A, die mit den entsprechenden Zeilen der Matrix A' zusammenfallen und die Klasse K_2 aus den Zeilen der Matrix A, die man durch Vorzeichenänderung der entsprechenden Zeilen der Matrix A' erhält. Es ist offensichtlich, daß für Klassen K_1 und K_2 die Bedingungen a) und b) von Satz 17.2.1'. erfüllt sind.

Nun leiten wir die Bedingungen von Satz 17.2.1. aus den Bedingungen von Satz 17.2.1'. ab. Existiere eine Zerlegung in Klassen K_1 und K_2, die den Bedingungen a) und b) von Satz 17.2.1'. genügen. Wir bilden die zur Matrix A äquivalente Matrix A' auf folgende Weise: eine Zeile der Matrix A' ist gleich der entsprechenden Zeile der Matrix A, falls letztere in K_1 liegt. Eine Zeile der Matrix A' wird durch Vorzeichenänderung der entsprechenden Zeile der Matrix A erhalten, falls die letztere in die Klasse K_2 fällt. Es ist offensichtlich, daß die Matrix A' koordiniert ist.

17.2.8. Aus Satz 17.2.1'. folgt unmittelbar die Unimodularität der Matrix vom Transportproblem (2.1)—(2.2) (bei beliebiger Numerierung der Variablen und Restriktionen). Es genügt, die Zeilen dieser Matrix in zwei Klassen zu zerlegen: die Klasse K_1 (die (2.1) entsprechenden Zeilen) und die Klasse K_2 (die (2.2) entsprechenden Zeilen). Es ist offensichtlich, daß in diesem Fall die Bedingungen a) und b) aus Satz 17.2.1'. erfüllt sind, woraus die Unimodularität der Transportproblemmatrix folgt.

Hieraus und aus den Sätzen 17.1.1., 17.1.2. erhält man

Folgerung 17.2.1. *Das Lösungspolyeder* (2.1)—(2.3) *des Transportproblems ist für beliebige ganzzahlige* $a_1, \ldots, a_m, b_1, \ldots, b_n$ *ganzzahlig.*

17.2.9. Wir legen den Prüfungsalgorithmus einer T-Matrix A auf Unimodularität dar, der auf Satz 17.2.1'. basiert. Dazu benötigen wir den Begriff der Koordiniertheit (s. Definition 17.2.2.) und auch einige neue Begriffe.

Definition 17.2.5. Zwei Zeilen i und k einer Matrix A nennen wir *streng koordiniert*, falls diese Zeilen koordiniert sind (s. Definition 17.2.2.) und so eine Spalte j existiert, daß $a_{ij} \neq 0$, $a_{kj} \neq 0$ gilt.

Definition 17.2.6. Zwei verschiedene Zeilen $(a_{i1}, \ldots, a_{in})$ und $(a_{k1}, \ldots, a_{kn})$ nennen wir *streng unkoordiniert*, falls die Zeilen $(a_{i1}, \ldots, a_{in})$ und $(-a_{k1}, \ldots, -a_{kn})$ streng koordiniert sind.

Definition 17.2.7. Zwei Zeilen $(a_{i1}, \ldots, a_{in})$ und $(a_{k1}, \ldots, a_{kn})$ nennen wir *unkoordiniert*, falls solche Spalten p und q $(p \neq q)$ existieren, daß

$$a_{ip} = a_{kp} \neq 0\,, \quad a_{iq} = -a_{kq} \neq 0$$

gilt.

Definition 17.2.8. Zwei verschiedene Zeilen $(a_{i1}, \ldots, a_{in})$ und $(a_{k1}, \ldots, a_{kn})$ nennen wir *verbunden*, falls so eine Spalte j zu finden ist, daß $a_{ij} \neq 0$, $a_{kj} \neq 0$ gilt.

Sei I irgendeine Zeilenteilmenge aus der Zeilenmenge der Matrix A. Wir bezeichnen mit $S(I)$ die Menge aller Zeilen von A, die mit mindestens einer Zeile aus I verbunden sind.

17.2.10. Wir streichen zunächst aus der auf Unimodularität zu prüfenden T-Matrix A alle Zeilen, die nur aus Nullen bestehen (diese Zeilen haben keinen Einfluß auf die Unimodularität) und erhalten eine Ausgangsmatrix $A_0 = = ||a_{ij}||_{i \in M; j \in N}$.

Wir zerlegen die Zeilenmenge M der Matrix A_0 in disjunkte Mengen $M_1 \ldots, M_r$, die die folgenden Eigenschaften haben: ist $p \neq q$, $i \in M_p$, $k \in M_q$ und $a_{ij} \neq 0$, so ist $a_{kj} = 0$. Diese Zerlegung wird auf folgende Weise realisiert: wir setzen $I_0 = \{i_1\}$, wo i_1 eine beliebige Zeile aus M ist und bilden $I_1 = S(I_0) \setminus I_0$, $I_2 = S(I_1) \setminus (I_1 \cup I_0), \ldots, I_s = S(I_{s-1}) \setminus (I_{s-1} \cup I_{s-2})$ usw. so lange, bis wir das erstemal eine leere Menge I_k ($k \geqq 1$) erhalten. Dann setzen wir $M_1 = I_0 \cup \cup I_1 \cup \cdots \cup I_{k-1}$.

Ist $M_1 = M$, so ist $r = 1$ und der Zerlegungsprozeß ist beendet. Ist $M_1 \neq M$, so ersetzen wir M durch $(M \setminus M_1)$, setzen den Zerlegungsprozeß in analoger Weise fort.

Die Prüfung der Matrix $A_0 = ||a_{ij}||_{i \in M; j \in N}$ auf Unimodularität führt zur Prüfung jeder Matrix $A_p = ||a_{ij}||_{i \in Mp; j \in N}$, $p = 1, \ldots, r$ auf Unimodularität. Aus Satz 17.2.1'. folgt, daß für die Unimodularität der Matrix A_0 notwendig und hinreichend ist, daß jede der Matrizen A_p, $p = 1, \ldots, r$ unimodular ist.

17.2.11. Wir kommen zur Darlegung des Algorithmus.

0-ter Schritt. Gegeben sei die T-Matrix $A_p = ||a_{ij}||_{i \in Mp; j \in N}$. Wir prüfen, ob sich unter den Zeilen der Matrix A_p unkoordinierte befinden. Ist das der Fall, so ist die Matrix A_p nicht unimodular. Ist es nicht der Fall, wählen wir eine beliebige Zeile $i_0 \in M_p$, setzen $I_0 = \{i_0\}$ und nehmen i_0 in die erste Klasse (1)[1]) auf. Ist $I_0 = M_p$, so ist die Matrix A_p unimodular. Ist $I_0 \neq M_p$, gehen wir zum ersten Schritt über.

s-ter Schritt ($s \geqq 1$)

a) Man hat $I_0, I_1, \ldots, I_{s-1}$. Jede Zeile $i \in \bigcup_{r=1}^{s-1} I_r$ wird in eine der Klassen (1) oder (-1) aufgenommen. Diese Klasse bezeichnen wir mit $K(i)$.

Wir finden

$$I = \begin{cases} S(I_0)\,, & \text{falls} \quad s = 1\,, \\ S\,(I_{s-1}) \setminus (I_{s-1} \cup I_{s-2})\,, & \text{falls} \quad s \geqq 2\,. \end{cases}$$

Ist I_s leer, so ist die Matrix A_p unimodular. Ist I_s nicht leer, finden wir für jedes $i \in I_s$ $S(\{i\})$ und $S'(\{i\}) = S(\{i\}) \cap I_{s-1}$ (das ist offensichtlich eine nichtleere Menge).

---

[1]) Hier und im Weiteren ist es bequem, die erste und zweite Klasse nicht durch K_1 und K_2 (s. oben) sondern durch (1) und (-1) zu bezeichnen.

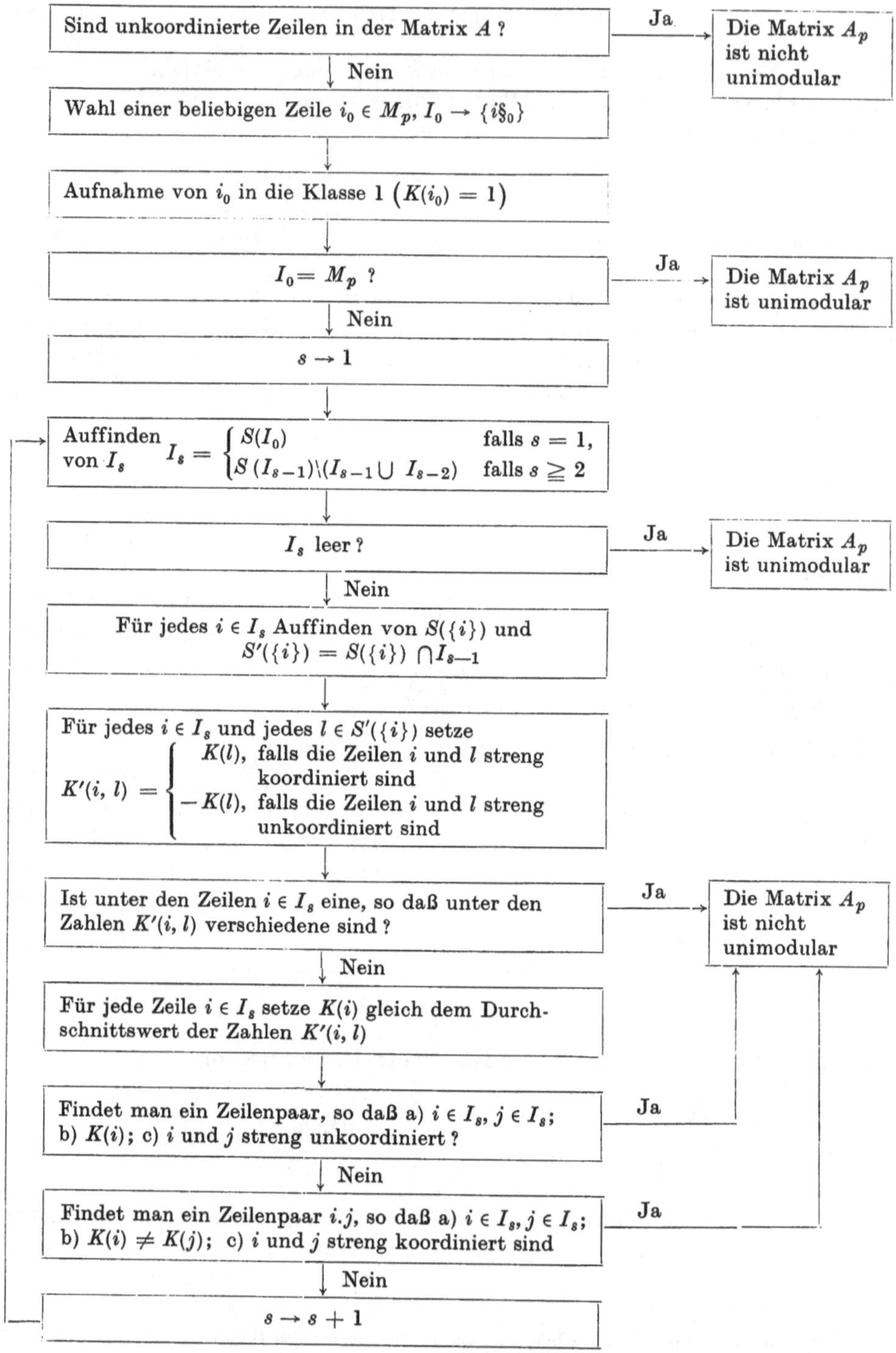

Abb. 17.2.1. Blockschema zur Prüfung einer T-Matrix auf Uni modularität

b) Für jedes $i \in I_s$ und jedes $l \in S'(\{i\})$ setzen wir[1])

$$K'(i, l) = \begin{cases} K(1), \text{ falls die Zeilen } i \text{ und } l \text{ streng koordiniert sind} \\ -K(1), \text{ falls die Zeilen } i \text{ und } l \text{ streng unkoordiniert sind.} \end{cases}$$

c) Findet man mindestens eine Zeile $i \in I_s$, so daß sich unter den Zahlen $K'(i, l)$ verschiedene befinden, so ist die Matrix nicht unimodular.

d) Hängen jedoch für jede Zeile $i \in I_s$ die $K'(i, l)$ nicht von l ab, so setzen wir (für jedes $i \in I_s$) $K(i)$ gleich dem Durchschnittswert der Zahlen $K'(i, l)$ ($l \in S'(\{i\})$).

e) Findet man unter den Zeilen $i \in I_s$, die in ein und dieselbe Klasse aufgenommen werden, zwei streng unkoordinierte Zeilen, so ist die Matrix A_p nicht unimodular. Gibt es keine solchen Zeilen, Übergang zu f).

f) Findet man unter den Zeilen $i \in I_s$ zwei streng koordinierte Zeilen, die in verschiedene Klassen aufgenommen wurden, so ist die Matrix nicht unimodular. Gibt es solche Zeilen nicht, gehen wir zum $(s + 1)$ten Schritt über. Ein Blockschema für den Algorithmus ist in Abb. 17.2.1. gegeben.

17.2.12. Wir bringen ein Zahlenbeispiel.

	j											
i	1	2	3	4	5	6	7	8	9	10	11	12
1	−1					−1			−1			
2		−1			−1		1		−1	1		
3		1				−1						
4			−1					−1			1	
5				1								1
6			−1							−1		−1
7				1			1	1			−1	
8	−1				1							

Man prüfe die Matrix auf Unimodularität (in den leeren Kästchen stehen Nullen).

Hier ist $M = \{1, 2, 3, \ldots, 8\}$.

1. $I_0 = \{1\}$; $I_1 = S(I_0) = \{8, 3, 2\}$;
$I_2 = S(I_1) \setminus (I_1 \cup I_0) = \{1, 2, 6, 7\} \setminus \{8, 3, 2, 1\} = \{6, 7\}$;
$I_3 = S(I_2) \setminus (I_2 \cup I_1) = \{4, 2, 5\} \setminus \{6, 7, 8, 3, 2\} = \{4, 5\}$;
$I_4 = S(I_3) \setminus (I_3 \cup I_2) = \{6, 7\} \setminus \{4, 5, 6, 7\} = \varnothing$;

$\bigcup_{s=0}^{3} I_s = \{1, 2, 3, 4, 5, 6, 7, 8\}$, d. h. die Matrix besteht aus genau einem Block.

[1]) In dieser Definition operieren wir mit den Symbolen (1) und (−1) (die die erste und zweite Klasse bezeichnen), wie mit Zahlen.

2. Durch die Probe überzeugen wir uns, daß unter den Zeilen $1, 2, \ldots, 8$ keine unkoordinierten sind.

3. Wir bedienen uns der Mengen I_0, I_1, I_2, I_3, die in 17.2.1. konstruiert wurden. Wir drucken $I_0 = \{1\}$ und setzen $K(1) = (1)$.

Wir drucken $I_1 = \{8, 3, 2\}$. Da jede der Zeilen 8, 3, 2 streng unkoordiniert mit der Zeile 1 ist, setzen wir $K(8) = K(3) = K(2) = (-1)$ und prüfen die Zeilen 8, 3, 2. Darunter sind keine streng unkoordinierten Zeilen.

Wir drucken $I_2 = \{6, 7\}$ und konstruieren die Funktion $K(i, l)$ ($i \in I_2$, $l \in I_1$, (i, l) sind verbunden).

		I_1: l	
i	8	3	2
I_2: 6			(−1)
7	(1)		

Da $K(i, l)$ für jedes feste i nur einen Wert annimmt $\big(K(6, l) = (-1)$; $K(7, l) = (1)\big)$, setzen wir $K(6) = (-1)$, $K(7) = (1)$.

Die Zeilen 6 und 7 sind unverbunden, so daß ihre Aufteilung in Klassen (-1) bzw. (1) keinen Widerspruch liefert.

Wir drucken $I_3 = \{4, 5\}$ und konstruieren die Funktion $K(i, l)$ ($i \in I_3$, $l \in I_2$, (i, l) sind verbunden).

	I_2: l	
i	6	7
I_1: 4	(1)	(1)
5	(−1)	(−1)

Da $K(i, l)$ für jedes feste i nur einen Wert annimmt $(K(4, b) = (1)$; $K(5, 2) = (-1))$, setzen wir $K(4) = (1)$, $K(5) = (-1)$.

Die Zeilen 4 und 5 sind univerbunden, so daß ihre Verteilung in die Klassen (1) bzw. (-1) keine Widersprüche ergibt.

Das Ergebnis lautet: die Ausgangsmatrix ist unimodular. Zugleich erhält man die Zerlegung der Zeilen der Matrix in zwei Klassen (in Übereinstimmung mit den Bedingungen in Satz 17.2.1'.): die Klasse (1), die die Zeilen $\{1, 7, 4\}$ enthalten und die Klasse (-1), die die Zeilen $\{8, 3, 2, 6, 5\}$ enthält.

18. Ganzzahlige lineare Optimierung und Schattenpreise

Es ist bekannt, daß Schattenpreise in der linearen Optimierung als Gradmesser für das Ressourcendefizit angesehen werden können. Eine entsprechende mathematische Formulierung wird in 18.1. gegeben. Dort werden auch die Problemstellung im ganzzahligen Fall und dabei auftretende Schwierigkeiten beurteilt.

In 18.2. wird ein Ergebnis von GOMORY und BAUMOL [67] dargelegt, das gestattet, duale Abschätzungen zum Auffinden von Ressourcen ohne Defizit im Falle ganzzahliger linearer Optimierungsprobleme zu verwenden (ein weiterer Vorstoß auf diesem Wege wurde von ALCALY und KLEVORICK [1] durchgeführt).

18.1. Problemstellung und einige vorbereitende Einführungen

18.1.1. Wir betrachten ein ganzzahliges lineares Optimierungsproblem.

Man maximiere

$$x_0 \equiv \sum_{j=1}^{n_1} c_j x_j \tag{1.1}$$

unter den Restriktionen

$$\sum_{j=1}^{n_1} a_{ij} x_j \leqq b_i, \qquad i = 1, \ldots, m, \tag{1.2}$$

$$x_j \geqq 0, \qquad j = 1, \ldots, n_1, \tag{1.3}$$

$$x_j \text{ ganzzahlig}, \qquad j = 1, \ldots, n_1. \tag{1.4}$$

Die Zahlen c_j, a_{ij}, b_i $(i = 1, \ldots, m; j = 1, \ldots, n_1)$ nehmen wir als ganzzahlig an.

Problem (1.1)—(1.4) kann in äquivalente Gestalt umgeschrieben werden.

Man maximiere

$$x_0 \equiv \sum_{j=1}^{n_1} c_j x_j \tag{1.1'}$$

unter den Restriktionen

$$\sum_{j=1}^{n_1} a_{ij} x_j + x_{n_1+i} = b_i, \qquad i = 1, \ldots, m, \tag{1.2'}$$

$$x_j \geqq 0, \qquad j = 1, \ldots, n_1, n_1 + 1, \ldots, n_1 + m \equiv n, \tag{1.3'}$$

$$x_j \text{ ganzzahlig}, \qquad j = 1, \ldots, n. \tag{1.4'}$$

Im weiteren werden wir annehmen, daß

1. Problem $(\mathscr{L}^{\text{ganz}}, C)$ $\big((1.1')-(1.4')\big)$ eine Lösung $X(\mathscr{L}^{\text{ganz}}, C)$ besitzt.
2. Das l-Problem $(\overline{\mathscr{L}, C})$ $\big((1.1')-(1.3')\big)$ eine Lösung hat.

Aus den Bedingungen 1. und 2. folgt, daß man die optimale Lösung $X(\mathscr{L}^{\text{ganz}}, C)$ nach dem ersten Algorithmus von GOMORY erhalten kann.

18.1.2. Setzt man voraus, daß

$$c_j \geqq 0\,, \quad b_i \geqq 0\,, \quad a_{ij} \geqq 0\,, \quad i = 1, \ldots, m, \quad j = 1, \ldots, n_1\,,$$

gilt, so kann man Problem (1.1)—(1.4) wie folgt interpretieren. Man habe n_1 Produktionsformen ($j = 1, \ldots, n_1$) und m Arten von Ressourcen, wobei die Vorräte für die i-te Ressource durch die gegebene Größe b_i beschränkt sind ($i = 1, \ldots, m$). Jede Produktionsform kann nur in nicht teilbaren Einheiten ausgeliefert werden (Ganzzahligkeitsbedingung (1.4)). Es ist bekannt, daß die Produktion einer Einheit vom j-ten Produkt c_j Gewinneinheiten ergibt und mit Auslagen a_{ij} von der i-ten Ressource verbunden ist. Gesucht wird ein Produktionsplan, der maximalen Gewinn ergibt.

18.1.3. Ein großes Interesse beansprucht folgende Frage:

Wie wird der optimale Zielfunktionswert $x_0(\mathcal{L}^{\text{ganz}}, C)$ bei Veränderung der rechten Seiten $b_1, \ldots, b_m$ der Ungleichungen (1.2) verändert?

Verwendet man die in 18.1.2. gegebene ökonomische Interpretation, so klingt diese Frage wie folgt.

Wie ändert sich die optimale Größe des Gewinns bei einer Änderung der Ressourcenvorräte?

Das Problem erweist sich als hinreichend kompliziert, und bevor wir unmittelbar zu seiner Erforschung kommen, erinnern wir uns, wie eine Änderung die Größen $b_1, \ldots, b_m$ die Zielfunktion $x_0(\mathcal{L}, C)$ im nicht ganzzahligen Problem (1.1)—(1.3) beeinflußt (oder, was dasselbe ist, im Problem (1.1′)—(1.3′)).

18.1.4. Sei $X(\mathcal{L}, C) \equiv X^* = (x_1^*, \ldots, x_{n_1+m}^*)$ eine optimale Lösung von Problem $(\mathcal{L}, C)$ ((1.1′)—(1.3′)).

Wir konzentrieren unsere Aufmerksamkeit auf die Größen $x_{n_1+1}^*, x_{n_1+2}^*, \ldots, x_{n_1+m}^*$ und die ihnen entsprechenden Ressourcenindices $(1, 2, \ldots, m)$.

Ist $x_{n_1+i}^* > 0$, so wird die i-te Ressource nicht vollständig ausgenutzt. Es bietet sich die Voraussetzung an, daß eine Abänderung der Vorratsgrößen b_i dieser Ressource auf den optimalen Zielfunktionswert x_0^* keinen Einfluß in jenem Falle ausübt, wo die Änderungen b_i nicht zu groß sind. Die Ressource (i) heiße in diesem Fall natürlich *ohne Defizit*.

Ist dagegen $x_{n_1+i}^* = 0$, so wird die i-te Ressource vollständig benutzt, und man kann annehmen, daß eine Vergrößerung (Verkleinerung) der Vorratsgrößen b_i dieser Ressource auf eine Vergrößerung (Verkleinerung) des optimalen Zielfunktionswertes x_0^* (bei nicht zu großen Änderungen von b_i) führt. Die Ressource (i) heiße in diesem Fall in natürlicher Weise *mit Defizit*.

Alle diese intuitiven Betrachtungen können formuliert werden. Sei $X^* \equiv$ $\equiv X(\mathcal{L}, C)$ eine optimale Basislösung, der

1. die Indexmenge N von Nichtbasisvariablen
2. das Simplextableau $T = ||x_{ij}||_{i \in Q'', j \in N^0}$ entspricht.

Es gilt der folgende Satz[1])

[1]) Dieser Satz folgt fast unmittelbar aus Satz 6.4.7. (s. [83] in 6.).

Satz 18.1.1. *Sei das Problem* (1.1′)—(1.3′) *nicht degeneriert.*
Dann gilt für $i = 1, \ldots, m$

$$\frac{\partial x_0^*(b_1, \ldots, b_m)}{\partial b_i} = \begin{cases} 0\,, & \text{falls} \quad (n_1 + i) \notin N\,, \\ x_{0,n_1+i}\,, & \text{falls} \quad (n_1 + i) \in N\,. \end{cases} \tag{1.5}$$

Satz 18.1.1. zeigt, daß (für den Fall, daß $(n_1 + i) \in N$ ist) die Zahl x_{0,n_1+i} ein Defizitmaß für die Ressource (i) darstellt. Wir erinnern, daß die Zahlen x_{0j} $(j \in \in N)$ üblicherweise *Schattenpreise* genannt werden[1]).

Man kann auch den folgenden Satz beweisen.

Satz 18.1.2. *Sei*

1. $\dfrac{\partial x_0^*(b_1, \ldots, b_m)}{\partial b_i} = 0;$

2. $\varepsilon > 0.$

Dann gilt

$$x_0^*\,(b_1, \ldots, b_{i-1}, b_i + \varepsilon, b_{i+1}, \ldots, b_m) = x_0^*(b_1, \ldots, b_m)\,.$$

18.1.5. Der Satz 18.1.2. zeigt, daß (für lineare Optimierungsprobleme) aus der Tatsache, daß Ressourcen bei relativ kleiner Vergrößerung ihrer Menge kein Defizit erzeugen, folgt, daß bei beliebiger Vergrößerung ihrer Menge kein Defizit bei den Ressourcen auftritt. Man überzeugt sich leicht davon, daß sich diese Aussage auf ganzzahlige lineare Optimierungsprobleme nicht verallgemeinern läßt, sogar wenn man für die Ressourcen nur ganzzahlige Werte zuläßt. Wir betrachten das folgende Beispiel.

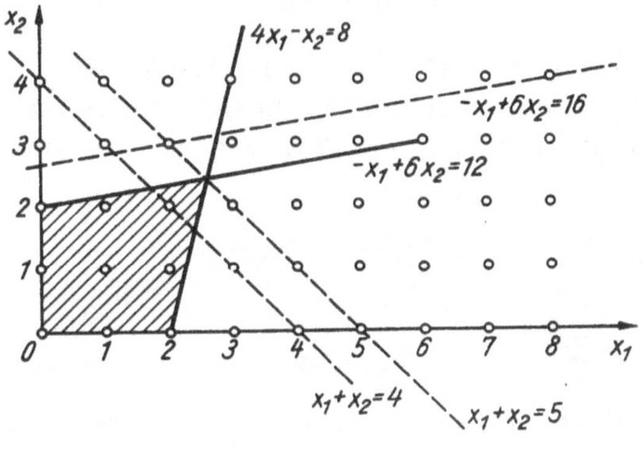

Abb. 18.1.1

Man maximiere

$$x_0 \equiv x_1 + x_2 \tag{1.6}$$

---

[1]) In einer anderen Terminologie *zulässige Multiplikatoren* [85] (die entsprechende historische Rechtfertigung und Erlkärung der Terminologie wird in [83] gegeben).

unter den Restriktionen

$$\left.\begin{aligned} 4\,x_1 - x_2 &\leqq 8\ (=b_1)\,,\\ -\,x_1 + 6\,x_2 &\leqq 12\ (=b_2)\,,\end{aligned}\right\} \tag{1.7}$$

$$x_1 \geqq 0\,, \qquad x_2 \geqq 0\,, \tag{1.8}$$

$$x_1,\, x_2 \text{ ganzzahlig}\,. \tag{1.9}$$

Wie Abb. 18.1.1. zeigt, hängt der optimale Zielfunktionswert x_0^* von Problem $(\mathscr{L}^{\text{ganz}}, C)$ $\big((1.6)-(1.9)\big)$ wie folgt von der Größe der Vorräte für die zweite Ressource ab:

$$x_0^*\,(b_1, b_2+\varepsilon) \equiv x_0^*\,(8,\, 12+\varepsilon) = \begin{cases} 4 & \text{für} \quad \varepsilon = 0, 1, 2, 3\,,\\ 5 & \text{für} \quad \varepsilon = 4\,. \end{cases} \tag{1.10}$$

Somit folgt daraus, daß die Ressource (2) bei kleiner Vergrößerung ihres Vorrates ohne Defizit ist, noch nicht, daß die Ressource (2) für große Vergrößerung ihrer Vorräte ohne Defizit ist.

18.1.6. Es wäre nicht schwer, noch eine ganze Reihe von Beispielen anzuführen, die zeigen, wie weit verschiedene Änderungen der Größe der Ressourcen den optimalen Zielfunktionswert für lineare und ganzzahlig lineare Optimierungsprobleme beeinflußt wird.

Nichtsdestoweniger erweisen sich jedoch, wie GOMORY und BAUMOL [67] zeigten, die Schattenpreise stets auch im ganzzahligen Fall als nützlich. Das Ergebnis von GOMORY und BAUMOL wird in 18.2. dargestellt.

18.2. Der Satz von Gomory und Baumol

18.2.1. Sei das Problem $(\mathscr{L}^{\text{ganz}}, C)$ ((1.1′)—(1.4′)) nach der (s — 1)-ten großen Iteration mit dem ersten Algorithmus von GOMORY gelöst worden. Man habe die optimale Lösung $X(\mathscr{L}^{\text{ganz}}, C)$ erhalten und das ihr entsprechende Simplextableau T_s:

$$T_s = \|x_{ij}^s\|_{i\in Q^n;\, j\in N_s^0}\,. \tag{2.1}$$

Hier ist

$$N_s \subset \{1, 2, \ldots, n, n+1, \ldots, n+s\}\,. \tag{2.2}$$

Es tritt eine natürliche Frage auf: *ist es möglich, das Tableau T_s und die Schattenpreise x_{0j}^s zur Untersuchung der Abhängigkeit von $x_0(\mathscr{L}^{\text{ganz}}, C)$ von den Größen $b_1, \ldots, b_m$ zu verwenden?*

Mit anderen Worten, ist es möglich, für Problem $(\mathscr{L}^{\text{ganz}}, C)$ $\big((1.1')-(1.4')\big)$ ein gewisses Analogon zu den Sätzen 18.1.1. und 18.1.2. zu erhalten, die oben für das Problem $(\mathscr{L}, C)$ $\big((1.1')-1(.3')\big)$ aufgestellt wurden?

Es ist offensichtlich, daß eine Übertragung der Sätze 18.1.1. und 18.1.2. auf das Problem $(\mathscr{L}^{\text{ganz}}, C)$ (unter Verwendung der x_{0j}^s unmöglich ist. Nehmen wir nämlich an, daß für ein gewisses i

$$\sum_{j=1}^{n_1} a_{ij}\, x_j(\mathcal{L}^{\text{ganz}}, C) < b_i$$

gilt.

Dann ist

$$(n_1 + i) \notin N_s$$

und, folgt man den Sätzen 18.1.1. und 18.1.2., darf die Ressource (i) kein Defizit haben. Aber das ist im allgemeinen falsch, es genügt, sich auf das Beispiel (1.6)—(1.9), das in 18.1. gebracht wurde, zu beziehen.

Jedoch auch alle bei der Lösung von Problem $(\mathcal{L}^{\text{ganz}}, C)$ $\big((1.1')-(1.4')\big)$ mit dem ersten Algorithmus von GOMORY gewonnenen Informationen können, wie GOMORY und BAUMOL [67] zeigten, zum Entdecken von Ressourcen ohne Defizit verwendet werden.

18.2.2. Wir führen einige Bezeichnungen ein. Mit $\big(0, 1, \ldots, r, \ldots, (s-1)\big)$ bezeichnen wir die Indices der großen Iterationen bei der Lösung von $(\mathcal{L}^{\text{ganz}}, C)$ nach dem ersten Algorithmus von GOMORY. Wir erinnern, daß der in der r-ten großen Iteration konstruierte Schnitt $\big(r = 0, 1, \ldots, (s-1)\big)$ die Gestalt

$$x_{n+r+1} \geqq 0\,,$$

$$x_{n+r+1} \text{ ganzzahlig,}$$

$$x_{n+r+1} = -\{x^r_{k_r 0}\} + \sum_{j \in N_r} \big(-\{x^r_{k_r j}\}\big)\,(-x_j) \tag{2.3}$$

hat.

Hier ist k_r der Index der Zeile, nach der der Schnitt in der r-ten großen Iteration konstruiert wird:

$$k_r = \min\,\{i \mid i \in Q^n;\, x^r_{i0} \text{ nicht ganzzahlig}\}\,.$$

Wir bemerken, daß

$$k_r \leqq n_1$$

gilt.

Wir führen die Bezeichnung

$$-\{x^r_{k_r j}\} = \gamma^r_j\,, \quad j \in N^0_r\,, \tag{2.4}$$

ein und schreiben (2.3) wie folgt um:

$$x_{n+r+1} = \gamma^r_0 + \sum_{j \in N_r} \gamma^r_j\,(-x_j)\,. \tag{2.3'}$$

Sei

$$N'_r = \{j \mid j \in N_r;\, \gamma^r_j \neq 0\} \equiv \{j \mid j \in N_r;\, \gamma^r_j < 0\}\,. \tag{2.5}$$

Mit i_* bezeichnen wir irgendeine fixierte natürliche Zahl, die die Bedingung

$$1 \leqq i_* \leqq m \tag{2.6}$$

erfüllt. Wir bezeichnen $n_* \equiv n_1 + i_*$.

Im weiteren wird stets eine beliebige, aber fest gewählte Ressource (i_*) betrachtet, die durch einen Vorrat beschränkt ist, der in den neu eingeführten Bezeichnungen wie folgt geschrieben wird:

$$\sum_{j=j}^{n_1} a_{i_*j}x_j + x_{n_*} = b_{i_*} .$$

Wir erinnern, daß das Simplextableau T_r die Gestalt

$$T_r = ||x'_{ij}||_{j\in Q^n\ j\in N_r^{0'}} \qquad r = 0, 1, \ldots, s , \tag{2.7}$$

oder in entwickelter Schreibweise

$$x_i = x_{i0}^r + \sum_{j\in N_r} x_{ij}^r(-x_j) , \qquad i \in Q^n \equiv \{0, 1, \ldots, n\} . \tag{2.8}$$

hat. Mit $\overline{T}_r$ $(r = 0, 1, \ldots, (s-1))$ wird das Tableau T_r mit unten hinzugeschriebener Zeile (2.3′) bezeichnet.

Jedes Tableau $T_r(\overline{T}_r)$ kann als Form zur Beschreibung irgendeines linearen Optimierungsproblems $(\mathcal{L}_r, C)$ $((\overline{\mathcal{L}}_r, C))$ angesehen werden. Hier ist

$$\begin{aligned} &\mathcal{L}_0 \equiv \mathcal{L} , \\ &\mathcal{L}_r^{\text{ganz}} = \mathcal{L}_0^{\text{ganz}} , \qquad r = 0, 1, \ldots, s , \\ &\overline{\mathcal{L}_r^{\text{ganz}}} = \mathcal{L}_0^{\text{ganz}} , \qquad r = 0, 1, \ldots, s-1 , \end{aligned}$$

d. h. jedes Problem $(\mathcal{L}_r^{\text{ganz}}, C)$ $((\overline{\mathcal{L}_r^{\text{ganz}}}, C))$ ist äquivalent zum Ausgangsproblem $(\mathcal{L}^{\text{ganz}}, C)$.

Mit $(\mathcal{L}(\varepsilon), C)$ $((\mathcal{L}^{\text{ganz}}(\varepsilon), C))$ bezeichnen wir das Problem, das man aus$(\mathcal{L}, C)$ $((\mathcal{L}^{\text{ganz}}, C))$ bei Ersetzen von b_{i_*} durch $(b_{i_*} + \varepsilon)$ erhält.

18.2.3. Wir führen Größen h_j ein, die unmittelbar zur Formulierung des Ergebnisses von Gomory und Baumol verwendet werden.

Zunächst geben wir $h_1, \ldots, h_n$ vor:

$$h_j = \begin{cases} 0, & j \in \{1, \ldots, n\} , \quad j \neq n_* , \\ 1, & j = n_* . \end{cases} \tag{2.9}$$

Nun bedienen wir uns der Tatsache, daß

$$N_r \subset \{1, 2, \ldots, n + r\} , \qquad r = 0, 1, \ldots, s ,$$

gilt und definieren rekursiv $h_{n+1}, \ldots, h_{n+s}$:

$$h_{n+r+1} = \operatorname{sign}\Big(\sum_{j\in Nr} \gamma_j^r(-h_j) ,\Big) \quad r = 0, 1, \ldots, s - 1^{1)} . \tag{2.10}$$

Satz 18.2.1. *Es sei*

1. $\varepsilon \geqq 0$, (2.11)

2. ε ganzzahlig (2.12)

3. $\sum_{j\in N_s} h_j x_{0j}^s = 0.$ (2.13)

---

[1]) Wir erinnern, daß

$$\operatorname{sign} y = \begin{cases} 1, & y > 0, \\ 0, & y = 0, \\ -1, & y < 0 \end{cases}$$

gilt.

Dann gilt

$$x_0\left(\mathscr{L}^{\text{ganz}}(\varepsilon),\ C\right) = x_0(\mathscr{L}^{\text{ganz}},\ C)\ . \tag{2.14}$$

Der Satz 18.2.1. gibt ein hinreichendes Kriterium dafür, daß die Ressource (i_*) ohne Defizit ist. An Beispielen kann man leicht zeigen, daß dieses Kriterium nicht notwendig ist.

Wir bemerken, daß Satz 18.2.1. eine gewisse Modifikation des Ergebnisses von GOMORY und BAUMOL [67] ist. GOMORY und BAUMOL führen *umverteilte Schattenpreise* ein und formulieren ihr Ergebnis damit:

Sind die der Ressource (i_*) *zugeordneten umverteilten Schattenpreise gleich* 0, *so hat die Ressource* (i_*) *kein Defizit*[1]).

Da das Vorzeichen eines umverteilten Schattenpreises eine grundsätzlich nützliche Information trägt, ist es zweckmäßig, die Darstellung wie folgt zu modifizieren.

18.2.4. Es ist offensichtlich, daß es reicht, Satz 18.2.1. für eine gewisse beliebige streng wachsende Folge ganzer nichtnegativer ε zu beweisen. Wir setzen

$$\varepsilon = \varepsilon_w \equiv w \cdot v_0 \cdot v_1 \cdot \ldots \cdot v_{s-1}\ . \tag{2.15}$$

Hier ist

$$w = 0, 1, 2, \ldots,$$

und v_r die kleinste ganze Zahl, so daß die Nenner aller nicht kürzbaren Brüche x_{ij}^r $\left(i \in Q^n, j \in N_r, r = 0, 1, \ldots, (s-1)\right)$. Teile von v_r sind.[2])

Bemerkung 18.2.1. Daß die Zahlen x_{ij}^r rational sind, folgt unmittelbar aus der Ganzzahligkeit der Koeffizienten c_j, a_{ij}, b_j von Problem (1.1)—(1.3) gemäß der l-Methode und gemäß dem ersten Algorithmus von GOMORY.

Bemerkung 18.2.2. Aus der Definition von v_r folgt, daß v_r auch durch den Nenner jedes nichtkürzbaren rationalen Bruches

$$\gamma_j^r = -\ \{x_{k_r j}^r\}\ , \qquad j \in N_r$$

teilbar ist.

Wir führen Bezeichnungen ein:

$$\hat{x}_{ij}^r = v_r \cdot x_{ij}^r\ , \qquad i \in Q^n\ , \qquad j \in N_r\ , \qquad r = 0, 1, \ldots, s-1\ , \tag{2.16}$$

$$\hat{\gamma}_j^r = v_r \cdot \gamma_j^r\ , \qquad j \in N_r\ , \qquad r = 0\ , 1, \ldots, s-1\ . \tag{2.17}$$

Aus der Definition der Zahlen v_r folgt, daß die $\hat{x}_{ij}^r$ ganzzahlig sind und aus Bemerkung 18.2.2., daß auch $\hat{\gamma}_j^r$ ganzzahlig sind.

---

[1]) Der Beweis ist bei GOMORY und BAUMOL nur angedeutet, aber nicht vollständig ausgeführt.

[2]) Man kann zeigen, daß v_r die Determinante der Basismatrix ist, die zu dem r-ten Schritt gehört. (Anm. d. Red. d. dt. Ausg.)

18.2.5. Wir kommen zum Beweis von Satz 18.2.1.

Lemma 18.2.1.[1]). *Seien N eine endliche Menge,* f_j *ganzzahlig,* $j \in N$,

$$t = d_0 + \sum_{j \in N} d_j (-y_j)\,, \qquad t \text{ ganzzahlig,}$$

$$y_j \geqq f_j,\ j \in N,\ y_j \text{ ganzzahlig},\ j \in N\,,$$

$$\theta = -\{d_0\} + \sum_{j \in N} (-\{d_j\})(-y_j)\,.$$

Dann gilt

$$\theta \text{ ganzzahlig}, \qquad \theta \geqq -\Big[\{d_0\} - \sum_{j \in N} \{d_j\} f_j\Big]\,.$$

Beweis von Lemma 18.2.1. Es ist

$$t = d_0 + \sum_{j \in N} d_j (-y_j + f_j - f_j) = d_0 - \sum_{j \in N} d_j f_j + \sum_{j \in N} d_j (-y_j + f_j)\,,$$

$$y_j - f_j \geqq 0.$$

Hieraus erhalten wir, wenn wir dieselben Erwägungen anstellen, wie beim Beweis von Satz 5.2.1.

$$\delta = -\Big\{d_0 - \sum_{j \in N} d_j f_j\Big\} + \sum_{j \in N} (-\{d_j\})(-y_j + f_j)\,, \tag{2.18}$$

$$\delta \text{ ganzzahlig,} \tag{2.19}$$

$$\delta \geqq 0\,. \tag{2.20}$$

Ferner ist

$$\delta = -\{d_0\} + \sum_{j \in N} (-\{d_j\})(-y_j) + \{d_0\} - \Big\{d_0 - \sum_{j \in N} d_j f_j\Big\} - \sum_{j \in N} \{d_j\} f_j =$$

$$= \theta + \{d_0\} - \Big\{d_0 \sum_{j \in N} \{d_j\} f_j\Big\} - \sum_{j \in N} \{d_j\} f_j =$$

$$= \theta + \{d_0\} - \Big(d_0 - \sum_{j \in N} \{d_j\} f_j\Big) + \Big[d_0 - \sum_{j \in N} \{d_j\} f_j\Big] -$$

$$- \sum_{j \in N} \{d_j\} f_j = \theta + \Big[\{d_0\} - \sum_{j \in N} \{d_j\} f_j\Big]\,,$$

d. h.

$$\delta = \theta + \Big[\{d_0\} - \sum_{j \in N} \{d_j\} f_j\Big]\,. \tag{2.21}$$

Aus (2.19), (2.20), (2.21) erhalten wir

$$\theta \text{ ganzzahlig}, \qquad \theta \geqq -\Big[0\{d_0\} - \sum_{j \in N} \{d_j\} f_j\Big]\,.$$

Lemma 18.2.1. ist bewiesen.

---

[1]) Lemma 18.2.1. ist eine Modifikation von Satz 5.2.1.

18.2.6. Die Zahlen $z_1(\varepsilon), z_2(\varepsilon), \ldots, z_n(\varepsilon)$ definieren wir wie folgt:

$$z_j(\varepsilon) = \begin{cases} 0, & j \in \{1, \ldots, n\}, \quad j \neq n_*, \\ \varepsilon, & j = n_*. \end{cases} \tag{2.22}$$

Aus der Definition der Mengen N_r folgt, daß

$$N_r \subset \{1, 2, \ldots, n + r\}, \qquad r = 0, 1, \ldots, s \tag{2.23}$$

gilt. Wir bedienen uns der Formel (2.23) und führen rekursiv die Zahlen

$$z_{n+1}(\varepsilon), z_{n+2}(\varepsilon), \ldots, z_{n+s}(\varepsilon):$$

ein:

$$z_{n+r+1}(\varepsilon) = \sum_{j \in N_r} \gamma_j^r \left(- z_j(\varepsilon)\right), \qquad r = 0, 1, \ldots, (s - 1). \tag{2.24}$$

Lemma 18.2.2. *Sei $\varepsilon > 0$. Dann besitzen die Zahlen $z_j(\varepsilon)$ folgende Eigenschaften:*

1. $z_j(\varepsilon) \geqq 0, \qquad j = 0, 1, \ldots, n + s;$ (2.25)

2. $z_j(\varepsilon)$ *ganzzahlig*, $\qquad j = 0, 1, \ldots, n + s;$ (2.26)

3. $\operatorname{sign} z_{n+r+1}(\varepsilon) = h_{n+r+1}, \qquad r = 0, 1, \ldots, s - 1;$ (2.27)

4. $z_{n+r+1}(\varepsilon) = \hat{z}_{n+r+1}(\varepsilon) \cdot v_{r+1} \cdot v_{r+2} \cdot \cdots \cdot v_{s-1}$, *wo*

$\hat{z}_{n+r+1}(\varepsilon) \geqq 0, \hat{z}_{n+r+1}(\varepsilon)$ *ganzzahlig sind* (2.28)

5. $\operatorname{sign} z_{n_*}(\varepsilon) = h_{n_*}$. (2.29)

Eigenschaft 1. folgt aus der Definition der Zahlen $z_j(\varepsilon)$.

Eigenschaft 5. erhält man unmittelbar aus (2.9) und (2.22). Wir beweisen die Eigenschaften 2., 3. und 4.

Zuerst betrachten wir den Fall $r = 0$. Gemäß (2.17) gilt

$$\gamma_j^r = \frac{\hat{\gamma}_j^r}{v_r}, \tag{2.30}$$

wo $\hat{\gamma}_j^r$ und v_r ganzzahlig sind.

Aus (2.30) und (2.24) erhalten wir

$$z_{n+1}(\varepsilon) = \sum_{j \in N_0} \gamma_j^0 \left(- z_j(\varepsilon)\right),$$

$$z_{n+1}(\varepsilon) = \begin{cases} 0, & \text{falls } n_* \notin N_0, \\ \gamma_{n^*}^0 (-\varepsilon), & \text{falls } n_* \in N_0. \end{cases}$$

Ferner gilt

$$\gamma_{n_*}^0 (-\varepsilon) = \frac{\hat{\gamma}_{n*}^0}{v_0} \cdot (- w \cdot v_0 \cdot v_1 \cdot \cdots \cdot v_{s-1}) = (- \gamma_{n_*}^0 \cdot w) \cdot v_1 \cdot \cdots \cdot v_{s-1}.$$

Führt man die Bezeichnung

$$- \hat{\gamma}_{n_*}^0 \cdot w = \hat{z}_{n+1}(\varepsilon),$$

ein, erhält man

$$z_{n+1}(\varepsilon) = \begin{cases} 0, & \text{falls} \quad n_* \notin N_0\,, \\ \hat{z}_{n+1}(\varepsilon) \cdot v_1 \cdot \cdots \cdot v_{s-1}\,, & \text{falls} \quad n_* \in N_0\,, \end{cases}$$

wo $\hat{z}_{n+1}(\varepsilon)$ eine ganze nichtnegative Zahl ist.

Andererseits gilt (s. (2.10))

$$h_{n+1} = \operatorname{sign}\Big(\sum_{j \in N_0} \gamma_j^0 (-h_j)\Big) = \begin{cases} 0, & \text{falls } n_* \notin N_0\,, \\ \operatorname{sign}(-\gamma), & \text{falls } n_* \in N_0, \end{cases}$$

$$\operatorname{sign}(-\gamma_{n_*}^0) = \operatorname{sign}\left(-\frac{\hat{\gamma}_{n_*}^0}{v_0}\right) = \operatorname{sign}(-\hat{\gamma}_{n_*}^0 \cdot w \cdot v_1 \cdot \cdots \cdot v_{s-1}) =$$

$$= \operatorname{sign}(\hat{z}_{n+1}(\varepsilon) \cdot v_1 \cdots v_{s-1}) = \operatorname{sign} z_{n+1}(\varepsilon)\,,$$

so daß

$$h_{n+1} = \operatorname{sign} z_{n+1}(\varepsilon)$$

gilt.

Lemma 18.2.2. ist für $r = 0$ bewiesen.

Wir nehmen nun an, daß Lemma 18.2.2. für $r \leqq q - 1$ bewiesen ist und zeigen es für $r = q$:

$$z_{n+q+1}(\varepsilon) = \sum_{j \in N_q} \gamma_j^q (-z_j(\varepsilon))\,, \tag{2.31}$$

$$\gamma_j^q = \frac{\hat{\gamma}_j^q}{v_q}, \qquad j \in N_q\,. \tag{2.32}$$

Nach Induktionsvoraussetzung ist jede Zahl $z_j(\varepsilon)$ $(j \in N_q)$ durch $v_q \cdot v_{q+1} \cdots v_{s-1}$ teilbar, so daß

$$z_j(\varepsilon) = z_j^q(\varepsilon) \cdot v_q \cdot v_{q+1} \cdots v_{s-1} \tag{2.33}$$

gilt, wo $z_j^q(\varepsilon)$ eine ganze Zahl ist.

Aus (2.31), (2.32) und (2.33) erhalten wir

$$z_{n+q+1}(\varepsilon) = \sum_{j \in N_q} \frac{\hat{\gamma}_j^q}{v_q} (-z_j^q(\varepsilon)) \cdot v_q \cdot v_{q+1} \cdots v_{s-1} = v_{q+1} \cdot \cdots \cdot v_{s-1} \sum_{j \in N_q} (-\hat{\gamma}_j^q \cdot z_j^q(\varepsilon)).$$

Führt man die Bezeichnung

$$\hat{z}_{n+q+1}(\varepsilon) - = \sum_{j \in N_q} \hat{\gamma}_j^q \cdot z_j^q(\varepsilon) \tag{2.34}$$

ein, erhält man

$$z_{n+q+1}(\varepsilon) = \hat{z}_{n+q+1}(\varepsilon) \cdot v_{q+1} \cdots v_{s-1}\,, \tag{2.35}$$

wo

$\hat{z}_{n+q+1}(\varepsilon)$ eine nicht negative ganze Zahl ist. (2.36)

Auf der anderen Seite gilt (s. (2.10))

$$h_{n+q+1} = \operatorname{sign}\Bigl(\sum_{j\in N_q} \gamma_j^q (-h_j)\Bigr).$$

Nach Induktionsvoraussetzung gilt

$$h_j = \operatorname{sign} z_j(\varepsilon), \qquad j \in N_q .$$

Hieraus erhalten wir

$$h_{n+q+1} = \operatorname{sign}\Bigl(\sum_{j\in N_q} \gamma_j^q \,(-\operatorname{sign} z_j(\varepsilon))\Bigr).$$

Da sämtliche Glieder der Summe, die auf der rechten Seite der letzten Ungleichung steht, nichtnegativ sind, gilt

$$h_{n+q+1} = \operatorname{sign}\Bigl(\sum_{j\in N_q} \gamma_j^q(-z_j(\varepsilon))\Bigr) = \operatorname{sign} z_{n+q+1}(\varepsilon) .$$

Lemma 18.2.2. ist bewiesen.

18.2.7. Wir betrachten das lineare Optimierungsproblem $(\mathcal{L}_r, C)$ $((\overline{\mathcal{L}}_r, C))$[1]) und bezeichnen mit $D_r(\overline{D}_r)$ die Indexmenge der sich darin befindenden Variable)

$$D_r = Q^n \cup N_r , \qquad r = 0, 1, \ldots, s , \tag{2.37}$$

$$\overline{D}_r = D_r \cup \{(n + r + 1)\} , \qquad r = 0, 1, \ldots, s - 1 . \tag{2.38}$$

Mit $(\mathcal{L}_r(\varepsilon), C)$ $((\overline{\mathcal{L}}_r(\varepsilon), C))$ bezeichnen wir das lineare Optimierungsproblem, das man aus Problem $(\mathcal{L}_r, C)$ $((\overline{\mathcal{L}}_r, C))$ durch Ersetzen der Nichtnegativitätsbedingung

$$x_j \geqq 0, \qquad j \in D_r \quad (j \in \overline{D}_r) \tag{2.39}$$

durch folgende Bedingung:

$$x_j \geqq - z_j(\varepsilon) , \qquad j \in D_r \quad (j \in \overline{D}_r) \tag{2.40}$$

erhält.

Offensichtlich gilt

$$\mathcal{L}_0(\varepsilon) = \mathcal{L}(\varepsilon) . \tag{2.41}$$

Lemma 18.2.3. *Die Probleme* $\mathcal{L}_r(\varepsilon)$ und $\overline{\mathcal{L}}_r(\varepsilon)$ *besitzen folgende Eigenschaften:*

1. $\mathcal{L}_r^{\text{ganz}}(\varepsilon) = \mathcal{L}^{\text{ganz}}(\varepsilon) , \qquad r = 0, 1, \ldots, s .$ (2.42)

2. $\overline{\mathcal{L}_r^{\text{ganz}}}(\varepsilon) = \mathcal{L}^{\text{ganz}}(\varepsilon) , \qquad r = 0, 1, \ldots, s - 1 .$ (2.43)

Den Beweis führen wir durch Induktion. Zunächst beweisen wir Lemma 18.2.3. für $r = 0$.

Aus (2.41) folgt unmittelbar, daß

$$\mathcal{L}_0^{\text{ganz}}(\varepsilon) = \mathcal{L}^{\text{ganz}}(\varepsilon)$$

gilt, und (2.42) ist für $r = 0$ bewiesen.

[1]) s. 18.2.2.

Für den Beweis von (2.43) (für $r = 0$) benötigt man Lemma 18.2.1. unter folgenden Bedingungen:

$$N = N_0, \qquad f_j = -z_j(\varepsilon), \qquad j \in N_0,$$

$$d_j = x^0_{k_0 j}, \qquad j \in N^0_0,$$

$$t = x_{k_0}, \qquad y_j = x_j,$$

$$j \in N_0, \qquad \theta = x_{n+1}.$$

Wenden wir Lemma 18.2.1. an, erhalten wir: Gilt

$$X \equiv (x_1, \ldots, x_n) \in \mathscr{L}^{\text{ganz}}_0(\varepsilon),$$

so hat man

$$x_{n+1} \geqq -\left[\{x^0_{k_0 0}\} - \sum_{j \in N_0} \{x^0_{k_0 j}\} \left(-z_j(\varepsilon)\right)\right] = -\left[\{x^0_{k_0 0}\} + \sum_{j \in N_0} \gamma^0_j \left(-z_j(\varepsilon)\right)\right],$$

x_{n+1} ganzzahlig.

Aus (2.24), (2.26) und (2.44) folgt, daß

$$x_{n+1} \geqq -\sum_{j \in N_0} \gamma^0_j \left(-z_j(\varepsilon)\right) - [\{x^0_{k_0 0}\}] = -z_{n+1}(\varepsilon)$$

gilt.

Lemma 18.2.3. ist für $r = 0$ bewiesen.

Nun nehmen wir an, daß Lemma 18.2.3. schon für $r = q - 1$ ($q \geqq 1$) bewiesen wurde und zeigen es für $r = q$.

Nach Induktionsvoraussetzung gilt das Lemma für Problem $\left(\overline{\mathscr{L}}_{q-1}(\varepsilon), C\right)$. Folglich gilt es auch für Problem $\left(\mathscr{L}_q(\varepsilon), C\right)$, da $D_q \subseteq \overline{D}_{q-1}$ ist (s. (2.38)), und das Tableau T_q erhält man aus Tableau $\overline{T}_{q-1}$ nach irgendeiner Iteration der l-Methode. Formel (2.42) ist für $r = q$ richtig.

Der Beweis von (2.43) für $r = q$ jedoch wird vollständig analog zum Beweis von (2.43) für $r = 0$ geführt, indem Lemma 18.2.1. und 18.2.2. benutzt werden. Im Lemma 18.2.1. muß man setzen:

$$N = N_q, \qquad f_j = -z_j(\varepsilon), \qquad j \in N_q,$$

$$d_j = x^q_{k_q j}, \qquad j \in N^0_q,$$

$$t = x_{k_q}, \qquad y_j = x_j, \qquad j \in N_q,$$

$$\theta = x_{n+q+1}.$$

Lemma 18.2.3. ist bewiesen.

18.2.8. Wir kommen unmittelbar zum Beweis von Satz 18.2.1.

Für $\varepsilon = 0$ gilt Satz 18.2.1. trivialerweise. Im folgenden nehmen wir an, daß $\varepsilon > 0$ ist.

Wir schreiben die Bedingungen für Problem $(\mathcal{L}_S(\varepsilon), C)$ aus.
Man maximiere

$$x_0 \equiv x_{00}^s + \sum_{j \in N_s} x_{0j}^s (-x_j) \tag{2.45}$$

unter den Restriktionen

$$x_i = x_{i0}^s + \sum_{j \in N_s} x_{ij}^s (-x_j), \quad i = 1, \ldots, n, \tag{2.46}$$

$$x_j \geqq -z_j(\varepsilon), \quad j \in D_s. \tag{2.47}$$

Wir bemerken, daß

$$x_{0j}^s \geqq 0, \quad j \in N_s$$

gilt, weil Tableau T_s l-normal ist.

Folglich erhalten wir aus (2.45) und (2.47)

$$x_0(\mathcal{L}_s(\varepsilon), C) \leqq x_{00}^s + \sum_{j \in N_s} x_{0j}^s \cdot z_j(\varepsilon). \tag{2.48}$$

Wir führen Bezeichnungen ein:

$$E = \{n_*, n+1, n+2, \ldots, n+s\},$$
$$N_s(+) = \{j | j \in (N_s \cap E); x_{0j}^s > 0\},$$
$$N_s(0) = \{j | j \in (N_s \cap E); x_{0j}^s = 0\}.$$

Aus (2.22) und daraus, daß Tableau T_s l-normal ist, folgt, daß

$$\sum_{j \in N_s} x_{0j}^s z_j(\varepsilon) = \sum_{j \in N_s(+)} x_{0j}^s z_j(\varepsilon) + \sum_{j \in N_s(0)} x_{0j}^s \cdot z_j(\varepsilon) =$$
$$= \sum_{j \in N_s(+)} x_{0j}^s \cdot z_j(\varepsilon) + \sum_{j \in N_s(0)} 0 \cdot z_j(\varepsilon) = 0 + \sum_{j \in N_s(+)} x_{0j}^s \cdot z_j(\varepsilon)$$

gilt, d. h. es ist

$$\sum_{j \in N_s} x_{0j}^s z_j(\varepsilon) = 0 + \sum_{j \in N_s(+)} x_{0j}^s \cdot z_j(\varepsilon). \tag{2.49}$$

Ist die Menge $N_s(+)$ leer, so erhalten wir aus (2.49) und (2.48)

$$x_0 (\mathcal{L}_s(\varepsilon), C) \leqq x_{00}^s. \tag{2.50}$$

Wir setzen voraus, daß die Menge $N_s(+)$ nicht leer ist. Wegen (2.13) und (2.49) haben wir

$$\sum_{j \in N_s(+)} h_j \cdot x_{0j}^s = 0. \tag{2.51}$$

Nach Definition der Zahlen h_j gilt

$$h_j = \begin{cases} 0, \\ 1. \end{cases} \tag{2.52}$$

Nach Definition der Menge $N_s(+)$ gilt

$$x_{0j}^s > 0, \quad j \in N_s(+). \tag{2.53}$$

Aus (2.51), (2.52) und (2.53) erhalten wir

$$h_j = 0 , \quad j \in N_s(+) . \tag{2.54}$$

Andererseits gilt wegen Lemma 18.2.2.

$$\operatorname{sign} z_j(\varepsilon) = h_j , \quad j \in N_s(+) , \tag{2.55}$$

so daß

$$z_j(\varepsilon) = 0 , \quad j \in N_s(+) \tag{2.56}$$

gilt.

Wir setzen (2.56) in (2.49) ein:

$$\sum_{j \in N_s} x^s_{0j} \cdot z_j(\varepsilon) = \sum_{j \in N_s(+)} x^s_{0j} \cdot z_j(\varepsilon) = \sum_{j \in N_s(+)} x^s_{0j} \cdot 0 = 0 ,$$

d. h.

$$\sum_{j \in N_s} x^s_{0j} \cdot z_j(\varepsilon) = 0 . \tag{2.57}$$

Aus (2.57) und (2.48) ergibt sich, daß

$$x_0\big(\mathcal{L}_s(\varepsilon), C\big) \leqq x^s_{00} \tag{2.58}$$

gilt.

Somit hat man in allen Fällen (s. (2.50) und (2.58))

$$x_0\big(\mathcal{L}_s(\varepsilon), C\big) \leqq x^s_{00} . \tag{2.59}$$

Aus (2.59) und (2.42) erhalten wir

$$x_0\big(\mathcal{L}^{\text{ganz}}(\varepsilon), C\big) = x_0\big(\mathcal{L}^{\text{ganz}}_s(\varepsilon), C\big) \leqq x_0\big(\mathcal{L}_s(\varepsilon), C\big) \leqq x^s_{00} = x_0(\mathcal{L}^{\text{ganz}}, C) ,$$

d. h.

$$x_0\big(\mathcal{L}^{\text{ganz}}(\varepsilon), C\big) \leqq x_0(\mathcal{L}^{\text{ganz}}, C) . \tag{2.60}$$

Offensichtlich ist der Vektor $X^s \equiv (x^s_1, \ldots, x^s_n) = (x^s_{10}, \ldots, x^s_{n0})$ eine Lösung des Problems $\big(\mathcal{L}^{\text{ganz}}(\varepsilon), C\big)$, so daß

$$x_0\big(\mathcal{L}^{\text{ganz}}(\varepsilon), C\big) \geqq x^s_{00} + x_0(\mathcal{L}^{\text{ganz}}, C) \tag{2.61}$$

gilt.

Vereinigt man (2.60) und (2.61), erhält man

$$x_0\big(\mathcal{L}^{\text{ganz}}(\varepsilon), C\big) = x_0(\mathcal{L}^{\text{ganz}}, C) .$$

Satz 18.2.1. ist bewiesen.

Wir bemerken zum Abschluß, daß der modifizierte Satz von GOMORY und BAUMOL leicht als Spezialfall aus dem folgenden, von JU. JU. FINKEL'ŠTEĬN gewonnen Satz abgeleitet werden kann.

Satz 18.2.2. *Für beliebiges ε gilt die Abschätzung*

$$x_0\big(\mathcal{L}^{\text{ganz}}(\varepsilon), C\big) \leqq x_0(\mathcal{L}^{\text{ganz}}, C) + q] \frac{\varepsilon}{v} [v ,$$

mit

1. $v = v_0 v_1 \cdots v_{s-1}$,
2. $q = \sum_{j \in N_s} x^s_{0j} \frac{z(v)}{v}$.

LITERATURVERZEICHNIS

[1] ALCALY, R. E., and KLEVORICK, A. K., A note on the dual prices of integer programs. Econometrica **34** (1966) 206–214.

[2] ALEĬNIKOV, B. I., und MOVŠOVIČ, S. G. — Алейников Б. И., Мовшович С. Г., Некоторые алгоритмы решения многоэкстремальных задач размещения и их экспериментальное исследование. Сб. ,,Исследования по математическому программированию'', М., ,,Наука'', (1968) 198—221.

[3] BALAŞ, E., An additive algorithm for solving linear programs with zero-one variables. Operations Res. **13** (1965) 517–546.

[4] BALAŞ, E., Discrete programming by the filter method. Operations Res. **15** (1967) 915–957.

[5] BALINSKI, M. L., Fixed cost transportation problems. Naval Res. Logist. Quart. **8** (1961) 41–54.

[6] BALINSKI, M. J., Integer programming: methods, uses, computation. Management Sci. **13** (1965) 253–313.

[7] BALINSKI, M. L., and QUANDT, R. E., On an integer program for a delivery problem. Operations Res. **12** (1964) 300–304.

[8] BAUMOL, W. J., Economic theory and operations analysis. London. Prentice Hall 1962. — Russische Übersetzung: Баумоль У., Экономическая теория и исследование операций. М., ,,Прогресс'', 1965.

[9] BEALE, E. M. L., Survey of integer programming. Operations Res. Quart. **16** (1965) 219–228.

[10] BELLMAN, R., Dynamic treatment of the travelling salesman problem. J. Assoc. comput. Machin. **9** (1962) 61–63. — Russische Übersetzung: Киберн. сборник., вып. 9, ,,Мир'', (1964) 219—222.

[11] BEN-ISRAEL, A., and CHARNES, A., On some problems on diophantine programming. Cahiers Centre Etud. Rech. opérat. **4** (1962) 215–288.

[12] BERTIER, P., et ROY, B., Procédure de résolution pour une classe de problèmes pouvant avoir un caractère combinatoire. Cahiers Centre Etud. Rech. opérat. **6** (1964) 202–208.

[13] BERTIER, P., ROY, B., et NGHIEM, PH. T., Programmes linéaires en nombres entiers et procédure S. E. P. Metra **4** (1965) Nr. 3.

[14] BESSIÈRE, F., Sur la recherche du nombre chromatique d'un graphe par une programme linéaire en nombres entiers. Revue franç. Rech. opérat. **9** (1965) Nr. 35, 143–148.

[15] BIRKHOFF, G., Three observations on linear algebra. Revista Univ. nac. Tucuman, Ser. A **5** (1946) 147–151.

[16] ČERENIN, V. P. — Черенин В. П., Решение некоторых комбинаторных задач оптимального планирования методом последовательных расчетов. Материалы к конф. по опыту и перспективам примен. матем. методов и ЭВМ в планировании. Новосибирск 1962.

[17] Čerenin, V. P. — Черенин В. П., Решение некоторых комбинаторных задач оптимального планирования методом последовательных расчетов. Научно-методические материалы эконом.-матем. семинара, вып. 2, ЛЭММи ВЦ АН СССР, М., 1962.

[18] Čerenin, V. P., und Hačaturov, V. R. — Черенин В. П., Хачатуров В. Р., Решение методом последовательных расчетов одного класса задач о размещении производства. Сб. ,,Примен. матем. методов и ЭВМ в эконом. исслед.'', Ташкент, ,,Наука'', Узб. ССР, (1965) 112—114.

[19] Čerenin, V. P., und Hačaturov, V. R. — Черенин В. П., Хачатуров В. Р., Решение методом последовательных расчетов одного класса задач о размещении производства. Сб. ,,Эконом.-матем. методы'', вып. 2, Москва, ,,Наука'', (1965) 279—290.

[20] Cooper, L., and Drebes, C., An approximate solution method for the fixes charge problem. Naval Res. Logist. Quart. **14** (1967) 101—113.

[21] Courtillot, M., Sur la résolution des programmes à solutions entières. Revue franç. Traitement informat. Chiffres **8** (1965) Nr. 2, 81—94.

[22] Culbertson, G. — Калбертсон Дж., Математика и логика цифровых устройств. М., ,,Просвещение'', 1965.

[23] Dalton, R. E., and Llewellyn, R. W., An extension of the Gomory mixed-integer algorithm to mixed-discrete variables. Management Sci. **12** (1966) 562—575.

[24] Danilina, G. P., Petrovič, S. I., und Coĭ, A. H. — Данилина Г. П., Петрович С. И., Цой А. Х., Оптимальный синтез транспортной сети. Тр. Ин-та горн. дела Акад. Наук Казах. ССР, **24** (1967) 23—29.

[25] Danskin, J. M., Linear programming in the face of uncertainty: an example of a failure. Proc. 2nd. Sympos. Linear Programming, Vol. II (1955) 39—53.

[26] Dantzig, G. B., Discrete-variable extremum problems. Operations Res. **5** (1957) 266—277.

[27] Dantzig, G. B., Note on solving linear programs in integers. Naval Res. Logist. Quart. **6** (1959) 75—76.

[28] Dantzig, G. B., A machine-job scheduling model. Management Sci. **6** (1960) 191—196.

[29] Dantzig, G. B., Linear programming and extensions. Princeton, N.J., Princeton Univ. Press. 1963 — Russische Übersetzung: Данциг Дж., Линейное программирование, его применения и обобщения. Москва, ,,Прогресс'', 1966.

[30] Dantzig, G. B., Fulkerson, D. R., and Johnson, S., Solution of a large-scale traveling salesman problem. Operations Res. **2** (1954) 393—410.

[31] Day, R. D., On optimal extracting from a multiple file data storage system: an application of integer programming. Operations Res. **13** (1965) 482—494.

[32] Dinkelbach, W., und Steffens, F., Gemischt ganzzahlige lineare Programme zur Lösung gewisser Entscheidungsprobleme. Unternehmensforsch. **5** (1961) 3—14.

[33] Dwyer, P. S., Use of completely reduced matrices in solving transportation problems with fixed charges. Naval Res. Logist. Quart. **13** (1966) 289—313.

[34] d'Esopo, D. A., and Lefkowitz, B., Note on an integer linear programming model for determining a minimum embarkation fleet. Naval Res. Logist. Quart **11** (1964) 79—82.

[35] Faure, R., et Malgrange, Y., Une méthode booléienne pour la résolution des programmes linéaires en nombres entiers. Gestion **6** (1963) 250—260.

[36] Faure, R., i Malgrange, Y., Nová metoda celociselného lineárniho programování Ekon.-mat. Obzor **2** (1966) 11—20.

[37] Fihtengol'c, G. M. — Фихтенгольц Г. М., Курс дифференциального и интегрального исчисления, т. II, Москва-Ленинград, Гостехиздат, 1948.

[38] Filippovič, E. I., und Kozlov, O. M. — Филиппович Е. И., Козлов О. М., Об оценке числа итераций в некоторых методах линейного программиро-

вания. Сб. ,,Математические модели и методы оптимального планирования'', Новосибирск, ,,Наука'', (1966) 95—98.

[39] FINKEL'ŠTEĬN, JU. JU. — Финкельштейн Ю. Ю., Об одном алгоритме для решения задач целочисленного линейного программирования с булевыми переменными. ДАН СССР **164** (1965) 993—996.

[40] FINKEL'ŠTEĬN, JU. JU. — Финкельштейн Ю. Ю., О построении дополнительных ограничений при решении задач целочисленного линейного программирования. Известня Акад. Наук СССР, техн. киберн. (1965) **3** 43—44.

[41] FINKEL'ŠTEĬN, JU. JU. — Финкельштейн Ю. Ю., Алгоритм для решения задач целочисленного линейного программирования с булевыми переменными. Эконом. и матем. методы **1** (1965) 746—759.

[42] FINKEL'ŠTEĬN, JU. JU. — Финкельштейн Ю. Ю., О решении задач дискретного программирования специального вида. Эконом. и матем. методы **1** (1965) 262—270.

[43] FINKEL'ŠTEĬN, JU. JU. — Финкельштейн Ю. Ю., Об одном классе задач дискретного программирования. Эконом. и матем. методы **4** (1968) 652—655.

[44] FINKEL'ŠTEĬN. JU. JU. — Финкельштейн Ю. Ю., О полностью целочисленном алгоритме Гомори. Сб. ,,Проблемы кибернетики'', вып. 21, Москва, ,,Наука'', 1969.

[45] FLEISCHMANN, B., Computational experience with the algorithm of BALAS. Operations Res. **15** (1967) 153—155.

[46] FORD, L. R., and FULKERSON, D. R., Flows in networks. Princeton, N.J., Princeton Univ. Press 1962. — Russische Übersetzung: Форд Л. Р., Фалкерсон Д. Р., Потоки в сетях. Москва, ,,Мир'', 1966.

[47] FREEMAN, R. J., Computational experience with a ,,BALASian" integer programming algorithm. Operations Res. **14** (1966) 935—941.

[48] GALE, D., The theory of linear economic models. New York–Toronto–London 1960. — Russische Übersetzung: Гейл Д., Теория линейных экономических моделей. Москва, ИЛ 1963.

[49] LE GARFF, A., et MALGRANGE, Y., Résolution des programmes linéaires à valeurs entières par une méthode booléienne ,,compacte". Actes 3e Conf. internat. Rech. opérat. Oslo 1963, Paris–London (1964) 695—701.

[50] GASS, S. I., Linear programming (methods and applications). New York–Toronto–London, McGraw Hill 1958. — Russische Übersetzung: Гасс С. И., Линейное программирование (методы и приложения). Москва, Физматгиз, 1961.

[51] GASS, S. I., Recent developments in linear programming. Advances in computers, vol. 2. New York–London, Academic Press (1961) 295—377.

[52] GEL'FAND, I. M., PJATECKIĬ-ŠAPIRO, I. I., und CETLIN, M. L. — Гельфанд И. М., Пятецкий-Шапиро И. И., Цетлин М. Л., О некоторых классах игр и игр автоматов. Доклады Акад. Наук СССР **152** (1963) 845—848.

[53] GENUYS, F., Application de la programmation linéaire en nombres entiers à un problème de découpe. Inform. Processing, Amsterdam 1962, North-Holland Publ. Co. (1963) 195—197).

[54] GEOFFRION, A. M., Integer programming by implicit enumeration and BALAS' method. SIAM Rev. **9** (1967), 178—190.

[55] GIGLIO, R. J., and WAGNER, H. M., Approximative solutions to the three machine scheduling problem. Operations Res. **12** (1964) 305—324.

[56] GLOVER, F., Generalized cuts in diophantine programming. Management Sci. **13** (1966) 254—268.

[57] GOL'ŠTEĬN, E. G., und JUDIN, D. B. — Гольштейн Е. Г., Юдин Д. Б., Новые направления в линейном программировании. М., ,,Сов. радно'', 1966.

[58] Gomory, R. E., Outline of an algorithm for integer solution to linear programs. Bull. Amer. math. Soc. **46** (1958) 275—278.

[59] Gomory, R. E., An algorithm for integer solutions to linear programs IBM Math. Res. Project, techn. Rep. No. **1**, Princeton, N. J., November 17, 1958.

[60] Gomory, R. E., An all-integer integer programming algorithm. IBM Res. Center, 1960, Jan., Res. Rep. **RC 189**.

[61] Gomory, R. E., Solving linear programming problems in integers. Proc. Sympos. Appl. Math., vol. X (1960) 211—215.

[62] Gomory, R. E., An algorithm for the mixed integer problem. Rand Corp., **P-1885**, Santa Monica, Cal., Febr. 22, 1960.

[63] Gomory, R. E., An all-integer integer programming algorithm. In „Industrial scheduling", Englewood Cliffs, N. J., Prentice Hall 1963, ch. 13. — Russische Übersetzung: Гомори Р. Е., Полностью целочисленный алгоритм целочисленного программирования. Сб. „Календарное планирование", Москва, „Прогресс", 1966, гл. 13.

[64] Gomory, R. E., An algorithm for integer solutions to linear programs. In „Recent Advances math. Program.", New York–San Francisco–Toronto–London, McGraw-Hill Book Co., Inc. (1963) 269-302.

[65] Gomory, R. E., On the relation between integer and noninteger solutions to linear programms. Proc. nat. Acad. Sci. U.S.A. **53** (1965) 260—265.

[66] Gomory, R. E., Faces of an integer polyhedron. Proc. nat. Acad. Sci. U.S.A. **57** (1967) 16—18.

[67] Gomory, R. E., and Baumol, W. J., Integer programming and pricing. Econometrica **28** (1960) 521—550. — Russische Übersetzung: Гомори Р. Е., Бомоль У. Дж., Целочисленное программирование и оценки. Сб. „Численные методы оптимального планирования", Новосибирск, Изд. Сибир. Отд. Акад. Наук СССР (1962) 65—110.

[68] Gomory, R. E., and Hoffman, A. J., On the convergence of an integer programming process. Naval Res. Logist. Quart. **10** (1963) 121—123.

[69] Hačaturov, V. R., — Хачатуров В. Р., Определение оптимального и всех близких к нему вариантов размещения предприятий с ограниченными сверху объемами производства. Известия Акад. Наук Казах. ССР, сер. физ.-матем. **3** (1967) 38—43.

[70] Hadley, G., Nonlinear and dynamic programming. Reading–Palo Alto–London, Addison-Wesley Publ. Co., Inc. 1964. — Russische Übersetzung: Хедли Дж., Нелинейное и динамическое программирование. Москва, „Мир", 1967.

[71] Haldi, J., and Isaacson, L. M., A computer code for integer solutions, to linear programs. Operations Res. **13** (1965) 946—959.

[72] Held, M., and Karp, B. M., A dynamic programming approach to sequencing problems. J Soc. industr. appl. Math. **10** (1962) 196—200. — Russische Übersetzung: Хелд М., Карп Р. М., Применение динамического программирования к задачам упорядочения. Кибернетический сборник, вып. 9, Москва, „Мир", (1964) 202—218.

[73] Heller, I., and Tompkins, C. B., An extension of a theorem of Dantzig's. In „Linear inequalities and related systems", Princeton, N.J., Princeton Univ. Press 1956. — Russische Übersetzung: Хеллер И., Томплинс Ч. Б., Обобщение одной теоремы Данцига. Сб. „Линейные неравенства и смежные вопросы", Москва, ИЛ, (1959) 348—354.

[74] Hillier, F. S., and Connors, M. M., Quadratic assignement problem algorithms and the location of indivisible facilities. Management Sci. **13** (1966) 42—57.

[75] Hoffman, A. J., and Kruskal, J. B., Integral boundary points of convex polyhedra. In „Linear inequalities and related systems", Princeton, N.J., Princeton Univ. Press 1956. — Russische Übersetzung: перевод: Гофман А. Дж., Краскал Дж.

Б., Целочисленные граничные точки выпуклых многогранников. Сб. ,,Линейные неравенства и смежные вопросы'', Москва, ИЛ, (1959) 325—347.

[76] Hohljuk, V. I. — Хохлюк В. И., Несколько замечаний о машинной реализации метода Гомори. Доклад на конференции. Таллин 1967.

[77] Industrial scheduling. Edited by Muth, J. F., and Thompson, G. L., Englewood Cliffs, N.J., Prentice Hall 1963. — Russische Übersetzung: Календарное планирование, Москва, ,,Прогресс'', 1966.

[78] Ivănescu, P. L., Pseudo-boolean programming and applications. Lecture notes in mathematics 9, Berlin–Heidelberg–New York, Springer-Verlag 1965.

[79] Ivănescu, P. L., and Rudeanu, S., Boolean methods in operations methods. Ekon.-mat. Obzor **3** (1967) 422—445.

[80] Jacobs, W., Loss of accuracy in simplex computation. Naval Res. Logist. Quart. **3** (1956) 89—94.

[81] Judin, D. B. — Юдин Д. Б., Методы количественного анализа сложных систем. Известия Акад. Наук СССР, техн. киберн. **1** (1965) 3—13.

[82] Judin, D. B. — Юдин Д. Б., Методы количественного анализа сложных систем. II. Известия Акад. Наук СССР, техн. киберн. **1** (1966).

[83] Judin, D. B., und Gol'štein, E. G. — Юдин Д. Б., Гольштейн Е. Г., Задачи и методы линейного программирования. Изд. 2-е перераб. и доп., Москва, ,,Сов. радио'', 1964.

[84] Judin, D. B., und Gol'štein, E. G. — Юдин Д. Б., Гольштейн Е. Г., Линейное программирование (теория, методы и приложения). Москва, ,,Наука'', 1968.

[85] Kantorovič, L. V. — Канторович Л. В., Математические методы организации и планирования производства. Л., Изд. ЛГУ, 1939.

[86] Karp, R. M., Minimum-redundancy coding for the discrete noiseless channel. IRE Trans. Inform. Theory **IT-7** (1961) 27—38.

[87] Kelley, J. E., Techniques for storage allocation algorithms. Commun. Assoc. comput. Machin. **4** (1961) 449—454.

[88] Klee, V., Heights of convex polytopes. J. math. Analysis Appl. **11** (1965) 176—190.

[89] Klee, V., A class of linear programming problems, requiring a large number of iterations. Numer. Math. **7** (1965) 313—321.

[90] Korbut, A. A. — Корбут А. А., Применение методов исследования операций в задачах экономики сельского хозяйства. Сб. ,,Труды научного совещания о применении матем. методов в эконом. исследованиях и планировании'', т. VI, Москва, Изд. Акад. Наук СССР (1961) 92—109.

[91] Korbut, A. A. — Корбут А. А., Неоднородные задачи размещения (типа транспортной). Сб. ,,Применение математики при размещении производительных сил'', Москва, ,,Наука'', (1964) 49—53.

[92] Korbut, A. A. — Корбут А. А., Целочисленные задачи линейного программирования. В сб. ,,Эконом.-матем. методы'', вып. 2, Москва, ,,Наука'', (1965) 141—186.

[93] Korbut, A. A., und Finkel'štein, Ju. Ju. — Корбут А. А., Финкельштейн Ю. Ю., Дискретные задачи математического программирования. Сб. ,,Теория вероятностей, математическая статистика, Теоретическая кибернетика. 1966'' (Серия ,,Итоги науки''), М., ВИНИТИ (1967) 59—108.

[94] Korbut, A. A., und Malinnikov, V. V. — Корбут А. А., Малинников В. В., Приближенное решение некоторых неоднородных моделей размещения. Эконом. и матем. методы **1** (1965) 425—441.

[95] Korobkov, V. K. — Коробков В. К., О некоторых целочисленных задачах линейного программирования. Сб. ,,Проблемы кибернетики'', вып. 14, Москва, ,,Наука'', (1965) 297—299.

[96] KUHN, H. W., and BAUMOL, W. J., An approximative algorithm for the fixed-charges transportation problem. Naval Res. Logist. Quart. **9** (1962) 1—15.

[97] KÜNZI, H. P., et OETTLI, W., Une méthode de résolution de programmes quadratiques en nombres entiers sous de fonctions objectives strictement convexes. C. r. Acad. Sci., Paris **252** (1961) 1415—1417.

[98] KÜNZI, H. P., and OETTLI, W., Integer quadratic programming. In „Recent Advances math. Program", New York–San Francisco–Toronto–London, McGraw-Hill Book Co., Inc. (1963) 303—308.

[99] LAND, A. H., and DOIG, A. G., An automatic method of solving discrete programming problems. Econometrica **28** (1960) 497—520.

[100] LAWLER, E. L., and BELL, M. D., A method for solving discrete optimization problems. Operations Res. **14** (1966) 1098—1112.

[101] LAWLER, E. L., and WOOD, D. E., Branch-and bound methods: a survey. Operations Res. **14** (1966) 699—717.

[102] Linear inequalities and related systems. Edited by KUHN, H. W., and TUCKER, A. W., Princeton, N.J., Princeton Univ. Press. 1956. — Russische Übersetzung: сб. „Линейные неравенства и смежные вопросы", Москва, ИЛ, 1959.

[103] LITTLE, J. D. C., MURTY, K. G., SWEENY, D. W., and KAREL, C., An algorithm for the traveling salesman problem. Operations Res. **11** (1963) 972—989. — Russische Übersetzung: Литл Дж., Мурти К., Суини Д., Кэрел К., Алгоритм для решения задачи о коммивояжере. Эконом. и матем. методы **1** (1965) 94—107.

[104] MANNE, A. S., On the job-shop scheduling problem. Operations Res. 8(1960) 219 bis 223, Reprinted as Ch. 12 in „Industrial schedulings", Englewood Cliffs, N.J., Prentice Hall 1963. — Russische Übersetzung: Мэн А. С., Задача календарного планирования для предприятий единичного и мелкосерийного производства. Сб. „Календарное планирование", Москва, „Прогресс", 1966, гл. 12.

[105] MARKOVITZ, H. M., and MANNE, A. S., On the solution of discrete programming problems. Econometrica **25** (1957) 84—110.

[106] MARTIN, G. T., An accelerated Euclidean algorithm for integer linear programming. In „Recent Advances math. Program.", New York–San Francisco–Toronto–London, McGraw-Hill Book Co. (1963) 311—317.

[107] Mathematische Modelle und Methoden in der Optimalplanung — Математические модели и методы оптимального планирования. Сб. статей под ред. Л. В. Канторовича. Новосибирск, „Наука", 1966.

[108] MIHALEVIČ, V. C. — Михалевич В. С., Последовательные алгоритмы оптимизации и их применение. Кибернетика (1965) **1** 45—56.

[109] MIHALEVIČ, V. C. — Михалевич В. С., Последовательные алгоритмы оптимизации и их применение. II. Кибернетика **2** (1965) 85—88.

[110] MIHALEVIČ, V. C., und ŠKURBA, V. V. — Михалевич В. С., Шкурба В. В., Последовательные схемы оптимизации в задачах упорядочения выполнения работ. Кибернетика **2** (1966) 34—40.

[111] MILLER, C. E., TUCKER, A. W., and ZEMLIN, R. A., Integer programming formulation of traveling salesman problems. J. Assoc. comput. Machin **7** (1960) 326—329.

[112] MINC, L. E., und FINKEL'ŠTEĬN, JU. JU. — Минц Л. Е., Финкельштейн Ю. Ю., Применение математических методов и электронно-вычислительных машин для решения задач размещения промышленности. Сб. „Планир. и экон.-матем. методы", Москва, „Наука" (1964) 256—277.

[113] OYAHIA, A., Programmes linéaircs à variables discrètes. Revue franç. Rech. opérat. **6** (1962) 55—75.

[114] PJATECKIĬ-ŠAPIRO, I. I., VOLKONSKIĬ, V. A., KAZAKEVIČ, D. M., und LEVINA, L. V. — Пятецкий-Шапиро И. И., Волконский В. А., Казакевич Д. М., Левина Л. В., Решение задач целочисленного программирования методом последовательного сокращения размерности. Сб. „Эконом.-матем.

модели и методы отраслевого планир.", Новосибирск, ,,Наука" (1967) 451—457.

[115] Pjateckiĭ-Šapiro, I. I., Volkonskiĭ, V. A., Levina, L. V., und Pomanskiĭ, A. — Пятецкий-Шапиро И. И., Волконский В. А., Левина Л. В., Поманский А., Об одном итеративном методе решения задач целочисленного программирования. Доклады Акад. Наук СССР **169** (1966) 1289 до 1292.

[116] Poljak, R. A. — Поляк Р. А., О нахождении экстремума в одной задаче типа транспортной. Материалы к конфер. по опыту и перспективам примен. матем. методов и ЭВМ в планировании. Новосибирск, 1962.

[117] Poljak, R. A. — Поляк Р. А., Об одной неоднородной транспортной задаче. Сб. ,,Матем. модели и методы оптим. планир.", Новосибирск, ,,Наука" (1966) 109—115.

[118] Reiter, S., and Sherman, G., Discrete optimizing. J. Soc. industr. appl. Math. **13** (1965) 864—889.

[119] Rybašov, M. V., und Dudnikov, E. E. — Рыбашов М. В., Дудников Е. Е., Сведение задачи о нахождении допустимого целочисленного (булева) решения к задаче вогнутого программирования. Известия Акад. Наук СССР, техн. киберн., **2** (1966) 39.

[120] Simonnard, M., Programmation linéaire. Paris, Dunod 1962.

[121] Škurba, V. V., Podčasova, T. P., Pšičuk, A. N., und Tur, L. P. — Шкурба В. В., Подчасова Т. П., Пшичук А. Н., Тур Л. П., Задачи календарного планирования и методы их решения. Киев, ,,Наукова думка", 1966.

[122] Sondermann, D., Der kombinierte primal-dual Algorithmus — eine neue Simplexmethode. Elektron. Rechenanlagen **9** (1967) 32—39.

[123] Srinivasan, A. V., An investigation of some computational aspects of integer programming. J. Assoc. comput. Machin. **12** (1965) 525—535.

[124] Story, A. E., and Wagner, H. M., Computational experience with integer programming for jod-shop scheduling. In ,,Industrial schedulings", Englewood Cliffs, N.J., Prentice Hall 1963, ch. 14. — Russische Übersetzung: Стори А. Е., Вагнер Х. М., Опыт применения целочисленного программирования при расчете календарного плана для предприятий единичного и мелкосерийного производства. Сб. ,,Календарное планирование", Москва, ,,Прогресс", 1966, гл. 14.

[125] Teplickiĭ, È. D., und Finkel'šteĭn, Ju. Ju. — Теплицкий Э. Д., Финкельштейн Ю. Ю., Машинный эксперимент по решению задач целочисленного линейного программирования. Экономика и матем. методы **4** (1968) 248—251.

[126] Terebesi, M., Bemerkungen zum Verfahren von Gomory zur Bestimmung ganzzahliger Lösungen von linearen Programmen. Unternehmensforsch. **5** (1961) 197—215.

[127] Thompson, G. L., The stopped simplex method. I: Basic theory for mixed integer programming; integer programming. Revue franç. Rech. opérat. **8** (1964) 159—182.

[128] Volkov, Ju. I., und Hohljuk, V. I. — Волков Ю. И., Хохлюк В. И., Методы решения целочисленных задач линейного программирования. В сб. ,,Матем. модели и методы оптим. планир.", Новосибирск, ,,Наука" (1966) 5—35.

[129] Wagner, H. M., An integer linear programming model for machine scheduling. Naval. Res. Logist. Quart. **6** (1959) 131—140.

[130] Witzgall, C., An all-integer programming algorithm with parabolic constraints. J. Soc. industr. appl. Math. **11** (1963) 855—871.

[131] Young, R. D., A primal (all-integer) integer programming algorithm. J. Res. nat. Bureau Standards **B69** (1965) 213—250.

[132] Zuhovickiĭ, S. I., und Avdeeva, L. I. — Зуховицкий С. И., Авдеева Л. И., Линейное и выпуклое программирование, М., ,,Наука", 1967.

[133] Žuravlev, Ju. I. — Журавлев Ю. И., Об одном классе алгоритмов над конечными множествами. Доклады Акад. Наук СССР, **151** (1963) 1025 до 1028.

[134] Žuravlev, Ju. I. — Журавлев Ю. И., Локальные алгоритмы вычисления информации. I. Кибернетика **1** (1965) 12—19.

[135] Žuravlev, Ju. I. — Журавлев Ю. И., Локальные алгоритмы вычисления информации. II. Кибернетика **2** (1966) 1—11.

[136] Žuravlev, Ju. I., und Finkel'štein, Ju. Ju. — Журавлев Ю. И., Финкельштейн Ю. Ю., Локальные алгоритмы для задач линейного целочисленного программирования. В сб. ,,Проблемы кибернетики'', вып. 14, Москва, ,,Наука'', (1965) 289—295.

NAMENVERZEICHNIS

Alcaly 261

Balaș 10, 159, 173, 188
Balinski 31, 59, 148, 150, 151, 156, 232
Baumol 261, 264, 265, 267
Bell 151, 156
Bellman 194
Ben-Israel 157
Birkhoff 20

Čerenin 11, 159, 218, 219
Charnes 157
Connors 54
Courtillot 137

Dalton 67, 100, 109, 112, 122
Dantzig 8, 9, 12, 14, 67, 89, 101, 117, 148, 229
Day 151, 156
d'Esopo 150
Dilworth 19
Dinkelbach 27
Doig 10, 154, 160

Faure 10, 159, 214, 215
Filippovič 148
Finkel'šteĭn 67, 100, 117, 121, 135, 152, 206, 274
Fleischmann 188
Ford 15, 19
Freeman 188
Fulkerson 8, 15, 19, 89

Gale 19
le Garff 214, 215, 217
Gass 147, 149
Genuys 149
Geoffrion 188
Giglio 150, 156
Glover 157
Gol'šteĭn 40, 68
Gomory 9, 67, 83, 90, 92, 93, 94, 95, 98, 100, 101, 103, 112, 117, 121, 122, 124, 126, 149, 150, 157, 261, 264, 265, 267

Hačaturov 219
Haldi 151
Held 194, 228
Heller 245
Hillier 54
Hirsch 148
Hoffman 101, 117, 245, 246
Hohljuk 154

Isaacson 151
Ivănescu 10

Jacobs 122
Johnson 8, 89, 199
Judin 3, 40, 68

Karel 160
Karp 149, 156, 194, 228
Kazakevič 223
Klee 148
Klevorick 261
Korbut 149
Kozlov 148
Kruskal 245, 246
Künzi 9, 137

Land 10, 154, 160
Lawler 10, 151, 156
Lefkowitz 150
Levina 11, 221, 223
Little 10, 160
Llewellyn 67, 100, 109, 112, 122

Malgrange 10, 159, 214, 215, 217
Manne 8, 34, 60
Markovitz 8, 34
Martin 67, 150
Miller 149, 156
Murty 160

Oettli 9, 137
Oyahia 149
Ozoruyĭ 41

Pjateckiĭ-Šapiro 11, 221, 223
Pomanskiĭ 11, 221

Quandt 150

Reiter 221, 224, 227
Rosenberg 10
Rudeanu 10

Sherman 221, 224, 227
Sondermann 152
Srinivasan 151, 156
Steffens 27
Story 149
Sweeney 160

Teplickiĭ 152
Thompson 10
Tompkins 245
Tucker 149, 156

Volkonskiĭ 11, 221, 223

Wagner 149, 150, 156
Witzgall 10, 137
Wood 10

Young 67, 157

Zemlin 149, 156
Žuravlev 206

SACHVERZEICHNIS

Algebra, BOOLEsche 56
äquivalente Matrizen 252
Aufgabe vom Typus des Transportproblems 252
Ausgeartet 74

Basis 73
Basiskomponente 73
Basisvariable 73
Bedienungsvektor 70
Beschränkungsvektor 70
bistochastische Matrix 20
BOOLEsche Algebra 56
– Funktion 55
– Operationen 55

dichotomische mathematische Optimierungsprobleme 25
diskrete mathematische Optimierungsprobleme 1
Dominante 225

Ecke 72
Ecklösung 73
Ergänzung 175
Erweiterung 175

Form, kanonische 69
Fundamentalprodukte 56
Funktion, BOOLEsche 55

Hülle, konvexe 71

Implikant 57

kanonische Form 69
Kante 72
konvexe Hülle 71
– Linearkombination 71
– Menge 71
– polyedrische Menge 72
–s Polyeder 72
koordinierte T-Matrix 252
– Zeilen einer T-Matrix 252

Leitelement 77
lexikographisch nichtnegativer Vektor 75
– normales Simplextableau 76
– positiver Vektor 75
lexikographische duale Simplexmethode 80
–s Optimum 76
lineares Optimierungsproblem 68
Linearkombination, konvexe 71
l-Methode 81
logische Restriktionen 30
Lösung 83
–, erweiterte 69, 83
–, l-optimale 76
–, optimale 69, 83
–, – erweiterte 69
–, partielle 175
–, verheftete 175
–, zulässige 69
l-Problem 81
l-Pseudolösung 77
–, erweiterte 77

Matrix, bistochastische 20
–, unimodulare 249
Matrizen, äquivalente 252
Menge, ganzzahlige polyedrische 245
–, konvexe 71
–, – polyedrische 72
Multi-Extremalprobleme 3

Nicht ausgeartet 74
Nichtbasiskomponente 73
Nichtbasisvariable 73

Operationen, BOOLEsche 55

optimale Lösung 83
Optimierungsproblem, ganzzahliges lineares 82
—, gemischt ganzzahliges lineares 82
—, lineares 68
—, reguläres 2
—, reinganzzahliges lineares 82
—e, dichotomische mathematische 25
—, diskrete mathematische 1
Optimum, lexikographisches 76

Pivotelement 78
Planungsprobleme 44
Polyeder, ganzzahliges 83
—, konvexes 72
Probleme mit Ganzzahligkeitsforderungen 5
Pseudolösung 75
—, erweiterte 75
Punkt, lokal optimaler 224
—, optimaler 224

Quasiblockprobleme 207

Randpunkt 71
regulärer Schnitt 89
—s Optimierungsproblem 2
Reihenfolgeproblem 59
Restriktionen, logische 30
Restriktionsbereich 69, 82

Schattenpreise 263
Schema 55
Schnitt, regulärer 89
Seite 72
Simplexmethode, duale 80
—, lexikographische duale 80
—, primale 79
Simplextableau, ganzzahliges 83
—, lexikographisch normales 76
—, normales 75
—, verkürztes 74
—, vollständiges 74
—, zulässiges 75
Sondierung 175
Spezialisierungsproblem 44
Struktur der Umgebung, lokale maximierende 224
Syntheseproblem 55

Teil, ganzer 91
—, gebrochener 91
T-Matrix 251
—, koordinierte 252
Tornisterproblem 17
Transformation, elementare 77
Transportplanungsprobleme 38
Transportproblem, Aufgabe 252
— mit fixen Kosten 31
—, offenes 46

Überdeckungsprobleme 22
Umgebung 224
unimodulare Matrix 249

Vektor, lexikographisch nichtnegativer 75
—, — positiver 75

Zeilen, koordinierte 252
—, streng koordinierte 256
—, — unkoordinierte 256
—, unkoordinierte 256
—, verbundene 256
Zentralelement 78
Zuordnungsproblem für Produktionseinheiten 52
—, quadratisches 53
Zuteilungsproblem 19